全国中等职业学校机械类专业通用教材
全国技工院校机械类专业通用教材（中级技能层级）

计算机制图——CAXA 电子图板2018

人力资源社会保障部教材办公室组织编写

中国劳动社会保障出版社

简介

本书为全国中等职业学校机械类专业通用教材、全国技工院校机械类专业通用教材（中级技能层级），由人力资源社会保障部教材办公室组织编写。本书主要内容包括：入门知识、绘制基本图形、绘制复杂图形、图形编辑、标注、绘制三视图和轴测图、绘制零件图、绘制装配图等。

本书由崔兆华担任主编，武玉山、叶录京、韩淑刚、赵培哲、官德瑞、欧生员参加编写，王希波审稿。

图书在版编目(CIP)数据

计算机制图：CAXA 电子图板 2018/人力资源社会保障部教材办公室组织编写. -- 北京：中国劳动社会保障出版社，2019

全国中等职业学校机械类专业通用教材　全国技工院校机械类专业通用教材．中级技能层级

ISBN 978-7-5167-4013-2

Ⅰ.①计…　Ⅱ.①人…　Ⅲ.①自动绘图-软件包-中等专业学校-教材　Ⅳ.①TP391.72

中国版本图书馆 CIP 数据核字(2019)第 154150 号

中国劳动社会保障出版社出版发行

（北京市惠新东街 1 号　邮政编码：100029）

*

北京宏伟双华印刷有限公司印刷装订　　新华书店经销

787 毫米×1092 毫米　16 开本　17.75 印张　406 千字

2019 年 8 月第 1 版　　2023 年12月第 5 次印刷

定价：36.00 元

营销中心电话：400-606-6496

出版社网址：http://www.class.com.cn

http://jg.class.com.cn

前　言

为了更好地适应全国技工院校机械类专业的教学要求，全面提升教学质量，人力资源社会保障部教材办公室组织有关学校的一线教师和行业、企业专家，在充分调研企业生产和学校教学情况、广泛听取教师对教材使用反馈意见的基础上，对全国技工院校机械类专业通用教材进行了修订和补充开发。本次修订（新编）的教材包括：《机械制图（第七版）》《机械基础（第六版）》《机械制造工艺基础（第七版）》《金属材料与热处理（第七版）》《极限配合与技术测量基础（第五版）》《电工学（第六版）》《工程力学（第六版）》《数控加工基础（第四版）》《计算机制图——AutoCAD 2018》《计算机制图——CAXA电子图板2018》等。

本次教材修订（新编）工作的重点主要体现在以下两个方面：

第一，根据教学实践和科学技术的发展，合理更新教材内容。

根据机械类专业毕业生所从事岗位的实际需要和教学实际情况的变化，合理确定学生应具备的能力与知识结构，对部分教材内容及其深度、难度做了适当调整；根据相关专业领域的最新发展，在教材中充实新知识、新技术、新设备、新材料等方面的内容，体现教材的先进性；采用最新国家技术标准，使教材更加科学和规范。

第二，引入"互联网+"技术，进一步做好教学服务工作。

在《机械制图（第七版）》《机械基础(第六版)》教材中使用了增强现实（AR）技术。学生在移动终端上安装App，扫描教材中带有AR图标的页面，可以对呈现的立体模型进行缩放、旋转、剖切等操作，以及观察模型的运动和拆分动画，便于更直观、细致地探究机构的内部结构和工作原理，还可以浏览相关视频、图片、文本等拓展资料。在其他教材中使用了二维码技术，针对教材中的教学重点和难点制作了动画、视频、微课等多媒体资源，学生使用移动终端扫描二维码即可在线观看相应内容。

本套教材配有习题册、教学参考书、多媒体电子课件和在线题库组卷系统，可以通过职业教育教学资源和数字学习中心网站（http：//zyjy.class.com.cn）下载电子课件等教学资源和使用在线题库组卷系统。

本次教材的修订（新编）工作得到了河北、辽宁、江苏、山东、广东、广西、陕西等省、自治区人力资源社会保障厅及有关学校的大力支持，在此我们表示诚挚的谢意。

人力资源社会保障部教材办公室

2018年7月

目　录

第一章 入门知识

CAXA电子图板2018（以下简称电子图板）是二维CAD软件产品，其交互方式简单快捷，符合工程师的设计习惯，绘图、图幅、标注、图库等都符合国家标准要求，能极大提高标准化制图的效率。

§1—1 用户界面

电子图板的用户界面包括Fluent风格界面（见图1—1）和经典风格界面（见图1—2）两种。Fluent风格界面主要通过功能区、快速启动工具栏和菜单按钮访问常用命令。经典风格

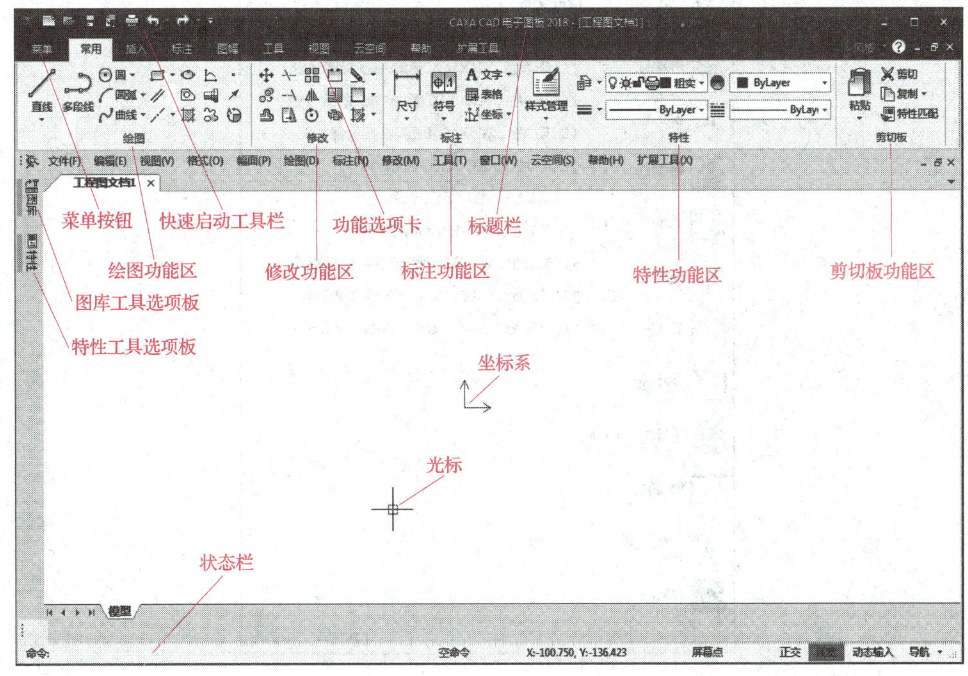

图1—1 Fluent风格界面

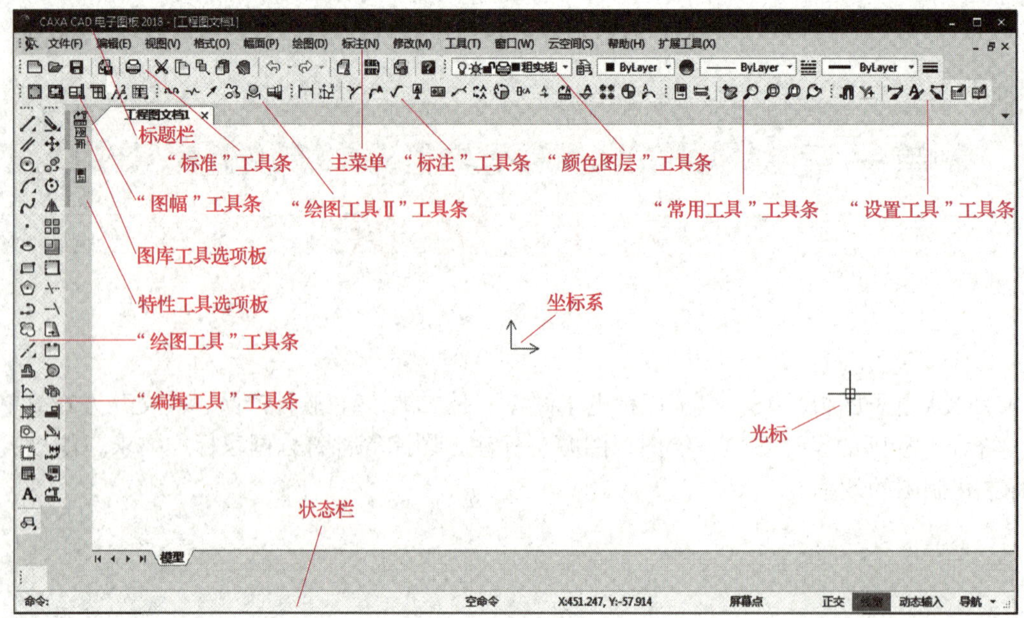

图1—2　经典风格界面

界面主要通过主菜单和工具条访问常用命令。

一、Fluent风格界面

1. 菜单按钮

在Fluent风格界面下，可以单击“菜单”按钮弹出主菜单，如图1—3所示。

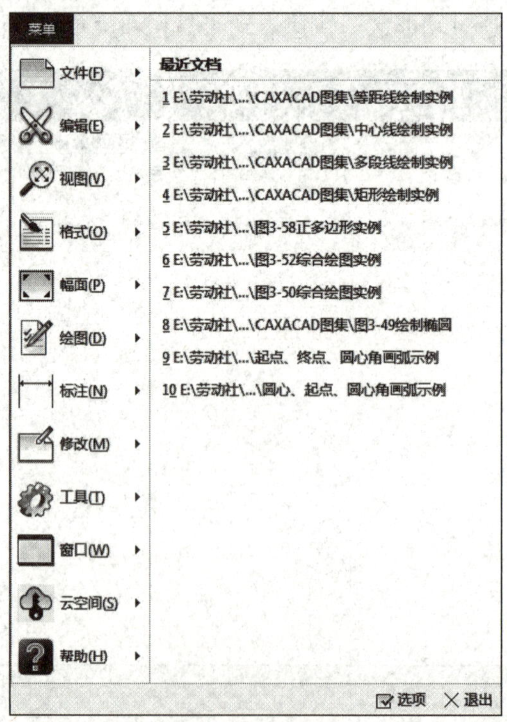

图1—3　主菜单

菜单按钮的使用方法：

（1）使用鼠标左键单击“菜单”按钮，调出Fluent风格界面下的主菜单。

（2）菜单按钮上默认显示最近文档，单击文档名称即可直接打开。

（3）将光标在各菜单上停放即可显示子菜单，使用鼠标左键单击即可执行命令。

2. 快速启动工具栏

如图1—4所示，快速启动工具栏用于组织经常使用的命令，该工具栏可以进行自定义。

图1—4　快速启动工具栏

快速启动工具栏的使用方法：

（1）使用鼠标左键单击快速启动工具栏上的图标即可执行对应的命令。

（2）使用鼠标右键单击快速启动工具栏上的图标，弹出自定义快速启动工具栏菜单，如图1—5所示。此时选择“自快速启动工具栏删除”可以将不常用的图标删除，也可以选择“在功能区下方放置快速启动工具栏”将快速启动工具栏放置在功能区下方，也可以通过单击“自定义快速启动工具栏…”，弹出如图1—6所示的“定制功能区”对话框，在其中进行自定义。另外，在该对话框中还可以打开或关闭其他界面元素，如主菜单、工具条、状态栏等。

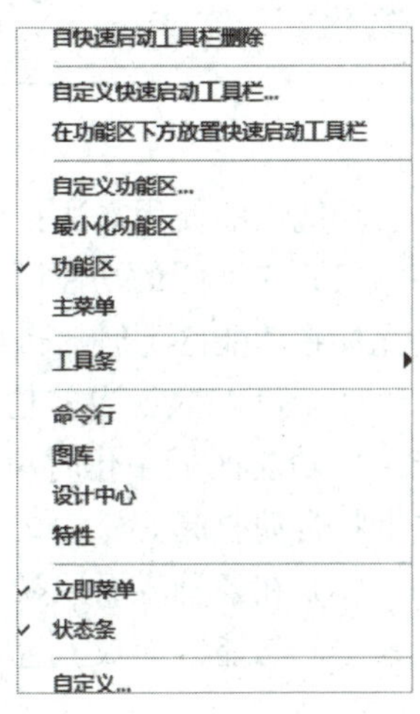

图1—5　自定义快速启动工具栏菜单

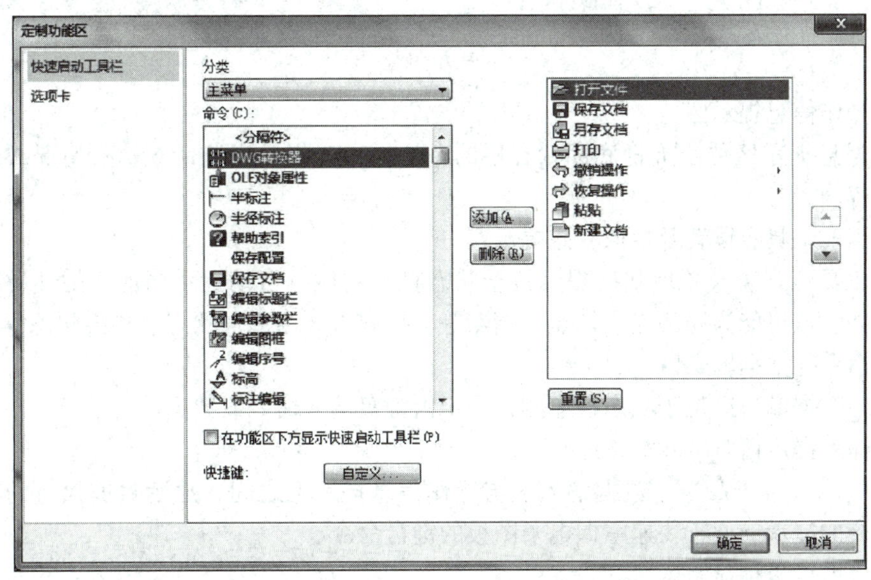

图1—6　“定制功能区”对话框

使用鼠标右键单击功能区面板或主菜单上的图标，可以在弹出的菜单中选择将该图标所代表的命令添加到快速启动工具栏。

（3）单击快速启动工具栏最右边的按钮，也可以进行快速启动工具栏的自定义。

3. 功能区

Fluent风格界面中最重要的界面元素为功能区。功能区通常包括多个功能区选项卡，每个功能区选项卡由各种功能区面板组成。如图1—7所示，电子图板的功能区包括常用、插入、标注、图幅、工具、视图、帮助、扩展工具等选项卡，而常用选项卡由绘图、修改、标注、特性和剪切板等功能区面板组成。

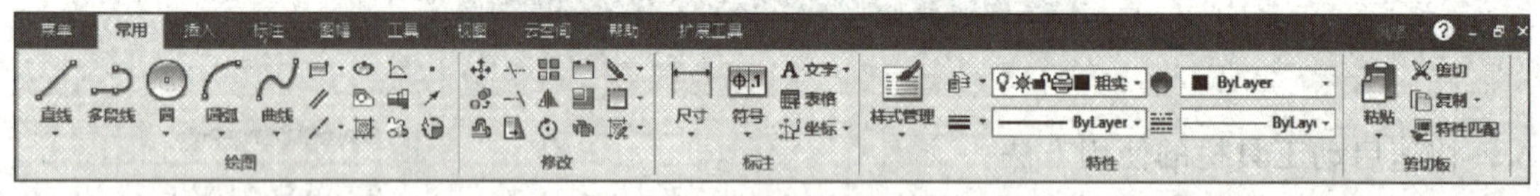

图1—7　电子图板的功能区

功能区的使用方法：

（1）在不同的功能区选项卡间切换时，可以使用鼠标左键单击要使用的功能区选项卡。当光标在功能区上时，也可以使用鼠标滚轮切换不同的功能区选项卡。

（2）可以双击当前功能区选项卡的标题，或者在功能区上单击鼠标右键“最小化”功能区。功能区最小化时单击功能区选项卡标题，功能区向下扩展；光标移出时，功能区选项卡将自动收起。

（3）在各种界面元素上单击鼠标右键后，可以在弹出的快捷菜单中打开或关闭功能区。

（4）功能区面板上包含各种功能命令和控件，使用方法与主菜单或工具条上的相同。

4. 状态栏

如图1—8所示为状态栏，电子图板提供了多种显示当前状态的功能，具体内容如下：

图1—8　状态栏

（1）操作信息提示区

操作信息提示区位于屏幕底部状态栏的左侧，用于提示当前命令执行情况或提醒需要输入的内容。

（2）当前工具点设置及拾取状态提示

当前工具点设置及拾取状态提示位于状态栏的右侧，自动提示当前点的性质以及拾取方式。例如，点可能为屏幕点、切点、端点等，拾取方式为添加状态、移出状态等。

（3）命令与数据输入区

命令与数据输入区位于状态栏左侧，用于由键盘输入命令或数据。

（4）命令提示区

命令提示区位于命令、数据输入区与操作信息提示区之间，显示目前执行的功能及键盘输入命令的提示，便于快速掌握电子图板的键盘命令。

（5）当前点坐标显示区

当前点坐标显示区位于屏幕底部状态栏的中部。当前点的坐标值随光标的移动进行动态变化。

（6）点捕捉状态设置区

点捕捉状态设置区位于状态栏的最右侧，在此区域内设置点的捕捉状态，分别为自由、智能、栅格和导航。单击“F6”键可以快速实现捕捉状态的切换。

（7）正交状态切换

单击该按钮可以打开或关闭“正交”状态。单击“F8”键也可快速打开或关闭“正交”状态。

（8）线宽状态切换

单击该按钮可以在“按线宽显示”和“细线显示”状态间切换。

（9）动态输入工具开关

单击该按钮可以打开或关闭“动态输入”工具。

5. 立即菜单

电子图板提供了立即菜单的交互方式。立即菜单描述了该项功能各种命令的执行情况和使用条件。根据当前的绘图要求，正确地选择某一选项，即可得到相应的响应。在输入某些命令以后，在绘图区的底部会弹出一行立即菜单。

例 直线命令

输入一条绘制直线的命令（从键盘输入“line”或用鼠标在“绘图”工具条单击“直线”按钮 ╱ ），则弹出直线命令立即菜单，如图1—9所示。

此菜单表示当前待绘制的直线为两点线方式、连续的直线。在显示立即菜单的同时，在其下面显示“第一点：”提示。按要求输入第一点后，系统会提示“第二点：”，再输入第二点，系统在屏幕上从第一点到第二点之间绘制出一条直线。

立即菜单的主要作用是可以选择某一命令的不同功能。可以通过鼠标左键单击立即菜单中的下拉菜单或用快捷键“Alt＋数字键”进行激活，如果下拉菜单中有很多可选项时，可使用快捷键“Alt＋数字键”进行选项的循环。如上例，如果想绘制一条单根直线，那么可以用鼠标左键单击立即菜单“2.”选项的下拉菜单或用快捷键“Alt＋2”激活它，则该菜单变为“2. 单根”。如果要使用“角度线”功能，那么可以用鼠标左键单击立即菜单“1.”选项的下拉菜单或用快捷键“Alt＋1”激活它。

6. 界面颜色

电子图板提供界面颜色设置工具，用来修改软件整体界面元素的配色风格。在电子图板界面右上角有界面配色风格下拉菜单，如图1—10所示。单击“风格”下拉菜单后，可以选择界面颜色。电子图板提供蓝色、深灰色和白色三种界面颜色。

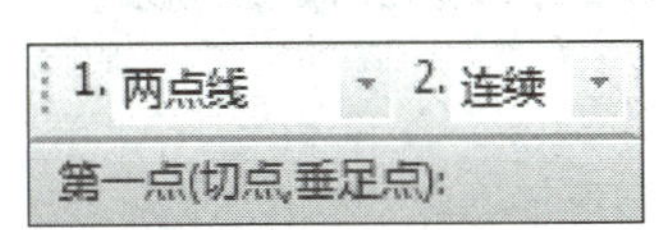

图1—9　直线命令立即菜单

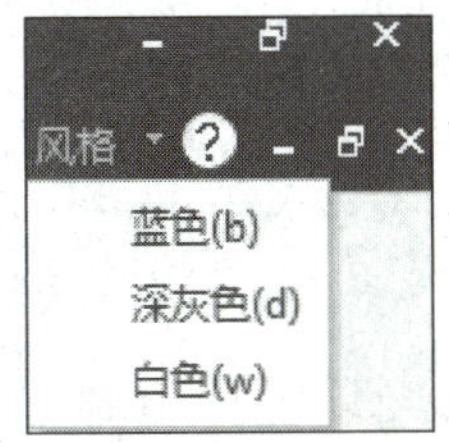

图1—10　界面配色风格下拉菜单

7. 工具选项板

工具选项板是一种特殊形式的交互工具，用来组织和放置图库、特性修改等工具，如图1—11所示。

平时，工具选项板会隐藏在界面左侧的工具选项板工具条内，将鼠标移动到该工具条的工具选项板按钮上，对应的工具选项板就会弹出。

8. 绘图区

绘图区是进行绘图设计的工作区域，位于屏幕的中心，并占据了屏幕的大部分面积。广阔的绘图区为显示全图提供了清晰的空间。绘图区默认为黑色，可通过“工具”面板中的“选项”对话框进行设置，如图1—12所示。

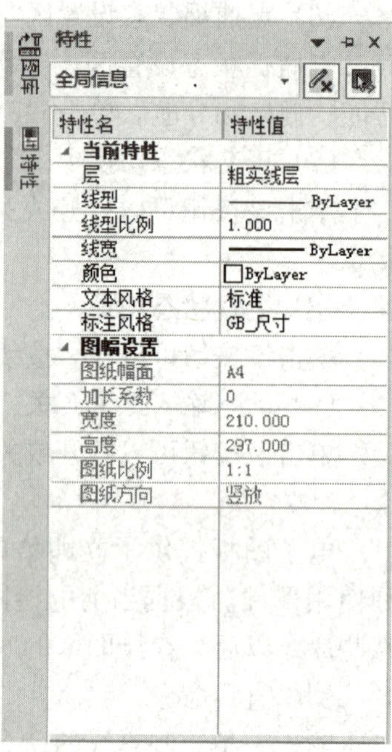

图1—11 工具选项板

二、经典界面

1. 界面切换

在Fluent风格界面下的功能区中依次单击“视图”→“切换界面”或在经典风格界面下的主菜单中依次单击“工具”→“界面操作”→“切换”，就可以在Fluent风格界面和经典风格界面之间进行切换，该功能的快捷键为“F9”。

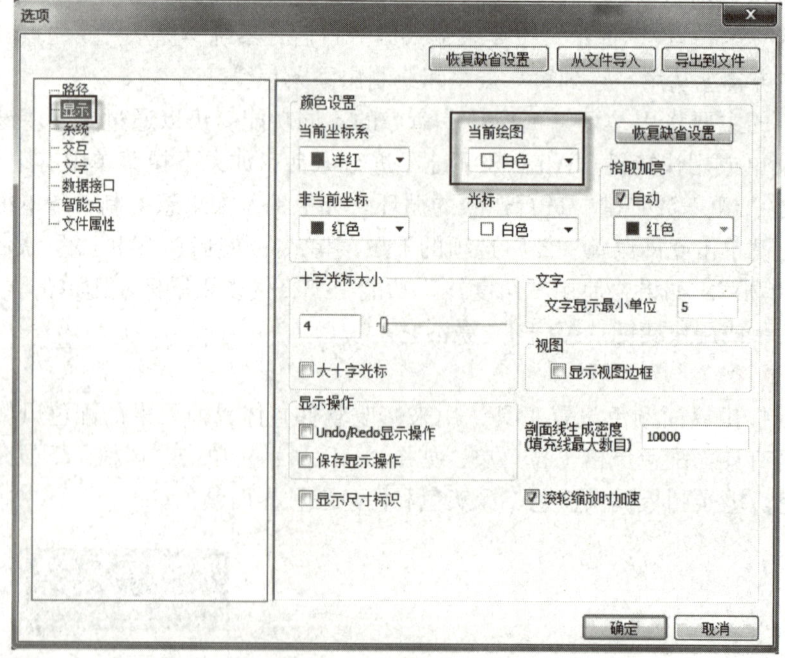

图1—12 “选项”对话框

2. 主菜单

电子图板的主菜单位于屏幕的顶部，它由一行菜单条及其子菜单组成，包括文件、编辑、视图、格式、幅面、绘图、标注、修改、工具、窗口、帮助、扩展工具等菜单项，如

图1—13所示。单击任意一个菜单项（例如标注），都会弹出子菜单，单击子菜单上的图标即可执行相应的命令，如图1—14所示。

文件(F) 编辑(E) 视图(V) 格式(O) 幅面(P) 绘图(D) 标注(N) 修改(M) 工具(T) 窗口(W) 云空间(S) 帮助(H) 扩展工具(X)

图1—13　主菜单

提示：

（1）菜单项后面有“…”省略号时，表示单击该选项后，会打开一个对话框。

（2）菜单项后面有“▶”黑色小三角时，表示该选项还有子菜单。

（3）菜单项为浅灰色时，表示在当前条件下，该菜单命令不能使用。

3. 工具条

工具条是很经典的交互工具。利用工具条，可以在电子图板界面中通过单击图标按钮直接调用功能。可以自定义工具条位置和是否显示在界面上，也可以建立全新的工具条。如图1—15所示为常用的工具条。

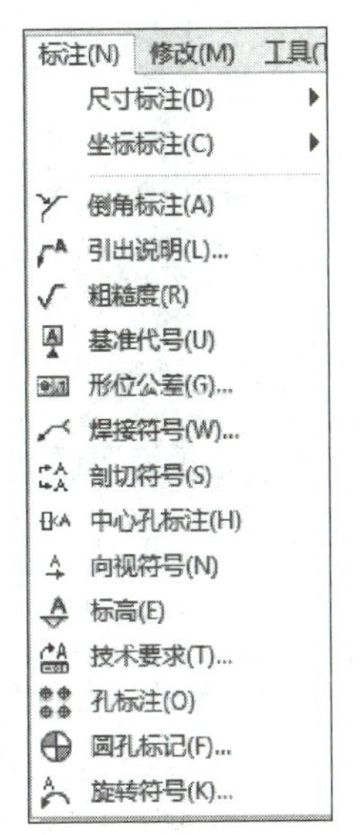

图1—14　“标注”子菜单

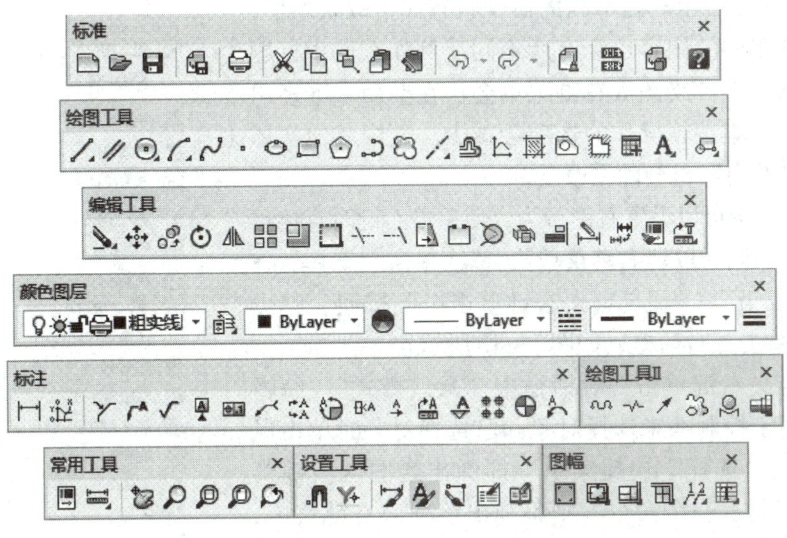

图1—15　常用的工具条

提示：

如果要显示当前隐藏的工具条，可在任意工具条上单击鼠标右键，此时将弹出一个快捷菜单，通过选择命令可以显示或关闭相应的工具栏。

4. 命令行

命令行用于显示当前命令的执行状态，并且可以记录本次程序开启后的操作。当光标位于各工具条或工具条空白处时，单击鼠标右键，弹出如图1—16a所示的右键快捷菜单，单击菜单中的“命令行”选项，弹出命令行，如图1—16b所示。如果在选项中将交互模式设置为关键字风格，那么在执行一部分命令时，命令行还起到交互提示工具的作用。

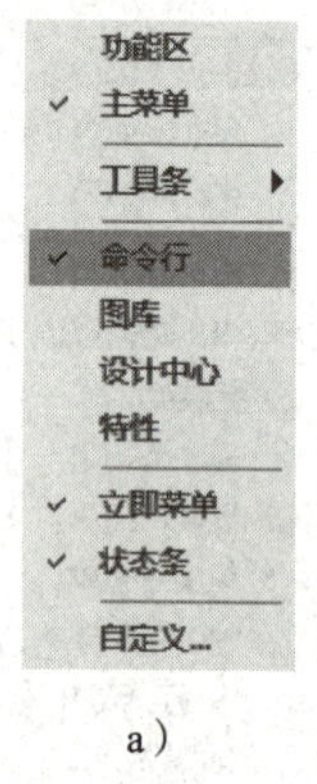

a）

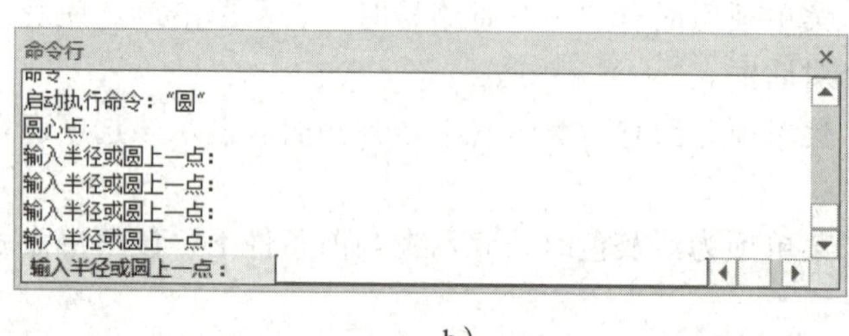

b）

图1—16　启动命令行

a）右键快捷菜单　b）命令行

三、右键快捷菜单

1. 绘图区右键菜单

在选择对象时，或者在无命令执行状态下，均可以通过单击鼠标右键调出绘图区右键菜单，如图1—17所示。在不同的命令状态或拾取状态下，绘图区右键菜单中的内容也会有所不同。例如在选中标题栏等实体的状态下，绘图区右键菜单会比在空命令下多出一些内容，而基本编辑操作的选项会减少。选中其他实体后，右键菜单的内容也会随之改变。

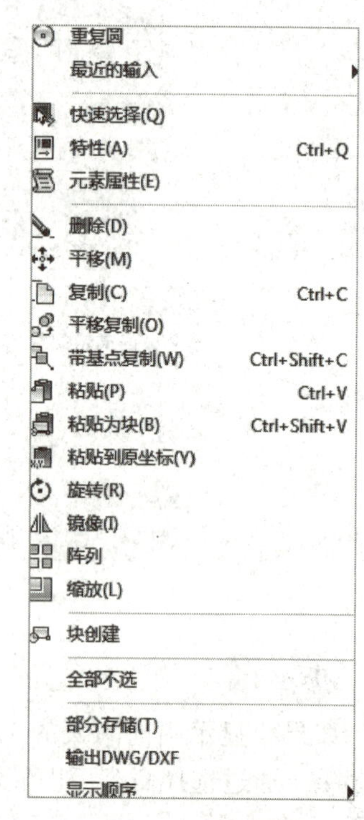

图1—17　绘图区右键菜单

在电子图板中可以设置右键行为，使单击右键时直接重复上一次命令（同时取消右键菜单）。依次单击“工具”→“选项”→“交互”→“自定义右键单击…”按钮，弹出“自定义右键单击”对话框，如图1—18所示。

在“自定义右键单击”对话框中“默认模式”“编辑模式”分别用于控制在未选择对象和已选择对象时单击鼠标右键的行为。选择“快捷菜单”即弹出绘图区右键菜单；选择“重复上一个命令”则不弹出绘图区右键菜单，直接调用上一次执行的命令。

2. 界面元素配置菜单

在功能区、快速启动工具栏、工具条缓冲区等位置单击鼠标右键，弹出界面元素配置菜单，如图1—19所示。该菜单可以对快速启动工具栏和功能区的状态进行设置，并且无论在Fluent风格界面还是经典风格界面中，都可以

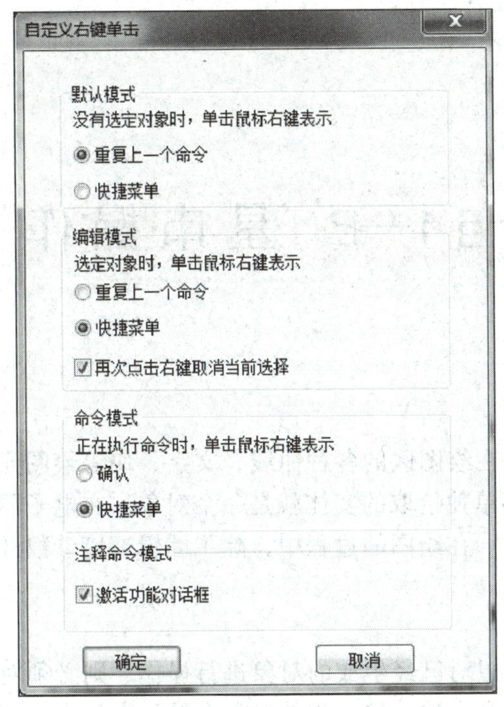

图1—18 “自定义右键单击”对话框

控制功能区、主菜单、命令行、图库工具选项板、特性工具选项板、立即菜单、状态条、全部工具条等界面元素是否显示在界面中。

3. 状态栏配置菜单

当光标位于状态栏时，单击鼠标右键，弹出“状态栏配置”菜单，如图1—20所示。状态栏配置菜单用于控制状态条上各种功能元素的有无。可以开关的元素有命令输入区、当前命令提示、当前坐标、正交切换按钮、线宽切换按钮、动态输入开关按钮和智能点捕捉模式切换按钮。

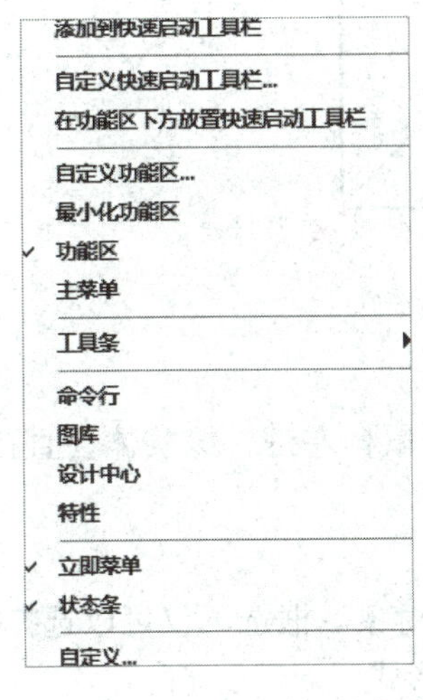

图1—19 界面元素配置菜单

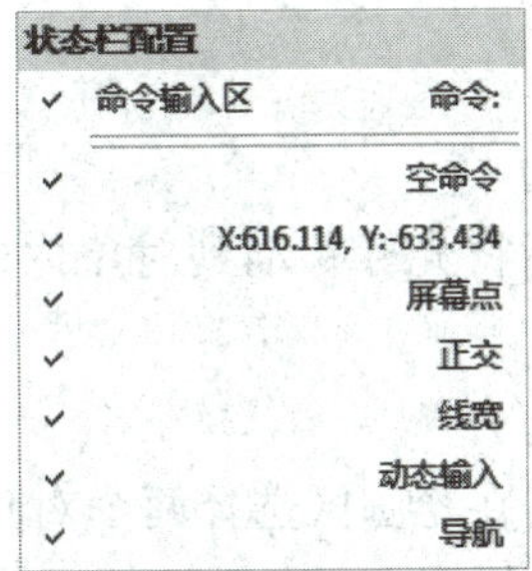

图1—20 “状态栏配置”菜单

§1—2 基本操作

一、对象操作

1. 对象的概念

在电子图板中，绘制在绘图区的各种曲线、文字、块等绘图元素实体，被称为图元对象，简称对象。一个能够单独拾取的实体就是一个对象。在电子图板中，如块一类的对象还可以包含若干个子对象。在绘图的过程中，除了编辑环境参数外，实际上就是生成对象和编辑对象的过程。

2. 拾取对象

在电子图板中，如果想对已经生成的对象进行操作，则必须对对象进行拾取。拾取对象的方法包括点选、框选和全选。被选中的对象会被加亮显示，加亮显示的具体效果可以在系统选项中设置。拾取加亮状态如图1—21所示，图中虚线显示的实体为被拾取加亮的对象。

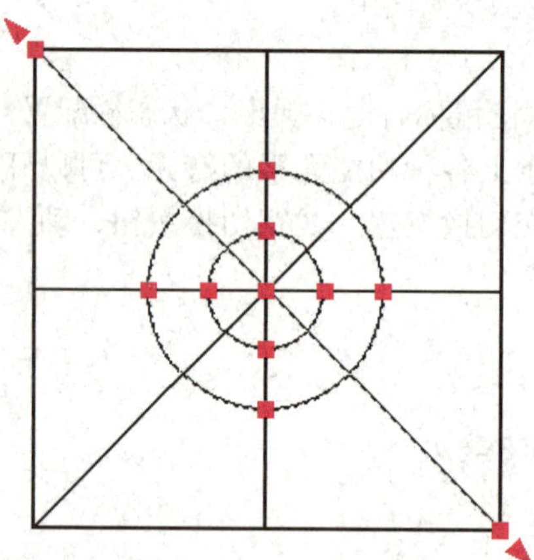

图1—21　拾取加亮状态

（1）点选

点选是指将光标移动到对象内的线条或实体上单击鼠标左键，该实体会直接处于被选中的状态。

（2）框选

框选是指在绘图区选择两个对角点形成选择框拾取对象。框选不仅可以选择单个对象，还可以一次选择多个对象。框选可分为正选和反选两种形式。

1）正选。正选是指在选择过程中，第一角点在左侧、第二角点在右侧（即第一点的横坐标小于第二点）。正选时，选择框色调为蓝色①、框线为实线。在正选时，只有对象上的所有点都在选择框内时，对象才会被选中，如图1—22所示。

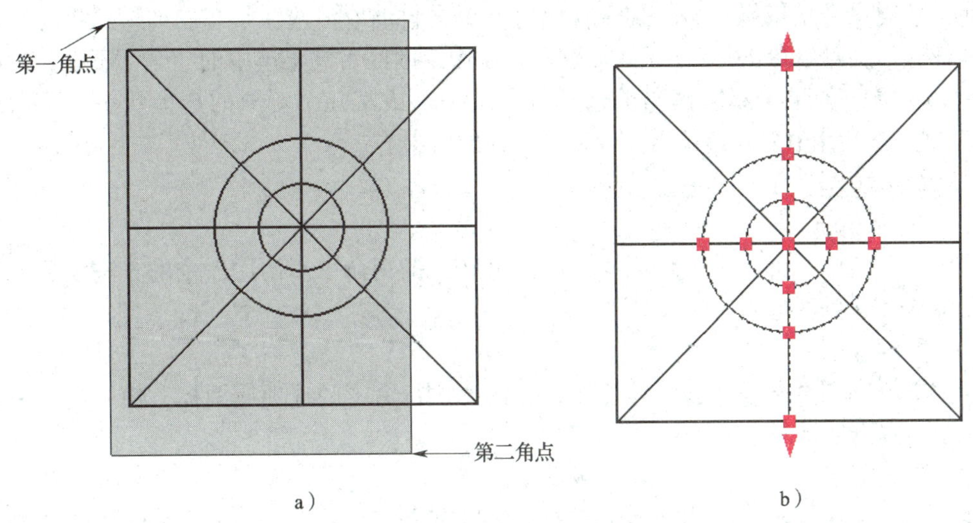

图1—22　正选

a）正选选择框　b）选中的对象

2）反选。反选是指在选择过程中，第一角点在右侧、第二角点在左侧（即第一点的横坐标大于第二点）。反选时，选择框色调为绿色②、框线为虚线。在反选时，只要对象上有一点在选择框内，则该对象就会被选中，如图1—23所示。

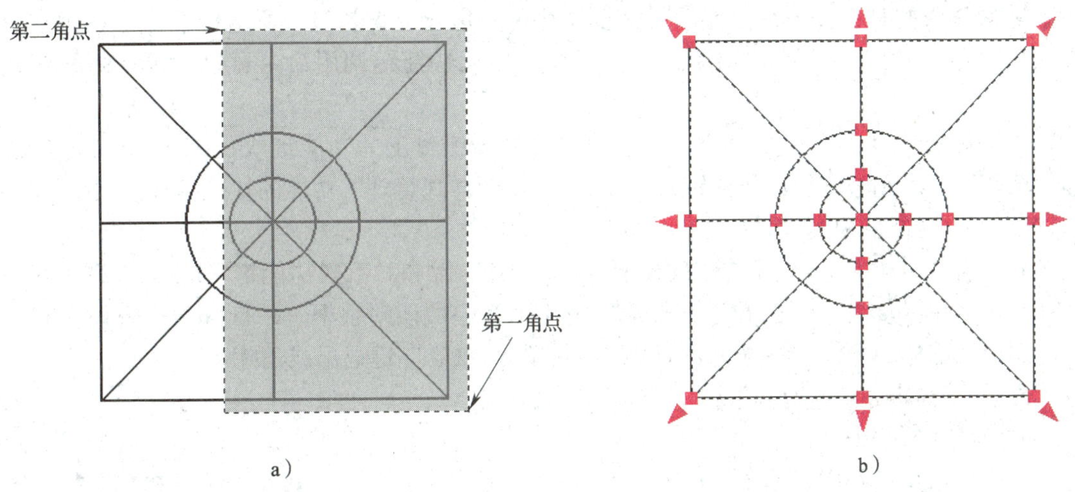

图1—23　反选

a）反选选择框　b）选中的对象

（3）全选

全选可以将绘图区能够选中的对象一次全部拾取。全选的快捷键为“Ctrl＋A”。此外，

---

① 蓝色，正文中讲解的蓝色选择框、小方框、三角形等，是软件操作时显示的颜色，不是教材图片中显示的颜色。

② 绿色，正文中讲解的绿色选择框、点画线、箭头等，是软件操作时显示的颜色，不是教材图片中显示的颜色。

在已经选择了对象的状态下，仍然可以利用上述方法直接在已有选择的基础上添加拾取。

3. 取消选择

使用常规命令结束操作后，被选择的对象也会自动取消选择状态。如果想手动取消当前的全部选择，可以单击“Esc”键。也可以使用绘图区右键菜单中的“全部不选”功能来取消全部选择。如果希望取消当前选择集中某一个或某几个对象的选择状态，可以按住“Shift”键，然后用鼠标左键单击需要取消选择的对象。

二、命令操作

1. 命令的调用

在电子图板中，无论进行什么样的操作都必须调用命令。调用命令的方法主要有鼠标输入、键盘命令和快捷键三种。

（1）鼠标输入

在主菜单、工具条或功能区等位置找到需要执行命令的选项或图标，使用鼠标左键单击即可调用该命令。

（2）键盘命令

在电子图板中，绝大部分功能都有对应的键盘命令。其中一部分十分常用的功能除了标准的键盘命令外，还会有简化命令。简化命令往往拼写简单，便于输入。如直线功能的简化命令是L、圆功能的简化命令是C、尺寸标注功能的简化命令是D等。在命令行中输入键盘命令或简化命令，单击“Enter”键即可调用该命令。

（3）快捷键

快捷键又叫快速键、热键，是指通过某些特定的按键或按键组合来完成一个操作。不同于键盘命令的是：按下快捷键后，需要调用的功能会立即执行，不像键盘命令在键盘上输入后再单击“Enter”键才调用功能。因此，使用快捷键调用命令可以大幅提高绘图效率。

在常规的软件中，很多组合式的快捷键往往与键盘上的功能键Alt、Ctrl、Shift有关。如“关闭”电子图板功能的快捷键是“Alt+F4”，“样式管理”功能的快捷键是“Ctrl+T”，“另存文件”功能的快捷键是“Ctrl+Shift+S”等。

非组合式的快捷键主要是键盘最上方的“Esc”键和F系列功能键（F1~F12）。其中“Esc”键的用处非常广泛，在取消拾取、退出命令、关闭对话框、中断操作等方面有广泛的应用。大部分的操作或特殊状态都可以通过单击“Esc”键退出或消除。

2. 命令的中止、重复和取消

（1）命令的中止

在命令执行过程中，单击“Esc”键，可以中止命令执行。一般情况下，单击鼠标右键或“Enter”键，也可中止当前操作直到退出命令。在一条命令的执行过程中，选择菜单或工具按钮，可中止当前命令，输入新的命令。

（2）命令的重复

当执行完一条命令后，系统回到“命令”状态，此时单击鼠标右键或“Enter”键，可重复上一条命令。

（3）撤销操作

单击撤销操作按钮，可撤销上一步的操作，其中可撤销操作的步数与系统设置有关。

(4) 恢复操作

单击恢复操作按钮，可恢复上一步的撤销操作。恢复操作为撤销操作的逆操作。

3. 命令状态

电子图板的命令状态可以分为空命令状态、拾取实体状态和执行命令状态三种。

(1) 空命令状态

空命令状态下可以通过拾取对象进入拾取实体状态，或通过调用命令的方式进入执行命令状态。如果在空命令状态下调用了需要拾取实体的命令，则该命令运行后会提示拾取实体。

(2) 拾取实体状态

拾取实体状态下可以通过单击“Esc”键进入空命令状态，或通过调用命令的方式进入执行命令状态。如果在拾取实体状态下调用了需要拾取对象的命令，则该命令会直接以在拾取实体状态下选中的实体为操作对象，直接进入拾取对象后的流程环节。

(3) 执行命令状态

执行命令状态下可单击“Esc”键回到空命令状态。部分命令也可以使用鼠标右键直接结束，回到空命令状态。

电子图板执行命令时可以“先拾取后调用命令”，也可以“先调用命令后拾取”。需要拾取对象的命令如平移、旋转、镜像等。

此外，在空命令状态下可以通过直接输入算术式求得计算结果，例如：

输入“8－2”命令单击“Enter”键，输入区显示“8－2＝6”。

输入“4*3”命令单击“Enter”键，输入区显示“4*3＝12”。

输入“2^3”命令单击“Enter”键，输入区显示“2^3＝8”。

三、数据输入

在电子图板中需要输入的数据有点（直线的端点、圆心等）、数值（直线长度、圆半径等）及位移。

1. 点的输入

图形要素大都可通过输入点的位置来确定其大小。例如，绘制两点线时，会提示“第一点”“第二点”，绘制圆时会提示“圆心点”等，这种状态称为点输入状态。电子图板除了提供常用的键盘输入和鼠标输入方式外，还设置了智能点捕捉和工具点捕捉工具。

(1) 键盘输入

在点输入状态下，用键盘输入该点的坐标值。点坐标可用直角坐标、极坐标、相对直角坐标或相对极坐标表示，其输入格式如下：

1) 直角坐标。输入“X，Y”坐标值，以逗号为分隔符。

2) 极坐标。输入“$d<a$”，其中d为极径，a为极角。

3) 相对直角坐标。输入“@X，Y”，其中X为该点相对于前一个点的X坐标差，Y为该点相对于前一个点的Y坐标差。

4) 相对极坐标。输入“@$d<a$”，表示输入了一个相对当前点的极坐标。相对当前点的极坐标半径为d，半径与X轴的逆时针夹角为a。

(2) 鼠标输入

在点输入状态下，通过移动光标选择需要输入点的位置。选中后单击鼠标左键，该点

屏幕点(S)
端点(E)
中点(M)
两点之间的中点(B)
圆心(C)
节点(D)
象限点(Q)
交点(I)
插入点(R)
垂足点(P)
切点(T)
最近点(N)

图1—24　工具点菜单

的坐标即被输入。还可利用智能点捕捉和工具点捕捉功能，输入一些特殊的点，如中点、端点、切点等。

工具点就是绘图过程中具有几何特征的点，如圆心点、切点、端点等。工具点捕捉就是使用鼠标捕捉某个特征点。用户进入绘图命令，需要输入特征点时，只要按下空格键，即在屏幕上弹出工具点菜单，如图1—24所示。

工具点的默认状态为屏幕点，用户在绘图时拾取了其他的点状态，即在提示区右下角工具点状态栏中显示出当前工具点捕获的状态。但这种点的捕获只能一次有效，用完后立即自动回到屏幕点状态。

工具点捕获状态的改变，也可以在输入点状态的提示下，直接单击相应的键盘字符（如“E”代表端点、“C”代表圆心点等）进行切换。

当使用工具点捕捉时，其他设定的捕获方式暂时被取消，这就是工具点捕捉的优先原则。当启用动态输入工具时，可以直接在屏幕上的动态输入框内输入点坐标。

2. 数值的输入

当电子图板中某些命令执行时，需要输入数值，如长度、半径、角度等。此时既可输入一个数据，又可输入一个表达式。

例如，100、35+70、sin（70/360）、sqrt（36+42）。

在表达式中输入角度值时，规定以度为单位。角度度量以X轴正向为基准，逆时针旋转为正，顺时针旋转为负。

3. 位移的输入

位移是一个矢量。在某些操作（如平移、拉伸等）中，需要输入位移，可采用“给定两点”或“给定偏移”两种方式。前者输入两个点，以两点连线方向作为位移方向，以两点间的距离作为位移量。后者直接输入位移分量“ΔX，ΔY”。

四、视图工具

在绘制或编辑图形时，为了查看图形的细节，需要经常平移或缩放当前视图窗口。电子图板提供了一系列命令可以方便地控制视图。

视图命令与绘制、编辑命令不同。它们只改变图形在屏幕上的显示情况，而不能使图形产生实质性的变化。图形的显示控制对绘图操作，尤其是绘制复杂视图和大型图样具有重要作用，在图形绘制和编辑过程中要经常使用它们。

视图控制的各项命令可以通过“视图”主菜单、功能区“视图”选项卡中的“显示”面板执行。如图1—25所示为视图控制工具，视图控制工具中各按钮的名称、图标、命令和功能见表1—1。使用鼠标中键（滚轮）也可以进行视图的平移或缩放。

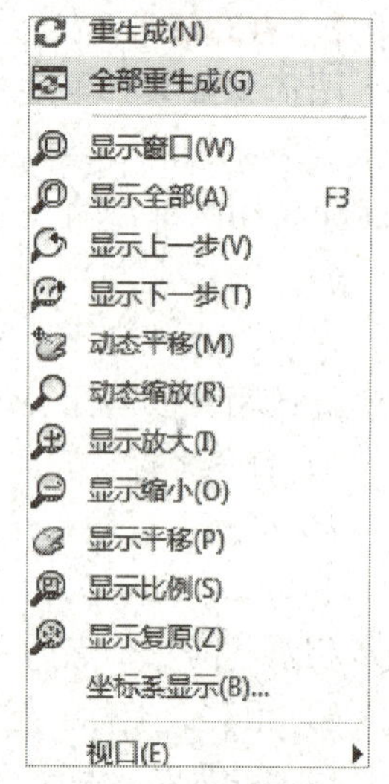

图1—25　视图控制工具

表 1—1　　视图控制工具中各按钮的名称、图标、命令和功能

名称	图标	命令	功能
重生成		refresh	将显示失真的图形进行重新生成。圆和圆弧等图素在显示时都是由一段一段的线段组合而成，当图形放大到一定比例时可能会出现显示失真的结果。通过使用“重生成”功能可以将显示失真的图形按当前窗口的显示状态进行重新生成
全部重生成		refreshall	将绘图区内显示失真的图形全部重新生成
显示窗口		zoom	通过指定一个矩形区域的两个角点，放大该区域的图形至充满整个绘图区
显示全部		zoomall	将当前绘制的所有图形全部显示在屏幕绘图区内。显示全部的快捷键为“F3”
显示上一步		prev	取消当前显示，返回到显示变换前的状态
显示下一步		next	返回到下一次显示的状态。可与显示上一步配套使用
动态平移		dyntrans	拖动鼠标平行移动图形。调用“动态平移”功能后，光标变成动态平移的图标，按住鼠标左键，移动鼠标就能平行移动视图。单击“Esc”键或者单击鼠标右键可以结束动态平移操作。另外，可以按住鼠标中键（滚轮）直接进行平移，松开鼠标中键（滚轮）即可退出
动态缩放		dynscale	拖动鼠标放大缩小显示图形。调用“动态缩放”功能后，光标变成动态缩放的图标，按住鼠标左键，鼠标向上移动为放大，向下移动为缩小。单击“Esc”键或者单击鼠标右键可以结束动态缩放操作。另外，按住鼠标滚轮上下滚动可以直接进行缩放
显示放大		zoomin	按固定比例放大视图。调用“显示放大”功能后，光标变成动态缩放的图标，单击鼠标左键即可放大一次。单击“Esc”键或者单击鼠标右键可以结束显示放大操作。另外，也可以通过单击“PageUP”键实现显示放大的效果
显示缩小		zoomout	按固定比例缩小视图。调用“显示缩小”功能后，光标变成动态缩放的图标，单击鼠标左键即可缩小一次。单击“Esc”键或者单击鼠标右键可以结束显示缩小操作。另外，也可以通过单击“PageDown”键实现显示缩小的效果
显示平移		pan	通过指定一个显示中心点，系统将以该点为屏幕显示的中心，平移显示图形。调用“显示平移”功能后，根据提示在屏幕上指定一个显示中心点，按下鼠标左键。系统立即将该点作为新的屏幕显示中心将图形重新显示出来。本操作不改变缩放系数，只将图形进行平行移动。单击“Esc”键或者单击鼠标右键可以退出显示平移状态。另外，可以使用上、下、左、右方向键使屏幕中心进行显示的平移
显示比例		vscale	可按输入的比例系数缩放当前视图。显示放大和显示缩小是按固定比例进行的，而显示比例更灵活地按设定比例缩放视图。调用“显示比例”功能后，根据提示，由键盘输入一个（0，1000）范围内的数值，该数值就是图形缩放的比例系数，并按下“Enter”键。此时，一个由输入数值决定放大（或缩小）比例的图形被显示出来
显示复原		home	恢复标准图纸范围的初始显示状态。在绘图过程中，根据需要对视图进行了各种显示变换，为了返回到标准图纸的初始状态可以使用显示复原命令。执行“显示复原”命令后，视图立即按照标准图纸范围显示。另外，也可以在键盘中单击“Home”键调用“显示复原”功能

§1—3　图形文件管理

在电子图板中，图形文件管理包括新建、打开、保存、并入、部分存储等操作。文件操作的功能主要通过“文件”主菜单或“快速启动工具栏”来实现。“文件”主菜单如图1—26所示。

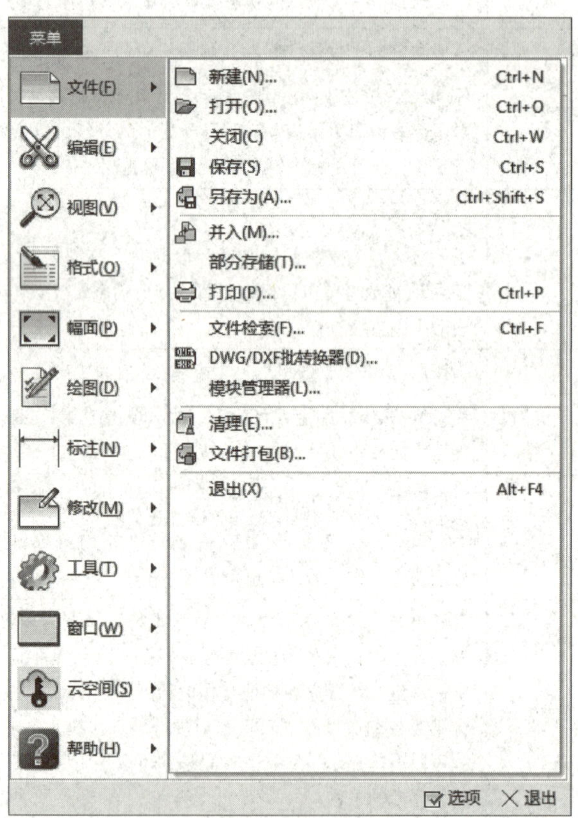

图1—26　“文件”主菜单

一、文件存取操作

1. 新建文件

选择模板新建一个图形文件。

（1）调用方式

1）单击“文件”主菜单中的按钮□。

2）单击“快速启动工具栏”中的按钮□。

3）执行new命令。

（2）说明

调用“新建”功能后，弹出“新建”对话框，如图1—27所示。

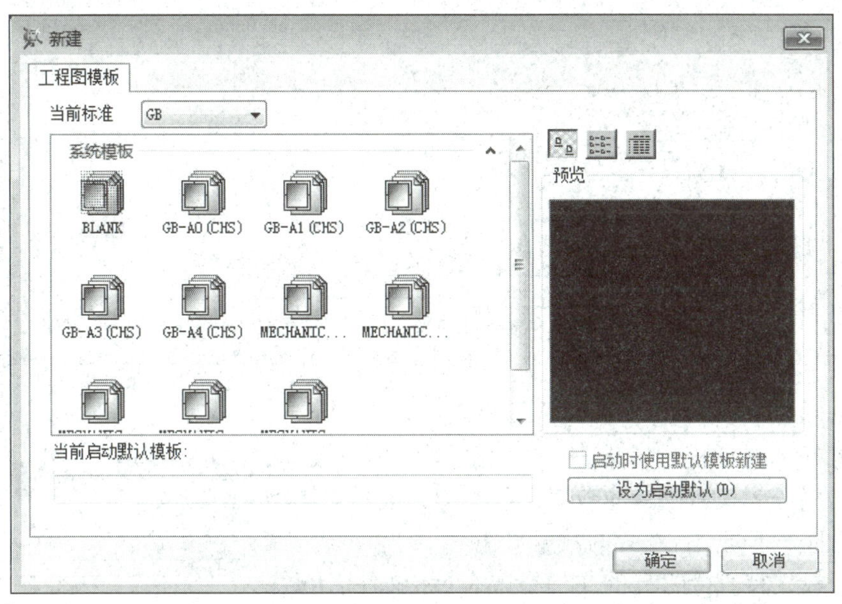

图1—27 “新建”对话框

对话框中列出了若干个模板文件，它们是国家标准规定的A0～A4的图幅、图框、标题栏模板以及一个名称为BLANK的空白模板文件。这里所说的模板，实际上就是相当于已经印好图框和标题栏的一张空白图纸。调用某个模板文件相当于调用一张空白图纸。模板的作用是减少重复性的操作。

选取所需模板，单击“确定”按钮，一个选取的模板文件被调出，并显示在屏幕绘图区，这样一个新文件就建立了。

建立好新文件以后，就可以运用图形绘制、编辑、标注等各项功能进行相应的操作。但是，当前的所有操作结果仅记录在内存中，只有在保存文件以后，操作结果才会被保存下来。

2. 打开文件

打开一个图形文件。

（1）调用方式

1）单击“文件”主菜单中的按钮 。

2）单击“快速启动工具栏”中的按钮 。

3）执行open命令。

（2）说明

调用“打开”功能后，弹出“打开”对话框，如图1—28所示。对话框上部为Windows标准文件对话框，右面为图纸属性和图形的预览。选取要打开的文件，单击“打开”按钮，系统将打开所选的图形文件。

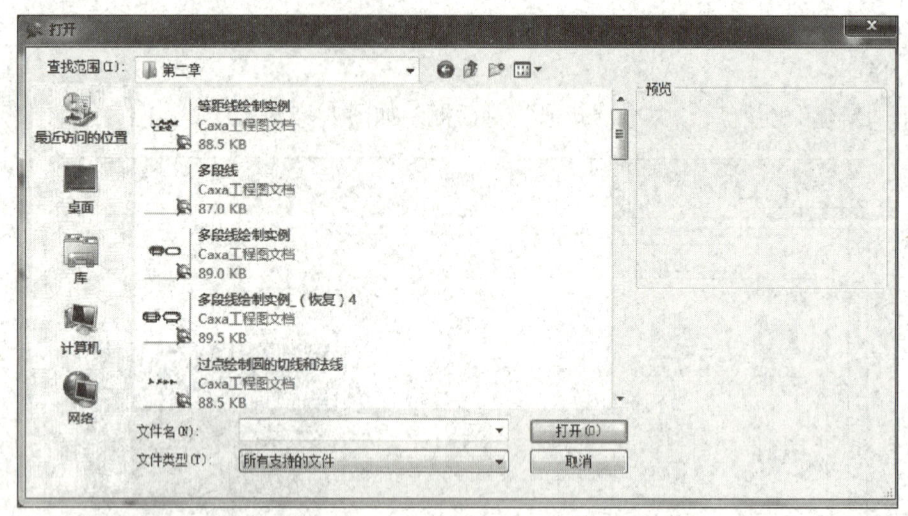

图1—28 “打开”对话框

在“打开”对话框中，单击“文件类型”下拉菜单，可以显示出电子图板所支持的数据文件类型，通过对类型的选择可以打开不同文件格式的数据文件。

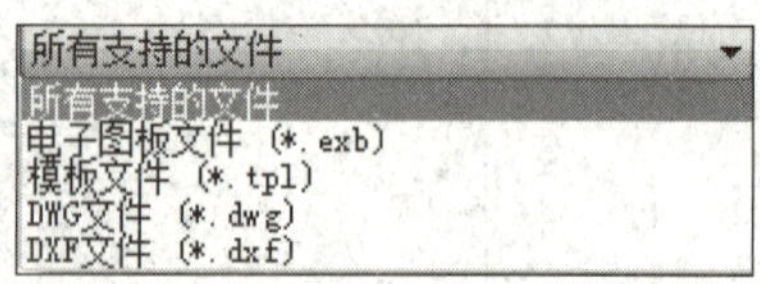

图1—29 电子图板支持直接打开的文件格式

电子图板支持直接打开的文件格式有exb文件、tpl文件、dwg文件和dxf文件等，如图1—29所示。

3. 保存文件

将当前绘制的图形以文件形式存储到磁盘上。在对图形进行处理时，应当经常进行保存。保存操作可以防止出现电源故障或发生其他意外事件时图形及其数据丢失。

(1) 调用方式

1) 单击“文件”主菜单中的按钮 。

2) 单击“快速启动工具栏”中的按钮 。

3) 执行save命令。

(2) 说明

文件未存盘时调用“保存”功能后，弹出“另存文件”对话框，如图1—30所示。如果文件已经存盘或者打开一个已存盘的文件，进行编辑操作后再调用“保存”功能，系统将直接把修改结果存储到文件中，并不再提示选择存盘的路径。

(3) 保存文件的使用方法和注意事项

1) 选择存盘路径后，在对话框的文件名文本框内，输入一个文件名，单击“保存”按钮，系统即按所给文件名存盘。

2) 输入文件名时，如果当前目录已有同名文件，会提示是否覆盖。

3) 要对所存储的文件设置密码，单击“密码”按钮，按照提示重复设置两次密码即可。

4) 在“另存文件”对话框中，单击“保存类型”下拉菜单，将显示出电子图板所支持的数据文件类型，通过类型的选择可以保存为不同类型的数据文件。

5) 如果要保存一个已存盘文件的副本，可以单击“文件”主菜单中的“另存为”选项。

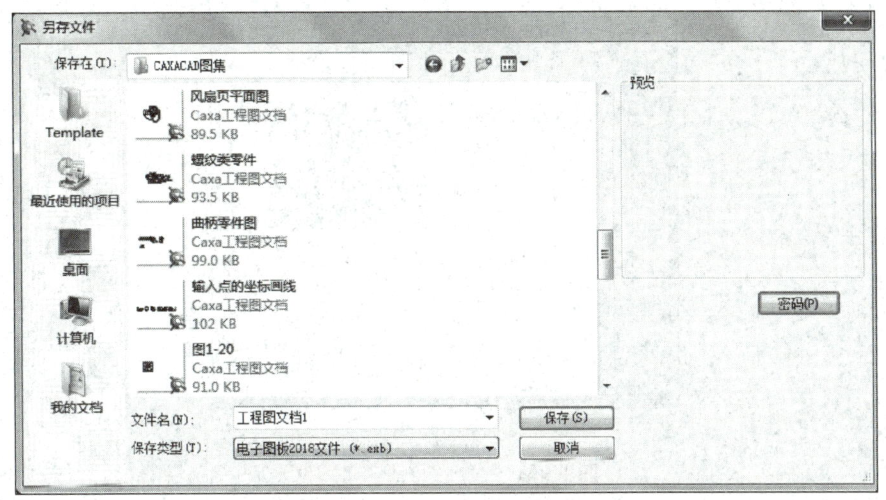

图1—30 “另存文件”对话框

4. 并入文件

将输入的文件名所代表的文件并入到当前的文件中。如果有相同的层，则并入到相同的层中；否则，全部并入当前层。

(1) 调用方式

1) 单击“文件”主菜单中的按钮。

2) 单击功能区“插入”面板上的按钮。

3) 执行merge命令。

(2) 说明

调用“并入”功能后，弹出“并入文件”对话框，如图1—31a所示。选择要并入的文件，单击“打开”按钮，再次弹出“并入文件”对话框，单击“确定”按钮，如图1—31b所示。

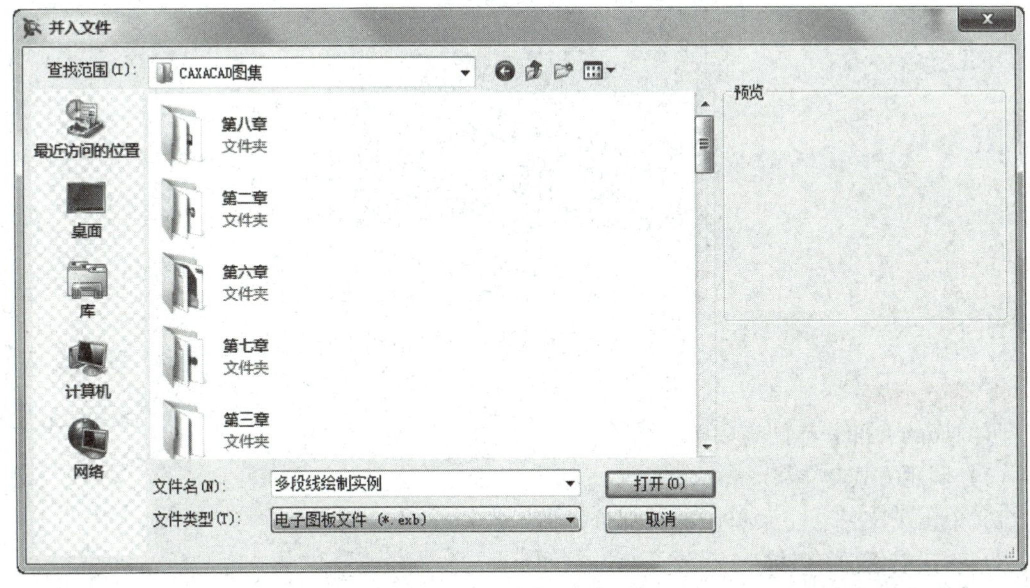

a)

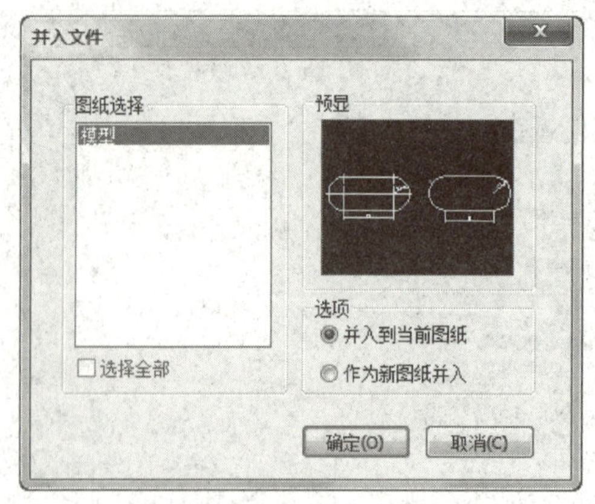

b）

图1—31 “并入文件”对话框

a）“并入文件”对话框1 b）“并入文件”对话框2

如果选择的文件包含多张图纸，并入文件时，在图1—31b所示的“并入文件”对话框中的“图纸选择”下方选定一张要并入的图纸，选定图纸时在对话框右侧出现所选图形的“预显”。

在“选项”下可以选择并入设置，具体含义如下：

1）并入到当前图纸。将所选图纸作为一个部分并入到当前的图纸中。在立即菜单中可以选择定位方式为“定点”或“定区域”，设置放大比例，以及保持对象原态或者“粘贴为块”。选择“并入到当前图纸”时，只能选择一张图纸。

2）作为新图纸并入。将所选图纸作为新图纸并入到当前的文件中。此时可以选择一个或多个图纸。如果并入的图纸名称和当前文件中的图纸相同时，将会弹出“图纸重命名”对话框，提示修改图纸名称，如图1—32所示。

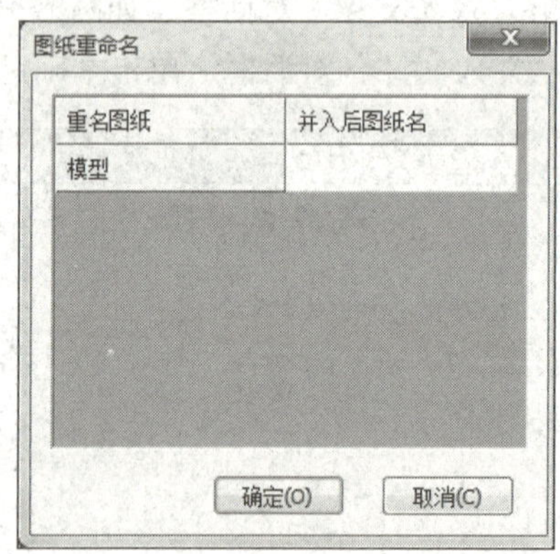

图1—32 “图纸重命名”对话框

5. 部分储存

将图形的一部分存储为一个文件。

(1) 调用方式

1）单击“文件”主菜单中的“部分存储”按钮。

2）单击右键菜单中的“部分存储”按钮。

3）执行partsave命令。

（2）说明

先选择要存储的对象，调用“部分存储”功能，也可以先调用“部分存储”功能，再选择对象并单击鼠标右键确认。指定基点后弹出“部分存储文件”对话框，如图1—33所示。

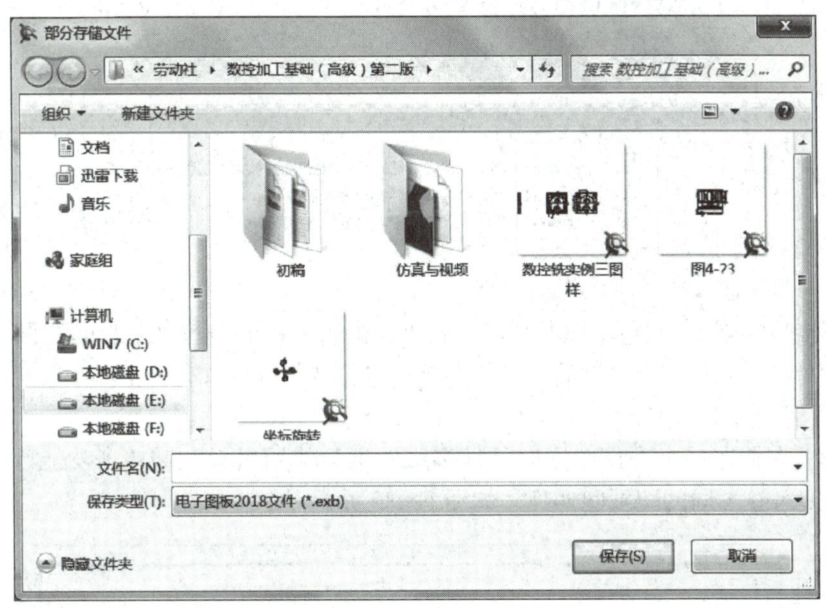

图1—33 “部分存储文件”对话框

二、多文件多图操作

电子图板可以同时打开多个图形文件，也支持在一个文件中设计多张图纸。在同时打开的多个文件之间或一个文件中的多张图纸之间可以方便地切换。

1. 多文件

同时打开多个文件时，每个文件均可以独立设计和存盘。在不同的文件间切换时可以使用“Ctrl+Tab”键进行。

（1）经典风格界面下的多窗口操作（见图1—34）

在经典风格界面下可以单击“窗口”主菜单，弹出如图1—34所示的“窗口”子菜单。

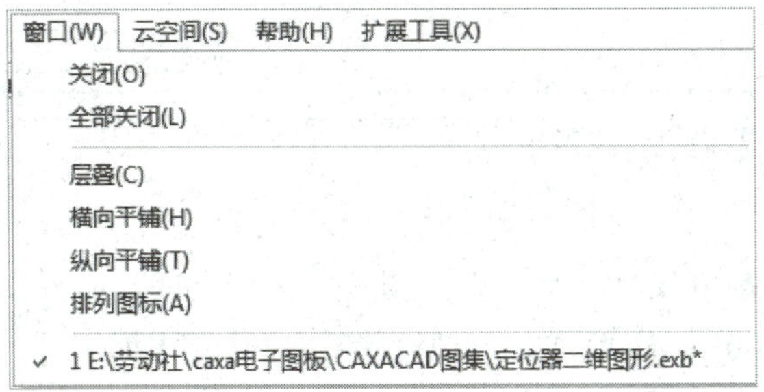

图1—34 经典风格界面下的多窗口操作

可以选择多个文件窗口的排列方式如层叠、横向平铺、纵向平铺、排列图标等。也可以直接单击文件名称切换至当前窗口。

（2）Fluent风格界面下的多窗口操作（见图1—35）

在Fluent风格界面下可以单击“视图”选项卡，使用“窗口”面板上的对应功能在各个文档间切换。

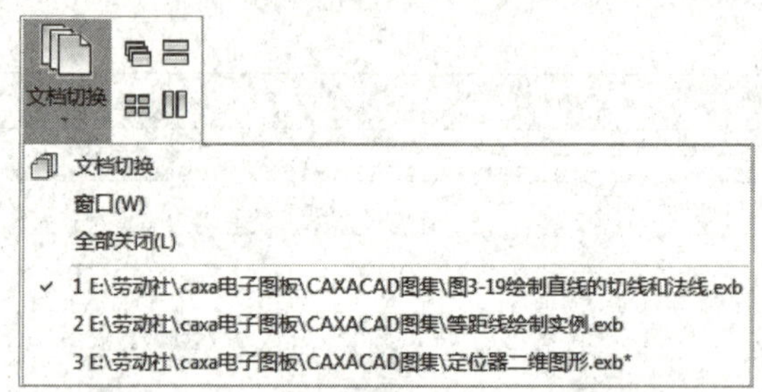

图1—35　Fluent风格界面下的多窗口操作

可以直接单击层叠、横向平铺、纵向平铺、排列图标的按钮选择窗口的排列方式，也可以单击“文档切换”选项，然后在下拉菜单中选择要切换的文件。

2. 多图

电子图板支持在每个文件中同时设计多张图纸，使用鼠标左键单击功能区下方的图纸名称按钮，即可在不同的图纸间切换，如图1—36所示。

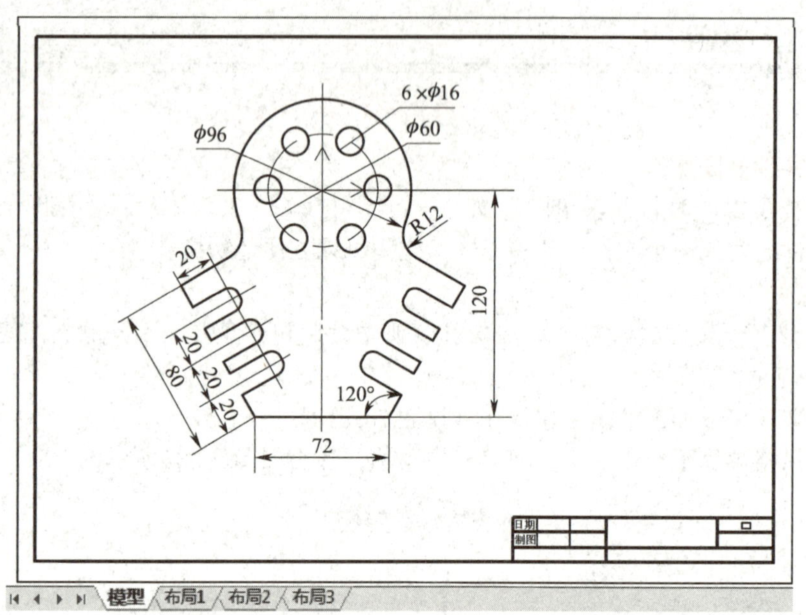

图1—36　在不同的图纸间切换

exb文件中默认状态下仅有一个图纸空间——模型空间。除模型空间外，还可以插入多个布局空间。布局空间均可独立于模型空间设置幅面信息。

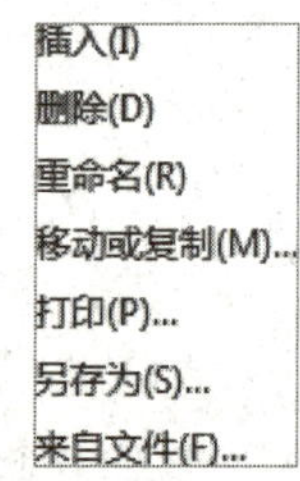

图1—37　图纸操作菜单

使用鼠标右键单击一张图纸时，弹出如图1—37所示的图纸操作菜单，可以选择“插入”一张新图纸，“删除”所选的图纸，“重命名”所选图纸，“移动或复制”所选图纸，“打印”

所选图纸，“另存为”所选图纸为一个新的图纸文件，“来自文件”在当前空间下并入一张图纸。

提示：

在一个exb文件中，有且仅有一个模型空间，模型空间不能新增、删除或重命名。插入的新图纸全部为布局空间。布局空间可以通过拖放调整排序，但模型空间不能排序，永远居于首位。

§1—4 绘图环境设置

在使用电子图板绘制图形之前，应该根据图形的应用领域和具体设计需要做好绘图环境的设置工作。绘图环境的设置主要包括图层、颜色、线型、线宽等。

一、图层

1. 图层的概念和特点

（1）图层的概念

电子图板的绘图系统提供了分层功能。层也称为图层，它是绘制不可缺少的软件环境。

一幅机械工程图样包含有各种各样的信息，如确定对象形状的几何信息，表示线型、颜色等属性的非几何信息，各种尺寸和符号信息。这么多信息内容集中在一张图纸上，必然给设计绘图工作造成很大的负担。如果能够把相关的信息集中在一起，或把某个零件、某个组件集中在一起单独进行绘制或编辑，当需要时又能够组合或单独提取，那么将使设计绘图工作变得简单而又方便。图层就具备了这种功能，可以采用分层的设计方式达到上述要求。

可以把图层想象为一张没有厚度的透明薄片，对象及其信息就存放在这张透明薄片上。电子图板中的每一个图层必须有唯一的层名，不同的层上可以设置不同的线型和不同的颜色，也可以设置其他信息。层与层之间由一个坐标系（即世界坐标系）统一定位。所以，一个图形文件的所有图层都可以重叠在一起而不会发生相对位置的混乱。

（2）图层的特点

1）各图层之间不但坐标系是统一的，而且其缩放系数也是统一的。因此，层与层之间可以完全对齐。某一个图层上的一个标记点会自动精确地对应在其他图层的同一位置点上。

2）图层是具有属性的，其属性可以改变。图层的属性包括层名、层描述、线型、颜色、打开与关闭以及是否为当前层等。每一个图层对应一套由系统设定的颜色、线型、线宽等属性。电子图板默认模板的初始层为“粗实线层”，它为当前层，线型为实线、线宽为粗线。可以通过功能区“常用”选项卡的“特性”面板修改图层、颜色、线型、线宽等属性信息。

3）图层可以新建，也可以删除。图层可以打开，也可以关闭。打开的图层，其上的对象在屏幕上可见，关闭的图层，其上的对象在屏幕上不可见。

为了便于使用，系统预先定义了8个图层。这8个图层的层名分别为“0层”“尺寸线层”“粗实线层”“剖面线层”“细实线层”“虚线层”“中心线层”“隐藏层”，每个定义图层都按其内涵设置了相应的线型和颜色。

2. 图层操作

（1）设置当前层

“当前层”就是当前正在进行操作的图层。将某个图层设置为当前层，随后绘制的图形元素均放在当前层上。系统只有唯一的当前层，其他的图层均为非当前层。为了对已有的某个图层中的图形进行操作，必须将该图层设置为当前层。设置当前层的方法有：

1）在没有选择任何实体的情况下，单击“常用”选项卡中“特性”功能区的“图层”下拉菜单，可弹出图层菜单列表，如图1—38所示。在列表中单击所需的图层即可完成当前层选择的设置操作。

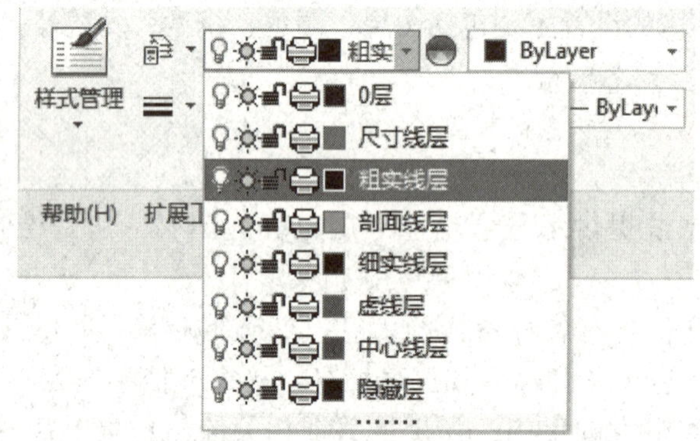

图1—38 图层菜单列表

值得注意的是，如果在绘图区选择了实体，那么此时“图层”下拉菜单中显示的将是当前被选择实体的图层属性。而此时是用“图层”下拉菜单进行切换图层操作，改变的也是当前选中实体的属性，而非改变当前层。

2）单击“颜色图层”工具条中“图层”按钮，打开“层设置”对话框，如图1—39所示，选中要设置的图层，单击“设为当前(C)”按钮即可。也可以选中左侧图层列表上的图层，之后单击鼠标右键，在弹出的菜单中选择“设为当前”。

3）单击“工具”选项卡中的“样式管理”按钮，打开如图1—40所示的“样式管理”对话框。选中要设置的图层，单击“设为当前(C)”按钮即可。也可以选中左侧图层列表上的图层，单击鼠标右键，在弹出的菜单中选择“设为当前”即可。

（2）新建图层

创建一个新的图层。操作步骤如下：

1）调用“图层设置”或“样式管理”功能。

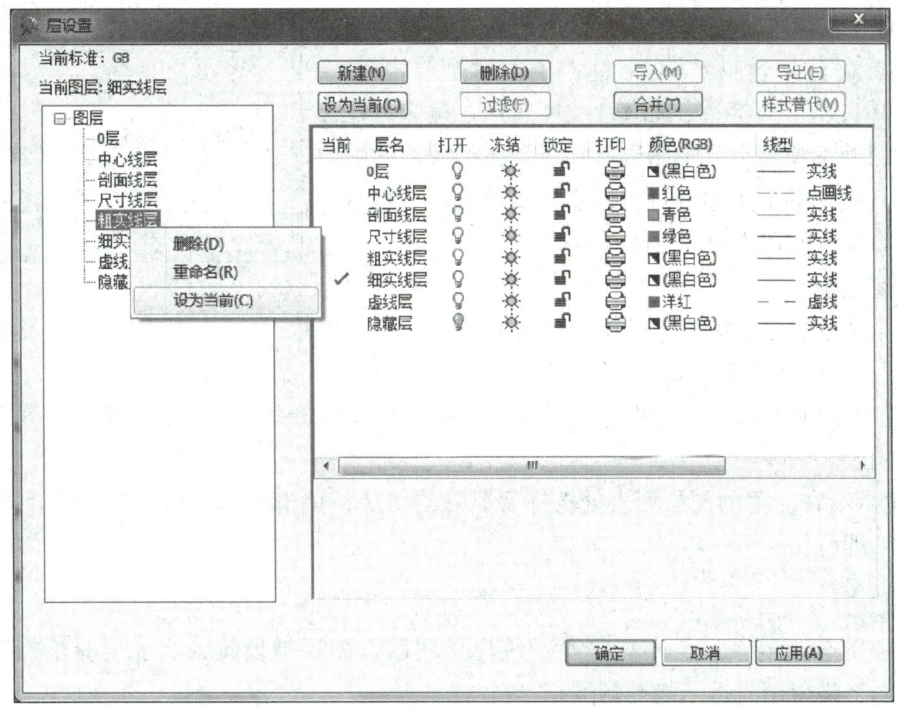

图 1—39 “层设置”对话框

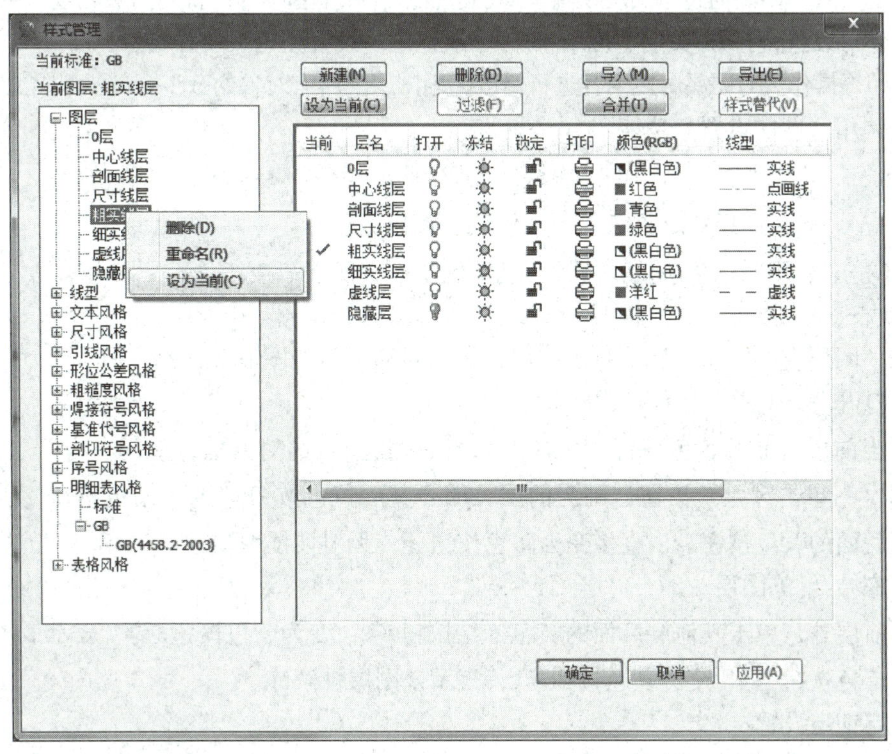

图 1—40 “样式管理”对话框

2）单击“新建”按钮，系统弹出“新建风格后将自动保存，确认新建吗？”对话框，单击“是”按钮，弹出“新建风格”对话框，如图1—41所示。输入一个图层名称，并选择一个基准图层，单击“下一步”按钮后在图层列表框的最下边一行可以看到新建图层，新建图层的设置默认使用当前图层的设置。

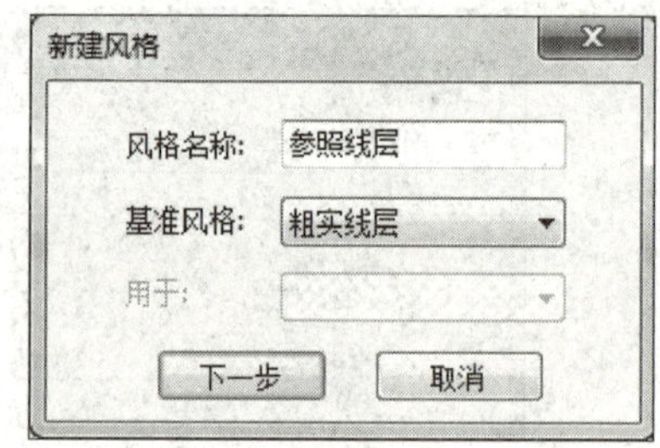

图1—41 “新建风格”对话框

（3）删除图层

删除一个已建立的图层。操作步骤如下：

1）调用“样式管理”或“图层设置”功能。

2）选中要删除的图层，单击“删除”按钮，在弹出的提示对话框中单击“是”按钮，即可删除图层。

3）也可以在左侧的图层列表处选择要删除的图层，单击鼠标右键，在弹出的菜单中选择“删除”即可。

提示：

只能删除创建的图层，不能删除系统原始图层。图层被设置为当前层时不能被删除。图层上有图形被使用时也不能被删除。

3. 图层设置

图层的设置主要是通过“图层设置”功能进行的，除了基本的设置当前层、重命名、新建、删除外，还可以进行打开/关闭、冻结/解冻、层锁定、设置颜色、设置线型、设置线宽以及本层是否打印等操作。对图层属性内容进行修改，则图层上所有对象的Bylayer属性均会更新。

（1）调用“图层设置”功能

1）单击“格式”主菜单中的“图层”按钮 。

2）单击“颜色图层”工具条上的“图层”按钮 。

3）单击“常用”选项卡上“特性”功能区中的“图层”按钮 。

4）执行layer命令。

调用“图层设置”功能后，弹出“层设置”对话框，如图1—42所示。

（2）打开/关闭图层

单击当前层后面的黄色按钮 ，弹出如图1—43所示的对话框，询问“当前层已打开，是否关闭？”，单击“是”按钮，则当前层关闭，其后黄色按钮 变为暗色按钮 。若单击非当前层后面的黄色按钮 ，直接变为暗色按钮 ，无对话框弹出。

（3）冻结/解冻图层

除当前层外，单击其他层后面的黄色冻结按钮 ，变为暗色按钮 ，表示该图层被冻结。单击暗色按钮 ，变为黄色按钮 ，表示该图层被解冻。

（4）层锁定设置

单击任意层后面的解锁按钮 ，变为锁定按钮 ，表示该图层被锁定。单击任意层后面的锁定按钮 ，变为解锁按钮 ，表示该图层未锁定。

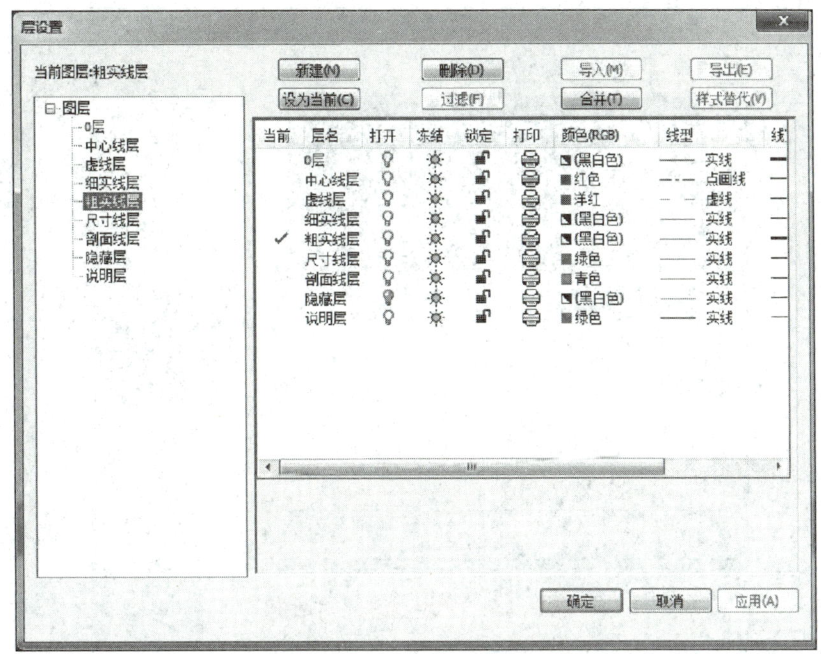

图1—42 “层设置”对话框

图1—43 是否关闭当前层对话框

(5) 图层打印设置

图层后面打印按钮为时，表示打印该图层；单击按钮变为时，表示不打印该图层。

(6) 图层颜色设置

每个图层都可以设置一种颜色，图层颜色是可以改变的。系统已为常用的图层设置了不同的颜色。若想改变上述图层颜色，操作步骤如下：

1) 调用“样式管理”或“图层设置”功能。

2) 在要改变颜色的图层的层状态颜色处，用鼠标左键单击“颜色”按钮，系统弹出“颜色选取”对话框，如图1—44所示。

3) 可根据需要选择颜色后，单击“确定”按钮，返回“层设置”对话框。

此时对应图层的颜色已改为选定的颜色。

(7) 图层线型设置

设置所选图层的线型。系统为已有的图层设置了不同的线型，所有线型都可以通过下列操作重新设置。

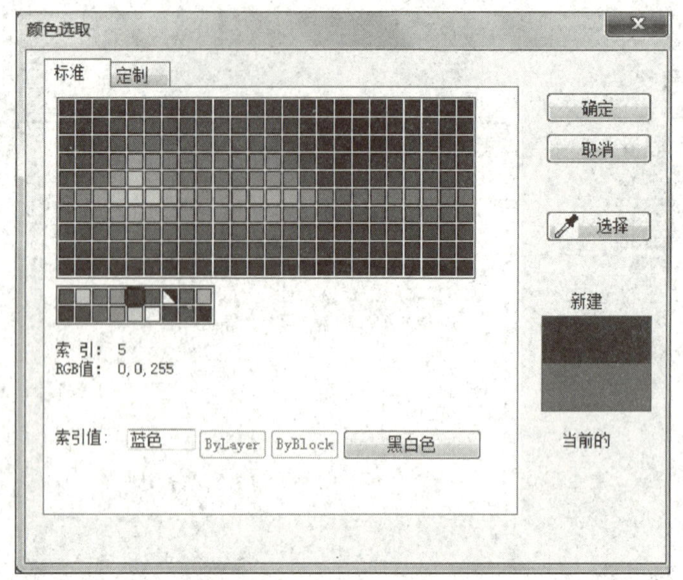

图1—44 “颜色选取”对话框

1）调用“样式管理”或“图层设置”功能。

2）在要改变线型的图层的层状态线型处，用鼠标左键单击“线型”按钮，系统弹出“线型”对话框，如图1—45所示。

3）可根据需要选择线型，单击“确定”按钮，返回“层设置”对话框。

此时对应图层的线型已改为选定的线型。

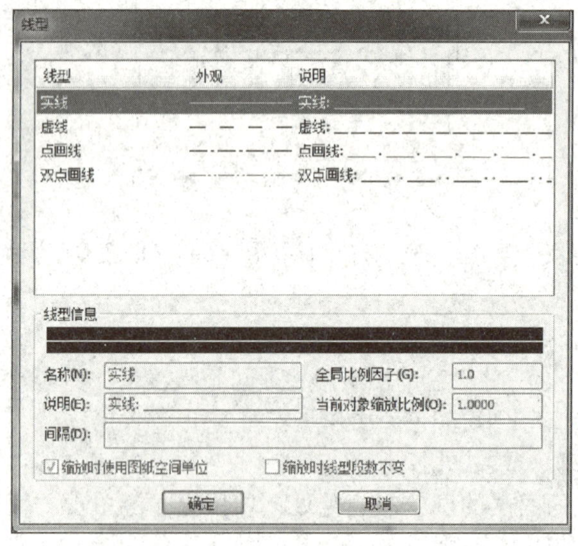

图1—45 “线型”对话框

（8）图层线宽设置

设置所选图层的线宽。系统为已有的图层设置了不同的线宽，所有线宽都可以通过下列操作重新设置。

1）调用“样式管理”或“图层设置”功能。

2）在要改变线宽的图层的层状态线宽处，用鼠标左键单击“线宽”按钮，系统弹出“线宽设置”对话框，如图1—46所示。

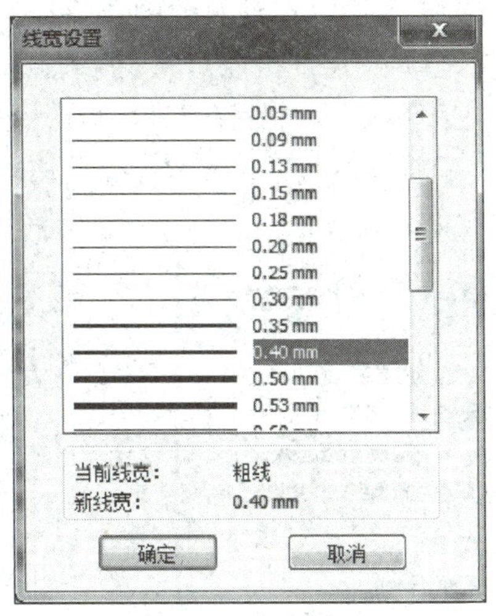

图1—46　“线宽设置”对话框

3）可根据需要选择线宽，单击“确定”按钮，返回“层设置”对话框。

此时对应图层的线宽已改为选定的线宽。

（9）图层编辑右键菜单

在“样式管理”或“图层设置”功能界面右侧的图层信息列表控件内，单击鼠标右键，还可以弹出图层编辑右键菜单，如图1—47所示，可以设置设为当前、新建图层、重命名图层、删除图层和修改层描述，此外还可以指定对图层的全部选定和反向选定。

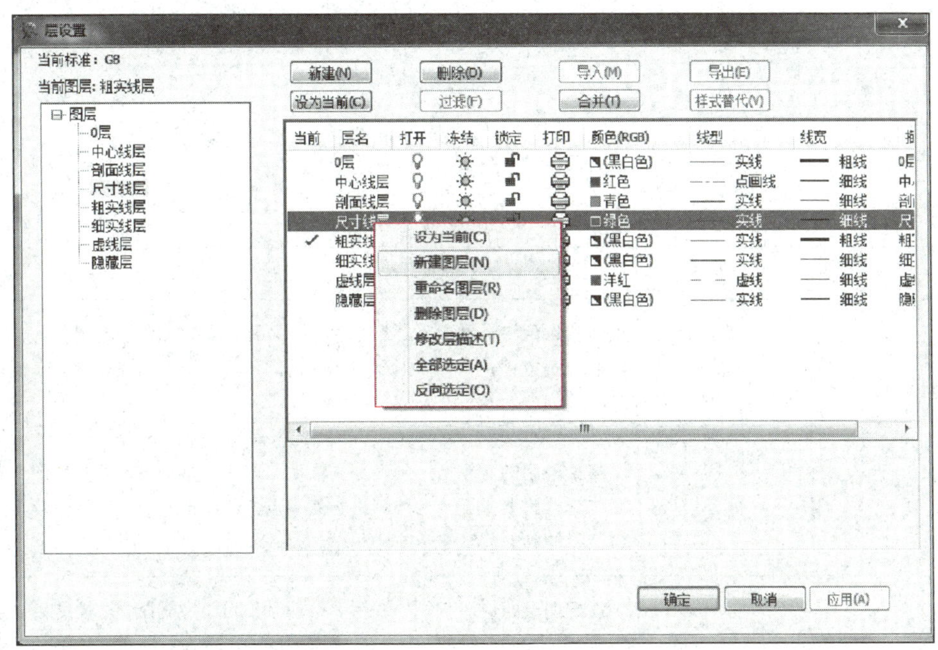

图1—47　图层编辑右键菜单

4. 图层工具

为了方便绘图中的图层操作，电子图板提供了多个图层工具。图层工具主要包括移动对象到当前图层、移动对象到指定图层、移动对象图层快捷设置、对象所在层置为当前图层、图层隔离、取消图层隔离、合并图层、拾取对象删除图层、图层全开和局部改层。

图层工具可通过“格式”主菜单中的“图层工具”子命令中的工具按钮调用，如图1—48a所示，或使用“图层工具”工具条中的工具按钮进行调用，如图1—48b所示。图层工具按钮的名称、图标、命令及功能见表1—2。

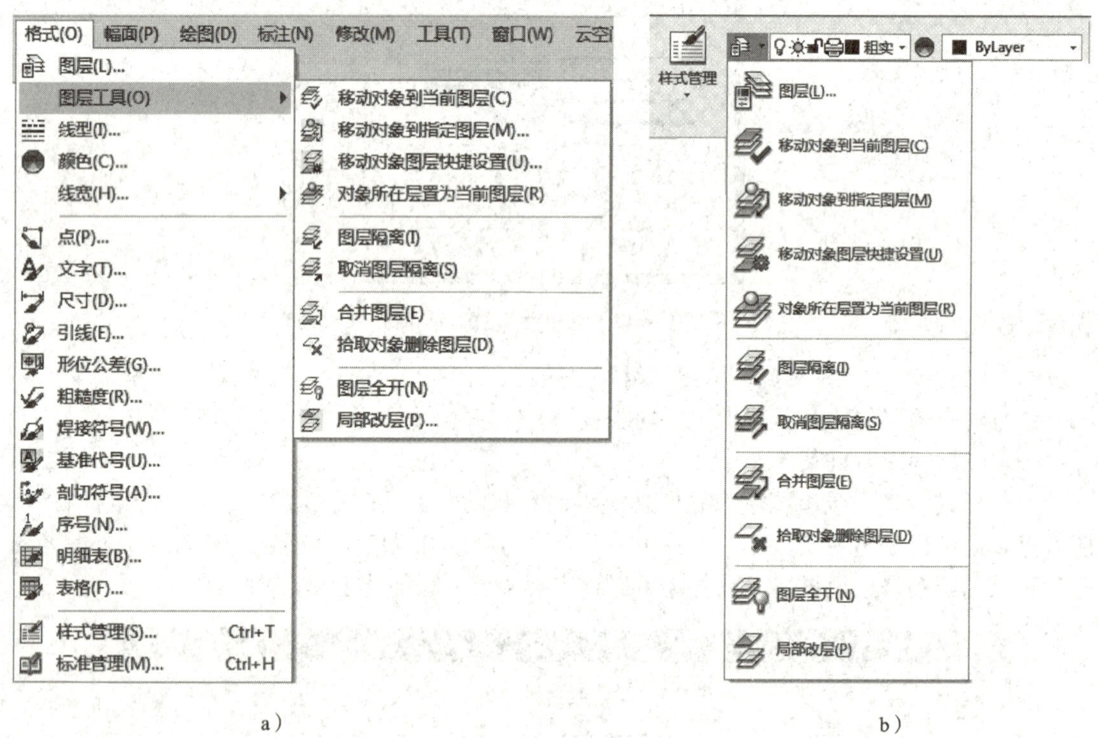

a）　　　　b）

图1—48　图层工具下拉菜单

表1—2　**图层工具按钮的名称、图标、命令及功能**

名称	图标	命令	功能
移动对象到当前图层		laycur	将拾取到的对象置于当前图层上。调用“移动对象到当前图层”功能后，可以点选或框选若干个对象。确定后即可将选择的对象全部置于当前图层上
移动对象到指定图层		laycur	将拾取到的对象指定到其他图层上。调用“移动对象到指定图层”功能后，选择将要指定到的层名称，然后点选或框选若干个对象。确定后即可将选择的对象全部置于指定的图层上
移动对象图层快捷设置		laycur	设定图层的快捷方式。调用“移动对象图层快捷设置”功能后，选择要指定快捷键的目标图层，然后指定快捷键。确定后即可将选择的对象使用快捷键移动到相应的图层上

续表

名称	图标	命令	功能
对象所在层置为当前图层		laymcur	将当前图层设置为拾取对象所在的图层。调用“对象所在层置为当前图层”功能后，可点选一个对象。点选后，当前图层将直接被置为该对象所在的图层
图层隔离		layiso	将选定对象所在图层以外的全部图层关闭。调用“图层隔离”功能后，可以点选或框选若干个对象。确定后各个对象所在的图层将保持打开状态，其他图层将全部被关闭
取消图层隔离		layuniso	取消图层隔离对图层的关闭。调用“取消图层隔离”功能后，图层隔离前开启的图层将直接处于打开状态，而图层隔离前关闭的图层将保持现有状态不变
合并图层		laymrg	将被合并图层的全部对象移动合并到图层中，并将被合并图层删除。注意：由于该功能牵涉到删除图层，因此选择被合并图层上的对象时，应保证其所在的图层符合可删除的条件
拾取对象删除图层		laydel	将拾取对象所在的图层及该图层上的全部对象删除。注意：由于该功能牵涉到删除图层，因此选择被删除图层上的对象时，应保证其所在的图层符合可删除的条件
图层全开		layon	将全部图层置于打开状态。调用“图层全开”功能后，全部图层都将处于打开状态
局部改层		laypart	拾取两点将基本曲线截断，并修改两点间夹的部分的图层属性

二、颜色

电子图板提供完整的24位RGB色域颜色，以便对图纸中不同属性的对象加以区别。颜色是电子图板对象的基本属性之一。

1. 颜色操作

单击“颜色图层”工具条或“常用”选项卡“特性”功能区的“颜色”下拉菜单，可弹出颜色菜单列表，如图1—49所示。在列表中单击所需的颜色即可完成设置。如果在该列表中选择“其他”项目，则会弹出“颜色选取”对话框。

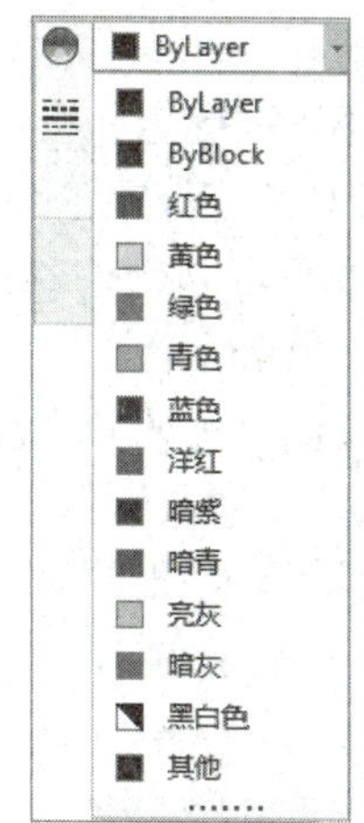

图1—49　颜色菜单列表

2. 颜色设置

电子图板系统中颜色的管理和设置主要是通过“颜色选取”功能进行的，可以进行使用标准颜色、使用定制颜色操作。

（1）调用“颜色设置”功能

1）单击“格式”主菜单中的“颜色”按钮。

2）单击“颜色图层”工具条上的“颜色”按钮。

3）单击“常用”选项卡上“特性”功能区中的“颜色”按钮。

4）执行color命令。

调用“颜色设置”功能后，弹出“颜色选取”对话框，如图1—50所示。

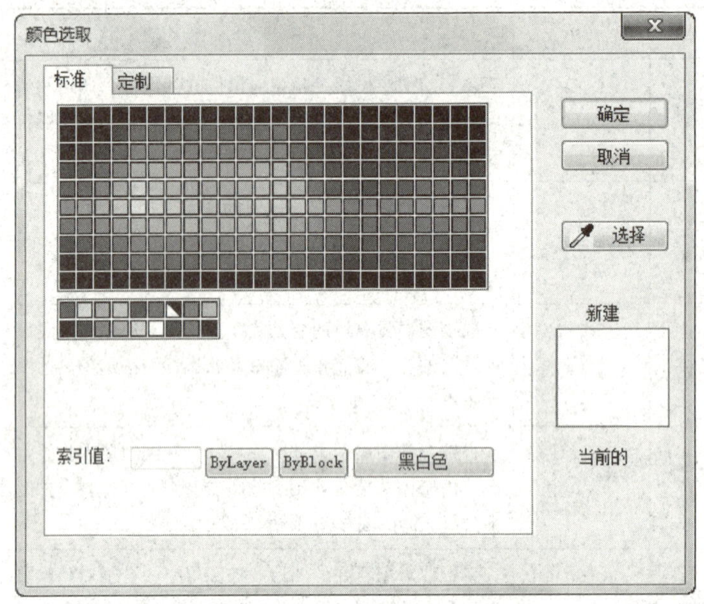

图1—50 “颜色选取”对话框

（2）使用标准颜色

在图1—50中可以选择的颜色包括：

1）索引颜色。单击颜色的单元格可使用索引选项卡上的颜色。

2）ByLayer。单击“ByLayer”按钮可使用指定给当前图层的颜色。

3）ByBlock。单击“ByBlock”按钮使用ByBlock的颜色，生成对象并建为块时，对象的颜色与块保持一致。

4）黑白色。单击“黑白色”按钮使用黑白色，当系统背景颜色为白色时，绘制对象颜色显示为黑色；反之当系统背景颜色为黑色时，绘制对象颜色显示为白色。

5）从屏幕。单击“从屏幕”选择按钮 ，光标变为 后，单击屏幕上一点，即可拾取一个颜色。

选择一个颜色后，对话框提示索引名称代码，并在右下方预览选择的颜色和当前的颜色。单击“确定”按钮后，系统当前颜色被设置为所选择的颜色。

（3）使用定制颜色

使用定制颜色并设置为当前颜色。在“颜色选取”对话框中，单击“定制”选项卡，如图1—51所示。

定制颜色的方式包括如下几种方式：

1）使用鼠标直接在“颜色”下方点取。

2）使用HSL模式，即在色调、饱和度、亮度文本框中输入指定数值。

3）使用RGB模式，即在红色、绿色、蓝色文本框中输入指定数值。

4）单击“从屏幕”选择按钮 ，光标变为 后，单击屏幕上一点拾取一个颜色即可。

5）定制颜色时，可以拖动右侧的 按钮配合颜色的定制。

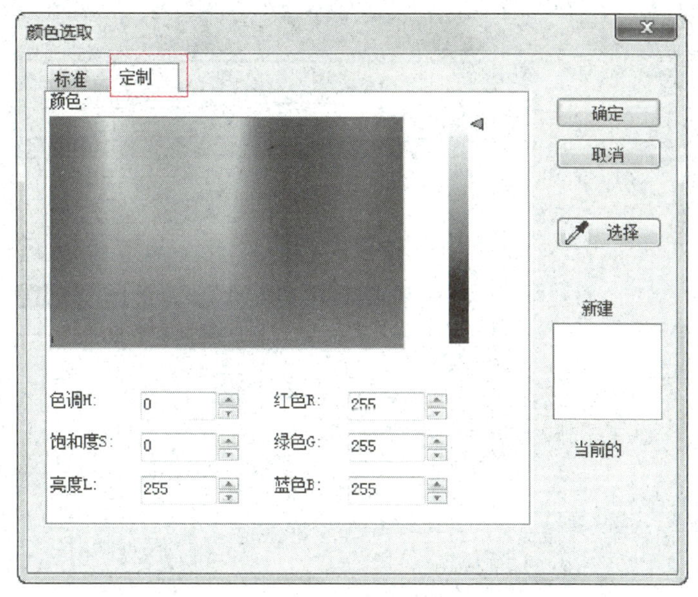

图1—51 “定制”选项卡

选择一个颜色后，对话框提示索引名称，并在右下方预览选择的颜色和当前的颜色。单击“确定”按钮后，系统当前颜色被设置为选择的颜色。

三、线型

在绘图过程中，经常会遇到利用不同线型来表示不同设计元素差异的情况。为此，电子图板提供了线型定制和管理。

1. 线型设置

除了基本的设置当前线型、新建、删除外，还可以进行更改线型名称、更改线型说明、更改全局比例因子、更改当前线型缩放比例等操作。“线型设置”对话框中的ByLayer和ByBlock不能修改。

（1）调用“线型设置”功能

1）单击“格式”主菜单中的“线型”按钮☰。

2）单击“颜色图层”上的“线型”按钮☰。

3）单击“常用”选项卡上“特性”功能区中的“线型”按钮☰。

4）执行ltype命令。

调用“线型设置”功能后，弹出“线型设置”对话框，如图1—52所示。

（2）线型名称

线型名称是线型的标志性代号，是线型与线型之间相互区别的唯一标志。修改线型名称有两种方法：

1）在右侧的“线型信息”对话框中选中需要修改的线型，直接在“名称”文本框内进行修改。

2）在左侧的线型列表处，选中需要修改的线型，单击鼠标右键后，在弹出的菜单中选择“重命名”并输入新的线型名称。

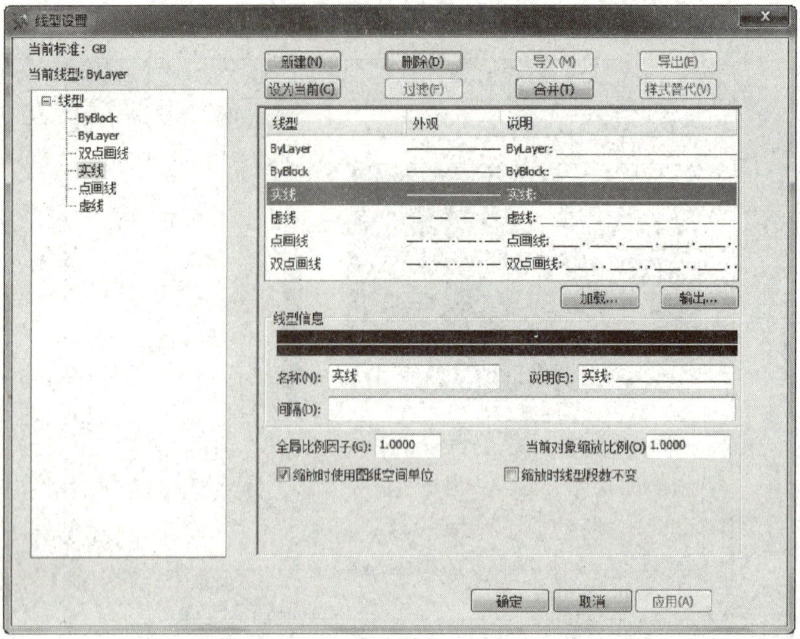

图1—52 “线型设置”对话框

(3) 线型说明

线型说明是对本线型的补充说明。修改线型说明可以在选定被修改线型后，直接在“说明”文本框内进行。

(4) 全局比例因子

全局比例因子是更改图形中所有线型比例因子的参数。出于可辨识及图纸美观等需要，有时会将电子图板内定制的线型中线段和间隔的显示长度同时进行一个特定比例的缩放。这个缩放的倍数就是全局比例因子。

全局比例因子不存在对象个体差异，与线型无关，也与选择的对象无关。它是一个控制整个图纸文件的宏观参数。改变全局比例因子后，整个图纸的线型比例都将随之缩放。

对象线型比例因子=全局比例因子×对象线型缩放比例×当前对象线型比例。

(5) 当前对象缩放比例

当前对象缩放比例是设置所编辑线型的比例因子。

(6) 定制线型

电子图板中的线型，是用一串以“,”分割的数字来表示的。线型代码最多由16个数字组成，每个数字代表笔画或间隔长度的像素值。奇数位数字代表笔画长度，偶数位数字代表间隔长度，笔画和间隔用逗号分开，线型代码数字个数必须是偶数。如线型间隔数字为“12，6，6，6”，其线型显示效果如图1—53所示。

图1—53 线型显示效果

2. 线型操作

(1) 设置当前线型

将某个线型设置为当前线型，随后绘制的图形元素均使用此线型。

1) 可选的线型

①ByLayer。绘制图形元素使用当前图层的线型。

②ByBlock。绘制图形元素被定义为块后，使用块所应用的线型。

③ByLayer和ByBlock以外的线型。绘制的图形元素即使用所选择的线型。

提示：

ByLayer（随层）是指实体的显示属性与其所在的图层的默认属性相同。ByBlock（随块）是指实体的显示属性与其所在的块的当前属性相同。

2) 设置当前线型的方法

①单击“颜色图层”工具条或“常用”选项卡“特性”面板中的“线型”下拉菜单，可弹出线型菜单列表，如图1—54所示。在列表中单击所需的线型即可完成当前线型选择的设置操作。

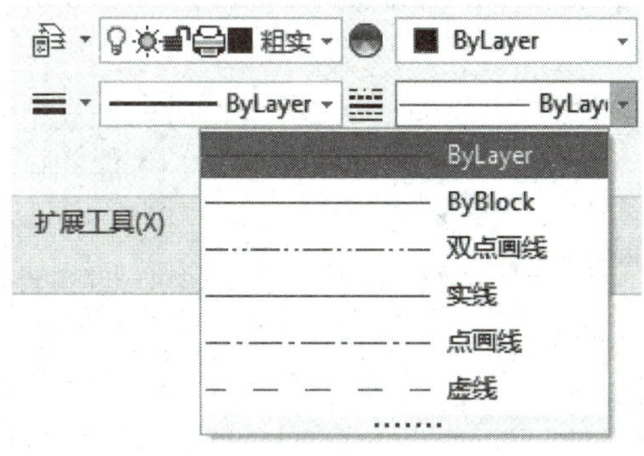

图1—54　线型菜单列表

②在“样式管理”或“线型设置”对话框中，单击要设置的线型后，再单击“设为当前”按钮即可。

③在“样式管理”或“线型设置”对话框中，单击左侧线型列表上的线型后，再单击鼠标右键，在弹出的菜单中选择“设为当前”，如图1—55所示。

(2) 新建线型

1) 调用“样式管理”或“线型设置”功能。

2) 单击“新建”按钮，系统弹出如图1—56所示的确认新建对话框，单击“是”按钮，弹出“新建风格”对话框，如图1—57所示。

输入一个线型名称，并选择一个基准线型，单击“下一步”按钮后，在线型列表框的最下边一行可以看到新建的线型，新建线型的设置默认使用所选的基准线型的设置。

(3) 删除线型

1) 调用“样式管理”或“线型设置”功能。

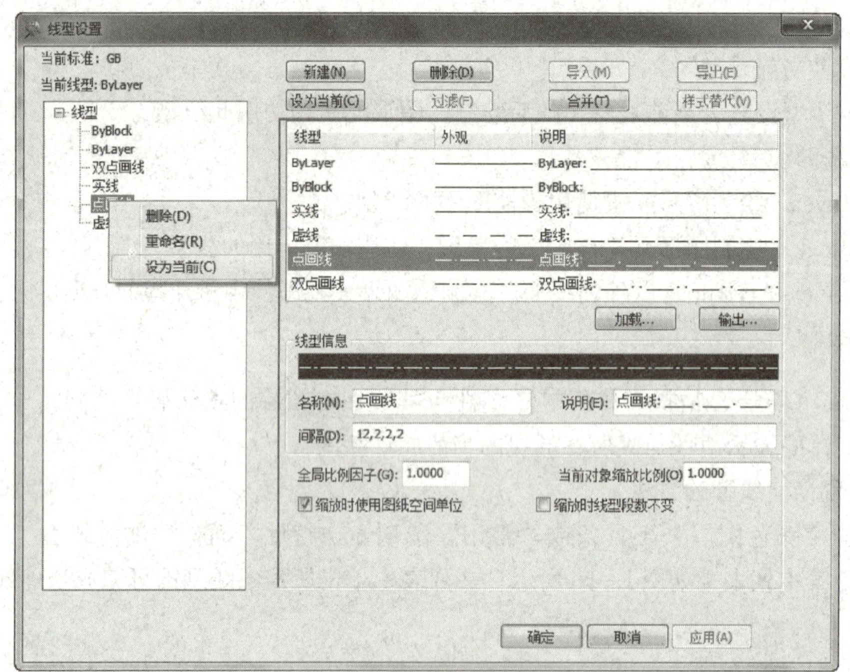

图1—55　选择“设为当前”

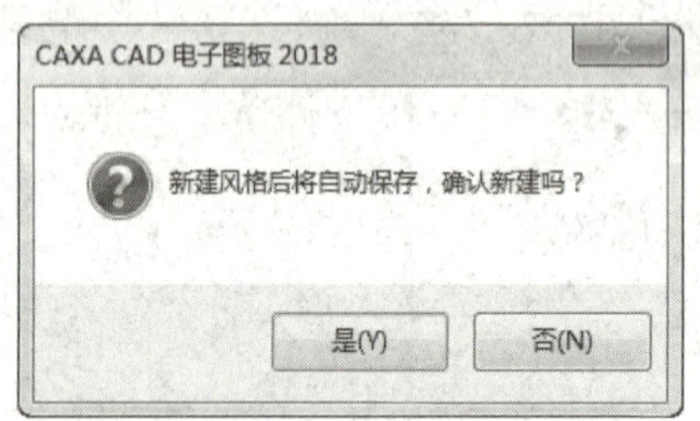

图1—56　确认新建对话框

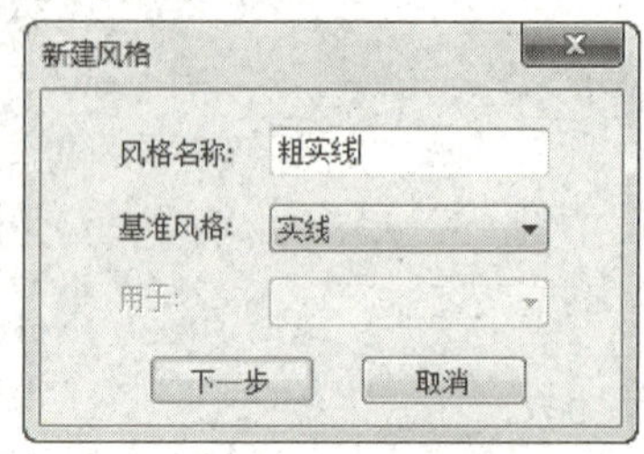

图1—57　“新建风格”对话框

2）选中要删除的线型，单击“删除”按钮，弹出如图1—58所示的确认删除对话框，单击“是”按钮即可删除线型。

3）也可以在左侧的线型列表处选择要删除的线型单击鼠标右键，在弹出的菜单中单击“删除”按钮并确认。

图1—58　确认删除对话框

提示：

只能删除创建的线型，不能删除系统原始线型。线型被设置为当前线型时不能被删除。

3. 线型的加载和输出

（1）加载线型

从文件已有线型中导入线型。调用“样式管理”或“线型设置”功能。单击“加载”按钮，弹出“加载线型”对话框，如图1—59所示。在下方线型列表框中选择要加载的线型，单击“确定”按钮即可。

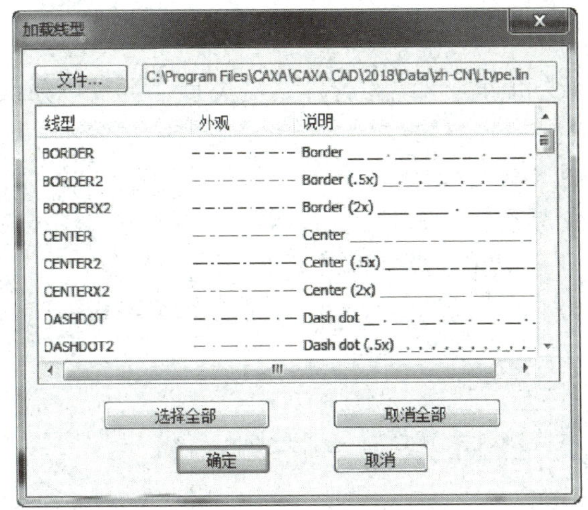

图 1—59 “加载线型”对话框

（2）输出线型

将已有线型输出到一个线型文件保存。调用“样式管理”或“线型设置”功能。单击“输出”按钮，弹出“输出线型”对话框，如图 1—60 所示。单击“文件”按钮选择一个线型文件，然后在下方列表框中选择要输出的线型并单击“确定”按钮即可。

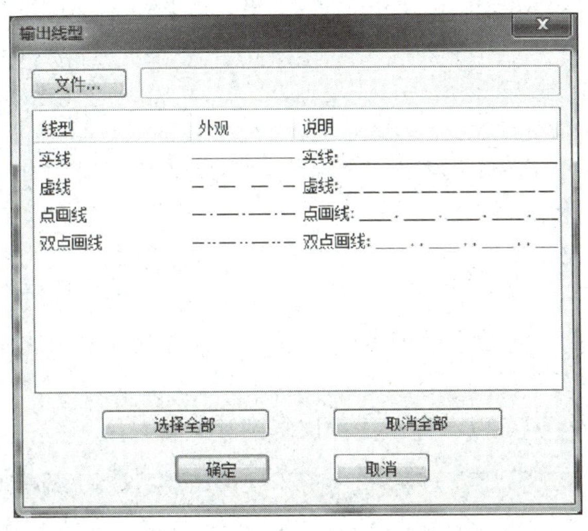

图 1—60 “输出线型”对话框

四、线宽

线宽设置操作包括“设置当前线宽”和“设置线宽比例”。

1. 线宽操作

将某个线宽设置为当前线宽，随后绘制的图形元素均使用此线宽。

（1）可选线宽

1）ByLayer。绘制图形元素使用当前图层的线宽。

2）ByBlock。绘制图形元素被定义为块后，使用块所应用的线宽。

3）ByLayer 和 ByBlock 以外的线宽。绘制的图形元素即使用所选择的线宽。

提示：

细线、粗线、中粗线和两倍粗线为特殊线宽类型，可以单独设置显示比例和打印参数。

（2）设置当前线宽的方法

单击“颜色图层”工具条或“常用”选项卡中的“特性”面板上的“线宽”下拉菜单，可弹出线宽菜单列表，如图1—61所示。在列表中单击所需的线宽即可完成当前线宽选择的设置操作。

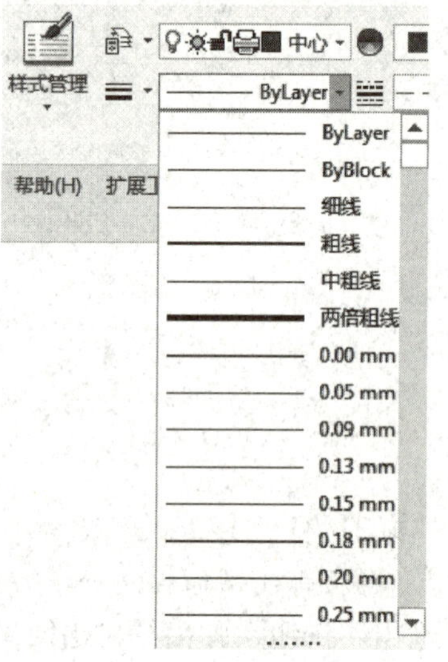

图1—61　线宽菜单列表

2. 线宽设置

设置系统的线宽显示比例。线宽设置主要是通过“线宽设置”功能进行的。

（1）调用“线宽设置”功能

1）单击“格式”主菜单中的“线宽”按钮 ≡。

2）单击“颜色图层”工具条上的“线宽”按钮 ≡。

3）单击“常用”选项卡上“特性”功能区中的“线宽”按钮 ≡。

4）使用鼠标右键单击状态栏中的“线宽”按钮后选择“设置”。

5）执行wide命令。

（2）说明

调用“线宽设置”功能后，弹出“线宽设置”对话框，如图1—62所示。“线宽设置”对话框中各项参数含义和使用方法如下：

1）选择“细线”或“粗线”后，可以在右侧“实际数值”处为系统的“细线”或“粗线”指定线宽。

2）拖动“显示比例”处的手柄可以调整系统所有线宽的显示比例，向右拖动手柄提高线宽显示比例，向左拖动手柄降低线宽显示比例。

3）“恢复默认值”按钮可以将显示比例恢复到默认状态。

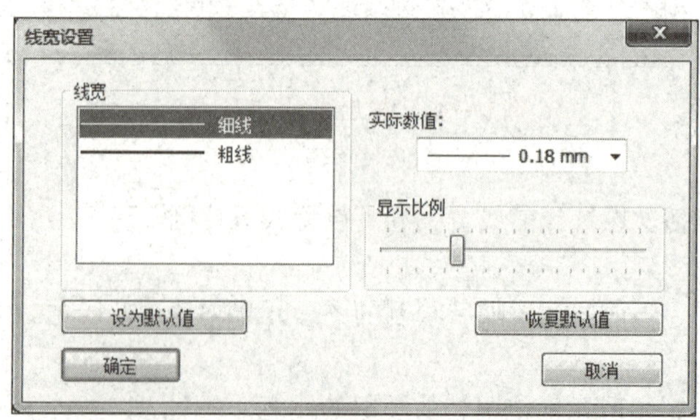

图1—62　“线宽设置”对话框

§1—5 图纸幅面设置

一、图幅参数设置

图幅参数设置是为一张图纸指定图纸尺寸、绘图比例、图纸方向等参数。国家标准规定了五种基本图幅，并分别用“A0、A1、A2、A3、A4”表示。电子图板除了允许设置这五种基本图幅以及相应的图框、标题栏外，还允许自定义图幅和图框。

1. 调用“图幅设置”功能

（1）单击“幅面”主菜单中的“图幅设置”按钮。

（2）单击“图幅”工具条中的按钮 。

（3）单击“图幅”选项卡中“图幅”面板上的按钮 。

（4）执行setup命令。

调用“图幅设置”功能后，弹出如图1—63所示的“图幅设置”对话框。

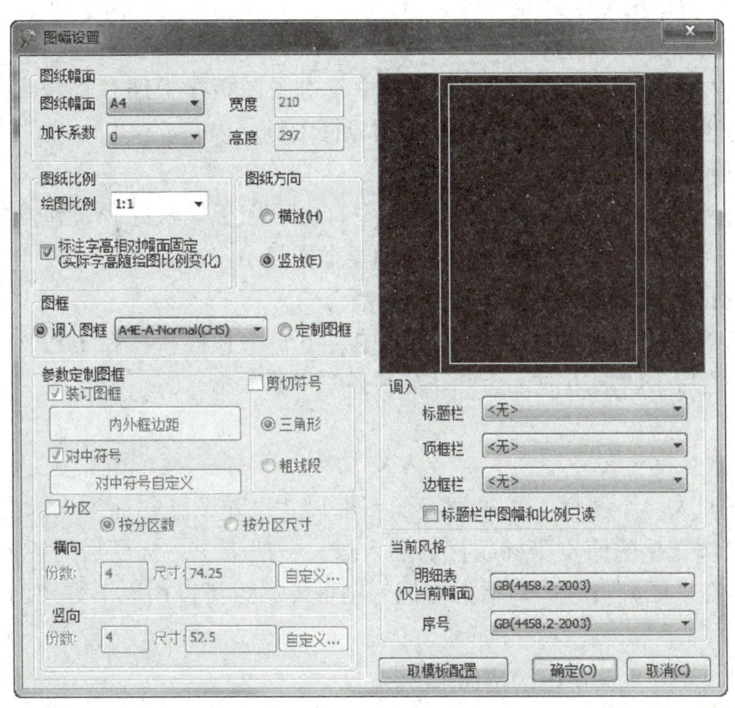

图1—63 “图幅设置”对话框

2. 幅面参数

（1）图纸幅面设置

单击“图纸幅面”项右边的按钮 ，弹出下拉菜单，列表框中有从A0到A4标准图纸幅面选项和用户自定义选项可供选择。当所选择的幅面为基本幅面时，在“宽度”和“高度”文本框中显示该图纸幅面的宽度值和高度值，但不能修改；当选择用户自定义选项时，在“宽度”和“高度”文本框中输入所需图纸幅面的宽度值和高度值。

（2）图纸比例设置

系统绘图比例的默认值为1∶1。这个比例直接显示在绘图比例的对话框中。如果要改变绘图比例，可单击“绘图比例”项右边的按钮▾，弹出一个下拉菜单，列表框中的值为国家标准规定的比例系列值。选中某一项后，所选的值在绘图比例对话框中显示。也可以激活文本框由键盘直接输入新的比例数值。

（3）图纸方向设置

图纸放置方向由“横放”或“竖放”两个按钮控制，被选中者呈黑点显示状态。

（4）标注字高相对幅面固定设置

如果需要标注字高相对幅面固定，即实际字高随绘图比例变化，应选中此复选框；反之，应将“√”去除。

3. 调入幅面元素

（1）调入图框

首先选中“调入图框”单选框，激活“图框”。单击“调入图框”下拉菜单，在菜单列表中有电子图板模板路径下包含的全部图框。单击需要的图框后，所选图框会自动在预显框中显示出来。

（2）调入标题栏

单击“标题栏”下拉菜单，在菜单列表中有电子图板模板路径下包含的全部标题栏。单击需要的标题栏后，所选标题栏会自动在预显框中显示出来。

（3）调入顶框栏

单击“顶框栏”下拉菜单，在菜单列表中有电子图板模板路径下包含的全部顶框栏。单击需要的顶框栏后，所选顶框栏会自动在预显框中显示出来。

（4）调入边框栏

单击“边框栏”下拉菜单，在菜单列表中有电子图板模板路径下包含的全部边框栏。单击需要的边框栏后，所选边框栏会自动在预显框中显示出来。

二、图框

1. 调入图框

为当前图纸调入一个图框。电子图板的图框尺寸可随图纸幅面大小的变化而进行相应的比例调整。比例变化的原点为标题栏的插入点。一般来说，标题栏的插入点位于标题栏的右下角。除了在“图幅设置”对话框中调入图框外，也可以用以下方式调用“调入图框”功能。

（1）单击“幅面”主菜单中的按钮 ⬚。

（2）单击“图框”工具条中的按钮 ⬚。

（3）单击“图幅”选项卡中“图框”面板上的按钮 ⬚。

（4）执行frmload命令。

调用“调入图框”功能后，弹出如图1—64所示的“读入图框文件”对话框。对话框中列出了在当前设置模板路径下符合当前图纸幅面的标准图框或非标准图框的文件名。可根据当前绘图需要从中选取。选中图框文件，单击“导入”按钮，即可调入所选取的图框文件。

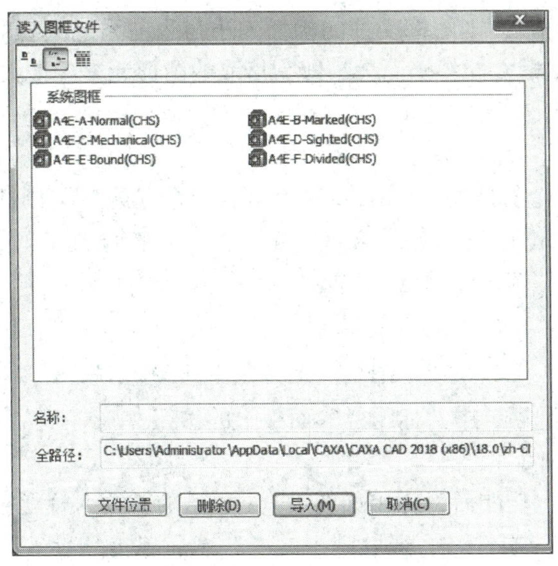

图1—64 “读入图框文件”对话框

2. 定义图框

拾取图形对象并定义为图框以备调用。通常有很多属性信息如描图、底图总号、签字、日期等需要附加到图框中，定义图框后可以填写这些属性信息。这些属性信息都可以通过属性定义的方式加入到图框中。用以下方式可以调用“定义图框”功能：

(1) 单击“幅面”主菜单中的按钮 。

(2) 单击“图框”工具条中的按钮 。

(3) 单击“图幅”选项卡中“图框”面板上的按钮 。

(4) 执行 frmdef 命令。

调用“定义图框”功能后，根据提示拾取要定义为图框的图形元素并确认，指定基准点弹出“保存图框”对话框，输入图框名称并单击“确定”按钮即可。

如果所选图形元素的尺寸大小与当前图纸幅面不匹配，在指定基准点后将弹出如图1—65所示的“选择图框文件的幅面”对话框。

选择图框文件的幅面
当前系统的幅面
宽度 210 高度 297
取系统值(S)
用户定义的图框
宽度 566 高度 716
取定义值(D)
说明
取系统值，图框文件的幅面大小与当前系统缺省的幅面大小一致；
取定义值，图框文件的幅面大小即为用户定义的最外层图框的大小。
取消(C)

图1—65 “选择图框文件的幅面”对话框

如果选择“取系统值”，则图框文件的幅面大小与当前系统缺省的幅面大小一致；如果选择“取定义值”，则图框文件的幅面大小即为拾取的图形元素的最大边界大小。

三、标题栏

1. 调入标题栏

为当前图纸调入一个标题栏。如果屏幕上已有一个标题栏，则新标题栏将替代原标题栏，标题栏调入时的定位点为其右下角点。除了在“图幅设置”对话框中调入标题栏外，也可以用以下方式调用“调入标题栏”功能：

（1）单击“幅面”主菜单中的按钮 。

（2）单击“标题栏”工具条或“图幅”工具条中的按钮 。

（3）单击“图幅”选项卡中“标题栏”面板上的按钮 。

（4）执行headload命令。

调用“调入标题栏”功能后，弹出如图1—66所示的“读入标题栏文件”对话框。对话框中列出了已有标题栏的文件名。选取其中之一，然后单击“导入”按钮，一个由所选文件确定的标题栏会显示在图框的标题栏定位点处。

2. 填写标题栏

填写当前图形中标题栏的属性信息。用以下方式可以调用“填写标题栏”功能：

（1）单击“幅面”主菜单中的按钮 。

（2）单击“标题栏”工具条中的按钮 。

（3）单击“图幅”选项卡中“标题栏”面板上的按钮 。

（4）执行headfill命令。

调用“填写标题栏”功能后，拾取可以填写的标题栏，将弹出如图1—67所示的“填写标题栏”对话框。在属性名称后面的属性值单元格处直接进行编辑即可。

如果勾选“自动填写图框上的对应属性”复选框，可以自动填写图框中与标题栏相同字段的属性信息。

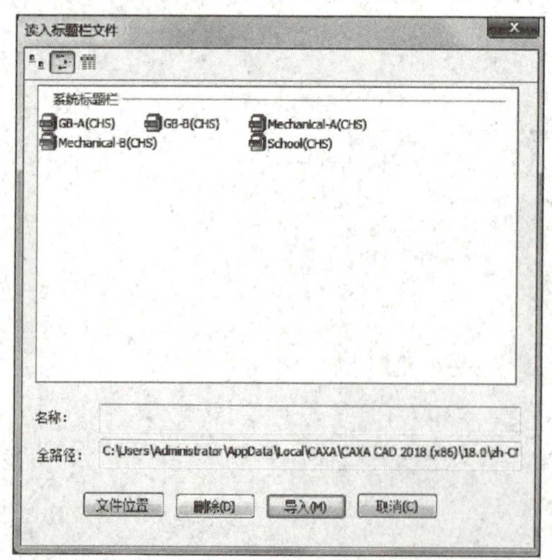

图1—66 “读入标题栏文件”对话框

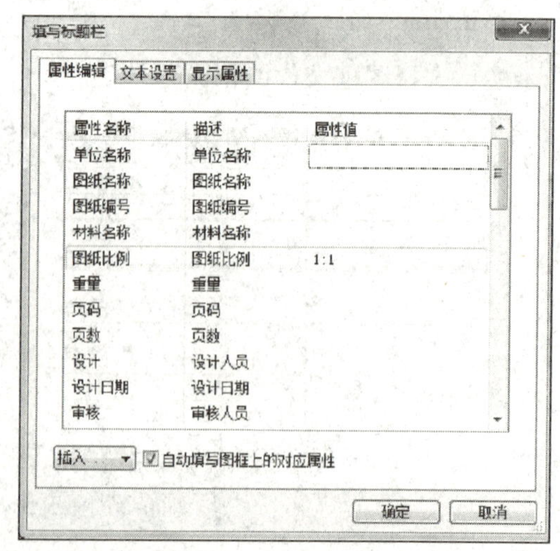

图1—67 “填写标题栏”对话框

第二章 绘制基本图形

§2—1 绘制点

一、点样式设置

点样式设置用于设置屏幕中点的样式与大小。

1. 调用方式

（1）单击“格式”主菜单中的按钮。

（2）单击“设置工具”工具条中的按钮。

（3）单击“工具”选项卡“选项”面板上的按钮。

（4）执行ddptype命令。

调用“点样式”功能后，弹出如图2—1所示的“点样式”对话框。

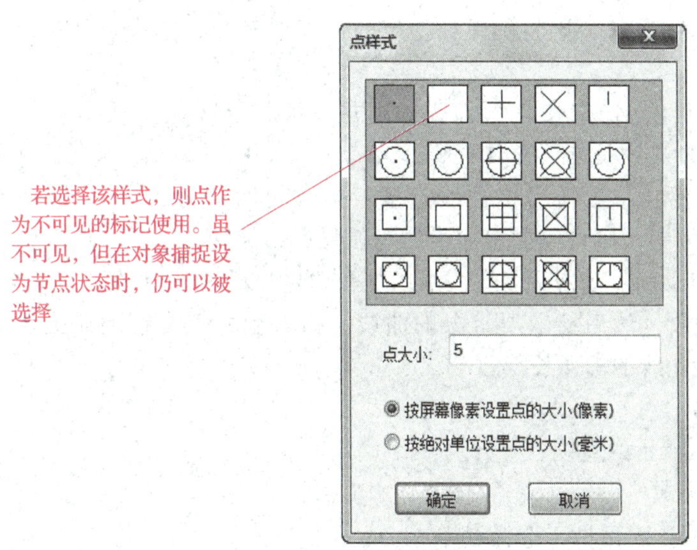

图2—1 “点样式”对话框

2. 说明

点样式设置包括“点样式”与“点大小”两部分。

(1) 点样式

点样式提供了20种不同点的样式，以适应绘图的需求。

(2) 点大小

点大小分为“像素大小”与“绝对大小”两种。像素大小即为像素值相对于屏幕的大小；绝对大小即为实际点的大小，其单位为毫米（mm）。

二、点的绘制

在屏幕上绘制点，可以是孤立点，也可以是曲线上的等分点。

1. 调用方式

(1) 单击“绘图”主菜单中的按钮 · 。

(2) 单击“常用”选项卡中“绘图”面板内的按钮 · 。

(3) 单击“绘图”工具条上的按钮 · 。

(4) 执行point命令。

点立即菜单如图2—2所示。

图2—2　点立即菜单1

2. 说明

单击立即菜单“1.”选项的下拉菜单，可使用“孤立点”“等分点”“等距点”三种方式。

(1) 若选“孤立点”，则可用鼠标拾取或用键盘直接输入点，利用工具点菜单，则可绘制出端点、中点、圆心点等特征点。

(2) 若选“等分点”，输入等分数，然后拾取要等分的曲线，则可绘制出曲线的等分点。

提示：

这里只是做出等分点，而不会将曲线打断，若想对某段曲线进行几等分，则除了本操作外，还应使用“曲线编辑”中的“打断”功能。

(3) 若选“等距点”，则将圆弧按指定的弧长划分，其立即菜单变为图2—3所示的设置。

如果菜单为“2. 指定弧长”方式，则在“弧长”文本框中指定每段弧的长度，在其“等分数”文本框中输入等分数，然后拾取要等分的曲线，接着拾取起始点，选取等分的方向，则可绘制出曲线的等弧长点；如果菜单切换为“2. 两点确定弧长”，则在“等分数”文本框中输入等分数，然后拾取要等分的曲线，拾取起始点，在圆弧上选取等弧长点（弧长），则可绘制出曲线的等弧长点。

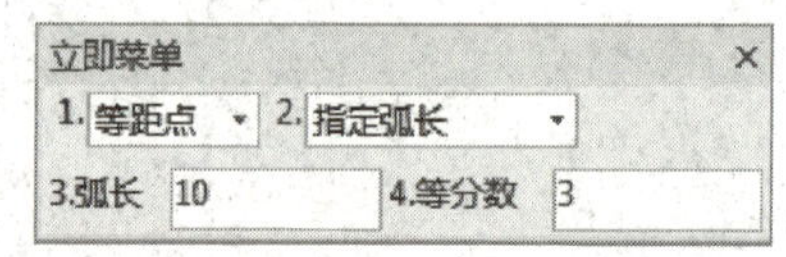

图2—3　点立即菜单2

3. 实例

将如图2—4a所示的直线三等分。

(1) 设置点样式

打开“点样式”对话框，选择点样式⊡。

(2) 直线三等分

在点立即菜单中，选用“等分点”，输入等分数3，然后拾取如图2—4a所示的直线，则可绘制出该直线的三等分点，如图2—4b所示。

(3) 打断

调用“打断”功能，然后按提示拾取直线，再拾取1点，则直线在1点处被打断。

用同样的方法可以将剩余的直线在2点处打断，此时，原来的直线已被等分为三条互不相关的线段，如图2—4c所示。用同样的方法，也可以将其他曲线（如圆、圆弧）进行等分。

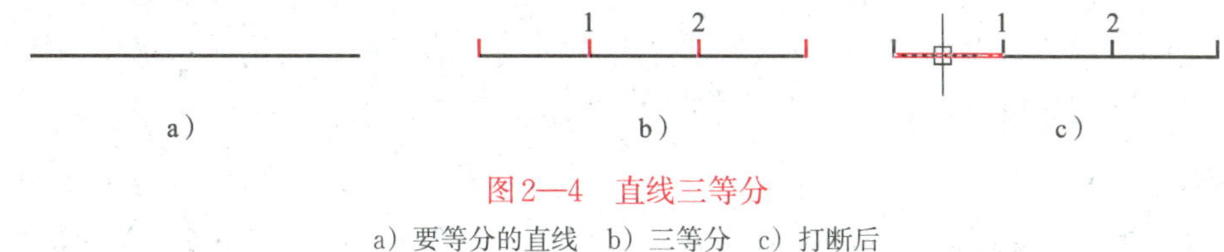

图2—4　直线三等分

a）要等分的直线　b）三等分　c）打断后

§2—2　绘制直线和平行线

一、绘制直线

直线是图形构成的基本要素，正确、快捷地绘制直线的关键在于点的选择。在电子图板中拾取点时，可充分利用工具点菜单、智能点、导航点、栅格点等工具。输入点的坐标时，一般以绝对坐标输入，也可以根据实际情况，输入点的相对直角坐标和相对极坐标。

为了适应各种情况下直线的绘制，电子图板提供了两点线、角度线、角等分线、切线/法线、等分线、射线、构造线等七种方式，通过立即菜单选择直线生成方式及参数即可。另外，每种直线生成方式都可以单独执行，以便提高绘图效率。

1. 两点线

按给定两点绘制一条直线段或按给定的连续条件绘制连续的直线段。每条线段都可以单独进行编辑。

(1) 调用方式

1）单击“绘图”主菜单中“直线”子菜单的两点线按钮⁄。

2）单击“常用”选项卡中“绘图”面板内“直线”功能按钮下拉菜单中的两点线按钮⁄。

3）调用“直线”功能并在立即菜单选择“两点线”。

4）执行lpp命令。

两点线立即菜单如图2—5所示。

(2) 说明

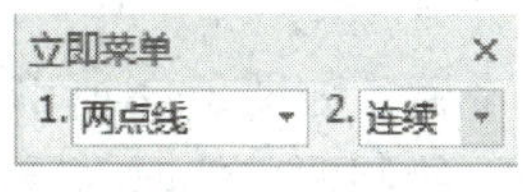

图2—5　两点线立即菜单

单击立即菜单“连续”选项的下拉菜单，将该项内容由“连续”变为“单根”，其中“连续”表示每条直线段相互连接，前一个直线段的终点为下一个直线段的起点，而“单根”是指每次绘制的直线段相互独立、互不相关。

按立即菜单的条件和提示要求，用光标输入两点，则一条直线被绘制出来。为了准确地绘出直线，可以使用键盘输入两个点的坐标或距离，也可以通过动态输入即时输入坐标和角度。此命令可以重复进行，单击鼠标右键或单击“Esc”键即可退出此命令。

在非正交情况下，第一点和第二点均可为三种类型的点：切点、垂足点、其他点（工具点菜单上列出的点）。根据拾取点的类型可生成切线、垂直线、公垂线、垂直切线以及任意的两点线。在正交情况下，生成的直线平行于当前坐标系的坐标轴。

提示：

可以使用F8键切换为正交模式，也可单击屏幕右下角状态栏中的“正交”按钮进行切换。

（3）实例

例 绘制如图2—6所示的直角三角形。

绘图步骤：单击“绘图”工具条中的“直线”按钮，系统弹出直线立即菜单，选择“1. 两点线”“2. 连续”方式，并提示：

第一点（切点，垂足点）:（在屏幕中用鼠标左键确定A点）

第二点（切点，垂足点）：30（打开正交模式，垂直向下移动光标，如图2—7a所示，输入距离“30”，并单击“Enter”键确认，绘制出三角形长为30 mm的直角边AB）

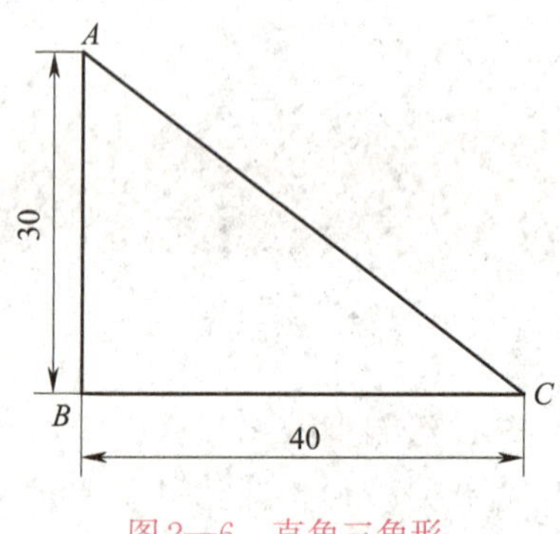

图2—6 直角三角形

第二点（切点，垂足点）：40（水平向右移动光标，如图2—7b所示，输入距离“40”，并单击“Enter”键确认，绘制出三角形的另一条长为40 mm的直角边BC）

第二点（切点，垂足点）:（关闭正交模式，用鼠标左键捕捉A点，如图2—7c所示，绘制出三角形的斜边AC）

单击鼠标右键或“Enter”键或“Esc”键退出“直线”功能。

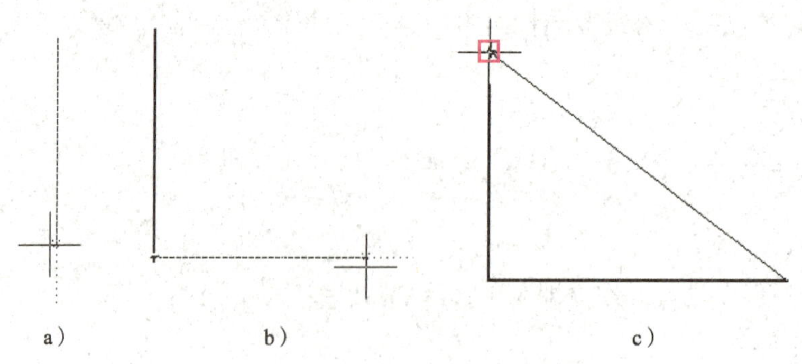

图2—7 直角三角形的绘制过程

a）向下移动光标 b）向右移动光标 c）捕捉A点

例 如图2—8所示，绘制两圆的外公切线。

绘制两点线时，充分利用工具点菜单，可以绘制出多种特殊的直线，这里以利用工具点中的“切点”绘制出圆和圆的公切线。绘图步骤如下：

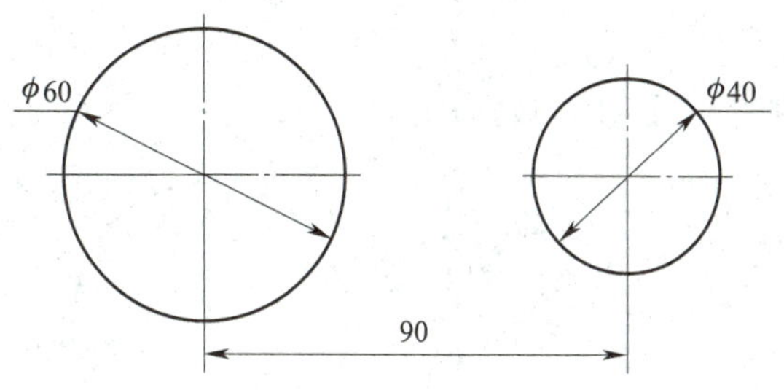

图2—8　绘制两圆的外公切线

执行两点线命令："直线"

第一点：（单击空格键弹出工具点菜单，单击"切点"选项，如图2—9a所示，然后按提示拾取第一个圆中"1"所指的位置，如图2—9b所示）

第二点：（单击空格键弹出工具点菜单，单击"切点"选项，然后按提示拾取第二个圆中"2"所指的位置，如图2—9c所示）

单击鼠标右键或"Enter"键或"Esc"键退出"直线"功能。绘图结果如图2—9d所示。

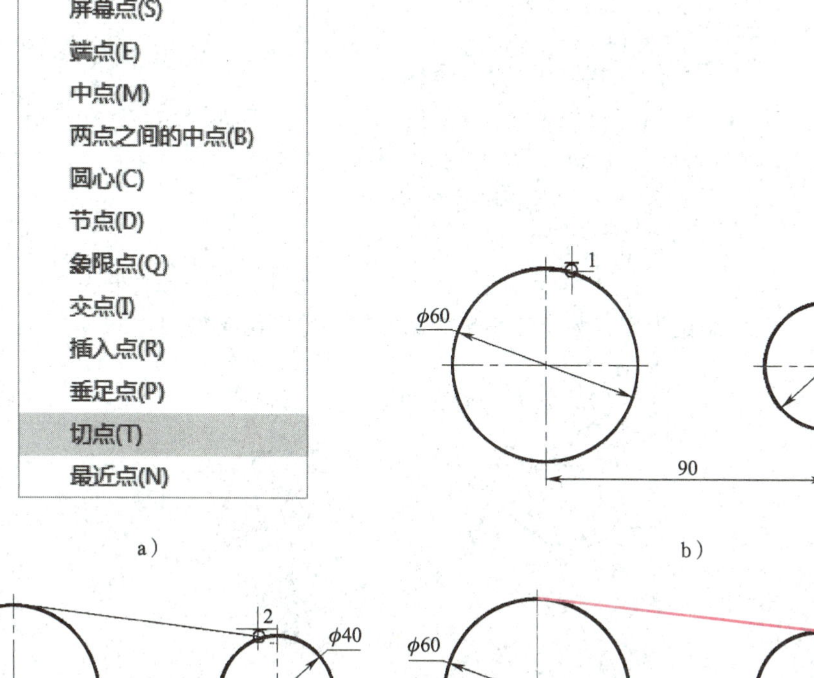

图2—9　绘制两圆外公切线的步骤

a）工具点菜单　b）拾取"1"所指的位置　c）拾取"2"所指的位置　d）绘图结果

提示：

在拾取点时，拾取位置不同，则切线绘制的位置也不同。如图2—10所示，若第二点选在“3”所指的位置，则绘制两圆的内公切线。

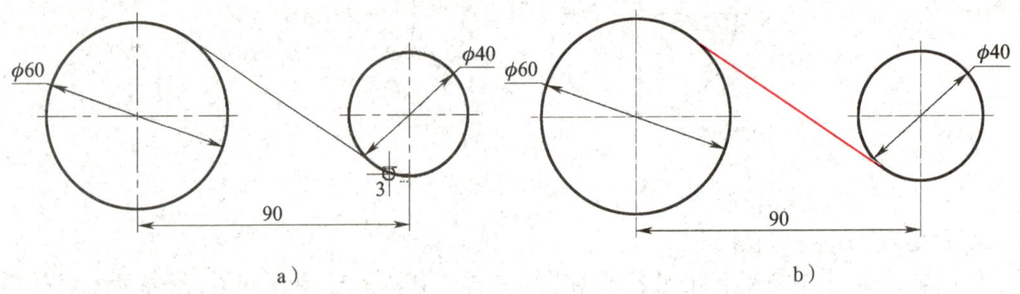

图2—10　绘制两圆的内公切线

a）拾取“3”所指的位置　b）绘图结果

例　用相对直角坐标和相对极坐标绘制图2—11a所示的五角星图样。

绘图步骤如下：

执行两点线命令：“直线”

第一点：确定第一点位置（在屏幕上任意确定第一点）

第二点：@20，0（2点相对于1点的坐标）

第二点：@20<−144（3点相对于2点的极坐标，这里极坐标的角度是指从X轴的正半轴开始，逆时针旋转为正，顺时针旋转为负）

第二点：@20<72（4点相对于3点的极坐标）

第二点：@20<−72（5点相对于4点的极坐标）

第二点：@20<144（1点相对于5点的极坐标，也可以直接拾取第一点）

单击鼠标右键结束操作，整个五角星绘制完成，绘图结果如图2—11b所示。

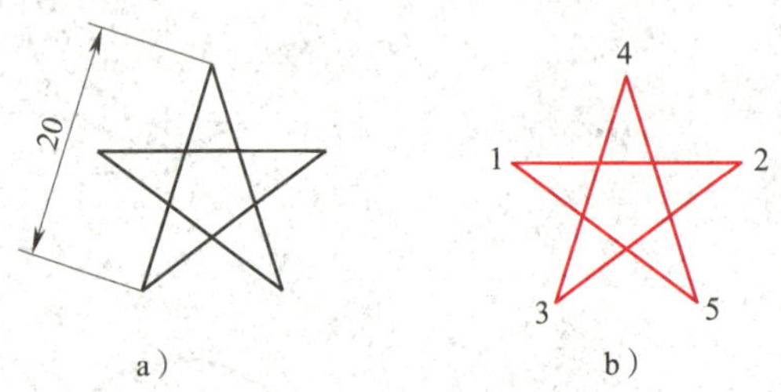

图2—11　绘制五角星

a）五角星图样　b）绘图结果

2. 角度线

按给定角度、给定长度绘制一条直线段。给定角度是指目标直线与已知直线、X轴或Y轴所成的夹角。

（1）调用方式

1）单击“绘图”主菜单中“直线”子菜单的按钮。

2）单击“常用”选项卡中“绘图”面板内“直线”功能按钮下拉菜单中的按钮。

3）调用“直线”功能并在立即菜单选择“角度线”。

4）执行la命令。

角度线立即菜单如图2—12所示。

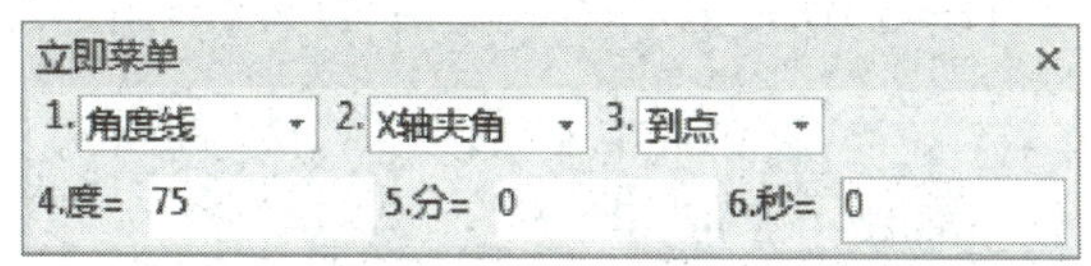

图2—12 角度线立即菜单1

（2）说明

1）单击立即菜单中“2.”选项的下拉菜单，弹出“X轴夹角”“Y轴夹角”“直线夹角”三个选项，可根据绘图需要选择夹角类型。如果选择“直线夹角”，则表示绘制一条与已知直线段指定夹角的直线段，此时操作提示变为“拾取直线”，待拾取一条已知直线段后，再输入第一点和第二点即可。

2）单击立即菜单“3.”选项的下拉菜单，选择“到线上”，即指定终点位置是在选定直线上。

3）单击立即菜单中“度”“分”“秒”的文本框可直接输入夹角数值，图2—12中的数值为当前立即菜单所选角度的默认值。

4）按提示要求输入第一点，则屏幕画面上显示该点标记。此时，操作提示变为“第二点或长度”。如果由键盘输入一个长度数值并单击“Enter”键确认，则一条按设定条件确定的直线段被绘制出来。如果是移动光标，则一条绿色的角度线随之出现。待光标位置确定后，单击鼠标左键则立即绘制出一条给定长度和倾角的直线段。

（3）实例

绘制一条与X轴成45°、长度为50 mm的直线段。

调用“直线”功能并在立即菜单中选择“角度线”。按如图2—13所示的角度线立即菜单进行设置。按提示要求输入第一点，操作提示变为“第二点或长度”，由键盘输入长度数值“50”并单击“Enter”键，则绘制出直线段，如图2—14所示。

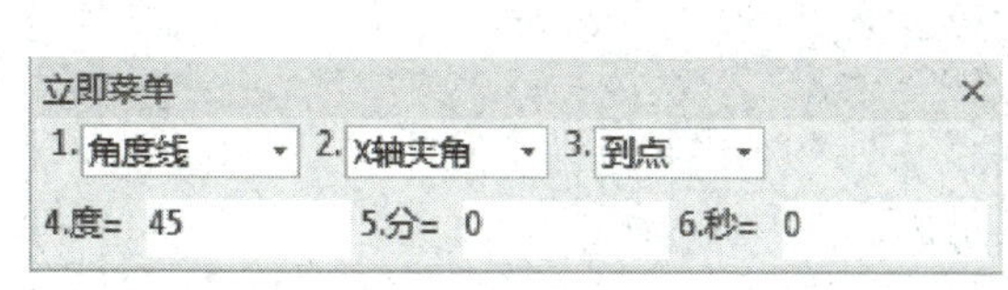

图2—13 角度线立即菜单2

50

45°

X轴

图2—14 绘制出直线段

3. 角等分线

按给定参数绘制一个夹角的等分直线。

（1）调用方式

1）单击“绘图”主菜单中“直线”子菜单的按钮。

2）单击“常用”选项卡中“绘图”面板内“直线”功能按钮下拉菜单中的按钮。

3）调用“直线”功能并在立即菜单选择“角等分线”。

4）执行lia命令。

角等分线立即菜单如图2—15所示。

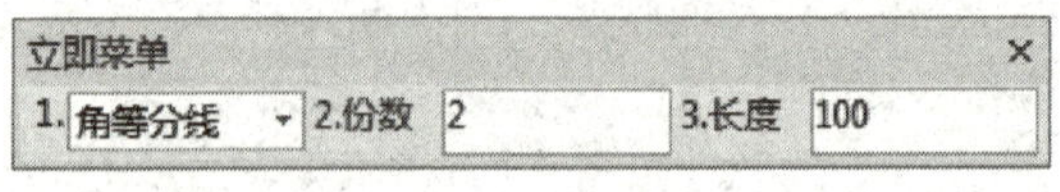

图2—15 角等分线立即菜单

（2）说明

1）单击立即菜单“份数”文本框，输入等分数。

2）单击立即菜单“长度”文本框，输入等分线长度值。

设置完立即菜单中的数值后，命令输入区提示拾取第一条直线，单击拾取后，又提示拾取第二条直线。这时屏幕上显示出已知角的角等分线。

（3）实例

如图2—16所示，绘制45°角的三等分线，将45°的角等分为3份，等分线长度为50 mm。绘图步骤如下：

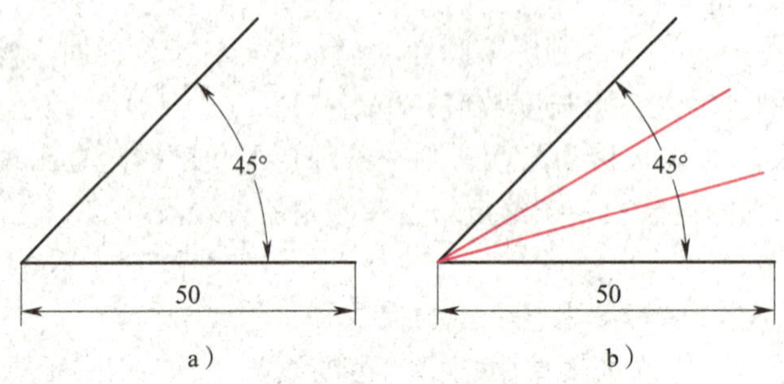

图2—16 绘制45°角的三等分线

a）绘图前 b）绘图后

启动执行命令：“直线：角等分线” （将角等分线立即菜单的份数设置为“3”，长度设置为“50”）

拾取第一条直线：（拾取图2—16a中的第一条直线）

拾取第二条直线：（拾取图2—16a中的第二条直线）

绘图结果如图2—16b所示。

4. 切线/法线

过给定点绘制已知曲线的切线或法线。

（1）调用方式

1）单击“绘图”主菜单中“直线”子菜单的按钮。

2）单击“常用”选项卡中“绘图”面板内“直线”功能按钮下拉菜单中的按钮。

3）调用“直线”功能并在立即菜单中选择“切线/法线”。

4）执行ltn命令。

切线/法线立即菜单如图2—17所示。

图2—17 切线/法线立即菜单

(2) 说明

1) 单击立即菜单中“2.”选项的下拉菜单，如选择“法线”，将绘制出一条与已知直线相垂直的直线。如选择“切线”，则绘制出一条与已知直线相平行的直线。

2) 单击立即菜单中“3.”选项的下拉菜单，如选择“对称”，这时第一点为所要绘制直线的中点，第二点为直线的一个端点。

3) 单击立即菜单中“4.”选项的下拉菜单，如选择“到线上”，表示所绘切线或法线的终点在一条已知线段上。

(3) 实例

例 如图2—18所示，已知直线L和A点，过A点绘制直线L的切线和法线。绘图步骤如下：

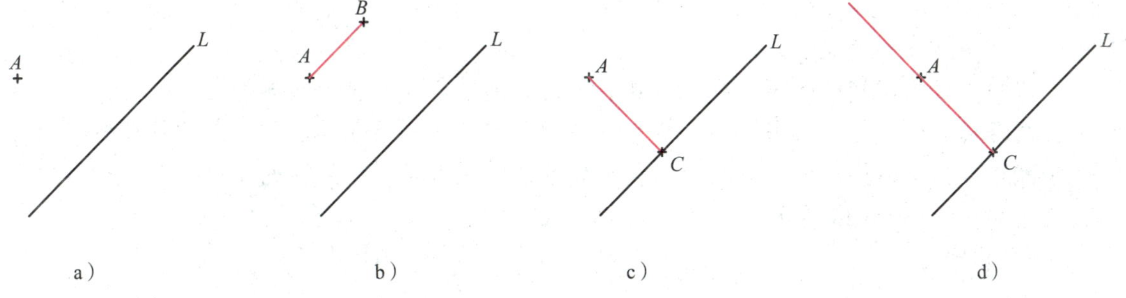

图2—18 过A点绘制直线L的切线和法线

a) 绘图前 b) 绘制直线的切线 c) 应用非对称选项绘制直线的法线 d) 应用对称选项绘制直线的法线

启动执行命令：“直线：切线/法线”(在立即菜单中选择“切线”)

拾取曲线：(拾取直线L)

输入点：(捕捉A点，系统产生一条平行于直线L的绿色点画线)

第二点或长度：(沿绿色点画线移动光标，确定B点，也可以输入所绘制切线的长度值)

绘图结果如图2—18b所示。

启动执行命令：“直线：切线/法线”(在立即菜单中选择“法线”)

拾取曲线：(拾取直线L)

输入点：(捕捉A点，系统产生一条垂直于直线L的绿色点画线)

第二点或长度：(沿绿色直线移动光标，捕捉垂足C点)

绘图结果如图2—18c所示。如果在绘制法线时，将立即菜单中“非对称”切换为“对称”，绘图结果如图2—18d所示，A点为所绘制法线的中点。

例 如图2—19所示，已知圆弧和A点，过A点绘制圆弧的切线和法线。绘图步骤如下：

启动执行命令：“直线：切线/法线”(在立即菜单中选择“切线”)

拾取曲线：(拾取圆弧)

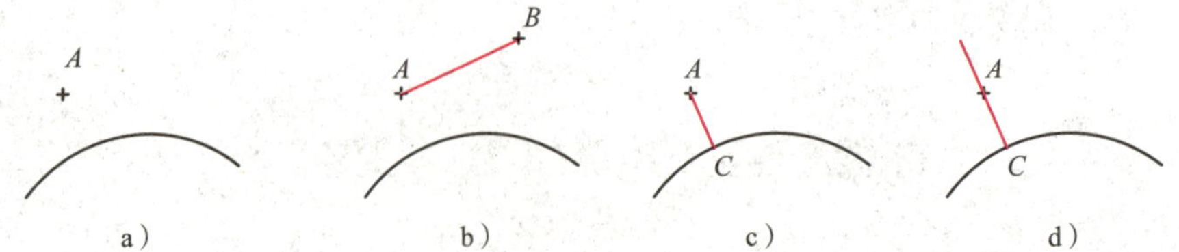

图2—19　过A点绘制圆弧的切线和法线

a）绘图前　b）绘制圆弧的切线　c）应用非对称选项绘制圆弧的法线　d）应用对称选项绘制圆弧的法线

输入点：（捕捉A点，系统产生一条平行于圆弧切线的绿色点画线）

第二点或长度：（沿绿色点画线移动光标，确定B点，也可以输入所绘制切线的长度值）

绘图结果如图2—19b所示。

启动执行命令："直线：切线/法线"（在立即菜单中选择"法线"）

拾取曲线：（拾取圆弧）

输入点：（捕捉A点，系统产生一条过圆弧圆心的绿色点画线）

第二点或长度：（沿绿色直线移动光标，捕捉垂足C点）

绘图结果如图2—19c所示。如果在绘制法线时，将立即菜单中"非对称"切换为"对称"，绘图结果如图2—19d所示，A点为所绘制法线的中点。

5. 等分线

按两条线段之间的距离n等分绘制直线。生成等分线要求所选两条直线段符合以下条件：两条直线段平行；不平行、不相交，并且其中任意一条线的任意方向的延长线不与另一条线本身相交，可等分；不平行，一条线的某个端点与另一条线的端点重合，并且两直线夹角不等于180°，可等分。

提示：

等分线和角等分线在对具有夹角的直线进行等分时概念是不同的，角等分线是按角度等分，而等分线是按照端点连线的距离等分。

（1）调用方式

1）单击"绘图"主菜单中"直线"子菜单的按钮。

2）单击"常用"选项卡中"绘图"面板内"直线"功能按钮下拉菜单中的按钮。

3）调用"直线"功能并在立即菜单中选择"等分线"。

4）执行bisector命令。

等分线立即菜单如图2—20所示。

图2—20　等分线立即菜单

（2）说明

调用"等分线"功能后，拾取符合条件的两条直线段，即可在两条线间生成一系列的线，这些线将两条线之间的部分等分成n份。

（3）实例

如图2—21a所示，先后拾取两条平行的直线，等分量设为"5"，则最后结果如图2—21b所示。

6. 射线

生成一条由特征点向一端无限延伸的射线。用以下方式可以调用"射线"功能：

图2—21　绘制两平行线的五等分线

a）绘制前　b）绘制后

（1）单击“绘图”主菜单中“直线”子菜单的按钮。

（2）单击“常用”选项卡中“绘图”面板内“直线”功能按钮下拉菜单中的按钮。

（3）执行ray命令。

调用“射线”功能后，鼠标左键指定射线的特征点和延伸方向后即可生成射线。

7. 构造线

生成一条过特征点向两端无限延伸的构造线。用以下方式可以调用“构造线”功能：

（1）单击“绘图”主菜单中“直线”子菜单的按钮。

（2）单击“常用”选项卡中“绘图”面板内“直线”功能按钮下拉菜单中的按钮。

（3）执行xline命令。

调用“构造线”功能后，鼠标左键指定构造线的特征点和延伸方向后即可生成构造线。

二、绘制平行线

绘制与已知直线平行的直线。

1. 调用方式

（1）单击“绘图”主菜单中的按钮。

（2）单击“绘图”工具条中的按钮。

（3）单击“常用”选项卡中“绘图”面板内的按钮。

（4）执行ll命令。

平行线立即菜单如图2—22所示。

图2—22　平行线立即菜单

2. 说明

（1）单击立即菜单“1.”选项的下拉菜单，可以切换为“两点方式”。

（2）选择偏移方式后，单击立即菜单“2.”选项的下拉菜单，切换为“双向”，在双向条件下可以绘制出与已知线段平行、长度相等的双向平行线段。当在单向模式下，用键盘输入距离时，系统首先根据光标在所选线段的哪一侧来判断绘制线段的位置。

（3）选择两点方式后，可以单击立即菜单“点方式”，其内容由“点方式”变为“距离方式”，根据系统提示即可绘制出相应的线段。

（4）按照以上描述，选择“偏移方式”，用鼠标拾取一条已知线段。拾取后，该提示改为“输入距离或点（切点）”。在移动鼠标时，一条与已知线段平行并且长度相等的线段被鼠标拖动着。待位置确定后，单击鼠标左键，一条平行线段被绘制出来。也可用键盘输入一个距离数值，两种方法的效果相同。

（5）此命令可以重复进行，单击鼠标右键或单击“Esc”键即可退出此命令。

3. 实例

在如图2—23a所示直线段L的左侧，绘制一条相距30 mm且等长的平行线。绘图步骤如下：

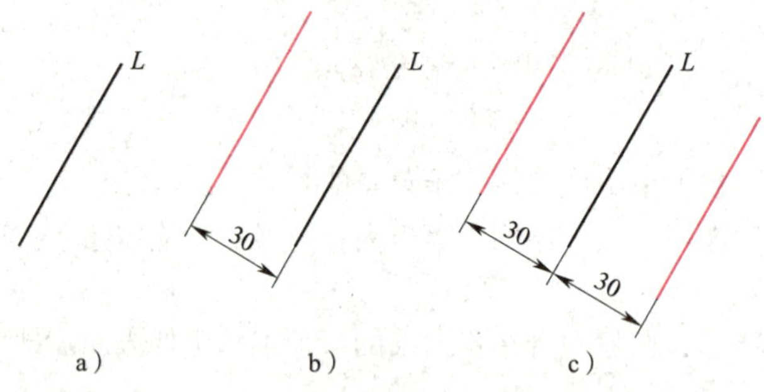

图2—23 绘制已知直线的平行线

a）绘制前 b）单向 c）双向

启动执行命令：“平行线”（将平行线立即菜单设置为“偏移方式”“单向”）

拾取直线：（拾取直线L）

输入距离或点（切点）：30（输入所绘制直线的距离）

绘图结果如图2—23b所示。若将“单向”变为“双向”，则绘图结果如图2—23c所示。

三、综合实例

如图2—24所示为直线绘制综合实例。

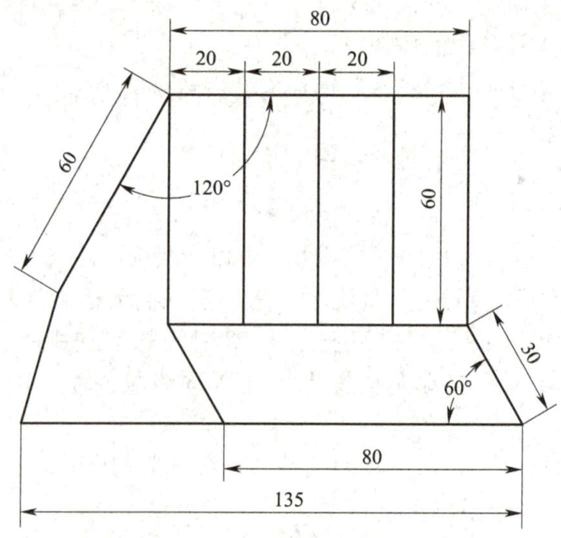

图2—24 直线绘制综合实例

绘图步骤见表2—1。

表 2—1　　　　绘图步骤

绘图步骤	图示
（1）绘制 135 mm 长的水平线 启动执行命令："直线"（选择两点线） 第一点：（任意确定直线段的起点） 第二点：135（输入直线段的长度值）	
（2）绘制 30 mm 长的角度线 将"两点线"改为"角度线"，并将其立即菜单第二项选择"直线夹角"，第四项的读数设置为"120" 拾取直线：（拾取 135 mm 直线） 第一点：（拾取 135 mm 直线的右端点） 第二点或长度：30（输入角度线的长度值）	
（3）绘制 60 mm 垂直线、绘制 80 mm 水平线 启动执行命令："直线"（选择"两点线"） 第一点：（选择 30 mm 角度线的上端点） 第二点：60（沿垂直方向向上移动光标，输入垂直线的长度值） 第二点：80（沿水平方向向左移动光标，输入水平线的长度值）	
（4）绘制 60 mm 长的角度线 将"两点线"改为"角度线"，并将其立即菜单第二项选择"直线夹角"，第四项的读数设置为"60" 第一点：（拾取 80 mm 水平线的左端点） 第二点或长度：60（输入角度线的长度值）	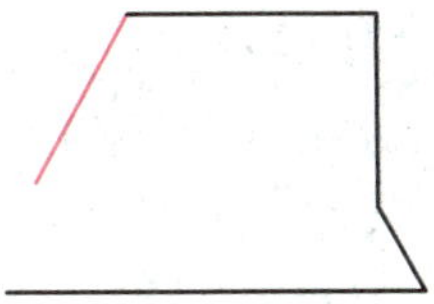
（5）绘制闭合直线 启动执行命令："直线"（选择"两点线"） 第一点：（拾取 60 mm 角度线的下端点） 第二点：（拾取 135 mm 水平线的左端点）	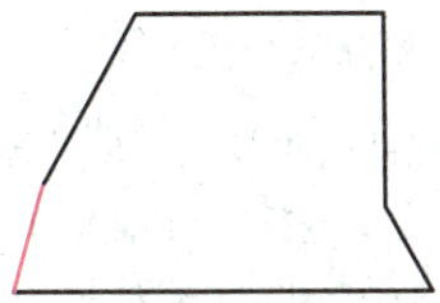
（6）绘制 60 mm 垂直线、绘制 80 mm 水平线 启动执行命令："直线"（选择"两点线"） 第一点：（拾取已绘制 80 mm 水平线的左端点） 第二点：60（沿垂直方向向下移动光标，输入垂直线的长度值） 第二点：80（沿水平方向向右移动光标，输入水平线的长度值）	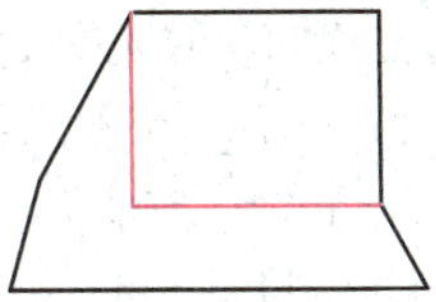
（7）绘制等分线 启动执行命令："直线"（选择"等分线"，将等分数设为"4"） 拾取第一条直线：（拾取左侧 60 mm 的垂直线） 拾取第二条直线：（拾取右侧 60 mm 的垂直线）	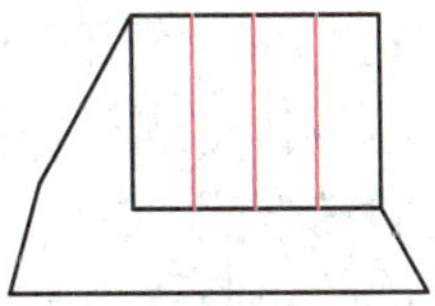

续表

绘图步骤	图示
(8) 绘制平行线 启动执行命令："平行线"（将其立即菜单第一项设为"两点方式"，第二项设为"点方式"，第三项设为"到线上"） 拾取直线：（拾取30 mm的角度线） 指定平行线起点：（拾取中间80 mm长的水平线的左端点） 拾取平行线延伸到的曲线：（拾取135 mm水平线）	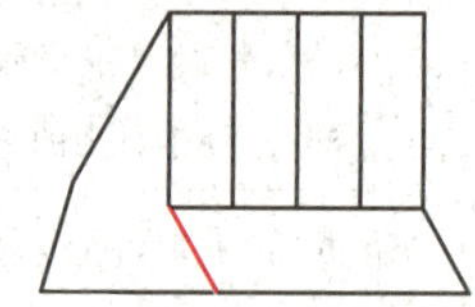

§2—3 绘制圆、圆弧和椭圆

一、绘制圆

按照各种给定参数绘制圆。为了适应各种情况下圆的绘制，电子图板提供了圆心_半径、两点、三点和两点_半径等多种绘制方式，通过立即菜单选择圆的生成方式及参数即可。另外，每种圆生成方式都可以单独执行，以便提高绘图效率。可以采用以下方式调用"圆"功能：

（1）单击"绘图"主菜单中的按钮⊙。

（2）单击"绘图"工具条中的按钮⊙。

（3）单击"常用"选项卡中"绘图"面板内的按钮⊙。

（4）执行circle命令。

圆立即菜单如图2—25所示。

根据不同的绘图要求，还可在绘图过程中通过立即菜单选取圆上是否带有中心线，系统默认为无中心线。

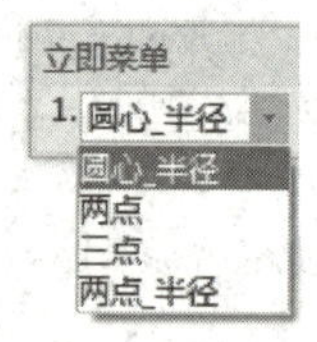

图2—25　圆立即菜单

1."圆心_半径"圆

已知圆心和半径绘制圆。

（1）调用方式

1）单击"绘图"主菜单中"圆"子菜单的按钮⊙。

2）单击"常用"选项卡中"绘图"面板内"圆"功能按钮下拉菜单中的按钮⊙。

3）调用"圆"功能并在立即菜单中选择"圆心_半径"。

4）执行cir命令。

"圆心_半径"圆立即菜单如图2—26所示。

（2）说明

图 2—26 “圆心_半径”圆立即菜单

1）按提示要求输入圆心，提示变为“输入半径或圆上一点”。此时，可以直接由键盘输入所需半径数值，并单击“Enter”键；也可以移动光标，确定圆上的一点，并单击鼠标左键。

2）单击立即菜单“2.”选项的下拉菜单，选择“直径”，则输入圆心后，系统提示变为“输入直径或圆上一点”，由键盘输入的数值为圆的直径。

3）单击立即菜单“3.”选项的下拉菜单，选择“有中心线”，同时可以输入中心线延伸长度，如图 2—27 所示。

图 2—27 中心线选项

此命令可以重复进行，单击鼠标右键或单击 “Esc” 键可以退出此命令。

（3）实例

在边长为 40 mm 正方形的中心绘制半径为 10 mm 的圆，如图 2—28 所示。绘图步骤如下：

启动执行命令：“圆”

圆心点：（捕捉边长为 40 mm 正方形的中心）

输入半径或圆上一点：10（输入圆的半径值“10”）

“圆心_半径”圆实例如图 2—28 所示。

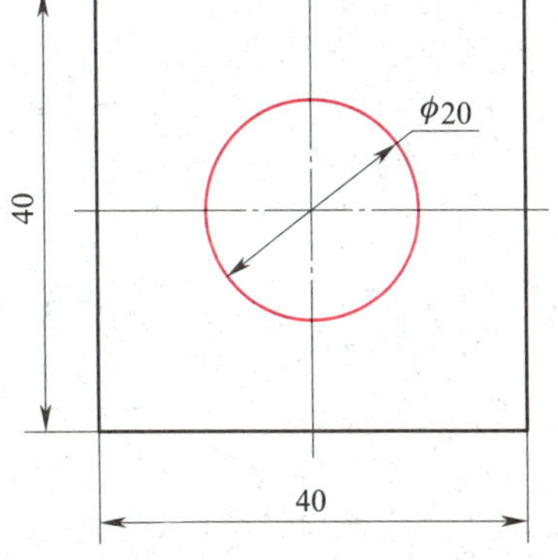

图 2—28 “圆心_半径”圆实例

2．“两点”圆

过圆直径上的两个端点绘制圆。

（1）调用方式

1）单击“绘图”主菜单中“圆”子菜单的按钮◯。

2）单击“常用”选项卡中“绘图”面板内“圆”功能按钮下拉菜单中的按钮◯。

3）调用“圆”功能并在立即菜单中选择“两点”。

4）执行 cppl 命令。

“两点”圆立即菜单如图 2—29 所示。根据提示输入第一点、第二点，一个完整的圆即被绘制出来。

（2）实例

绘制以图 2—30 所示长方形两长边中点为切点的内切圆。绘图步骤如下：

启动执行命令：“圆：两点”（将立即菜单中“无中心线”改为“有中心线”）

第一点：（捕捉矩形一长边的中点）

第二点：（捕捉矩形另一长边的中点）

“两点”圆实例如图 2—30 所示。

3．“三点”圆

过圆周上的三点绘制圆。

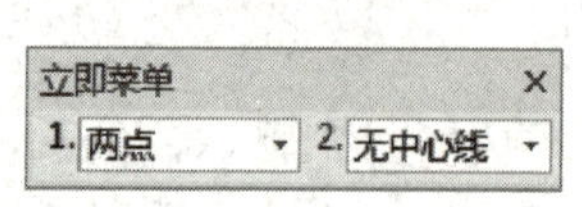

图 2—29 “两点”圆立即菜单

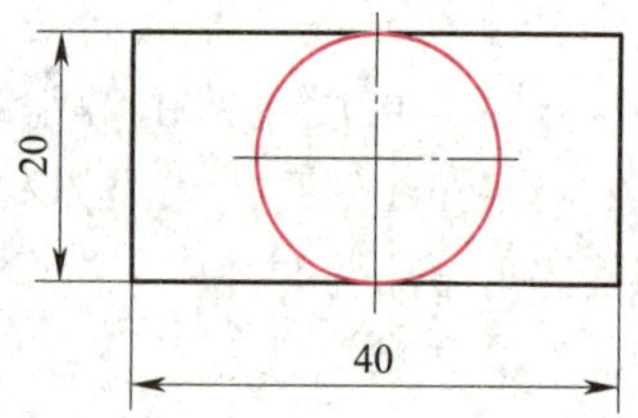

图 2—30 “两点”圆实例

（1）调用方式

1）单击“绘图”主菜单中“圆”子菜单的按钮。

2）单击“常用”选项卡中“绘图”面板内“圆”功能按钮下拉菜单中的按钮。

3）调用“圆”功能并在立即菜单中选择“三点”。

4）执行 cppp 命令。

“三点”圆立即菜单如图 2—31 所示。根据提示输入第一点、第二点和第三点后，一个完整的圆被绘制出来。在输入点时可充分利用智能点、栅格点、导航点和工具点菜单。

（2）实例

利用三点圆和工具点菜单可以很容易地绘制出三角形的外接圆和内切圆，如图 2—32 所示为“三点”圆实例。

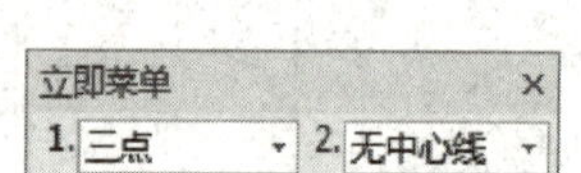

图 2—31 “三点”圆立即菜单

图 2—32 “三点”圆实例

4.“两点_半径”圆

已知过圆周上的两点和半径绘制圆。

（1）调用方式

1）单击“绘图”主菜单中“圆”子菜单的按钮。

2）单击“常用”选项卡中“绘图”面板内“圆”功能按钮下拉菜单中的按钮。

3）调用“圆命令”并在立即菜单选择“两点_半径”。

4）执行 cppr 命令。

“两点_半径”圆立即菜单如图 2—33 所示。按提示要求输入第一点、第二点后，在合适位置输入第三点或由键盘输入一个半径值，一个完整的圆就被绘制出来。

（2）实例

如图 2—34 所示为“两点_半径”圆实例，已知两直径为 20 mm 的圆，相距 40 mm，如图 2—34a 所示，现绘制与两圆相切的直径为 30 mm 的外切圆。绘图步骤如下：

启动执行命令：“圆：两点_半径”

第一点：（单击空格键弹出工具点菜单，单击“切点”选项，捕捉左侧圆的切点）

第二点：（单击空格键弹出工具点菜单，单击“切点”选项，捕捉右侧圆的切点）

第三点（半径）：15（输入外切圆的半径值为“15”）

绘图结果如图2—34b所示。

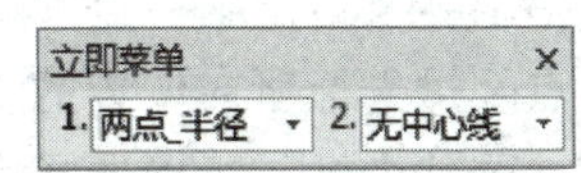

图2—33 “两点_半径”圆立即菜单

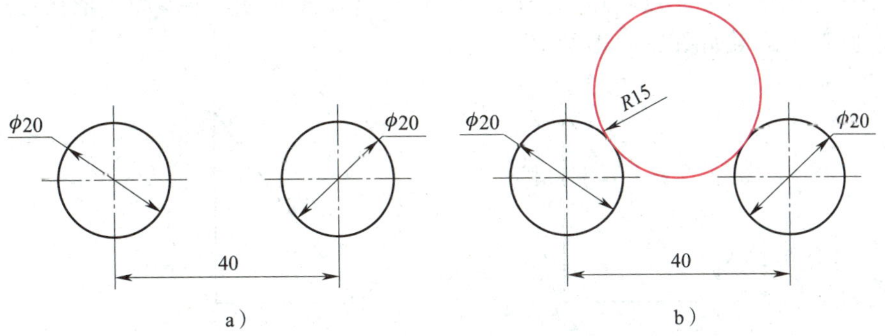

图2—34 “两点_半径”圆实例

a）绘制前 b）绘制后

二、绘制圆弧

按照各种给定的参数绘制圆弧。可以指定圆心、端点、起点、半径、角度等各种组合形式创建圆弧。用以下方式可以调用“圆弧”功能：

（1）单击“绘图”主菜单中的按钮。

（2）单击“绘图”工具条中的按钮。

（3）单击“常用”选项卡中“绘图”面板内的按钮。

（4）执行arc命令。

圆弧立即菜单如图2—35所示。

为了适应各种情况下圆弧的绘制，电子图板提供了多种绘制方式，包括三点圆弧、圆心_起点_圆心角、两点_半径、圆心_半径_起终角、起点_终点_圆心角、起点_半径_起终角等，通过立即菜单选择圆的生成方式及参数即可。另外，每种圆弧生成方式都可以单独执行，以便提高绘图效率。

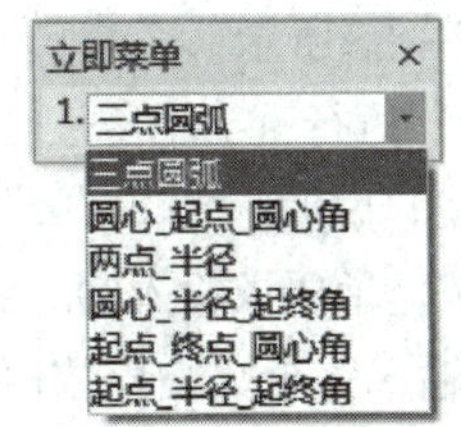

图2—35 圆弧立即菜单

1.“三点圆弧”

通过已知三点绘制圆弧，其中第一点为起点，第三点为终点，第二点决定圆弧的位置和方向。

（1）调用方式

1）单击“绘图”主菜单中“圆弧”子菜单的按钮。

2）单击“常用”选项卡中“绘图”面板内“圆弧”功能按钮下拉菜单中的按钮。

3）调用“圆弧”立即菜单并选择“三点圆弧”，如图2—36所示。

4）执行appp命令。

（2）说明

按提示要求指定第一点和第二点，此时，一条过上述两点及过光标所在位置的三点圆弧已经被显示在画面上，移动光标，正确选择第三点位置，并单击鼠标左键，则一条圆弧线被绘制出来。在选择这三个点时，可灵活运用工具点、智能点、导航点、栅格点等工具，也可以直接用键盘输入各点坐标。

图2—36 “三点圆弧”立即菜单

（3）实例

如图2—37所示为“三点圆弧”实例，在图2—37a所示的三角形中，依次选择A、C、B三点绘制圆弧，结果如图2—37b所示。

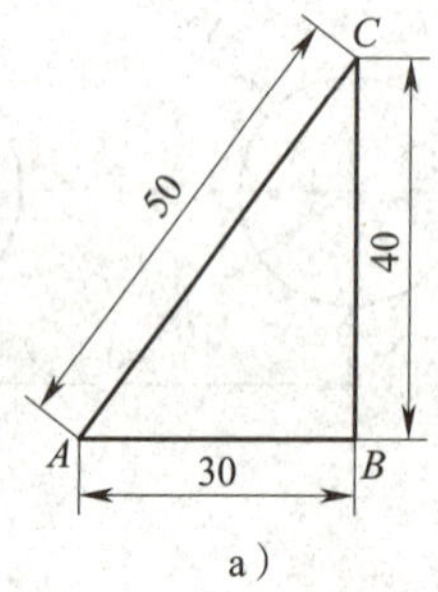

a）

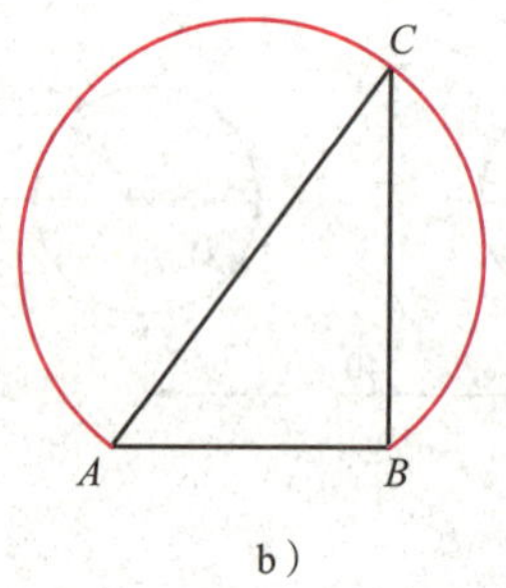

b）

图2—37 “三点圆弧”实例

a）绘图前 b）绘图后

2.“圆心_起点_圆心角”圆弧

已知圆心、起点、圆心角或终点绘制圆弧。

（1）调用方式

1）单击“绘图”主菜单中“圆弧”子菜单的按钮。

2）单击“常用”选项卡中“绘图”面板内“圆弧”功能按钮下拉菜单中的按钮。

3）调用“圆弧”立即菜单并选择“圆心_起点_圆心角”，如图2—38所示。

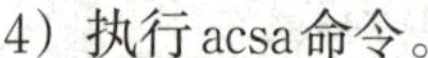

4）执行acsa命令。

立即菜单
1. 圆心_起点_圆心角

图2—38 “圆心_起点_圆心角”圆弧立即菜单

（2）说明

按提示要求输入圆心和圆弧起点，提示又变为“圆心角或终点”，输入一个圆心角数值或输入终点数值，则圆弧被绘制出来，也可以用鼠标拖动进行选取。

（3）实例

如图2—39所示为“圆心_起点_圆心角”圆弧实例，以1点为圆心，2点为起点，圆心角为60°时，则绘制出如图2—39a所示的圆弧，圆心角为−60°时，则绘制出如图2—39b所示的圆弧。

3.“两点_半径”圆弧

已知两点及圆弧半径绘制圆弧。

（1）调用方式

1）单击“绘图”主菜单中“圆弧”子菜单的按钮。

2）单击“常用”选项卡中“绘图”面板内“圆弧”功能按钮下拉菜单中的按钮。

3）调用“圆弧”立即菜单并选择“两点_半径”，如图2—40所示。

4）执行appr命令。

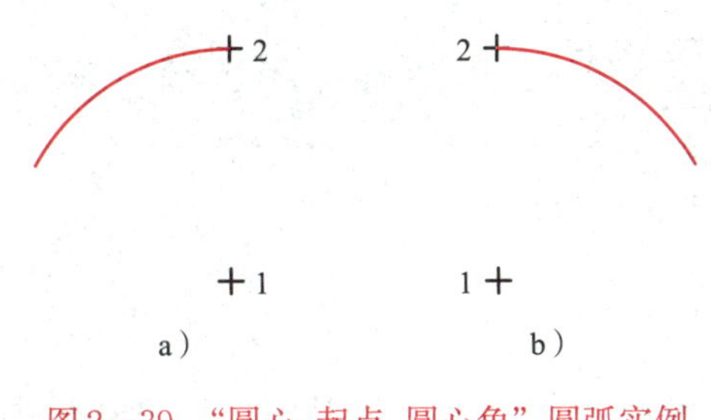

图2—39 “圆心_起点_圆心角”圆弧实例

a）圆心角为60° b）圆心角为−60°

图2—40 “两点_半径”圆弧立即菜单

（2）说明

按提示要求输入第一点和第二点后，系统提示又变为“第三点（半径）”。此时如果输入一个半径值，则系统首先根据光标当前的位置判定绘制圆弧的方向。判定规则是：光标当前位置处在第一、二两点所在直线的哪一侧，则圆弧就绘制在哪一侧，如图2—41所示。

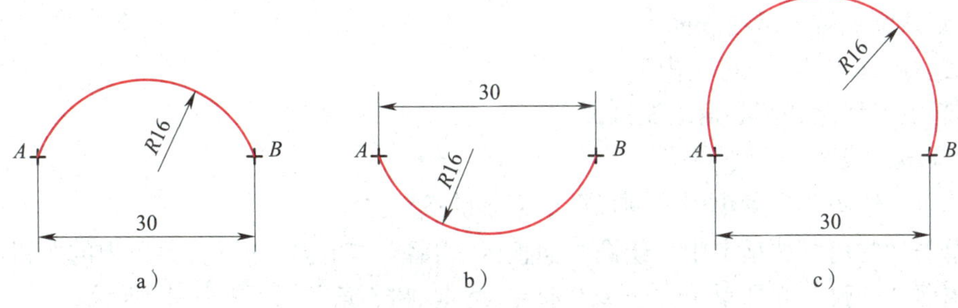

图2—41 “两点_半径”圆弧实例

a）光标向上移动 b）光标向下移动 c）优弧

应用该命令时，如果在输入第二点以后移动鼠标，则在画面上出现一段由输入的两点及光标所在位置点构成的三点圆弧。移动光标，圆弧发生变化，在确定圆弧大小后，单击鼠标左键，结束本操作。

（3）实例

如图2—41所示为“两点_半径”圆弧实例，以*A*点为第一点，*B*点为第二点，半径为16 mm绘制圆弧。

调用“两点_半径”命令时，按提示要求拾取第一点*A*和第二点*B*后，系统提示又变为“第三点（半径）”，向上移动光标，输入半径值“16”，则绘制出如图2—41 a所示的图形；若在提示输入“第三点（半径）”时，向下移动光标，输入半径值“16”，则绘制出如图2—41b所示的图形。若移动光标时形成的圆弧大于180°，再输入半径值，则绘制的圆弧是大于180°的优弧，如图2—41c所示。

4.“圆心_半径_起终角”圆弧

由圆心、半径和起终角绘制圆弧。

（1）调用方式

1）单击“绘图”主菜单中“圆弧”子菜单的按钮。

2）单击“常用”选项卡中“绘图”面板内“圆弧”功能按钮下拉菜单中的按钮。

3）调用“圆弧”立即菜单并选择“圆心_半径_起终角”，如图2—42所示。

图2—42 “圆心_半径_起终角”圆弧立即菜单

4）执行acra命令。

（2）说明

1）单击立即菜单“2. 半径=”的文本框，图2—42中数值为默认值，可按要求重新输入半径值。

2）单击立即菜单中的“3. 起始角=”或“4. 终止角=”的文本框，可输入起始角或终止角的数值。起始角范围为（0°，360°）。注意：起始角和终止角的度量均以*X*正半轴为基准，逆时针旋转为正，顺时针旋转为负。

立即菜单表明了待绘圆弧的条件。按提示要求输入圆心点，此时，一段圆弧随光标的移动而移动。圆弧的半径、起始角、终止角均为设定的值，待选好圆心点位置后，单击鼠标左键，则该圆弧被显示在画面上。

5.“起点_终点_圆心角”圆弧

已知起点、终点和圆心角绘制圆弧。

（1）调用方式

1）单击“绘图”主菜单中“圆弧”子菜单的按钮。

2）单击“常用”选项卡中“绘图”面板内“圆弧”功能按钮下拉菜单中的按钮。

3）调用“圆弧”立即菜单并选择“起点_终点_圆心角”，如图2—43所示。

4）执行asea命令。

图2—43 “起点_终点_圆心角”圆弧立即菜单

（2）说明

1）圆心角的数值范围是（0°，360°）。

2）按系统提示输入起点和终点，则一条从起点到终点逆时针圆弧被显示在屏幕上。

6.“起点_半径_起终角”圆弧

通过已知起点、半径、起终角的方式绘制圆弧。

（1）调用方式

1）单击“绘图”主菜单中“圆弧”子菜单的按钮。

2）单击“常用”选项卡中“绘图”面板内“圆弧”功能按钮下拉菜单中的按钮。

3）调用“圆弧”立即菜单并选择“起点_半径_起终角”，如图2—44所示。

4）执行asra命令。

图2—44 “起点_半径_起终角”圆弧立即菜单

（2）说明

1）单击立即菜单“2. 半径=”的文本框，可按要求输入半径值。

2）单击立即菜单中的“3. 起始角=”或“4. 终止角=”的文本框，可以根据绘图的需要分别输入起始角或终止角的数值。起始角与终止角的数值范围为（0°，360°）。

立即菜单表明了待绘制圆弧的条件。按提示要求输入一起点，则按照前面设定要求的圆弧被绘制出来。起点可由鼠标或键盘输入。

三、绘制椭圆和椭圆弧

绘制椭圆和椭圆弧的方法，包括给定长短轴、轴上两点、中心点_起点三种生成方式。

1. 调用方式

（1）单击“绘图”主菜单中的按钮。

（2）单击“常用”选项卡中“绘图”面板内的按钮。

（3）单击“绘图”工具条上的按钮。

（4）执行ellipse命令。

椭圆立即菜单如图2—45所示。

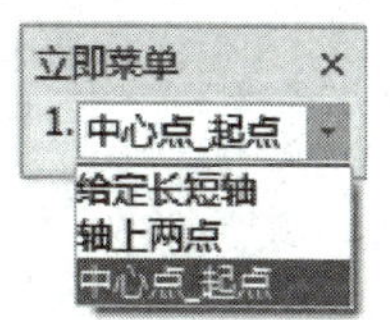

图2—45 椭圆立即菜单

2. 说明

（1）给定长短轴

当选择“给定长短轴”方式后，弹出如图2—46所示的“给定长短轴”椭圆立即菜单。该立即菜单的含义是：以定位点为中心绘制一个旋转角为0°、长半轴为100 mm、短半轴为50 mm的整个椭圆。此时，用鼠标或键盘输入一个定位点，上述定义的椭圆即被绘制出来。操作过程中会发现，在移动鼠标确定定位点时，一个长半轴为100 mm、短半轴为50 mm的椭圆随光标的移动而移动。

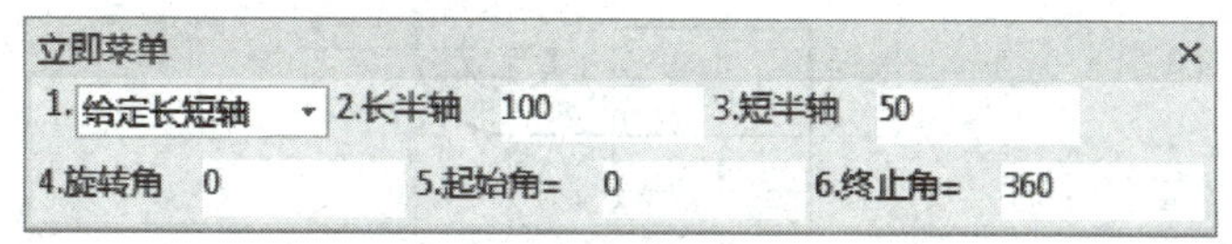

图2—46 “给定长短轴”椭圆立即菜单

1）单击立即菜单中“2. 长半轴”或“3. 短半轴”的文本框，可重新定义待绘椭圆的长、短半轴的半径值。

2）单击立即菜单中“4. 旋转角”的文本框，可输入旋转角度，以确定椭圆的方向。

3）单击立即菜单中的“5. 起始角=”和“6. 终止角=”的文本框，可输入椭圆的起始角和终止角，当起始角为0°、终止角为360°时，所绘制的为整个椭圆，当改变起始角、终止角时，所绘的为一段从起始角开始到终止角结束的椭圆弧。

（2）轴上两点

当选择“轴上两点”方式，则系统提示输入一个轴的两端点，然后输入另一个半轴的长度，也可用鼠标拖动来决定椭圆的形状。

（3）中心点_起点

当选择“中心点_起点”方式，则应输入椭圆的中心点和一个轴的端点（即起点），然后输入另一个半轴的长度，也可用鼠标拖动来决定椭圆的形状。

3. 实例

如图2—47所示为椭圆和椭圆弧的绘制。其中，如图2—47a所示为旋转角为60°、长半轴为50 mm、短半轴为25 mm的整个椭圆，如图2—47b所示为起始角为60°、终止角为220°、长半轴为50 mm、短半轴为25 mm的一段椭圆弧。

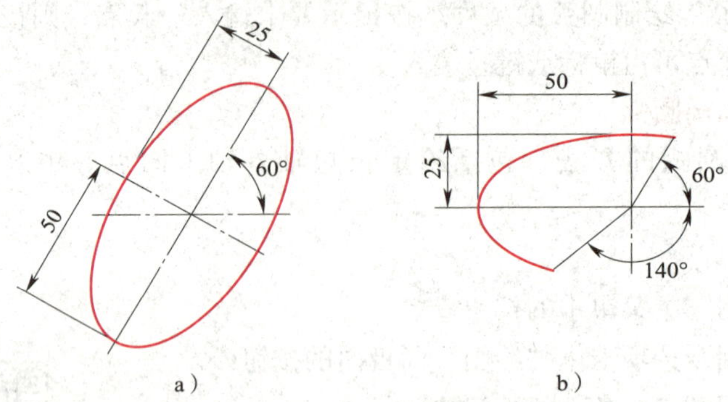

图2—47　椭圆和椭圆弧的绘制

a）椭圆　b）椭圆弧

四、综合实例

综合实例一　绘制如图2—48所示的图形。

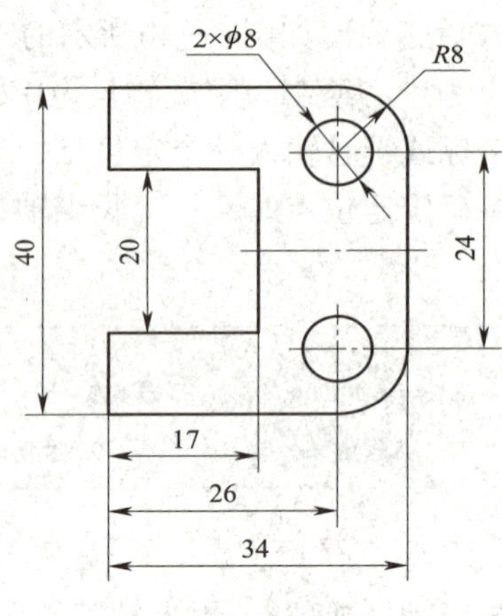

图2—48　综合实例一

绘图步骤见表2—2。

表2—2　　**绘图步骤**

绘图步骤	图示
（1）绘制水平和垂直中心线 将中心线层设置为“当前层”，绘制水平和垂直中心线	

续表

绘图步骤	图示
（2）绘制两个相距24 mm的 ϕ8 mm圆 将粗实线层设置为"当前层" 启动执行命令："圆：圆心_半径"（将立即菜单中"2. 无中心线"改为"2. 有中心线"） 圆心点：12（以两中心线交点向上导航，输入圆心距离） 输入半径或圆上一点：4（输入圆弧半径） 输入半径或圆上一点：（单击鼠标右键或单击"Esc"键即可退出此命令） 启动执行命令："圆：圆心_半径"（再次启动"圆心_半径"命令） 圆心点：12（以两中心线交点向下导航，输入圆心距离） 输入半径或圆上一点：4（输入半径值）	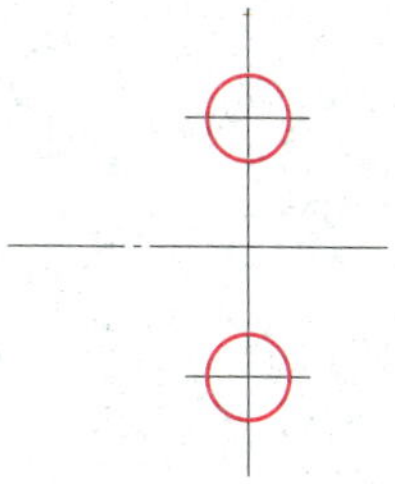
（3）绘制两 *R*8 mm的圆弧 绘制上面 *R*8 mm的圆弧： 启动执行命令："圆弧：圆心_半径_起终角"（半径设为"8"，起始角设为"0"，终止角设为"90"） 圆心点：（捕捉上面 ϕ8 mm的圆心） 绘制下面 *R*8 mm的圆弧： 启动执行命令："圆弧：圆心_半径_起终角"（半径设为"8"，起始角设为"270"，终止角设为"360"） 圆心点：（捕捉下面 ϕ8 mm的圆心）	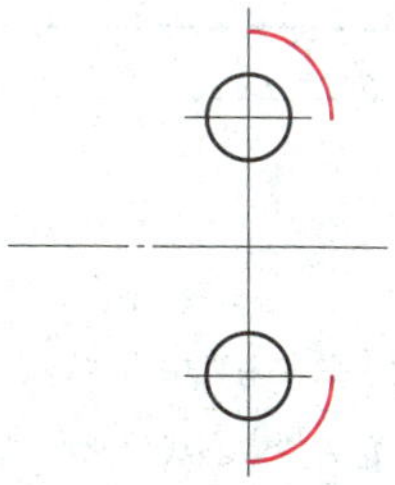
（4）绘制右端两圆弧连接直线 启动执行命令："直线"（采用两点线命令，连续） 第一点：（捕捉上面 *R*8 mm圆弧的下端点） 第二点：（捕捉下面 *R*8 mm圆弧的上端点）	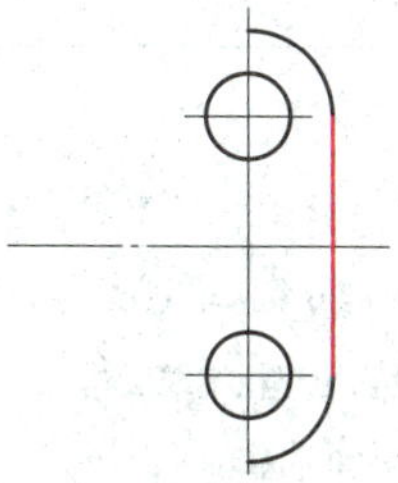
（5）绘制其他直线轮廓线 启动执行命令："直线"（采用两点线命令，连续） 第一点：（捕捉下面 *R*8 mm圆弧的下端点） 第二点：26（水平向左移动光标，输入长度值） 第二点：10（垂直向上移动光标，输入长度值） 第二点：17（水平向右移动光标，输入长度值） 第二点：20（垂直向上移动光标，输入长度值） 第二点：17（水平向左移动光标，输入长度值） 第二点：10（垂直向上移动光标，输入长度值） 第二点：（捕捉上面 *R*8 mm圆弧的上端点）	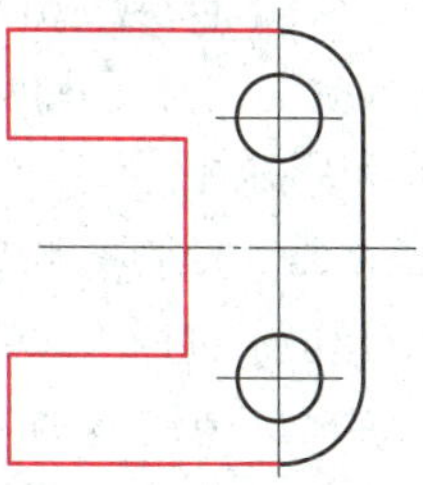

综合实例二　绘制如图2—49所示的图形。

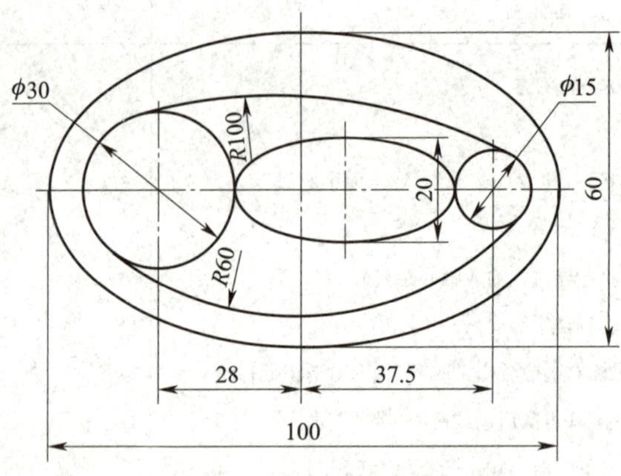

图2—49　综合实例二

绘图步骤见表2—3。

表2—3　　**绘图步骤**

绘图步骤	图示
(1) 绘制水平和垂直中心线 将图层设置为“中心线层”，绘制水平和垂直中心线	
(2) 绘制 φ30 mm和 φ15 mm圆 将图层设置为“粗实线层”。 1) 绘制 φ30 mm圆 启动执行命令：“圆：圆心_半径”（将立即菜单中“2. 无中心线”改为“2. 有中心线”） 圆心点：28（以两中心线交点向左导航，输入圆心距离） 输入半径或圆上一点：15（输入半径） 2) 绘制 φ15 mm圆 启动执行命令：“圆：圆心_半径”（再次启动“圆心_半径”命令） 圆心点：37.5（以两中心线交点向右导航，输入圆心距离） 输入半径或圆上一点：7.5（输入半径）	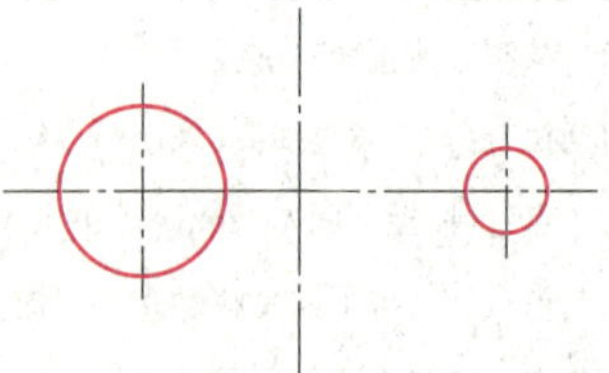

续表

绘图步骤	图示
（3）绘制100 mm×60 mm和43 mm×20 mm椭圆 1）绘制100 mm×60 mm椭圆 启动执行命令：“椭圆”（选择“给定长短轴”方式，旋转角为“0”、长半轴为“50”、短半轴为“30”、起始角为“0”，终止角为“360”） 基准点：（捕捉两中心线交点） 2）绘制43 mm×20 mm椭圆 启动执行命令：“椭圆”（选择“轴上两点”方式） 轴上第一点：（捕捉 ϕ30 mm圆与水平中心线的右交点） 轴上第二点：（捕捉 ϕ15 mm圆与水平中心线的左交点） 另一半轴的长度：10（输入短半轴长度）	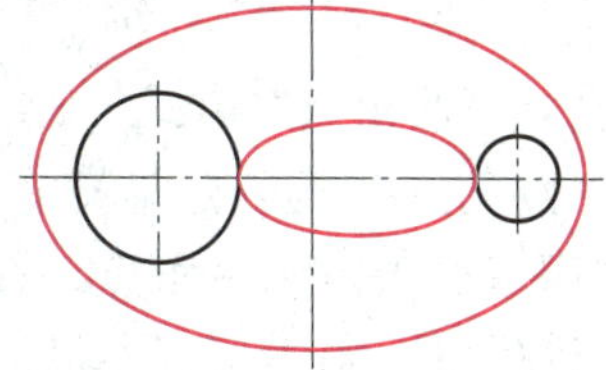
（4）绘制R100 mm和R60 mm圆弧 1）绘制R100 mm圆弧 启动执行命令：“圆弧：两点_半径” 第一点：（单击空格键弹出工具点菜单，单击“切点”选项，捕捉 ϕ30 mm圆上的切点） 第二点：（单击空格键弹出工具点菜单，单击“切点”选项，捕捉 ϕ15 mm圆上的切点） 第三点（半径）：100（光标向上移动，输入圆弧半径） 2）绘制R60 mm圆弧 启动执行命令：“圆弧：两点_半径” 第一点：（单击空格键弹出工具点菜单，单击“切点”选项，捕捉 ϕ30 mm圆上的切点） 第二点：（单击空格键弹出工具点菜单，单击“切点”选项，捕捉 ϕ15 mm圆上的切点） 第三点（半径）：60（光标向下移动，输入圆弧半径）	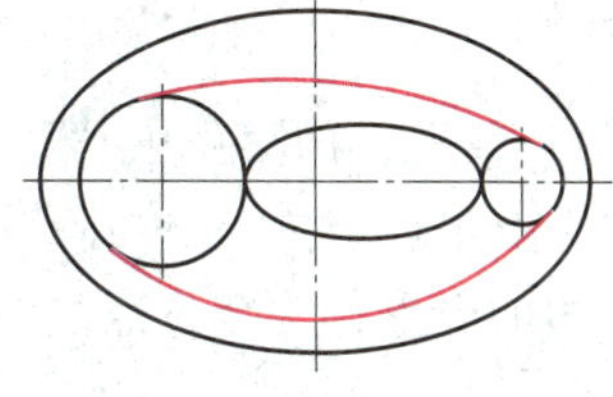

§2—4 绘制矩形和正多边形

一、绘制矩形

绘制矩形形状的闭合多段线。可以按照“两角点”“长度和宽度”两种方式生成矩形。

1. 调用方式

(1) 单击"绘图"主菜单中的按钮□。

(2) 单击"常用"选项卡中"绘图"面板内的按钮□。

(3) 单击"绘图"工具条上的按钮□。

(4) 执行rect命令。

2. 说明

(1)"两角点"方式

"两角点"矩形立即菜单如图2—50所示，在立即菜单中选择"两角点"选项。按提示要求用鼠标指定第一角点，在指定另一角点的过程中，出现一个跟随光标移动的矩形，待选定好位置，单击鼠标左键，这时矩形被绘制出来。也可直接从键盘输入两角点的绝对坐标或相对坐标。例如第一角点坐标为（20，15），矩形的长为36、宽为18，则第二角点绝对坐标为（56，33），相对坐标为"@36，18"。不难看出，在已知矩形的长和宽，且使用"两角点"方式时，用相对坐标要简单一些。

(2)"长度和宽度"方式

"长度和宽度"矩形立即菜单如图2—51所示。

图2—50 "两角点"矩形立即菜单

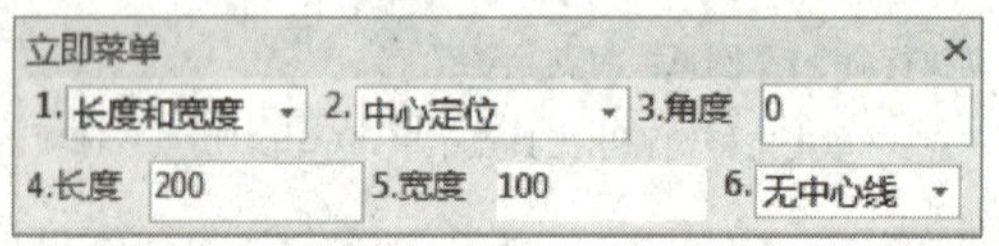

图2—51 "长度和宽度"矩形立即菜单

1）单击立即菜单中"2."选项的下拉菜单，可以选择"中心定位""顶边中点定位"或"左上角点定位"。中心定位是以矩形的中心作为定位点绘制矩形，顶边中点定位即以矩形顶边的中点作为定位点绘制矩形，左上角点定位是以矩形的左上角角点作为定位点绘制矩形。

2）单击立即菜单中"3. 角度""4. 长度""5. 宽度"的文本框，按顺序分别输入参数值，以确定待绘制新矩形的条件。还可绘出带有中心线的矩形。

如图2—51所示，立即菜单表明用长度和宽度方式，绘制一个以中心定位、倾角为0°、长度为200 mm、宽度为100 mm、不带有中心线的矩形。按提示要求指定一个矩形中心定位点，屏幕上显示矩形跟随光标的移动而移动，一旦定位点指定，即以该点为中心，绘制出长度为200 mm、宽度为100 mm的矩形。

3. 实例

如图2—52所示为矩形绘制实例。绘图步骤如下：

启动执行命令："矩形"（选择"长度和宽度"方式，"中心定位"，倾角为"45"，长度为"60"，宽度为"40"，带有中心线，中心线延伸长度为"3"）

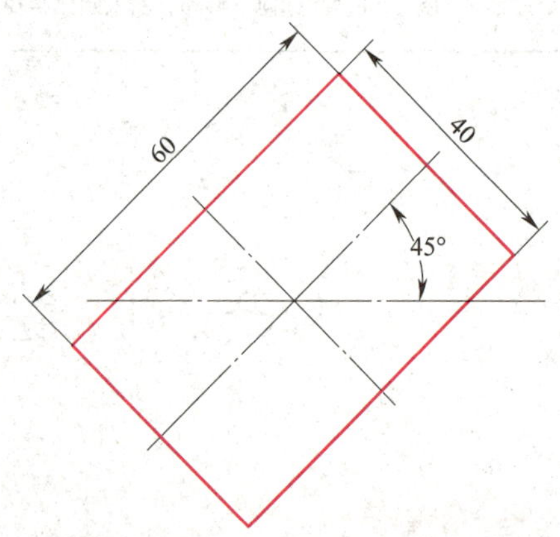

图2—52 矩形绘制实例

定位点：（用鼠标确定矩形的中心位置）

二、绘制正多边形

绘制正多边形命令用于绘制等边闭合的多边形。在给定点处绘制一个给定半径、给定边数的正多边形，多边形生成后属性为多段线。可以通过各种参数快速绘制多边形，包括半径、边数、内接或外切等。

1. 调用方式

（1）单击“绘图”主菜单中的按钮⬠。

（2）单击“常用”选项卡中“绘图”面板内的按钮⬠。

（3）单击“绘图”工具条上的按钮⬠。

（4）执行polygon命令。

正多边形立即菜单如图2—53所示。

2. 说明

（1）中心定位

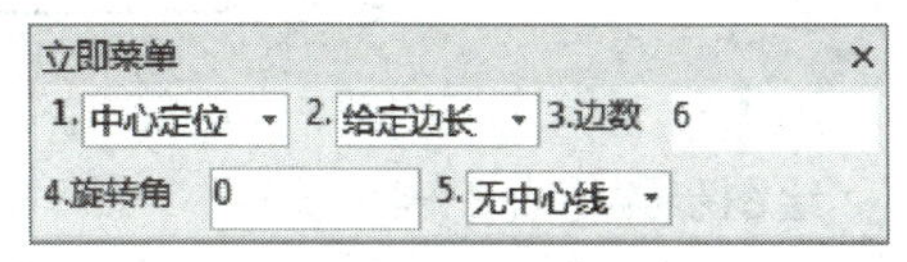

图2—53 正多边形立即菜单1

1）如果单击立即菜单“2.”选项的下拉菜单，可选择“给定半径”方式或“给定边长”方式。若选“给定半径”方式，则可根据提示输入正多边形的内切（或外接）圆半径；若选“给定边长”方式，则输入每一条边的长度。

2）当使用“给定半径”方式时，单击立即菜单“3.”选项的下拉菜单，则可选择“内接于圆”或“外切于圆”方式。表示所绘的正多边形为某个圆的内接或外切正多边形。

3）当使用“给定边长”方式时，单击立即菜单中“3. 边数”的文本框，则可按照操作提示重新输入待绘制正多边形的边数。

4）单击立即菜单“4. 旋转角”的文本框，则可以根据提示输入一个新的角度值，以决定正多边形的旋转角度。

5）立即菜单项中的内容全部设定完以后，可按提示要求输入一个中心点，则提示变为“圆上点或边长”。如果输入一个半径值或输入圆上一个点，则由立即菜单所决定的内接正多边形被绘制出来。点与半径的输入可用鼠标或键盘来完成。

（2）底边定位

如果单击立即菜单“1.”选项的下拉菜单，选择“底边定位”，如图2—54所示。

图2—54 正多边形立即菜单2

此菜单的含义为绘制一个以底边为定位基准的正多边形，其边数和旋转角可通过立即菜单进行设置。按提示要求输入第一点，则提示会要求输入“第二点或边长”。根据这个要求如果输入了第二点或边长，就等于决定了正多边形的大小。当输入完第二点或边长后，就会立即绘制一个以第一点和第二点为边长的正六边形，且旋转角为设定的角度。

三、综合实例

如图2—55所示为正多边形绘制实例。

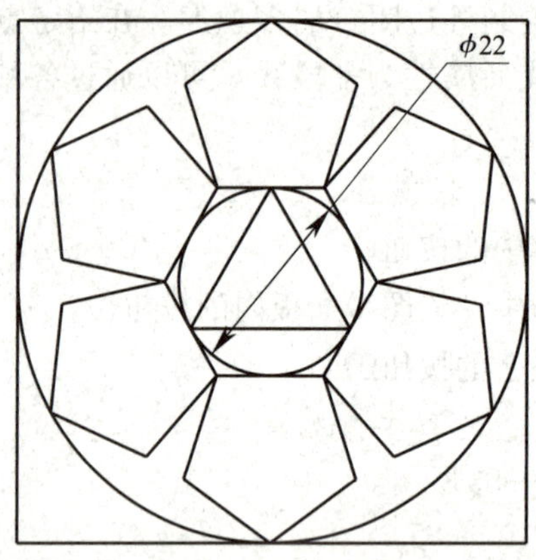

图2—55　正多边形绘制实例

绘图步骤见表2—4。

表2—4　　**绘图步骤**

绘图步骤	图示
(1) 绘制 $\phi22$ mm圆 启动执行命令："圆：圆心_半径" 圆心点：(通过鼠标在屏幕中确定圆心位置) 输入半径或圆上一点：11 (输入圆的半径值)	
(2) 绘制 $\phi22$ mm圆的内接正三角形 启动执行命令："正多边形"(按图2—56a所示的绘制内接正三角形立即菜单进行设置) 中心点：(捕捉 $\phi22$ mm圆心) 圆上点或外接圆半径：11 (输入外接圆半径值)	
(3) 绘制 $\phi22$ mm圆的外切正六边形 启动执行命令："正多边形"(按图2—56b所示的绘制外切正六边形立即菜单进行设置) 中心点：(捕捉 $\phi22$ mm圆心) 圆上点或内切圆半径：11 (输入内切圆半径值)	

绘图步骤	图示
（4）绘制六个正五边形 启动执行命令："正多边形"（按图2—56c所示的绘制正五边形立即菜单进行设置） 第一点：（捕捉正六边形上边长左端点） 第二点或边长：（捕捉正六边形上边长右端点） 执行上述操作，则绘制出正上方正五边形。再次执行"正多边形"命令，并将旋转角设为"60"，捕捉正六边形左上边长的左下点为第一点，右上点为第二点，则绘制出左上方正五边形。按照此方法，依次绘制出其他正五边形，绘制时，旋转角依次设为"120、180、240、300"	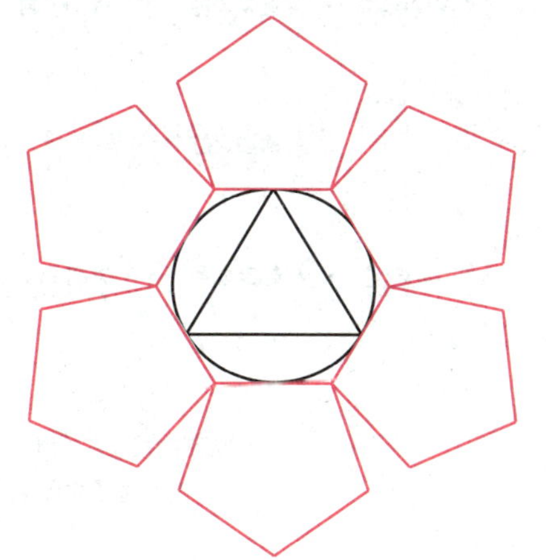
（5）绘制过正五边形顶点的大圆 启动执行命令："圆：三点" 第一点：（捕捉一个正五边形的最外面的顶点） 第二点：（捕捉另一个正五边形的最外面的顶点） 第三点：（捕捉第三个正五边形的最外面的顶点）	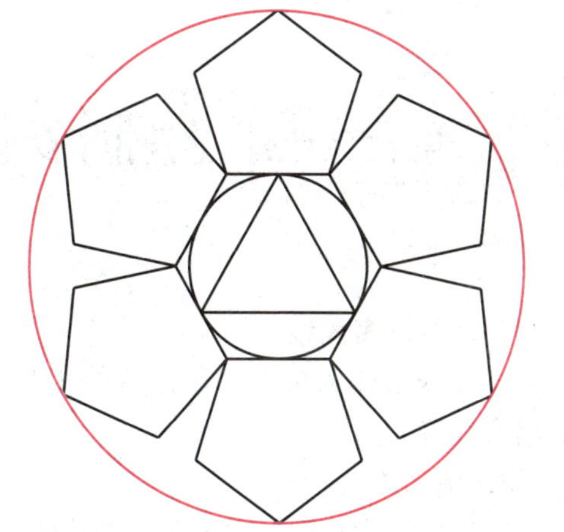
（6）绘制大圆的外切正四边形 启动执行命令："正多边形"（按图2—56d所示的绘制大圆的外切正四边形立即菜单进行设置） 中心点：（捕捉 $\phi 22$ mm圆心） 圆上点或内切圆半径：（捕捉正上方正五边形的顶点）	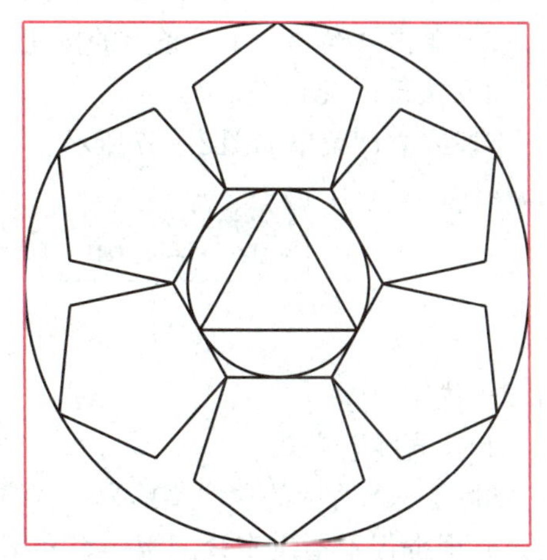

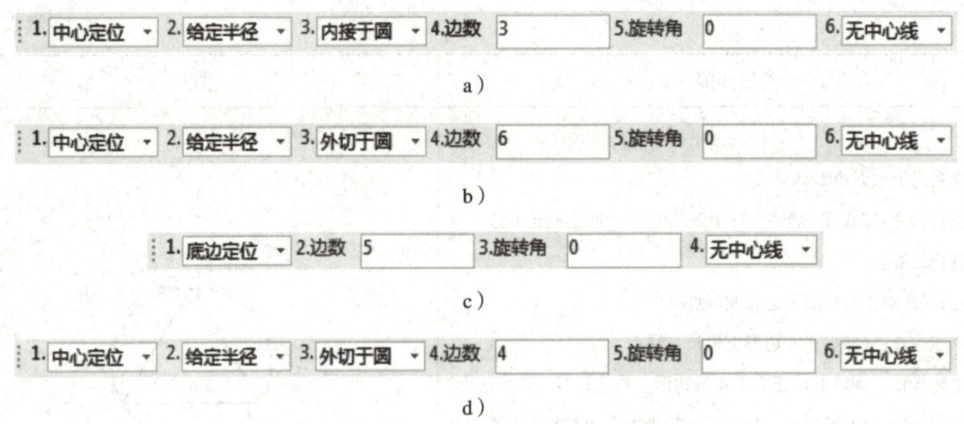

图2—56　绘制正多边形立即菜单

a）绘制内接正三角形立即菜单　b）绘制外切正六边形立即菜单
c）绘制正五边形立即菜单　d）绘制大圆的外切正四边形立即菜单

§2—5　绘制多段线、中心线和等距线

一、绘制多段线

多段线是作为单个对象创建的相互连接的线段序列。可以创建直线段、弧线段或两者的组合线段。

1. 调用方式

（1）单击“绘图”主菜单中的按钮。

（2）单击“常用”选项卡中“绘图”面板内的按钮。

（3）单击“绘图”工具条上的按钮。

（4）执行pline命令。

多段线立即菜单如图2—57所示。

图2—57　多段线立即菜单1

2. 说明

（1）“直线”方式

如图2—57所示的立即菜单为“直线”方式。

1）根据提示指定直线的第一点和第二点，即可生成一段直线，交互方式与两点直线相同；可以连续指定下一点绘制连续的组合线段。

2）单击立即菜单“2.”选项的下拉菜单可以设置多段线是否封闭。

3）单击立即菜单中“3. 起始宽度”和“4. 终止宽度”的文本框可以指定多段线的起始宽度和终止宽度。这两个参数用于设置图线的宽度，一般设置为“0”。

(2)“圆弧”方式

单击立即菜单“1.”选项的下拉菜单，切换到“圆弧”方式，如图2—58所示。

图2—58　多段线立即菜单2

此时按提示指定第一点和第二点即可生成一段圆弧，连续指定下一点时即绘制连续的组合圆弧线段。

直线和圆弧线段可以连续组合生成，通过立即菜单进行切换即可。在绘制直线和圆弧时可以使用动态输入以及智能点工具进行精确输入，从而使绘图准确、效率更高。

3. 实例

如图2—59所示为多段线绘制实例。绘图步骤如下：

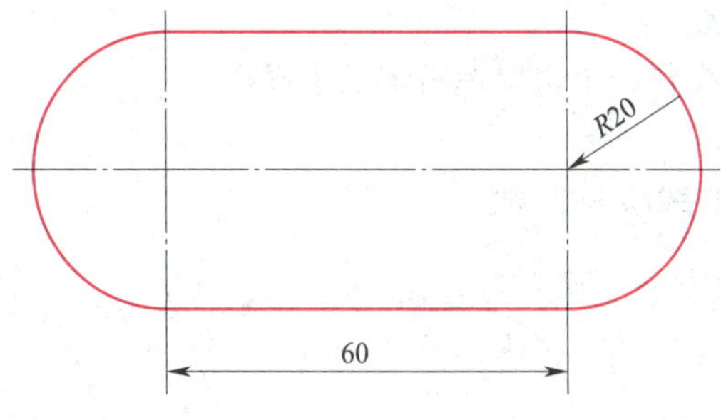

图2—59　多段线绘制实例

启动执行命令：“多段线”

第一点：(用鼠标在绘图区确定第一点位置)

下一点：@60<0（设置为直线方式，输入相对第一点极坐标）

下一点：@40<90（设置为圆弧方式，输入相对前一点极坐标）

下一点：@60<180（设置为直线方式，输入相对前一点极坐标）

下一点：@40<270（设置为圆弧方式，输入相对前一点极坐标）

单击鼠标右键或单击“Enter”键或“Esc”键即可退出多段线命令，绘制结果如图2—59所示。

二、绘制中心线

调用“中心线”功能后，如果拾取一个圆、圆弧或椭圆，则直接生成一对相互正交的中心线。如果拾取两条相互平行或非平行线（如锥体），则生成这两条直线的中心线。

1. 调用方式

(1) 单击“绘图”主菜单中的按钮⁄。

(2) 单击“常用”选项卡中“绘图”面板内的按钮⁄。

(3) 单击“绘图”工具条上的按钮⁄。

（4）执行centerl命令。

中心线立即菜单如图2—60所示。

图2—60 中心线立即菜单

2. 说明

（1）单击立即菜单“1.”选项的下拉菜单可切换到“1. 自由”，“自由”是指手动移动鼠标指定超过轮廓线的长度。“指定延长线长度”是指超过轮廓线的长度按照“延伸长度”文本框中数字表示的长度显示，数值可通过键盘重新输入。

（2）单击立即菜单“2.”选项的下拉菜单可切换到“2. 批量生成”。“快速生成”是指一个元素的中心线生成，“批量生成”是指框选元素的中心线生成。

（3）按命令输入区提示拾取圆（弧、椭圆）或第一条直线，若拾取的是圆（弧、椭圆），则在被拾取的圆或圆弧上绘制出一对相互正交垂直且超出其轮廓线一定长度的中心线；若拾取的是第一条直线，提示变为拾取另一条直线，当拾取完成后，在被拾取的两条直线之间绘制出一条中心线。

（4）此命令可以重复操作，单击鼠标右键结束操作。

3. 实例

如图2—61所示为中心线绘制实例。

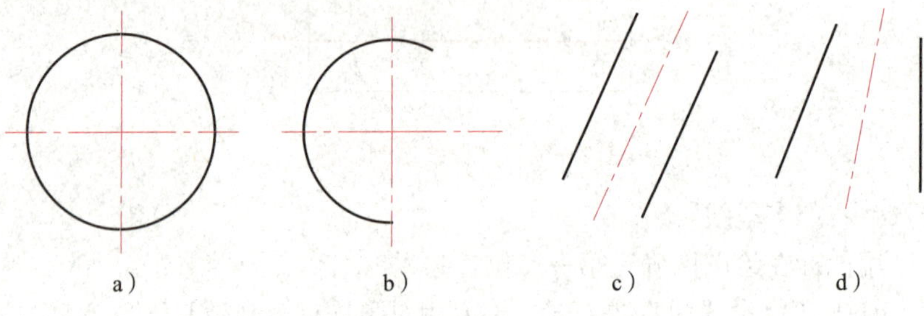

图2—61 中心线绘制实例

a）圆 b）圆弧 c）平行直线 d）对称直线

三、绘制等距线

绘制给定曲线的等距线。可以生成等距线的对象有直线、圆弧、圆、椭圆、多段线、样条曲线。等距线方式具有链拾取功能，它能把首尾相连的图形元素作为一个整体进行等距处理，从而提高操作效率。

1. 调用方式

（1）单击“绘图”主菜单中的按钮。

（2）单击“常用”选项卡中“修改”面板内的按钮。

（3）单击“绘图”工具条上的按钮。

（4）执行offset命令。

等距线立即菜单如图2—62所示。

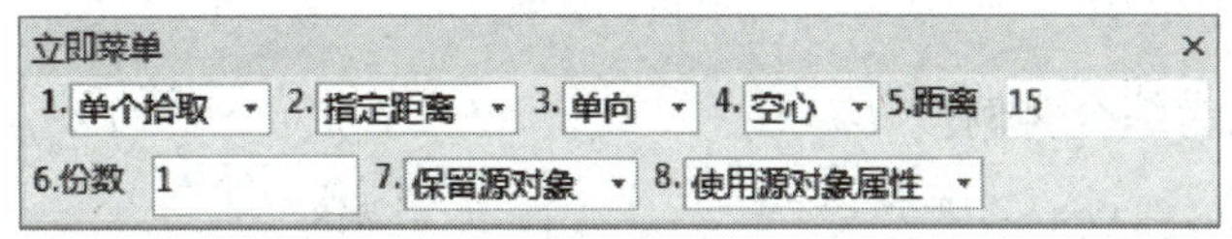

图 2—62　等距线立即菜单

2. 说明

(1) 在立即菜单“1.”选项的下拉菜单中选择“单个拾取”或“链拾取”。若是单个拾取，则只拾取一个元素；若是链拾取，则拾取首尾相连的元素。

(2) 在立即菜单“2.”选项的下拉菜单中可选择“指定距离”或“过点方式”。“指定距离”是指选择箭头方向确定等距方向，按指定距离的数值来确定等距线的位置，如图 2—63 所示。“过点方式”是指过已知点绘制等距线，如图 2—64 所示。等距功能默认为指定距离方式。

(3) 在立即菜单“3.”选项的下拉菜单中可选取“单向”或“双向”。“单向”是指只在一侧绘制等距线，“双向”是指在直线两侧均绘制等距线。

(4) 在立即菜单“4.”选项的下拉菜单中可选择“空心”或“实心”。“实心”是指原曲线与等距线之间进行填充，而“空心”是指只绘制等距线，不进行填充。

(5) 单击立即菜单“5. 距离”的文本框，可输入等距线与原直线的距离，图 2—62 中的数值为系统默认值。

(6) 单击立即菜单“6. 份数”的文本框，可输入所需等距线的份数。

3. 实例

例　如图 2—63 所示为指定距离方式绘制等距线实例。

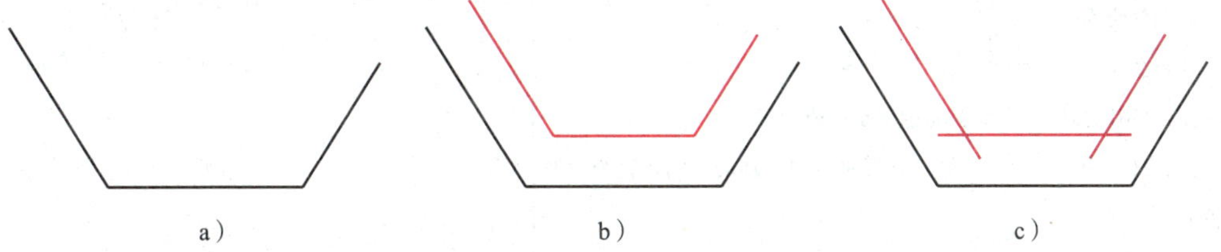

a)　b)　c)

图 2—63　指定距离方式绘制等距线实例
a) 绘制前　b) 链拾取　c) 单个拾取

例　如图 2—64 所示为过点方式绘制等距线实例。

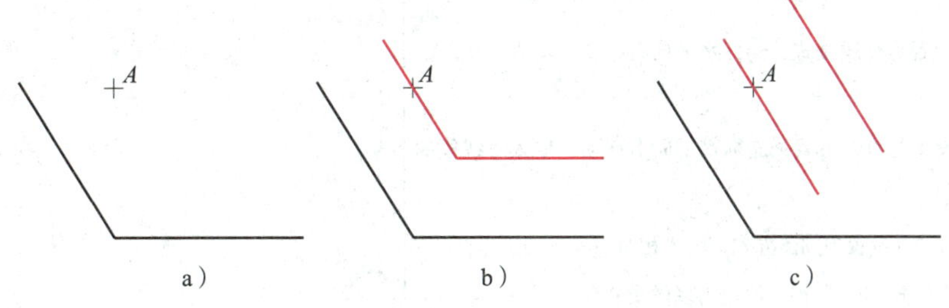

a)　b)　c)

图 2—64　过点方式绘制等距线实例
a) 绘制前　b) 链拾取　c) 单个拾取（份数为 2）

四、综合实例

如图2—65所示为综合实例。

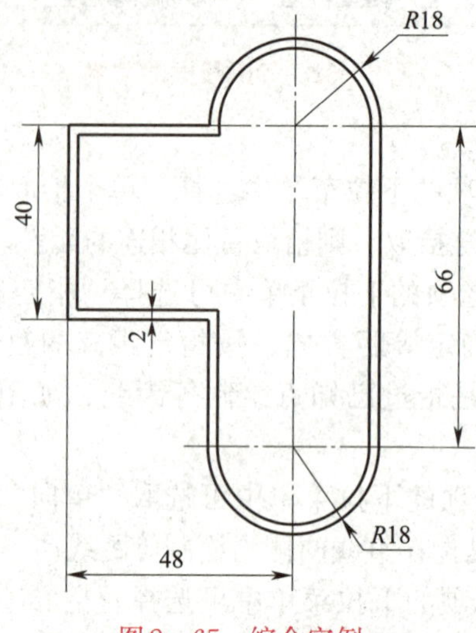

图2—65 综合实例

绘图步骤见表2—5。

表2—5 **绘图步骤**

绘图步骤	图示
（1）绘制外轮廓 启动执行命令："多段线" 第一点：（用鼠标确定直线段66的下端点位置） 下一点：66（设置为直线方式，光标垂直向上移动，输入直线段的长度值） 下一点：@36<180（设置为圆弧方式，输入相对前一点的极坐标） 下一点：30（设置为直线方式，光标水平向左移动，输入直线段的长度值） 下一点：40（设置为直线方式，光标垂直向下移动，输入直线段的长度值） 下一点：30（设置为直线方式，光标水平向右移动，输入直线段的长度值） 下一点：26（设置为直线方式，光标水平向下移动，输入直线段的长度值） 下一点：@36<-180（设置为圆弧方式，输入相对前一点的极坐标） 单击鼠标右键或单击"Esc"键，可退出多段线命令	

续表

绘图步骤	图示
（2）绘制内轮廓 启动执行命令：“等距线”（按图2—66所示的等距线立即菜单进行设置） 拾取曲线：（拾取步骤（1）绘制的外轮廓曲线） 请拾取所需的方向：（拾取向里的方向）	
（3）绘制中心线 启动执行命令：“中心线” 拾取圆（弧、椭圆、圆弧形多段线）或第一条直线：（拾取上、下R18 mm圆弧） 单击鼠标右键或单击“Esc”键，可退出中心线命令	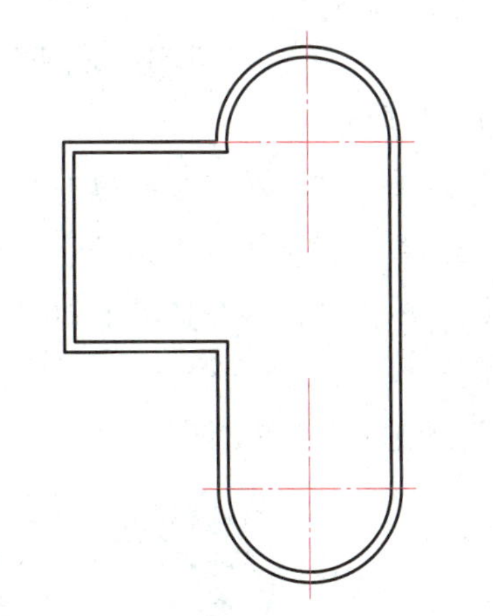

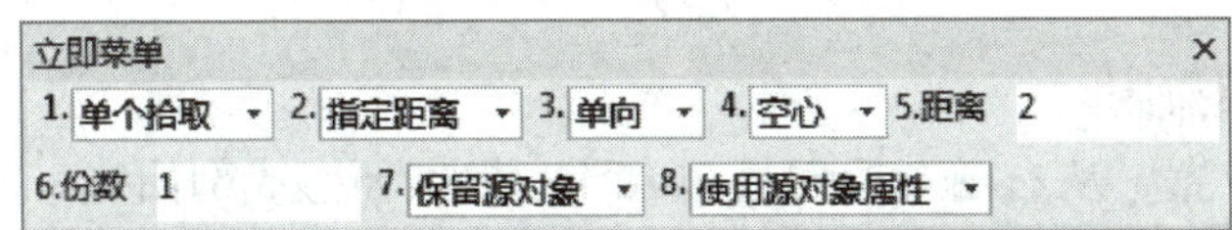

图2—66　等距线立即菜单

第三章 绘制复杂图形

§3—1 绘制剖面线和填充

一、绘制剖面线

使用填充图案对封闭区域或选定对象进行填充，生成剖面线。用以下方式可以调用“剖面线”功能：

（1）单击“绘图”主菜单中的剖面线按钮 。

（2）单击“绘图”工具条中的剖面线按钮 。

（3）单击“常用”选项卡中“绘图”面板上的剖面线按钮 。

（4）执行hatch命令。

剖面线立即菜单如图3—1所示。生成剖面线的方式分为“拾取点”和“拾取边界”两种。

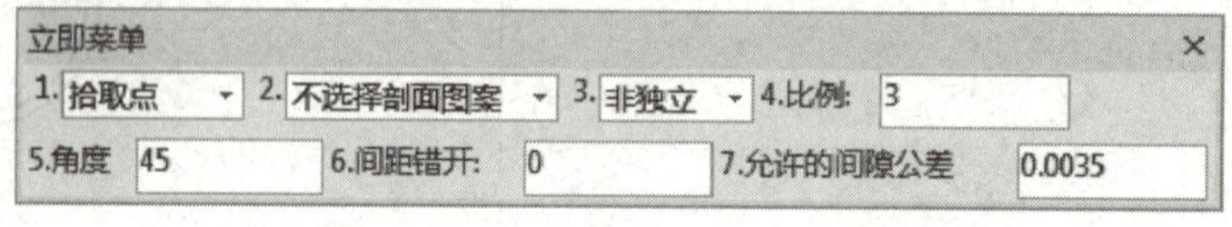

图3—1　剖面线立即菜单

1. 拾取点绘制剖面线

根据拾取点的位置，从右向左搜索最小内环，根据环生成剖面线。如果拾取点在环外，则操作无效。

（1）操作步骤

1）调用“剖面线”功能，在弹出的立即菜单“1.”选项的下拉菜单中选择“拾取点”。

2）单击立即菜单“2.”选项的下拉菜单，可以选择是否选择剖面图案，如果不选择剖面图案，将按默认图案生成。如果选择剖面图案，进行拾取点操作并确认后，将弹出如图3—2所示的“剖面图案”对话框，在此对话框中可以设置剖面线的比例、旋转角、间距错开等参数。

3）单击“确定”按钮后，一组按立即菜单上定义的剖面线立刻在拾取环内绘制出来。此方法操作简单方便，适用于各式各样的封闭区域。

提示：

拾取环内点的位置，当拾取完点以后，系统首先从拾取点开始，从右向左搜索最小封闭环。

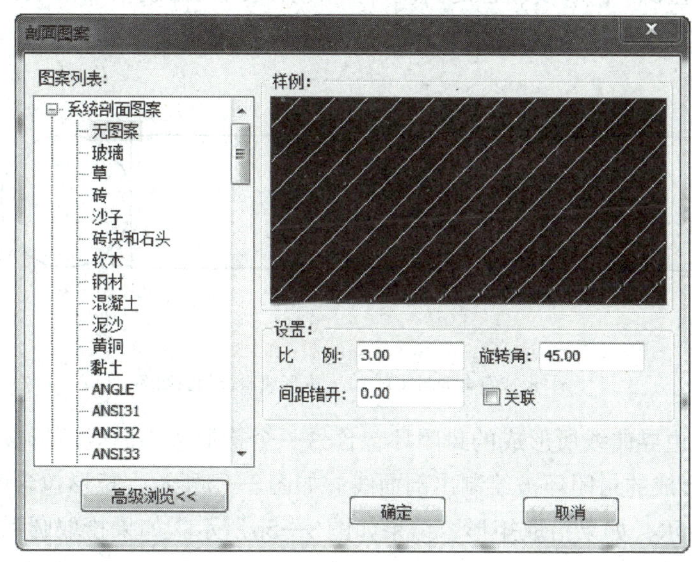

图 3—2 “剖面图案”对话框

（2）实例

如图 3—3 所示为拾取点绘制剖面线实例，矩形为一个封闭环，而其内部又有一个圆，圆也是一个封闭环。若拾取点设在圆外，则系统搜索到的封闭环是矩形，则矩形和圆都被绘制出剖面线，如图 3—3a 所示。若拾取点设在圆内，系统搜索到的封闭环为圆，则圆被绘制出剖面线，如图 3—3b 所示。

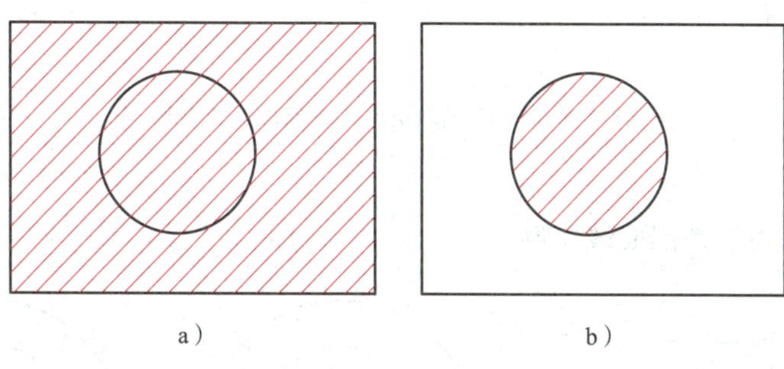

图 3—3 拾取点绘制剖面线实例

a）拾取点在圆外 b）拾取点在圆内

2. 拾取边界绘制剖面线

根据拾取到的曲线搜索环生成剖面线，如果不能生成互不相交的封闭环则操作无效。

（1）操作步骤

1）调用“剖面线”功能，在弹出的立即菜单“1.”选项的下拉菜单中选择“拾取边界”。

2）确定剖面图案和参数。

3）移动鼠标拾取构成封闭环的若干条曲线，如果所拾取的曲线能够生成相互重合的封闭环，单击鼠标右键确认后，一组剖面线立即被显示出来，否则操作无效。如图3—4a所示，拾取圆和矩形后，形成重合的封闭环可以绘制出剖面线。而拾取如图3—4b所示的圆和矩形，由于二者不能生成相互重合的封闭环，系统认为操作无效，不能绘制出剖面线。

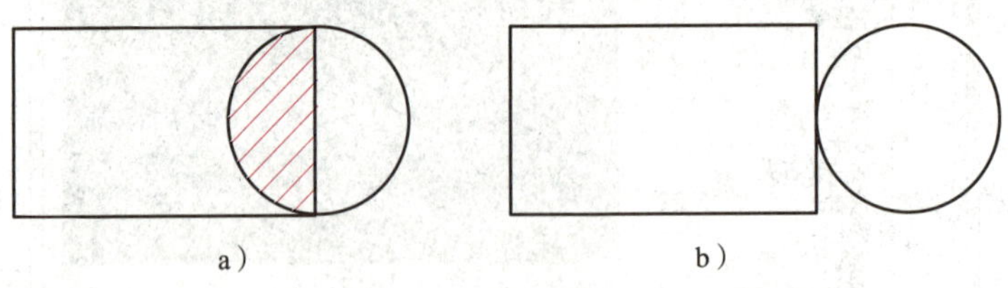

图3—4　拾取边界绘制剖面线实例1

a）形成重合的封闭环　b）未形成重合的封闭环

4）若拾取的边界曲线所形成的封闭环包含另一个拾取边界曲线所形成的封闭环，则两边界曲线之间所形成的封闭环被绘制出剖面线。如图3—5所示，矩形包含圆，如果拾取圆，结果如图3—5a所示，如果拾取矩形，结果如图3—5b所示，如果拾取圆和矩形，结果如图3—5c所示。

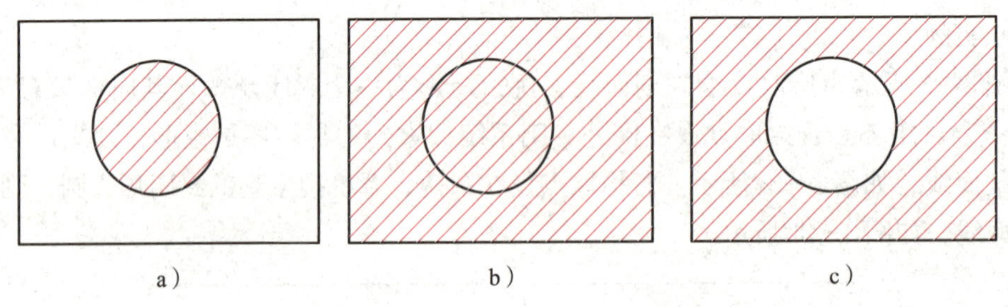

图3—5　拾取边界绘制剖面线实例2

a）拾取圆　b）拾取矩形　c）拾取圆和矩形

（2）实例

如图3—6所示为绘制剖面线实例。

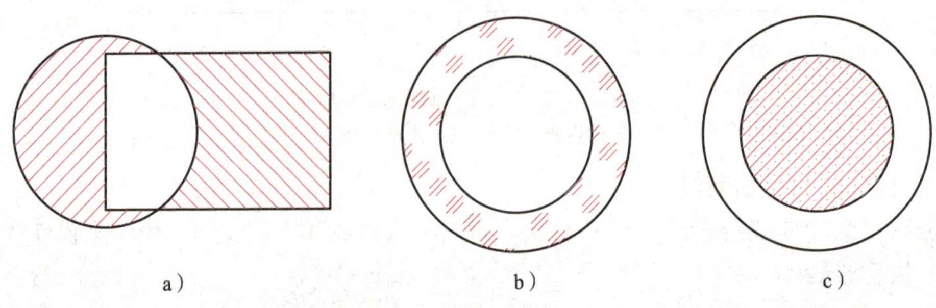

图3—6　绘制剖面线实例

a）两曲线非重合封闭环的剖面线　b）玻璃材料的剖面线　c）混凝土材料的剖面线

绘制如图3—6a所示的两曲线非重合封闭环的剖面线，只能采用点拾取方式，同时，圆部分的剖面线的旋转角为45°，矩形部分的剖面线的旋转角为135°。绘制如图3—6b所示的玻璃材料的剖面线，只能采取边界拾取方式，同时拾取两个圆，单击鼠标右键确认，在弹出的“剖面图案”对话框中，选择玻璃作为剖面图案，单击“确定”按钮，就可绘制出两圆之间的剖面线。绘制如图3—6c所示的混凝土材料的剖面线，既可采取点拾取方式，又可采取边界拾取方式，注意采用的剖面图案为混凝土。

二、填充

对封闭区域的内部进行实心填充。填充实际是一种图形类型，它可对封闭区域的内部进行填充，对于某些制件剖面需要涂黑时可用此功能。

1. 调用“填充”功能

（1）单击“绘图”主菜单中的填充按钮。

（2）单击“绘图”工具条中的填充按钮。

（3）单击“常用”选项卡中“绘图”面板上的填充按钮。

（4）执行solid命令。

填充立即菜单如图3—7所示。在立即菜单“1.”选项的下拉菜单中可选择“独立”或“非独立”两种方式。独立表示填充的多个区域是相互独立对象，非独立表示填充的多个区域是一个对象。

图3—7　填充立即菜单

调用“填充”功能后，命令行中提示“拾取环内一点”，用鼠标左键拾取要填充的封闭区域内任意一点，即可完成操作。

2. 实例

如图3—8所示为填充实例，将如图3—8a所示的圆的第一象限和第三象限涂黑。

调用“填充”功能，拾取圆的第一象限中任意一点，拾取圆的第三象限中任意一点。单击鼠标右键确认，即可绘制出如图3—8b所示的图形。

三、综合实例

如图3—9所示为剖面线与填充综合实例。

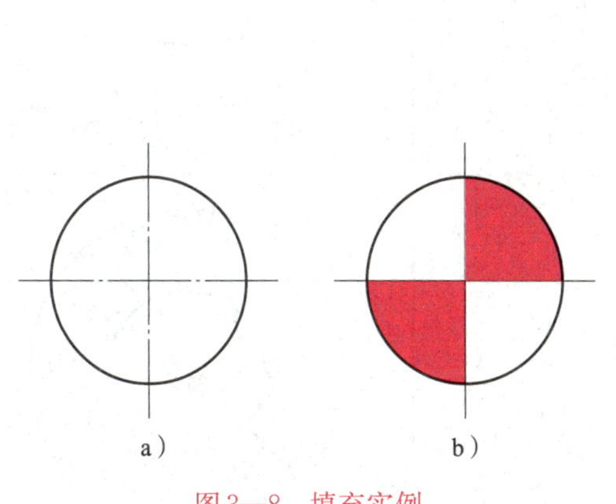

图3—8　填充实例

a）绘图前　b）绘图后

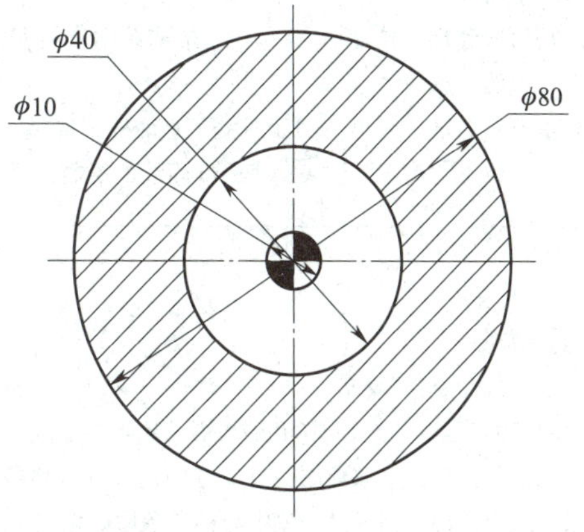

图3—9　剖面线与填充综合实例

绘图步骤见表3—1。

表3—1　　　　　　　　　　绘图步骤

绘图步骤	图示
（1）绘制ϕ10 mm、ϕ40 mm、ϕ80 mm的圆 启动执行命令："圆" 圆心点：（用鼠标左键确定圆心位置） 输入半径或圆上一点：5（输入ϕ10 mm圆半径值） 输入半径或圆上一点：20（输入ϕ40 mm圆半径值） 输入半径或圆上一点：40（输入ϕ80 mm圆半径值） 单击鼠标右键或单击"Esc"键，退出圆命令	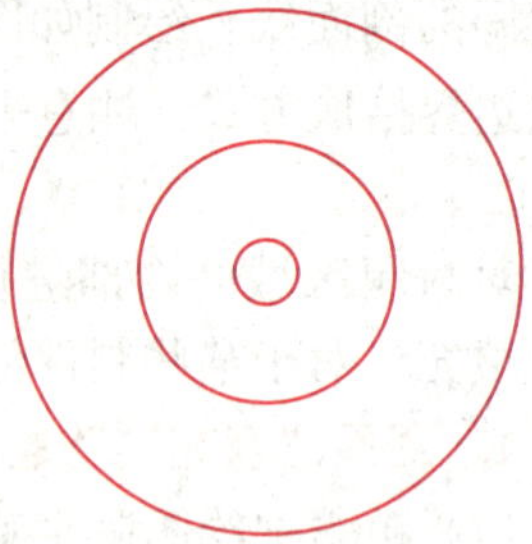
（2）绘制中心线 启动执行命令："中心线" 拾取圆（弧、椭圆、圆弧形多段线）或第一条直线：（拾取ϕ80 mm圆） 单击鼠标右键或单击"Esc"键，退出中心线命令	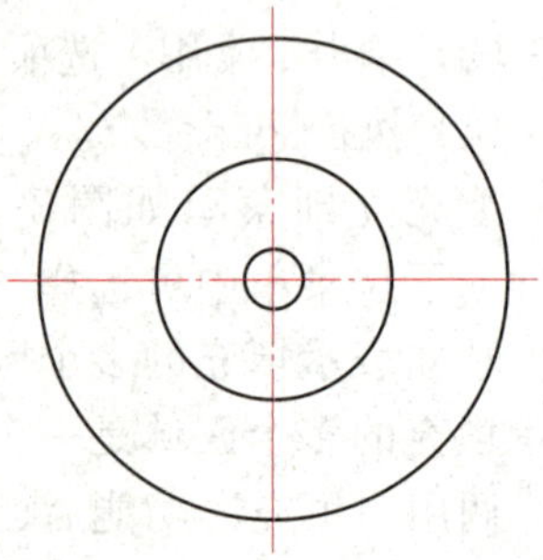
（3）绘制剖面线 启动执行命令："剖面线" 拾取环内一点：（拾取第一象限ϕ40 mm圆与ϕ80 mm圆之间的区域中的一点） 成功拾取到环，拾取环内一点：（拾取第二象限ϕ40 mm圆与ϕ80 mm圆之间的区域中的一点） 成功拾取到环，拾取环内一点：（拾取第三象限ϕ40 mm圆与ϕ80 mm圆之间的区域中的一点） 成功拾取到环，拾取环内一点：（拾取第四象限ϕ40 mm圆与ϕ80 mm圆之间的区域中的一点） 单击鼠标右键，弹出"剖面图案"对话框，选择ANSI31剖面图案，比例设为"1"，单击"确定"按钮，完成剖面线的绘制	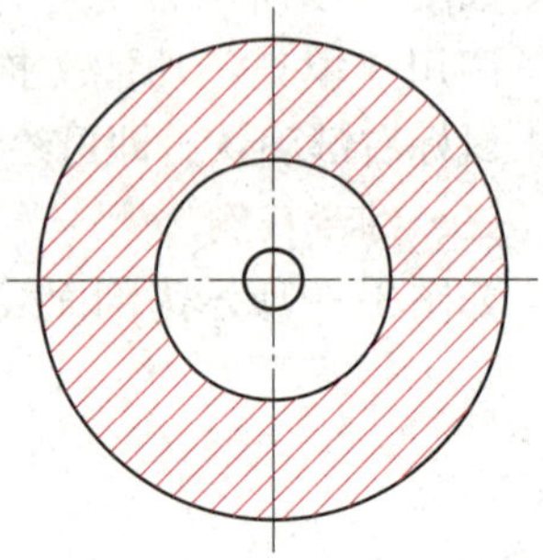
（4）填充 启动执行命令："填充" 拾取环内一点：（拾取ϕ10 mm圆第一象限内一点） 成功拾取到环，拾取环内一点：（拾取ϕ10 mm圆第三象限内一点） 单击鼠标右键，完成第一象限与第三象限的填充	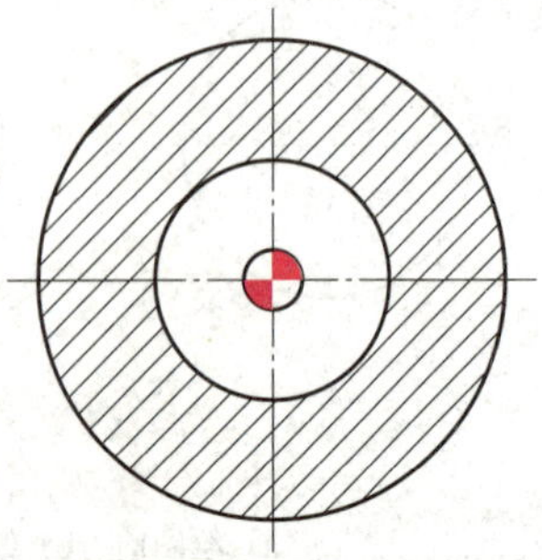

§3—2　绘制特殊曲线

一、绘制样条曲线

样条曲线是通过或接近一系列给定点的平滑曲线。绘制样条曲线时，点的输入可以由鼠标输入或由键盘输入，也可以从外部样条数据文件中直接读取样条。

1. 调用“样条”功能

（1）单击“绘图”主菜单中的样条按钮。

（2）单击“常用”选项卡中“绘图”面板上的样条按钮。

（3）单击“绘图”工具条上的样条按钮。

（4）执行spline命令。

2. 说明

样条曲线立即菜单如图3—10所示。

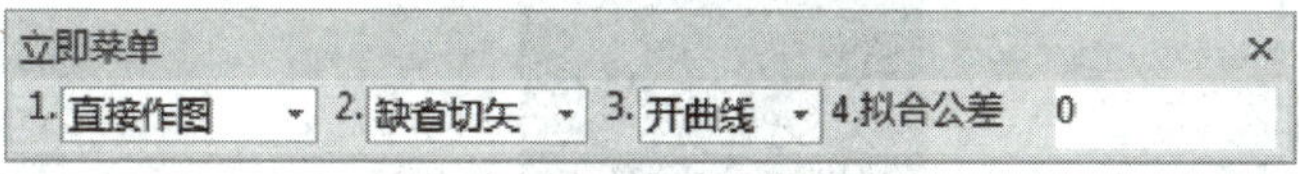

图3—10　样条曲线立即菜单

（1）若在立即菜单“1.”选项的下拉菜单中选取“直接作图”，则按提示用鼠标或键盘输入一系列控制点，一条光滑的样条曲线自动绘出。

（2）若在立即菜单“1.”选项的下拉菜单中选取“从文件读入”，则屏幕弹出“打开样条数据文件”对话框，从中可选择数据文件，单击“确定”按钮后，系统可根据文件中的数据绘制出样条。

（3）绘制样条曲线时，可通过“3.”选项的下拉菜单进行开曲线和闭曲线的切换。

3. 实例

调用“样条”功能后，依次输入绝对坐标值（0，0）、（10，20）、（20，0）、（30，－20）、（40，0）、（50，20）、（60，0），则绘制出如图3—11所示的样条曲线。

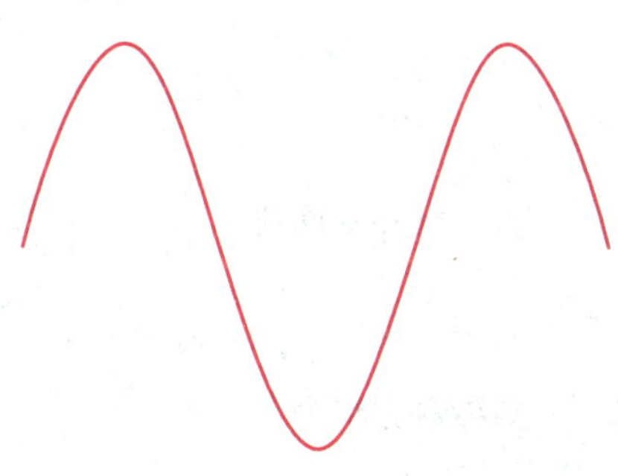

图3—11　绘制样条曲线实例

二、绘制公式曲线

根据数学公式或参数表达式快速绘制出相应的数学曲线。公式的给出既可以是直角坐标形式，也可以是极坐标形式。公式曲线提供了一种更方便、更精确的绘图手段，以适应某些精确型腔、轨迹线形的绘图设计，只要输入数学公式、给定参数，电子图板便会自动绘制出该公式描述的曲线。

1. 调用“公式曲线”功能

（1）单击“绘图”主菜单中的按钮。

（2）单击“常用”选项卡中“绘图”面板上的按钮。

（3）单击“绘图”工具条上的按钮。

（4）执行fomul命令。

2. 说明

（1）调用“公式曲线”功能后，将弹出如图3—12所示的“公式曲线”对话框。可以在对话框中首先选择是在直角坐标系下还是在极坐标系下输入公式。

（2）接下来是填写需要给定的参数：参变量t、起始值和终止值，即给定变量范围，并选择变量的单位。

（3）在文本框中输入公式名、公式及精度控制。单击“预显”按钮，在预览框中可以看到设定的曲线。

（4）对话框中还有“存储”“删除”这两个按钮，存储是针对当前曲线而言，保存当前曲线，删除是对已存在的曲线进行删除操作，系统默认公式不能被删除。

设定完曲线后，单击“确定”按钮，按照系统提示输入定位点后，一条公式曲线就绘制完成。

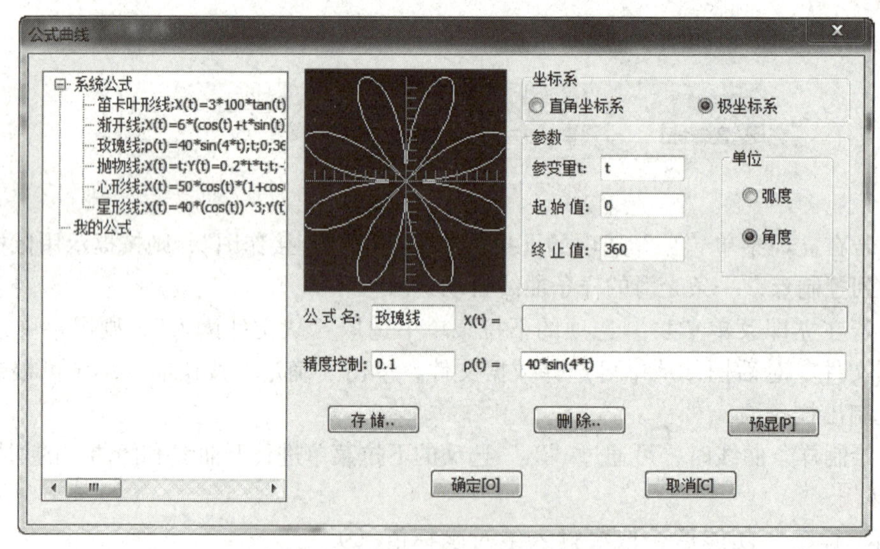

图3—12　“公式曲线”对话框

3. 实例

例　已知双曲线：$\frac{x^2}{20^2}-\frac{y^2}{10^2}=1$，其极坐标参数方程是：$\rho=\frac{p}{1-e\cos\theta}$。

其中，$p=\frac{10^2}{20}=5$，$e=\sqrt{10^2+20^2}/20=\sqrt{5}/2$。

则参数方程为：

$z(t)=0$

$\rho(t)=5/[1-\text{sqrt}(5)*\cos(t)/2]$

t的取值范围从50°～310°。

双曲线的公式表达和预显结果如图3—13所示。

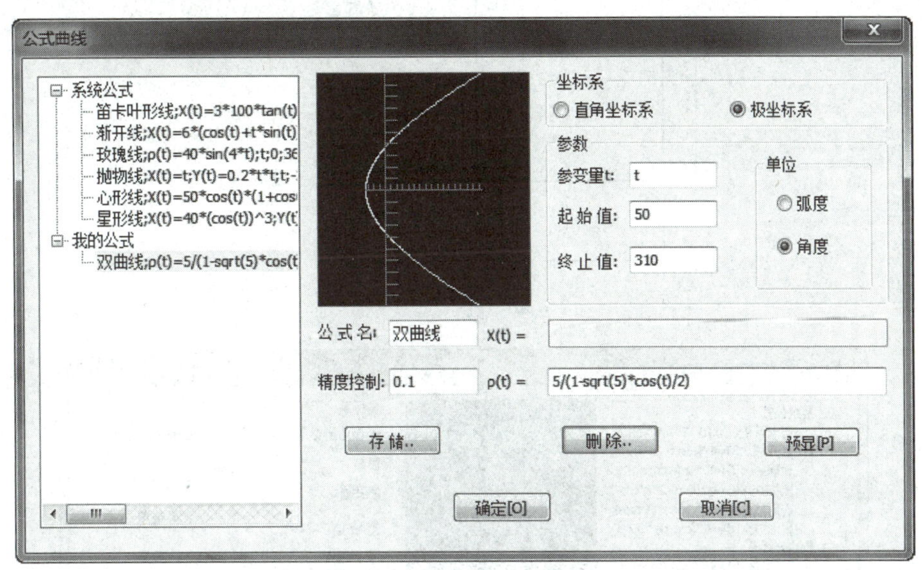

图3—13 双曲线的公式表达和预显结果

例 如图3—14a所示为余弦曲线实例，图样右端为余弦曲线$Z=10*\cos[(\pi/21)*X]$。

由于电子图板采用的坐标系为XY直角坐标系，数控车床采用的是XZ直角坐标系，绘制该余弦曲线时，要注意两种坐标的转换。如图3—14a所示的余弦曲线采用公式曲线绘制，其参数设置如图3—14b所示。

三、圆弧拟合样条

圆弧拟合样条是指用多段圆弧按指定拟合的精度拟合已有样条曲线。配合查询功能使用，可以查询各拟合圆弧的元素属性。

1. 调用“圆弧拟合样条”功能

（1）单击“绘图”主菜单中的按钮。

（2）单击“常用”选项卡中“绘图”面板上的按钮。

（3）单击“绘图工具Ⅱ”工具条上的按钮。

（4）执行nhs命令。

2. 说明

圆弧拟合样条立即菜单如图3—15所示，圆弧拟合样条实例如图3—16a所示。

（1）单击立即菜单“1.”选项的下拉菜单可选取“不光滑连续”或“光滑连续”。

（2）单击立即菜单“2.”选项的下拉菜单可选取“保留原曲线”或“删除原曲线”。

（3）拾取需要拟合的样条线。

（4）通过查询工具的“元素属性”功能，可以查询拟合圆弧属性，如图3—16b所示。

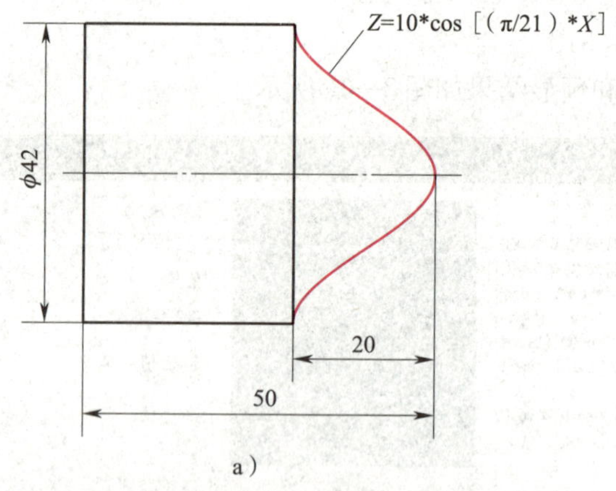

a）

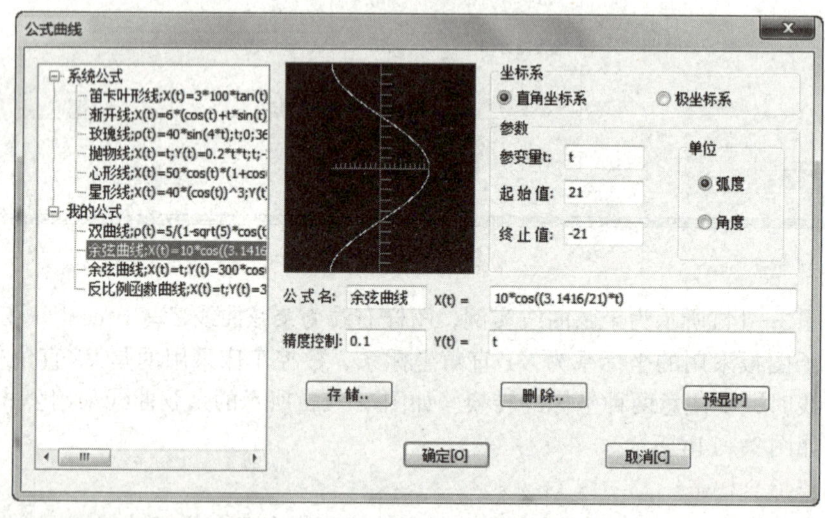

b）

图3—14　余弦曲线实例及其参数设置

a）余弦曲线实例　b）参数设置

图3—15　圆弧拟合样条立即菜单

四、绘制波浪线

按给定方式生成波浪线，改变波峰高度可以调整波浪线各曲线段的曲率和方向。

1. 调用“波浪线”功能

（1）单击“绘图”主菜单中的按钮 。

（2）单击“常用”选项卡中“绘图”面板上的按钮 。

（3）单击“绘图工具Ⅱ”工具条上的按钮 。

（4）执行wavel命令。

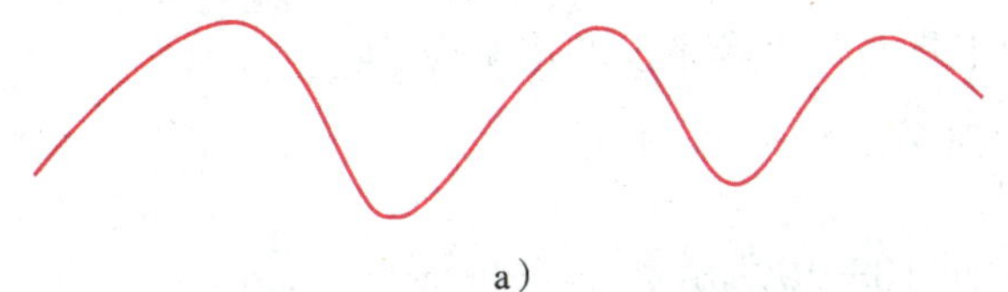

a）

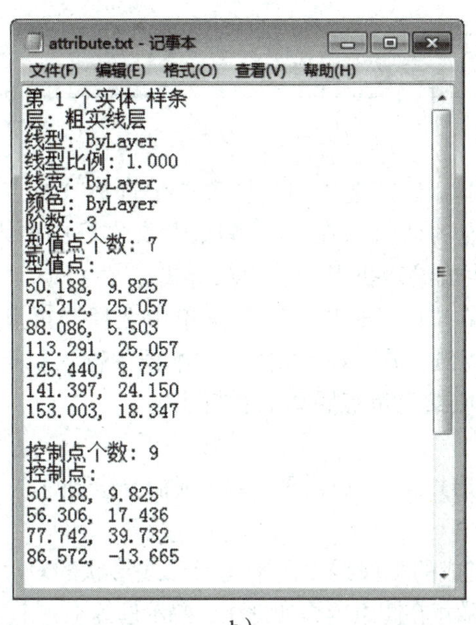

attribute.txt - 记事本
文件(F) 编辑(E) 格式(O) 查看(V) 帮助(H)

第 1 个实体 样条
层: 粗实线层
线型: ByLayer
线型比例: 1.000
线宽: ByLayer
颜色: ByLayer
阶数: 3
型值点个数: 7
型值点:
50.188, 9.825
75.212, 25.057
88.086, 5.503
113.291, 25.057
125.440, 8.737
141.397, 24.150
153.003, 18.347

控制点个数: 9
控制点:
50.188, 9.825
56.306, 17.436
77.742, 39.732
86.572, -13.665

b）

图3—16 圆弧拟合样条实例、查询拟合圆弧属性

a）圆弧拟合样条实例 b）查询拟合圆弧属性

2. 说明

波浪线立即菜单如图3—17所示。

图3—17 波浪线立即菜单

单击立即菜单“1. 波峰”的文本框，可以输入波峰的数值，以确定浪峰的高度。单击立即菜单“2. 波浪线段数”的文本框，可以输入波浪线一次性生成的段数。

3. 实例

按菜单提示要求，用鼠标在画面上连续指定几个点，一条波浪线随即显示出来，在每两点之间绘制出一个波峰和一个波谷，单击鼠标右键即可结束。

用上述操作方法完成波浪线的绘制，如图3—18所示。

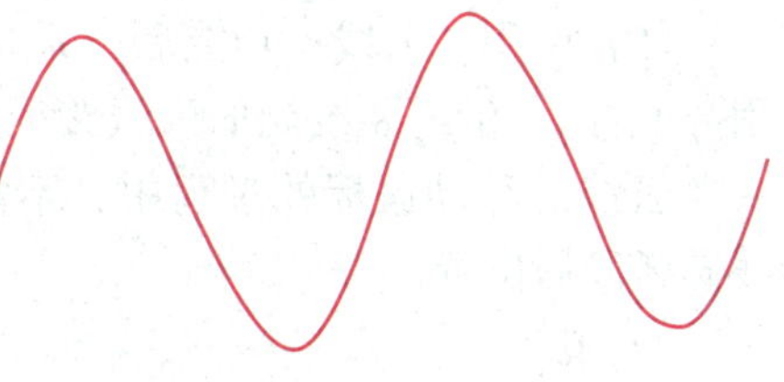

图3—18 波浪线的绘制

五、绘制双折线

由于图幅限制，有些图形无法按比例绘出，可以用双折线表示。在绘制双折线时，需对折点距离进行控制。

1. 调用“双折线”功能

（1）单击“绘图”主菜单中的按钮。

(2) 单击“常用”选项卡中“绘图”面板上的按钮。

(3) 单击“绘图工具Ⅱ”工具条上的按钮。

(4) 执行condup命令。

2. 说明

双折线立即菜单如图3—19所示。

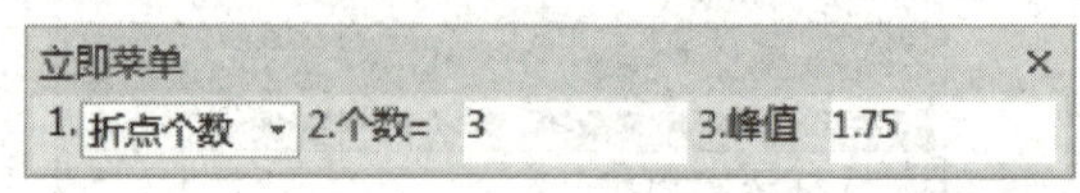

图3—19　双折线立即菜单

(1) 如果在立即菜单“1.”选项的下拉菜单中选择“折点个数”，在立即菜单“2. 个数=”文本框中输入折点的数值，在“3. 峰值”文本框中输入双折线高度（见图3—19），拾取直线或第一点，则生成给定折点个数的双折线。

(2) 如果在立即菜单“1.”选项的下拉菜单中选择“折点距离”，在立即菜单“2. 长度=”文本框中输入距离值，在“3. 峰值”文本框中输入双折线高度，按状态栏提示“拾取直线或第一点”，则生成给定折点距离的双折线。

3. 实例

如图3—20所示为双折线实例，就是采用双折线命令绘制的。

图3—20　双折线实例

六、绘制云线

云线是由连续圆弧组成的多段线，用来构成云线形状的对象。应用云线功能，可以随意在图纸内添加批注、警示框等。

1. 调用“云线”功能

(1) 单击“绘图”主菜单中的按钮。

(2) 单击“常用”选项卡中“绘图”面板上的按钮。

(3) 单击“绘图工具”工具条上的按钮。

(4) 执行cloudline命令。

2. 说明

云线立即菜单如图3—21所示。

图3—21　云线立即菜单

(1) 通过立即菜单“1. 最小弧长”可以设置最小弧长半径值，通过立即菜单“2. 最大弧长”可以设置最大弧长半径值。

(2) 调用“云线”功能后，系统提示“指定起点”，输入起点，系统提示“沿云线路径引导光标”，沿需要绘制的云线路径移动光标，就绘制出一条云线。移动鼠标的过程中，不需要应用左键确定云线圆弧段的位置。

3. 实例

如图3—22所示为云线实例，就是采用云线命令绘制的。

图3—22　云线实例

七、综合实例

如图3—23所示为公式曲线综合实例。

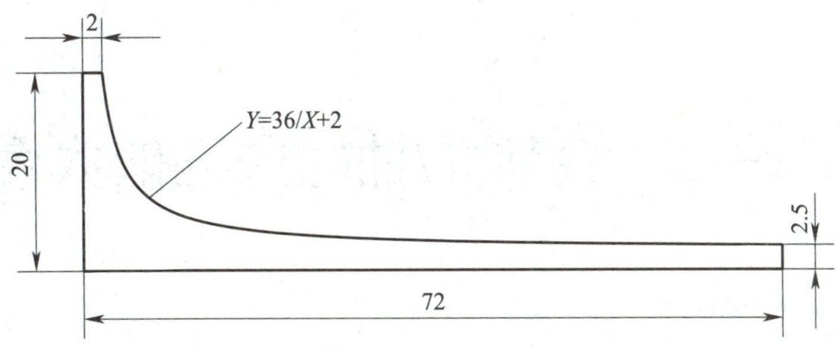

图3—23　公式曲线综合实例

绘图步骤见表3—2。

表3—2　　绘图步骤

绘图步骤	图示
(1) 绘制直线 启动“直线”命令，按图3—23所示的尺寸，绘制4条直线段	
(2) 绘制双曲线 启动“公式曲线”命令，按照图3—24所示的“公式曲线”对话框，设置参数取值范围及参数方程。单击“确定”按钮，拾取曲线定位点（72mm直线段的左端点），则绘制出双曲线	

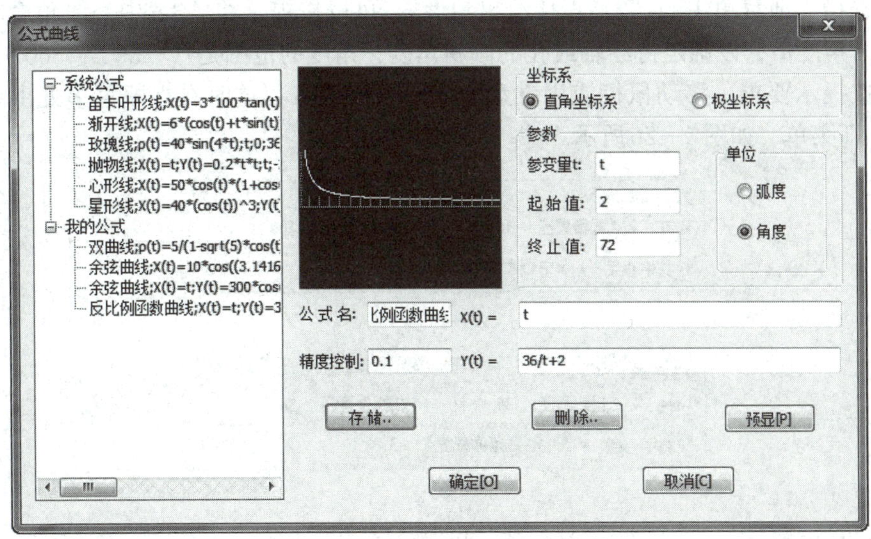

图3—24　“公式曲线”对话框

§3—3　绘制孔/轴和局部放大图

一、绘制孔/轴

绘制孔/轴是指在给定位置画出带有中心线的孔和轴或绘出带有中心线的圆锥孔和圆锥轴。

1. 调用“孔/轴”功能

（1）单击“绘图”主菜单中的按钮。

（2）单击“常用”选项卡中“绘图”面板上的按钮。

（3）单击“绘图工具Ⅱ”工具条上的按钮。

（4）执行hoax命令。

2. 说明

孔/轴立即菜单如图3—25所示。

图3—25　孔/轴立即菜单1

（1）单击立即菜单“1.”选项的下拉菜单，可进行“轴”和“孔”的切换，不论是绘制轴还是绘制孔，操作方法完全相同。两者的区别只是在绘制孔时省略两端的端面线，如图3—27所示。

（2）选择立即菜单中的“2. 直接给出角度”，可以按提示在“3. 中心线角度”文本框中输入一个角度值，以确定待绘轴或孔的倾斜角度，角度的范围是（−360°，360°）。

（3）按提示要求，移动鼠标或用键盘输入一个插入点，这时在立即菜单处出现一个新的孔/轴立即菜单，如图3—26所示。

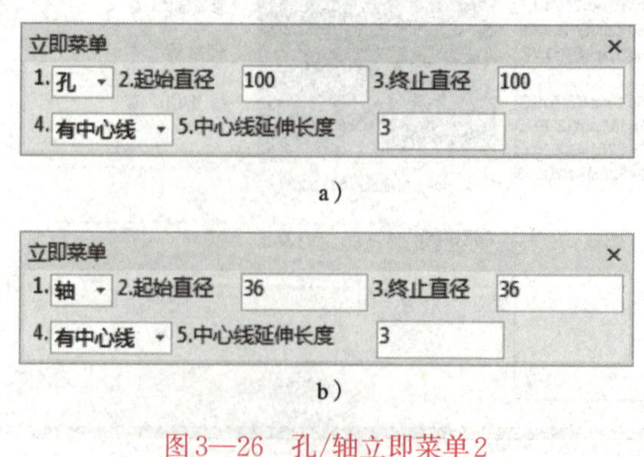

图3—26　孔/轴立即菜单2

a）孔立即菜单　b）轴立即菜单

（4）立即菜单列出了待绘制轴或孔的已知条件，提示表明下面要进行的操作。此时，如果移动鼠标会发现，一个轴或孔被显示出来，该轴或孔以插入点为起点，其长度由绘图者给出。

（5）如果单击立即菜单“2. 起始直径”或“3. 终止直径”的文本框，可以输入新值以重新确定轴或孔的直径，如果起始直径与终止直径不同，则绘出的是圆锥孔或圆锥轴。

（6）立即菜单“4. 有中心线”表示在轴或孔绘制完成后，会自动添加中心线，如果选择“无中心线”则不会添加中心线。

（7）当立即菜单中的所有内容设定完后，用鼠标确定轴或孔上一点，或由键盘输入轴或孔的长度。一旦输入结束，一个带有中心线的轴或孔被绘制出来。

3. 实例

如图3—27a、图3—27b所示分别为用上述操作所绘制的孔和轴。但在实际绘图过程中孔应绘制在实体中，如图3—27c所示为阶梯轴和孔的综合实例。

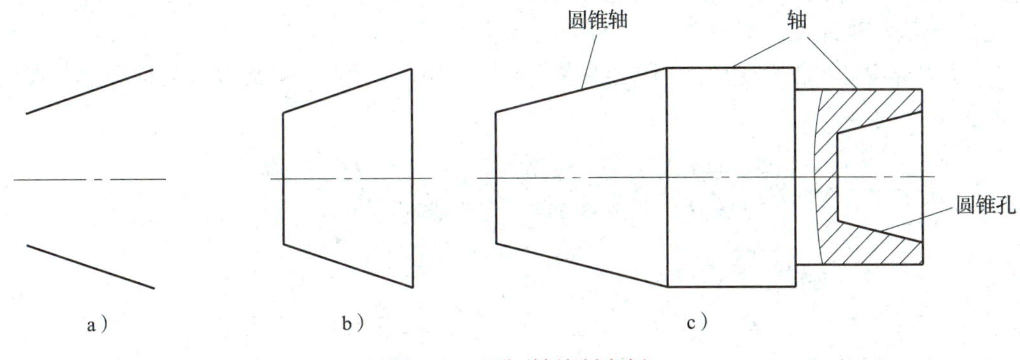

图3—27　孔/轴绘制实例

a）孔　b）轴　c）阶梯轴和孔

二、绘制局部放大图

绘制局部放大图是指按照给定参数生成对局部图形进行放大的视图。放大后视图的标注尺寸数值与原图形保持一致。

1. 调用“局部放大图”功能

（1）单击“绘图”主菜单中的按钮。

（2）单击“常用”选项卡中“绘图”面板上的按钮。

（3）单击“标注”工具条上的按钮。

（4）执行enlarge命令。

2. 说明

局部放大图立即菜单如图3—28所示。局部放大根据边界设置不同分为“圆形边界”和“矩形边界”两种方式。

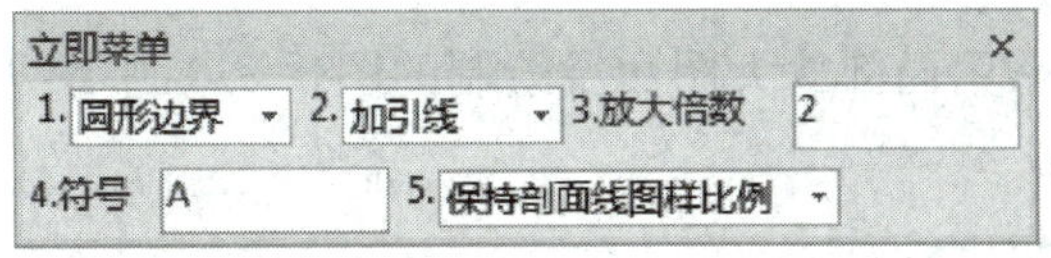

图3—28　局部放大图立即菜单1

（1）圆形边界局部放大

1）从立即菜单“1.”选项的下拉菜单中选择“圆形边界”。

2）单击立即菜单“2.”选项的下拉菜单，可选择是否添加引线，单击“3. 放大倍数”和“4. 符号”的文本框，则可输入放大比例和该局部视图的名称，单击“5.”选项的下拉菜单，可选择局部放大图是否使用原图剖面线比例。

3）按状态栏提示输入局部放大图形中心点，然后输入半径或圆上一点确定局部放大边界。

4）此时提示为“符号插入点”，如果不需要标注符号文字，则单击鼠标右键。否则，移动光标在屏幕上选择好合适的符号文字插入位置后，单击鼠标左键插入符号文字。

5）此时提示为“实体插入点”。已放大的局部放大图形虚像随着光标的移动而动态显示。在屏幕上指定合适的位置输入实体插入点后，生成局部放大图形。

6）如果在第4）步输入了符号插入点，此时提示“符号插入点”，移动光标在屏幕上合适的位置输入符号文字插入点，生成符号文字。

（2）矩形边界局部放大

1）从立即菜单“1.”选项的下拉菜单中选择“矩形边界”，局部放大立即菜单如图3—29所示。

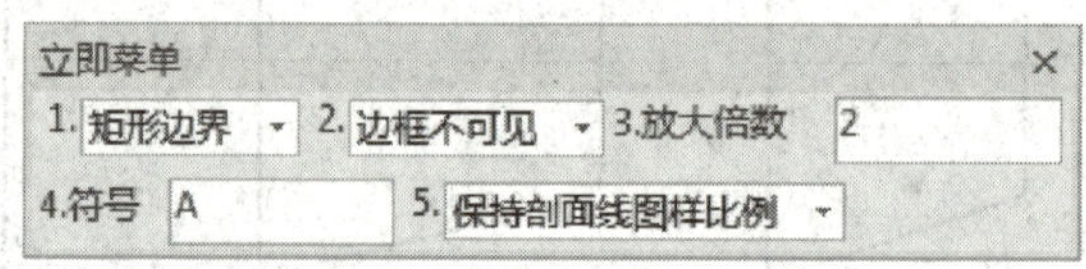

图3—29 局部放大图立即菜单2

2）单击立即菜单“2.”选项的下拉菜单可选择边框可见或不可见，单击“3. 放大倍数”和“4. 符号”的文本框，则可输入放大倍数和该局部视图的名称，单击“5.”选项的下拉菜单，可选择局部放大图是否使用原图剖面线比例。

3）按系统提示输入局部放大图形矩形两角点，如果步骤1）中选择“边框可见”，生成矩形边框，否则不生成。

4）这时系统弹出新的立即菜单，可选择加引线还是不加引线。

5）此时提示为“符号插入点”，如果不需要标注符号文字，则单击鼠标右键。否则，移动光标在屏幕上选择好合适的符号文字插入位置后，单击鼠标左键插入符号文字。

6）此时提示为“实体插入点”。已放大的局部放大图形虚像随着光标的移动而动态显示。在屏幕上指定合适的位置输入实体插入点后，生成局部放大图形。

7）如果在第5）步输入了符号插入点，此时提示“符号插入点”，移动光标在屏幕上合适的位置输入符号文字插入点，生成符号文字。

3. 实例

如图3—30b所示为采用局部放大图命令绘制的图3—30a中细实线圆内结构的2倍放大图。

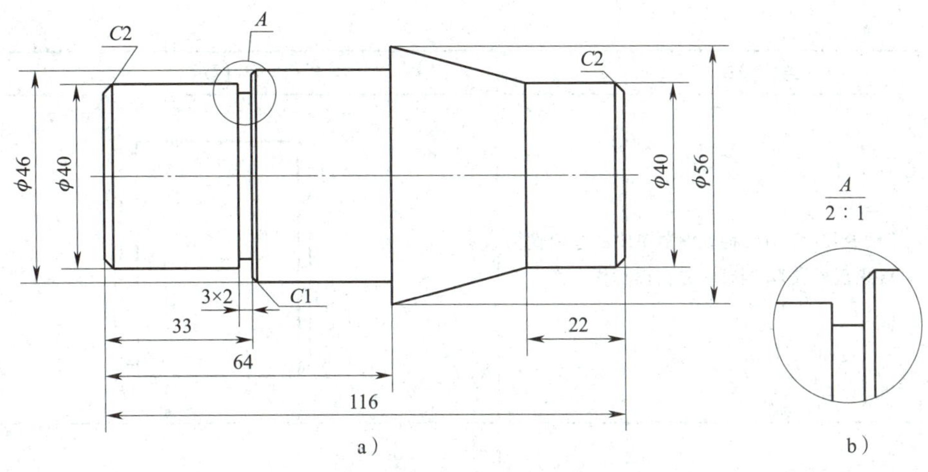

图3—30　局部放大图实例

a）轴类零件　b）局部放大图

三、综合实例

应用孔/轴和局部放大图命令绘制如图3—30所示的图形，绘图步骤见表3—3。

表3—3　　**绘图步骤**

绘图步骤	图示
（1）绘制C2倒角 启动执行命令：“孔/轴” 插入点：（用鼠标左键确定起点） 轴上一点或轴的长度：2（将立即菜单中的起始直径设为“36”，终止直径设为“40”，并在提示栏中输入长度值“2”）	
（2）绘制φ40 mm×28 mm外圆 轴上一点或轴的长度：28（将立即菜单中的起始直径设为“40”，终止直径设为“40”，并在提示栏中输入长度值“28”）	
（3）绘制3 mm×2 mm槽 轴上一点或轴的长度：3（将立即菜单中的起始直径设为“36”，终止直径设为“36”，并在提示栏中输入长度值“3”）	

续表

绘图步骤	图示
（4）绘制 $C1$ 倒角 轴上一点或轴的长度：1（将立即菜单中的起始直径设为“44”，终止直径设为“46”，并在提示栏中输入长度值“1”）	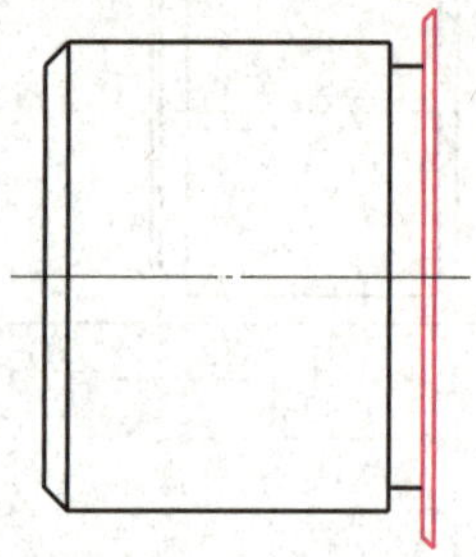
（5）绘制其他结构 按照上述方法，依次绘制其他结构	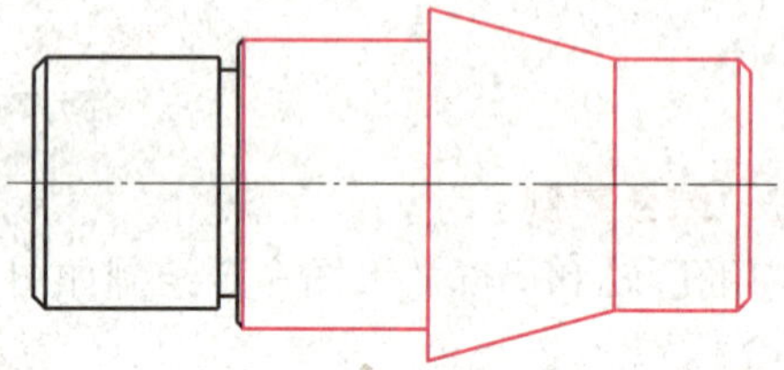
（6）绘制局部放大图 启动执行命令：“局部放大图” 中心点：（确定槽中心为中心点） 输入半径或圆上一点：7（输入半径值） 符号插入点：（用鼠标左键确定符号的插入点位置） 实体插入点：（用鼠标左键确定实体的插入点位置） 输入角度或由屏幕上确定：＜－360，360＞0（输入局部放大图的放置角度） 符号插入点：（确定符号的插入点位置）	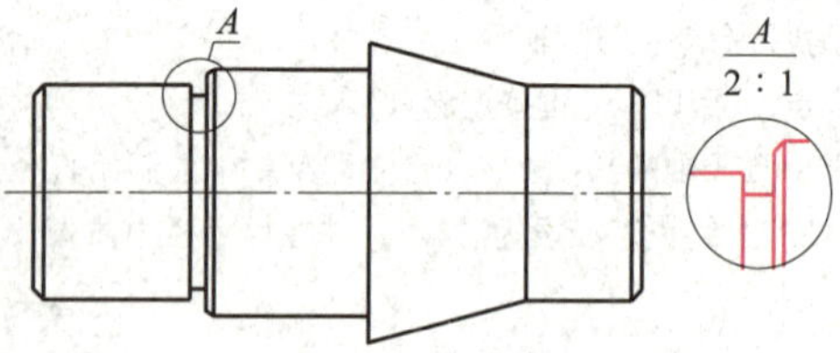

§3—4　绘制箭头和齿轮齿形

一、绘制箭头

在直线、圆弧、样条或某一点处，按指定的正方向或反方向绘制一个实心箭头。

1. 调用“箭头”功能

（1）单击“绘图”主菜单中的按钮。

（2）单击“常用”选项卡中“绘图”面板上的按钮。

（3）单击“绘图工具Ⅱ”工具条上的按钮 ↗。

（4）执行arrow命令。

2. 说明

箭头立即菜单如图3—31所示。

图3—31　箭头立即菜单

（1）单击立即菜单“1.”选项的下拉菜单可进行“正向”和“反向”的切换，在“2. 箭头大小”文本框中可输入数值定义箭头的大小。

（2）允许在直线、圆弧或某一点处绘制一个正向或反向的箭头。系统对箭头的方向是这样定义的：

1）直线。当箭头指向与X正半轴的夹角大于等于0°、小于180°时为正向，大于等于180°、小于360°时为反向。

2）圆弧。逆时针方向为箭头的正方向，顺时针方向为箭头的反方向。

3）样条。逆时针方向为箭头的正方向，顺时针方向为箭头的反方向。

4）指定点。指定点的箭头无正反之分，它总是指向该点。

直线、圆弧、样条、指定点等箭头的绘制方法如图3—32至图3—35所示。

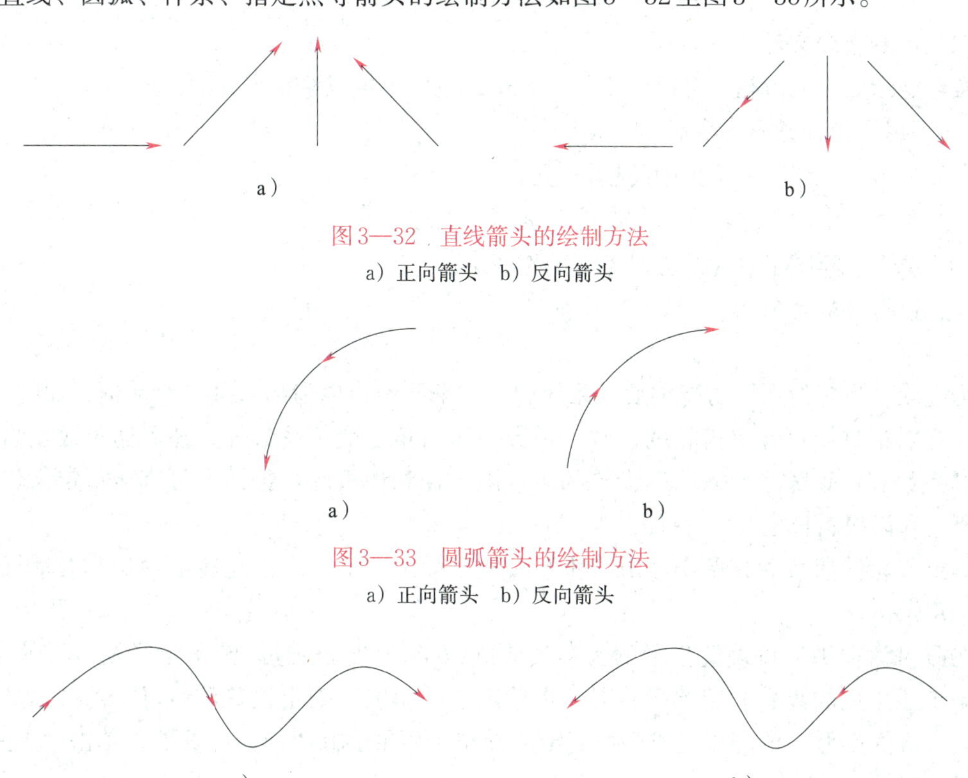

图3—32　直线箭头的绘制方法

a）正向箭头　b）反向箭头

图3—33　圆弧箭头的绘制方法

a）正向箭头　b）反向箭头

图3—34　样条箭头的绘制方法

a）正向箭头　b）反向箭头

(3) 按操作提示要求，用鼠标拾取直线、圆弧或某一点，拾取后会看到在移动鼠标时，一个绿色的箭头已经显示出来，且随光标的移动而在直线或圆弧上滑动，待选好位置，单击鼠标左键，则箭头被绘出。

(4) 箭头的方向可在360°范围内选择，拖动鼠标可看到引线的长度和方向跟随鼠标的移动而变化，当认为合适时，单击鼠标左键即可绘出箭头及引线，若不需绘制引线，则选定“箭头位置”后，不必拖动鼠标，直接单击鼠标左键即可。

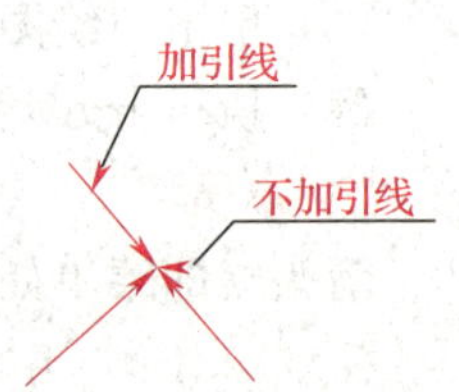

图3—35 指定点箭头的绘制方法

(5) 还可以像绘制两点线一样绘制带箭头的直线，若选“正向”，则箭头由第一点指向第二点，若选“反向”，则箭头由第二点指向第一点，结果如图3—36所示。绘制方法是：当系统提示“拾取直线、圆弧或第一点”时，单击鼠标左键在屏幕绘图区内任意指定一点，拖动鼠标，可以看到一条动态的带箭头直线随鼠标的移动而变化，当移动到合适位置时，再单击鼠标左键输入第二点，则带箭头的直线绘制完成。

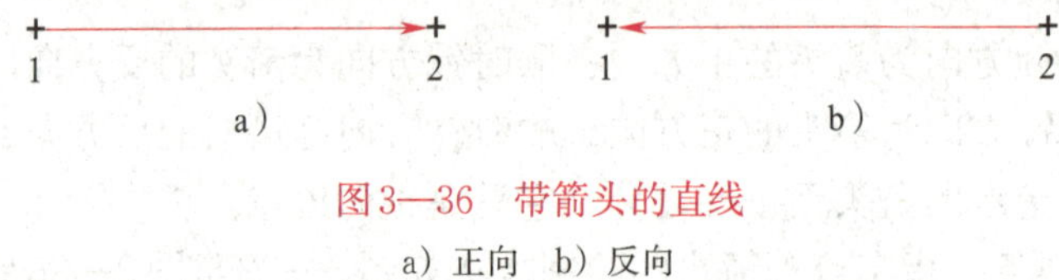

图3—36 带箭头的直线

a) 正向 b) 反向

二、绘制齿轮齿形

按给定参数生成齿轮。可以生成整个齿轮，也可以生成给定个数的齿形。

1. 调用“齿轮齿形”功能

(1) 单击“绘图”主菜单中的按钮。

(2) 单击“常用”选项卡中“绘图”面板上的按钮。

(3) 单击“绘图工具Ⅱ”工具条上的按钮。

(4) 执行gear命令。

2. 说明

当选取“齿轮齿形”功能项后，系统弹出“渐开线齿轮齿形参数”对话框，如图3—37所示。在对话框中可设置齿轮的齿数、模数、压力角、变位系数等，还可通过改变齿轮的齿顶高系数和齿顶隙系数来改变齿轮的齿顶圆半径和齿根圆半径，也可直接指定齿轮的齿顶圆直径和齿根圆直径。

确定齿轮的参数后，单击“下一步”按钮，弹出“渐开线齿轮齿形预显”对话框，如图3—38所示。

在此对话框中，可设置齿形的齿顶过渡圆角半径和齿根过渡圆角半径及齿形的精度，并可确定要生成的齿数和起始齿相对于齿轮圆心的角度，确定完参数后可单击“预显”按钮观察生成的齿形。单击“完成”按钮结束操作，如果要修改前面的参数，单击“上一步”按钮可回到前一对话框。

确定齿形的参数后，给出齿轮的定位点即可完成齿轮的绘制。

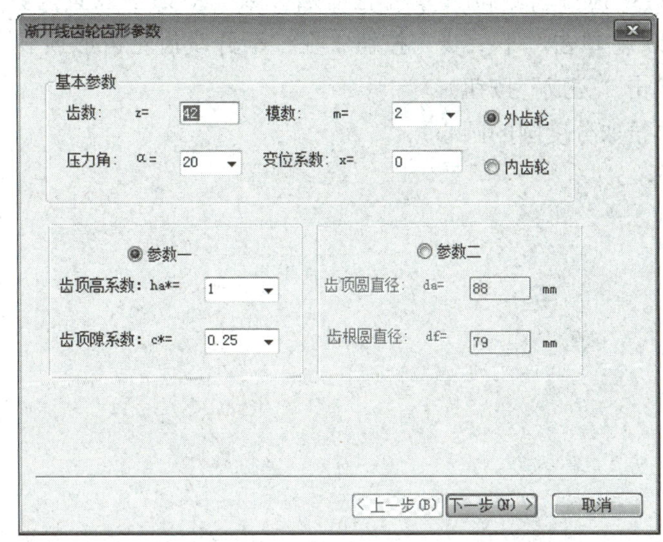

图3—37 “渐开线齿轮齿形参数”对话框

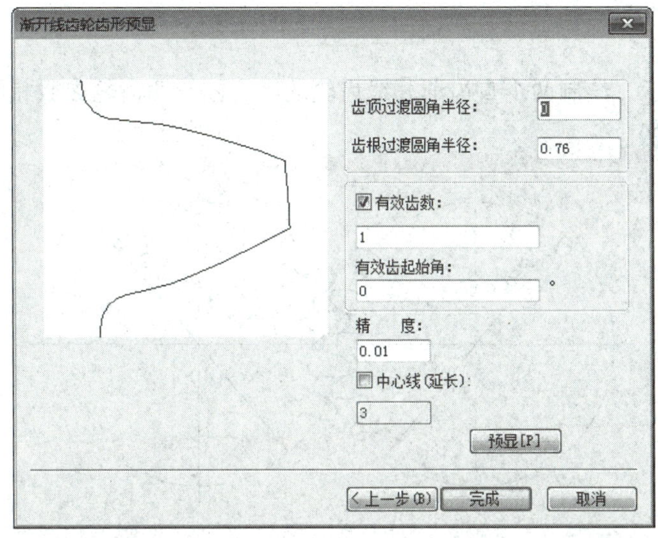

图3—38 “渐开线齿轮齿形预显”对话框

提示：

该功能生成的齿轮要求模数大于0.1、小于50，齿数大于等于5、小于1 000。

3. 实例

绘制齿数z为20、模数m为2、压力角为20°的渐开线直齿圆柱齿轮齿形图。绘图步骤如下：

（1）绘制分度圆（见图3—39）

根据分度圆公式$d=mz$可知，$d=2\times20=40$ mm。将中心线层设为当前层，绘制$\phi40$ mm分度圆。

（2）绘制齿轮齿形（见图3—40）

启动执行命令："齿形"（"渐开线齿轮齿形参数"对话框设置齿数为"20"，模数为"2"，压力角为"20"。单击"下一步"按钮，在"渐开线齿轮齿形预显"对话框中设置有效齿数为"20"，单击"完成"按钮）

齿轮定位点：（拾取分度圆的圆心）

图3—39　绘制分度圆

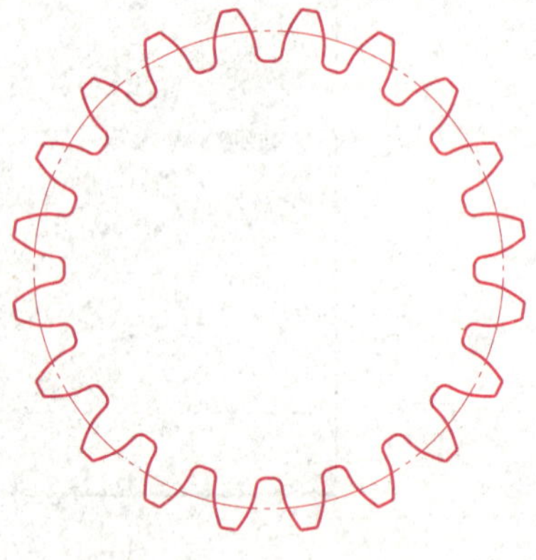

图3—40　绘制齿轮齿形

三、综合实例

如图3—41所示，绘制两个直齿渐开线齿轮的啮合图，两齿轮参数相同，齿数为20、模数为2、压力角为20°。

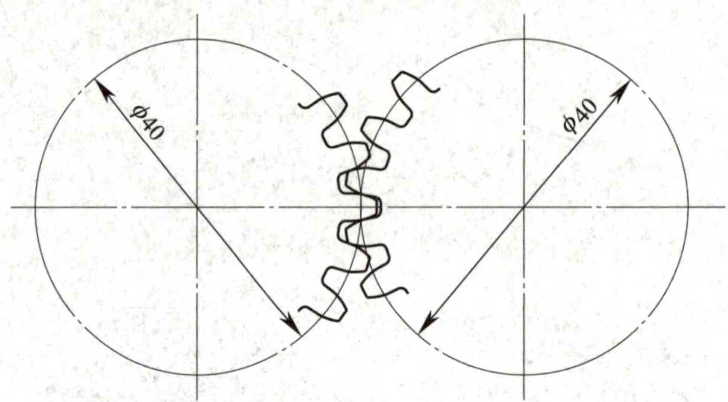

图3—41　绘制两个直齿渐开线齿轮的啮合图

绘图步骤见表3—4。

表 3—4 **绘图步骤**

绘图步骤	图示
（1）绘制两分度圆及其中心线 将中心线层设置为“当前层”，应用“圆”和“中心线”命令绘制两分度圆及其中心线	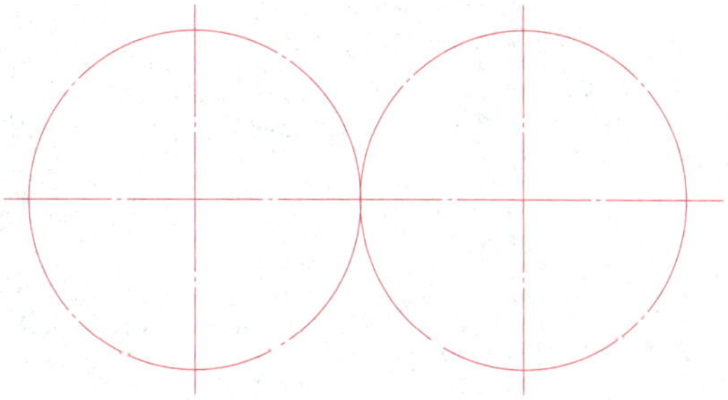
（2）绘制左边齿轮的五个齿 将粗实线设置为“当前层” 启动执行命令：“齿形”（“渐开线齿轮齿形参数”对话框设置齿数为“20”，模数为“2”，压力角为“20”。单击“下一步”按钮，在“渐开线齿轮齿形预显”对话框中设置有效齿数为“5”，有效齿起始角为“—45”，如图 3—42 所示） 齿轮定位点：（拾取左侧分度圆的圆心）	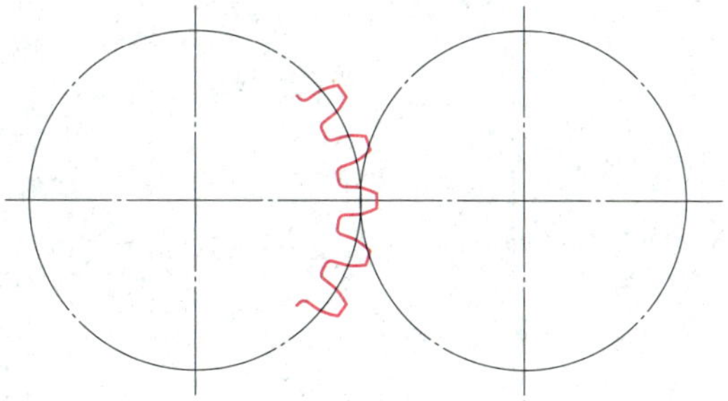
（3）绘制右边齿轮的五个齿 启动执行命令：“齿形”（“渐开线齿轮齿形参数”对话框设置齿数为“20”，模数为“2”，压力角为“20”。单击“下一步”按钮，在“渐开线齿轮齿形预显”对话框中设置有效齿数为“5”，有效齿起始角为“126”，如图 3—43 所示） 齿轮定位点：（拾取右侧分度圆的圆心）	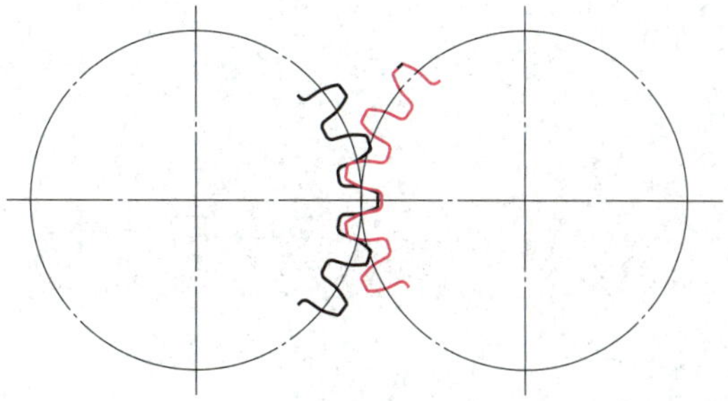

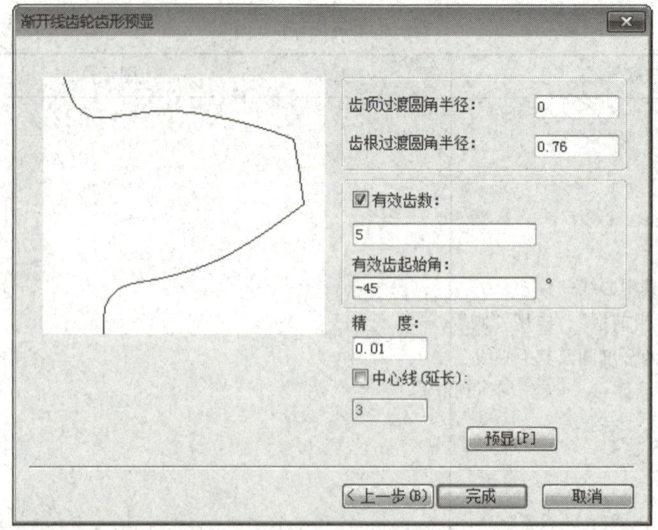

图3—42　设置左端齿轮有效齿数及其起始角

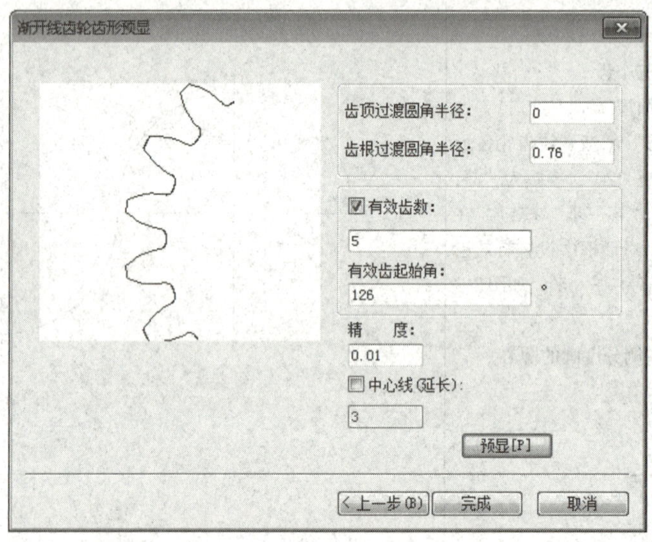

图3—43　设置右端齿轮有效齿数及其起始角

§3—5　块　操　作

一、块的定义和特点

电子图板提供了把不同类型的图形对象组合成块的功能，块是复合形式的图形实体，是一种应用广泛的图形元素，其有如下特点：

1.块是复合型图形实体，被定义生成以后，原来若干相互独立的实体形成统一的整体，对它可以进行类似于其他实体的移动、复制、删除等操作。

2.块可以被打散，即构成块的图形元素又成为可独立操作的元素。

3.利用块可以方便实现一组图形对象的显示顺序区分。

4.利用块可以方便实现一组图形对象的关联引用。

5.利用块可以存储与该块相联系的非图形信息，如块的名称、材料等，这些信息也称为块的属性。

6.块中的图形可能是在不同图层上具有不同的颜色、线型和线宽属性。尽管块生成时总是在当前图层上，但块参照保存了有关包含在该块中对象的原图层、颜色和线型特性等信息。可以控制块中的对象是保留其原特性还是继承当前的图层、颜色、线型和线宽设置。

7.电子图板中可以生成块的图形对象：图符、尺寸、文字、图框、标题栏、明细表等。

二、创建块

选择一组图形对象定义为一个块对象。每个块对象包含块名称、一个或者多个对象、用于插入块的基点坐标值和相关的属性数据。

1. 调用“创建块”功能

（1）单击“绘图”主菜单中“块”子菜单的按钮。

（2）单击“插入”选项卡中“块”面板上的按钮。

（3）单击鼠标右键在绘图区右键菜单中选择“块创建”。

（4）执行block命令。

2. 说明

调用“创建块”功能后，拾取欲组合为块的图形对象并确认，然后指定块的基准点再单击鼠标右键将弹出“块定义”对话框，如图3—44所示。

图3—44 “块定义”对话框

在对话框中输入块的名称，名称最多可以包含255个字符，包括字母、数字、空格，以及操作系统或程序未作他用的任何特殊字符。块名称及块定义保存在当前图形中。

三、同名块

如果当前图形已经定义了块，创建块时输入名称与当前图形内已有块名称相同，则会弹出如图3—45所示的创建块提示对话框。

单击“是”按钮将覆盖已有的块定义，当前图形中引用的块均会进行更新。单击“否”按钮重新回到“块定义”对话框。

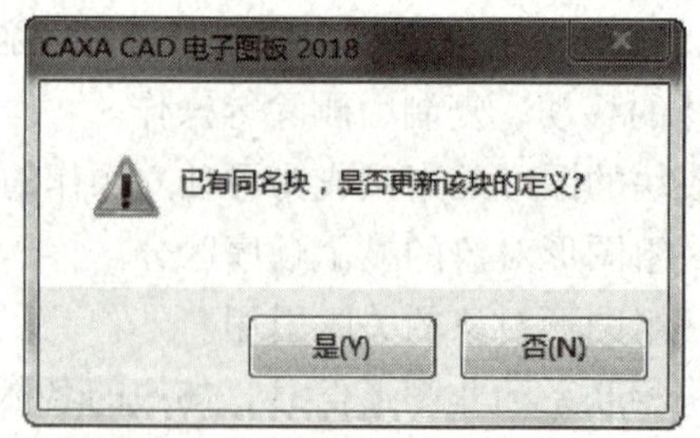

图 3—45　创建块提示对话框

四、块消隐

让块能遮挡住层叠顺序在其后方的对象。电子图板提供了二维自动消隐功能，给绘图带来方便。特别是在绘制装配图的过程中，当零件的位置发生重叠时，此功能的优势更加突出。

1. 调用“块消隐”功能

（1）单击“绘图”主菜单中“块”子菜单的按钮。

（2）单击“插入”选项卡中“块”面板上的按钮。

（3）执行hide命令。

2. 说明

利用具有封闭外轮廓的块图形作为前景图形区，自动遮挡该区内其他图形，实现二维消隐，对已消隐的区域也可以取消消隐，被自动擦除的图形又恢复显示在屏幕上。

块生成以后，可以通过特性选项板修改块是否消隐。

3. 实例

如图3—46所示为块消隐操作实例。

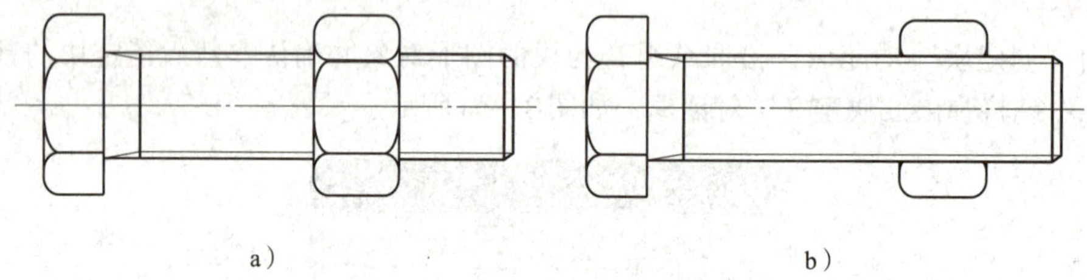

图 3—46　块消隐操作实例

a）用螺母消隐螺栓　b）用螺栓消隐螺母

如图3—46所示，螺栓和螺母分别被定义成两个块，当它们配合到一起时必然会产生块消隐的问题。如图3—46a所示，选取螺母为前景实体，螺栓中与其重叠的部分被消隐。当选取螺栓时，螺栓变为前景实体，螺母的相应部分被消隐，如图3—46b所示。

五、插入块

选择一个块并插入当前图形中。

1. 调用“插入块”功能

（1）单击“绘图”主菜单中“块”子菜单的按钮。

（2）单击“插入”选项卡中“块”面板上的按钮。

（3）执行insertblock命令。

2. 说明

调用“插入块”功能后，将弹出如图3—47所示的“块插入”对话框。

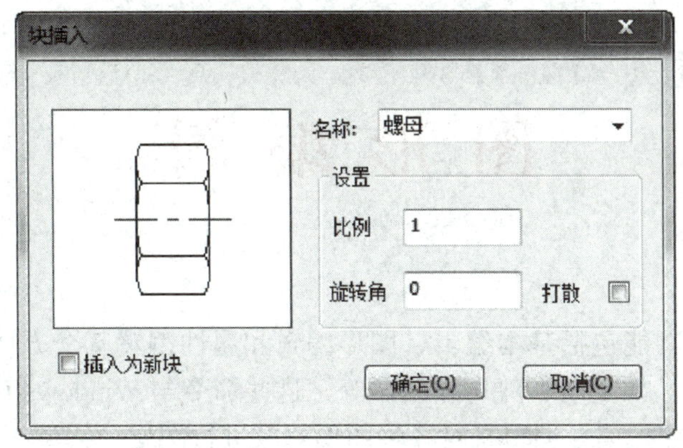

图3—47 “块插入”对话框

(1) 在“名称”选项中输入要插入的块名或单击选择要插入的块。

(2) 在“比例”文本框中指定要插入块的缩放比例值。

(3)“旋转角”文本框是用于输入要插入的块在当前图形中的旋转角度。

(4) 单击“确定”按钮完成块插入操作，单击“取消”按钮结束块插入操作。

六、综合实例

绘制如图3—48所示的台阶轴零件图，并将其创建为块。

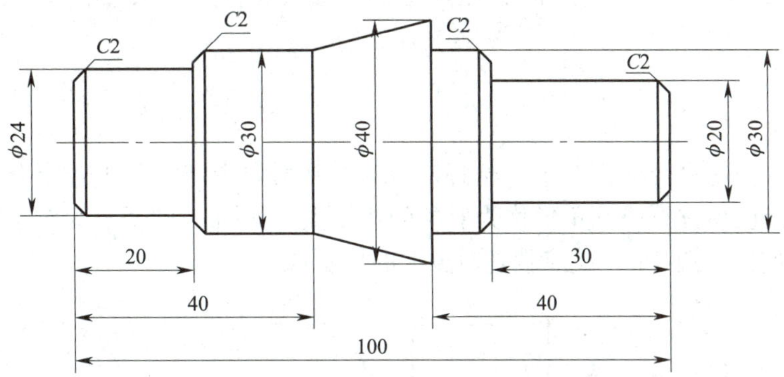

图3—48 台阶轴零件图

1. 绘制台阶轴零件图

应用“孔/轴”命令，绘制如图3—48所示的台阶轴零件图，不标注尺寸。

2. 创建台阶轴块

单击“插入”选项卡中“块”面板上的按钮，根据系统提示拾取轴类零件并确认，再根据系统提示确定基准点，系统弹出如图3—44所示的“块定义”对话框，在“名称”文本框输入“轴类零件”，单击“确定”按钮，即可创建台阶轴块。

第四章 图形编辑

电子图板的编辑功能包括基本编辑、图形编辑和属性编辑三个方面。基本编辑主要是一些常用的编辑功能，如复制、剪切和粘贴等，这些命令与Windows软件中的编辑命令应用相同，本书不作介绍。属性编辑是对各种图形对象进行图层、线型、颜色等属性的修改，在第一章已经介绍。图形编辑是对各种图形对象进行平移、裁剪、旋转等操作，是本章要学习的内容。

§4—1 夹点编辑

一、夹点的概念

在没有执行任何命令的情况下，选择对象时，在对象上将显示出若干个蓝色小方框或三角形，这些蓝色小方框或三角形称为对象的特征点，如图4—1所示为对象夹点实例。这些特征点称为夹点，实际上，夹点就是对象上的控制点。

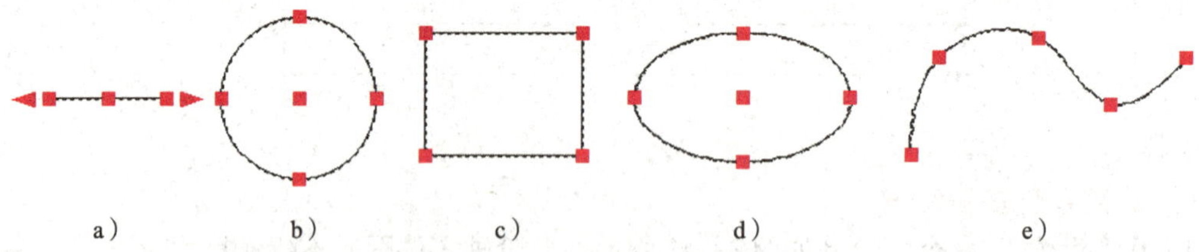

图4—1 对象夹点实例

a）直线的夹点 b）圆的夹点 c）矩形的夹点 d）椭圆的夹点 e）样条曲线的夹点

依次单击“工具”→“选项”→“交互”菜单命令，可打开显示“交互”选项卡的“选项”对话框，如图4—2所示，通过该对话框可以设置夹点的大小、颜色等。

夹点编辑是指拖动夹点对图形对象进行平移、拉伸、旋转、缩放等操作。

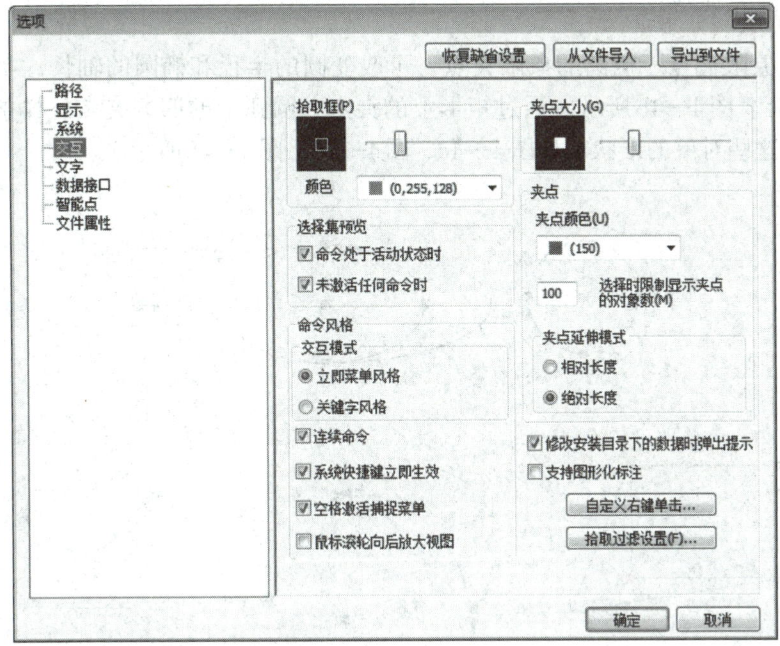

图4—2 “选项”对话框

二、方形夹点

方形夹点可用于移动对象和拉伸封闭曲线的特征尺寸。选中对象后，对象被加亮显示，同时当前对象可使用的夹点也会显示出来。

1. 平移对象

选中直线、圆、圆弧、椭圆、椭圆弧后，它们的夹点显示出来。单击直线的中点夹点、圆的圆心夹点、圆弧的圆心夹点、椭圆的圆心夹点、椭圆弧的任一夹点。被选中的夹点会变为红色，移动鼠标，即可实现上述对象（绿色显示）的平移，如图4—3所示。用鼠标左键拾取位置或输入距离或输入相对坐标，选中的对象被置于新位置上。

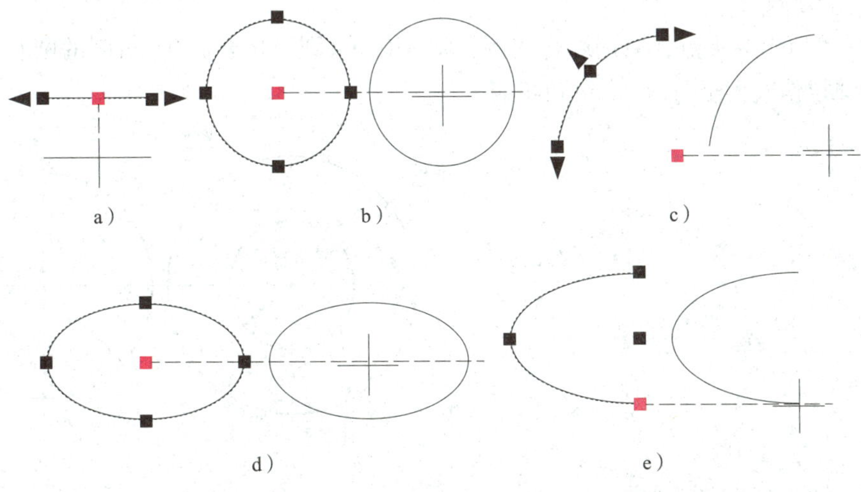

图4—3 对象的平移

a）直线的平移 b）圆的平移 c）圆弧的平移 d）椭圆的平移 e）椭圆弧的平移

2. 拉伸对象（见图4—4）

通过圆的象限夹点、椭圆的象限夹点，可改变圆的半径和椭圆的轴长，实现对象的拉伸，如图4—4a、图4—4b所示。通过矩形上的夹点、圆弧上的四方夹点、样条曲线上的夹点，可以改变这些对象的形状，如图4—4c、图4—4d、图4—4e所示。

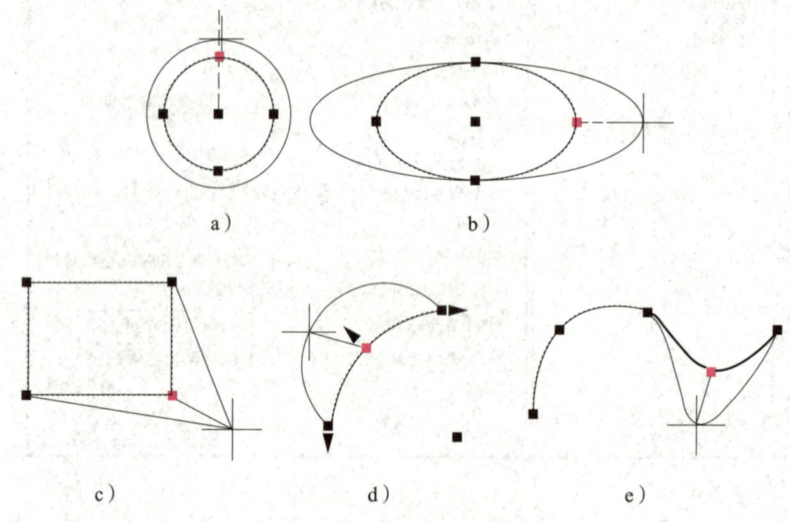

图4—4　拉伸对象

a）拉伸圆　b）拉伸椭圆　c）拉伸矩形　d）拉伸圆弧　e）拉伸样条曲线

此外，方形夹点还被用于编辑文字、图片、OLE对象等的显示范围。

三、三角形夹点

三角形夹点可用于沿现有对象轨迹延伸非封闭的曲线。三角形夹点同样是在对象被选中后显示出来。

选中直线或圆弧的端点三角形夹点后，拖动鼠标，直线将沿直线方向延伸，圆弧将随当前的圆心和半径加长圆弧的长度，如图4—5所示。

四、综合实例

如图4—6所示为夹点，应用综合实例，将ϕ40 mm圆平移至ϕ70 mm圆的圆心处，并将ϕ70 mm的圆拉伸放大至与ϕ80 mm圆相切。

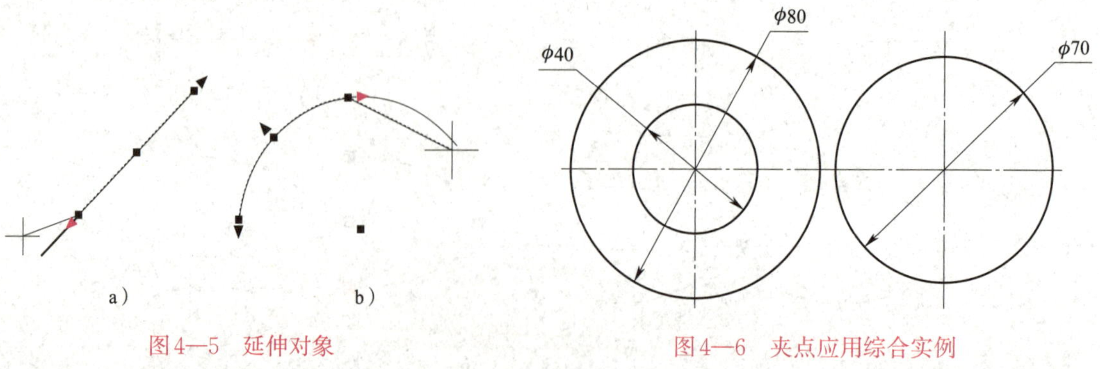

图4—5　延伸对象

a）延伸直线　b）延伸圆弧

图4—6　夹点应用综合实例

绘图步骤见表4—1。

表4—1　　绘图步骤

绘图步骤	图示
（1）将ϕ40 mm圆平移至ϕ70 mm圆的圆心处 拾取ϕ40 mm圆后，单击圆心夹点，夹点变为红色，移动鼠标至ϕ70 mm圆的圆心处，如图a所示，单击鼠标左键确定ϕ40 mm圆的位置。单击“Esc”键退出夹点状态，如图b所示	a） b）
（2）拉伸ϕ70 mm的圆 拾取ϕ70 mm圆，单击ϕ70 mm圆的左侧象限点，向左拉伸至ϕ80 mm圆的右侧象限点处，如图a所示。按住鼠标左键，ϕ70 mm的圆被拉伸放大至与ϕ80 mm的圆相切，如图b所示	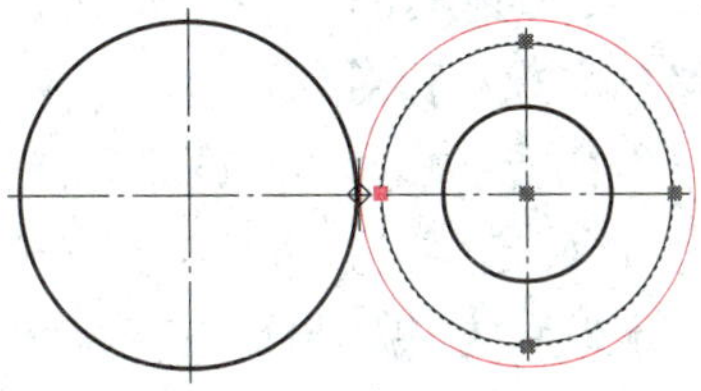 a） 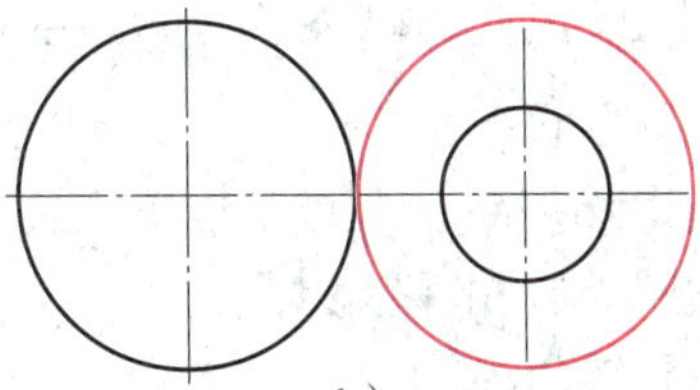 b）
（3）拉伸中心线 拉伸中心线，使其符合机械制图标准。也可删除原中心线，重新绘制	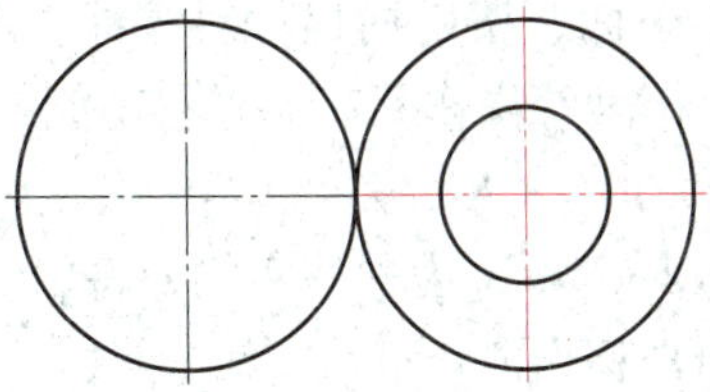

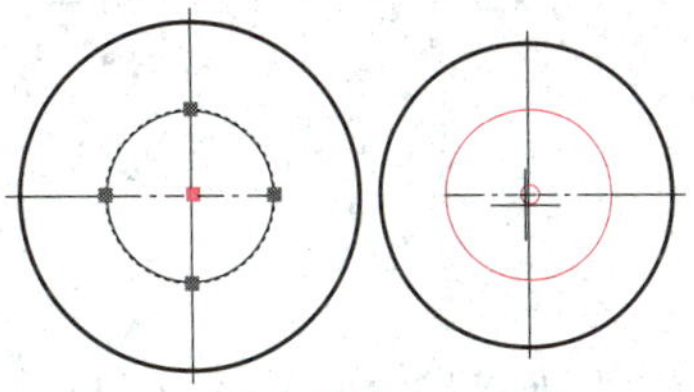

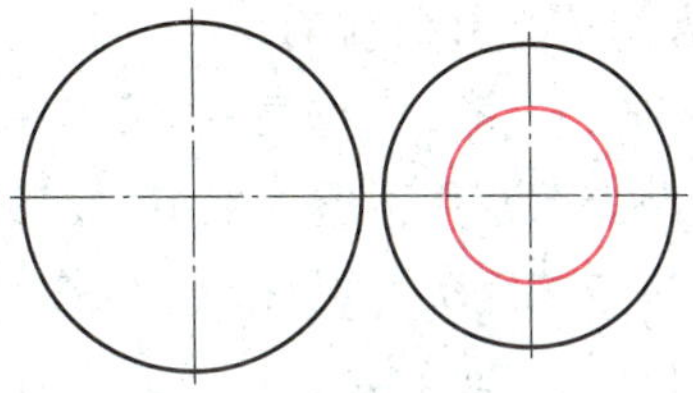

§4—2　平移、平移复制和旋转

一、平移

以指定的角度和方向移动拾取到的图形对象。

1. 调用“平移”功能

（1）单击“修改”主菜单中的按钮✥。

（2）单击“常用”选项卡中“修改”面板上的按钮✥。

（3）单击“编辑”工具条上的按钮✥。

（4）执行move命令。

2. 说明

平移立即菜单如图4—7所示。

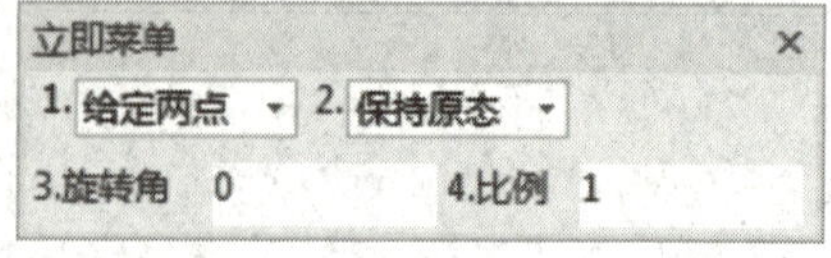

图4—7　平移立即菜单

（1）偏移方式

通过“1.”选项的下拉菜单设定“给定两点”或“给定偏移”方式平移对象。

1）给定两点方式。拾取图形后，通过键盘输入或单击鼠标左键确定第一点和第二点位置，完成平移操作。

2）给定偏移方式。拾取图形后，系统自动给出一个基准点（一般来说，直线的基准点定在中点处，圆、圆弧、矩形的基准点定在中心处，其他如样条曲线的基准点也定在中心处），此时输入“X和Y方向偏移量或位置点”，即按平移量完成平移操作。

（2）图形状态

将图素移动到一个指定位置上，可根据需要在立即菜单“2.”选项的下拉菜单中选择“保持原态”或“平移为块”。

（3）旋转角

图形在进行平移时，允许指定图形的旋转角度。

（4）比例

进行平移操作之前，允许指定被平移图形的缩放系数。

使用坐标、栅格捕捉、对象捕捉或动态输入等工具可以精确移动对象，并且可以切换为正交、极轴等操作状态。平移功能支持先拾取后操作，即先拾取对象再执行此命令。

3. 实例

如图4—8所示为平移实例，将ϕ20 mm圆、中心线及其尺寸标注，平移到正方形的中心处。绘图步骤如下：

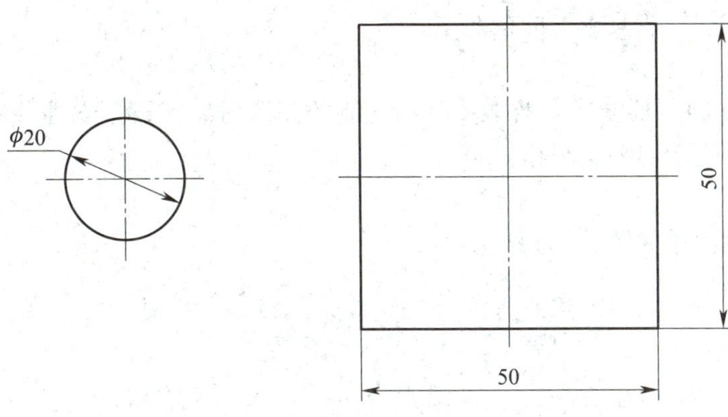

图4—8　平移实例

启动执行命令：“平移”
拾取添加
对角点：（框选ϕ20 mm圆、中心线及其尺寸标注）
第一点：（拾取ϕ20 mm圆的圆心，如图4—9a所示）
第二点：（光标平移至正方形中心线的交点处，如图4—9b所示，单击鼠标左键确认）
绘图结果如图4—10所示。

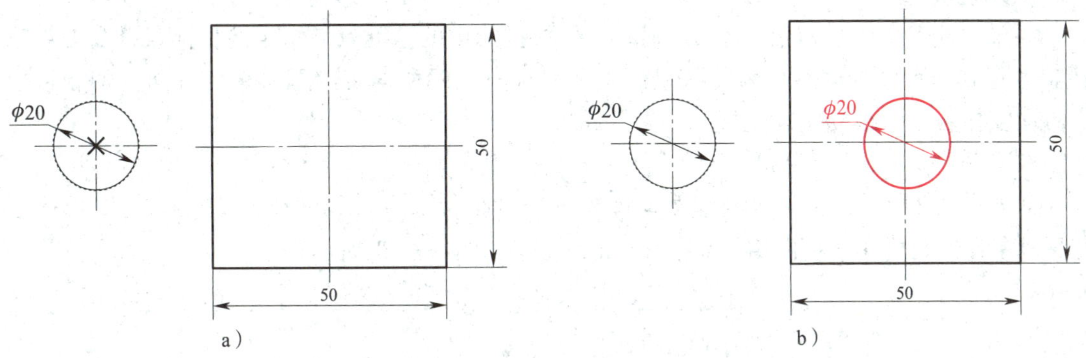

图4—9　平移操作步骤
a）确定第一点　b）平移至第二点

二、平移复制

平移复制是指以指定的角度和方向创建拾取图形对象的副本。平移复制功能与基本编辑复制功能的区别是：平移复制是在同一个电子图板文件内对图形对象创建副本，所拾取对象并不存入Windows剪贴板；基本编辑中的复制与粘贴功能配合使用，可将所选图形存储到Windows剪贴板上，除了可以在不同的电子图板文件中进行复制、粘贴外，还可以粘贴到其他支持OLE（对象连接与嵌入）的软件（如Word、AutoCAD、PowerPoint等）中。

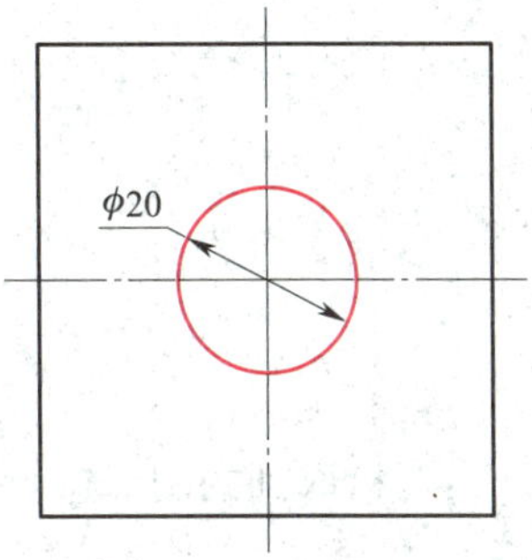

图4—10　绘图结果

1. 调用“平移复制”功能

（1）单击“修改”主菜单中的按钮。

（2）单击“常用”选项卡中“修改”面板上的按钮。

（3）单击“编辑”工具条上的按钮。

（4）执行copy命令。

调用“平移复制”功能后，拾取要平移复制的图形对象，设置立即菜单的参数并进行确认，即可完成对图形对象的平移复制。

2. 说明

平移复制立即菜单如图4—11所示。

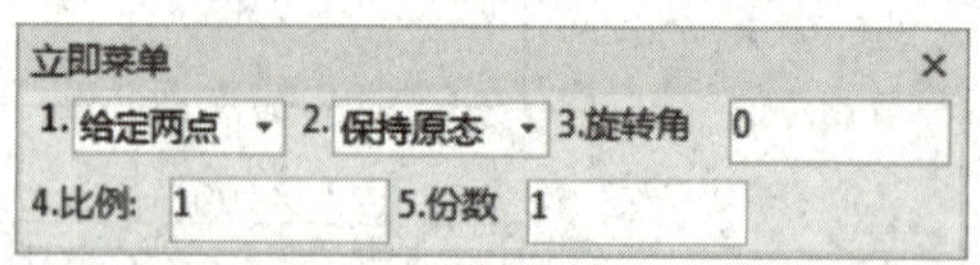

图4—11　平移复制立即菜单

菜单参数说明如下：

（1）立即菜单中的偏移方式、图形状态、旋转角、比例的含义与平移立即菜单中的含义相同。

（2）份数即要复制的图形数量。系统根据指定的两点距离和份数计算每份的间距，然后再进行复制。

提示：

如果立即菜单中的份数大于1，则系统要根据给出的基准点与指定的目标点以及份数来计算各复制图形间的间距，就是按基准点和目标点之间所确定的偏移量和方向，朝着目标点方向安排若干个被复制的图形。

3. 实例

如图4-12所示为平移复制实例，将如图4—12a所示的ϕ20 mm圆、中心线及其标注进行平移复制，份数为3，平移距离为30 mm，结果如图4—12b所示。

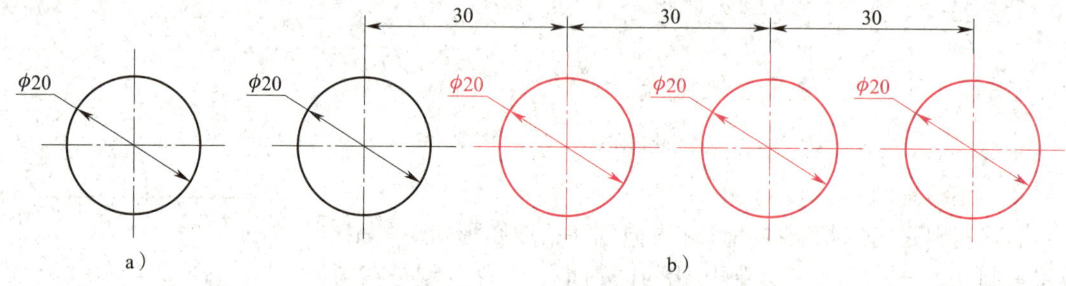

图4—12　平移复制实例

a）操作前　b）操作后

三、旋转

对拾取到的图形进行旋转或旋转复制。

1. 调用“旋转”功能

（1）单击“修改”主菜单中的按钮。

（2）单击“常用”选项卡中“修改”面板上的按钮。

（3）单击“编辑”工具条上的按钮。

（4）执行rotate命令。

2. 说明

旋转立即菜单如图4—13所示。

图4—13　旋转立即菜单

（1）按系统提示拾取要旋转的图形，可单个拾取，也可用窗口拾取，拾取到的图形虚线显示，拾取完成后单击鼠标右键加以确认。

（2）这时操作提示变为“基点”，用鼠标指定一个旋转基点。操作提示变为“旋转角”，此时，可以由键盘输入旋转角度，也可以用鼠标移动来确定旋转角。由鼠标确定旋转角时，拾取的图形随光标的移动而旋转。当确定了旋转位置之后，单击鼠标左键，旋转操作结束。还可以通过动态输入旋转角度。

（3）切换“给定角度”为“起始终止点”，首先按立即菜单提示选择旋转基点，然后通过鼠标移动来确定起始点和终止点，完成图形的旋转操作。

（4）如果用鼠标选择立即菜单中的“2. 拷贝”，按这个菜单内容能够进行复制操作。复制的操作方法、操作过程与旋转操作完全相同，只是复制后原图不消失。

3. 实例

例　如图4—14所示为只旋转不复制的实例，它要求将有键槽的轴的断面图旋转90°放置。

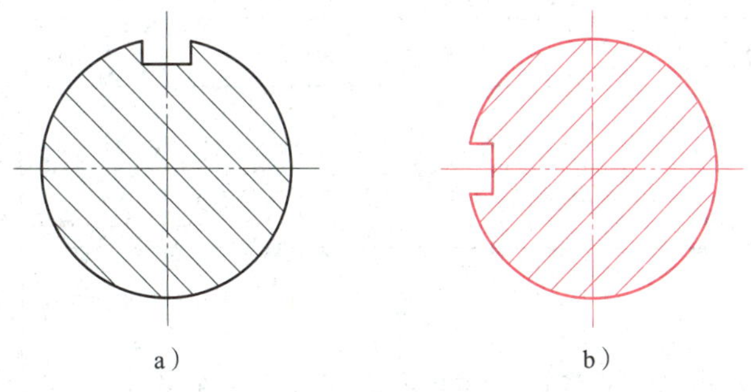

图4—14　只旋转不复制的实例

a）操作前　b）操作后

例　如图4—15所示为旋转复制的实例。

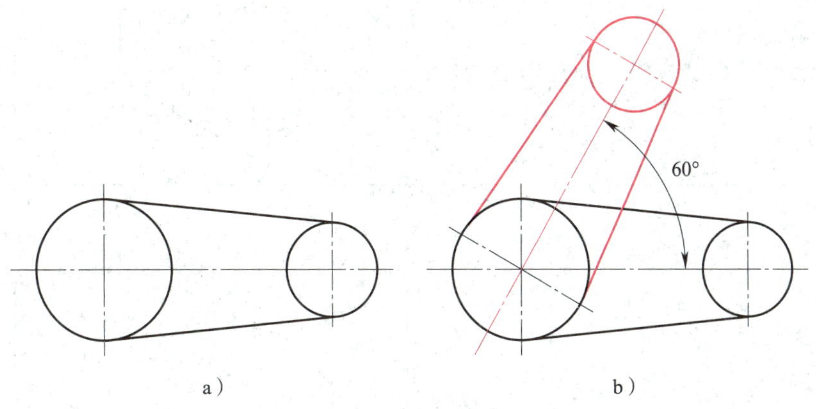

图4　15　旋转复制的实例

a）操作前　b）操作后

四、综合实例

绘制如图4—16所示的长方体的正等轴测图。

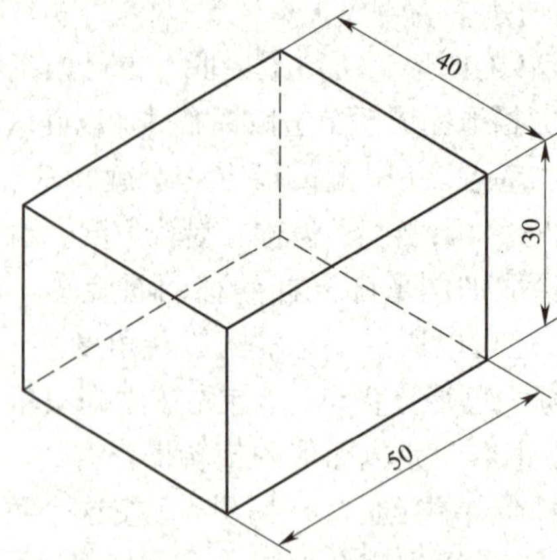

图4—16　长方体的正等轴测图

绘图步骤见表4—2。

表4—2　绘图步骤

绘图步骤	图示
(1) 绘制三条长分别为30 mm、40 mm、50 mm的直线	
(2) 旋转直线 以三条直线的交点为旋转定位点，将40 mm直线旋转−30°，将50 mm直线旋转30°	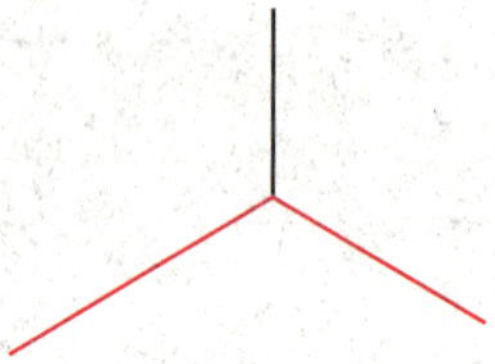
(3) 平移复制30 mm直线 以30 mm直线的下端点为基准点，将其平移复制到另外两条直线的另一端点上	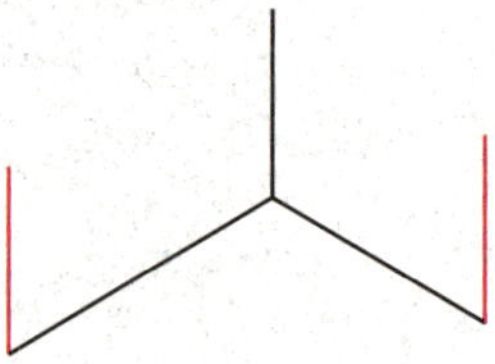
(4) 平移复制50 mm直线	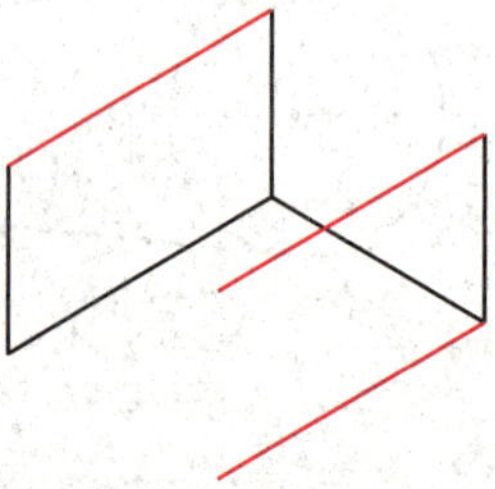

续表

绘图步骤	图示
(5) 平移复制40 mm直线	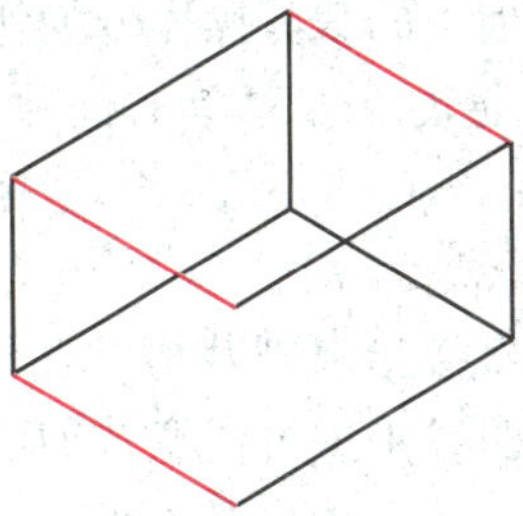
(6) 平移复制30 mm直线	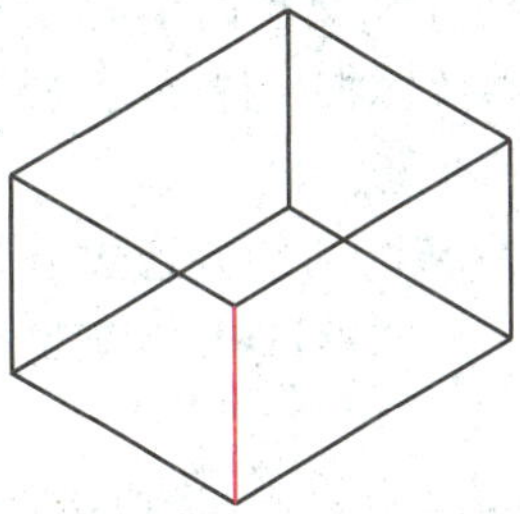
(7) 将看不见的直线线型改为细虚线	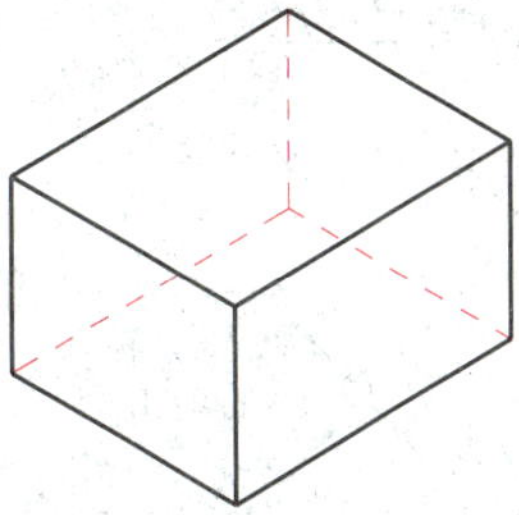

§4—3 裁剪、打断和删除

一、裁剪

裁剪对象，使它们精确地终止于由其他对象定义的边界。用以下方式可以调用“裁剪”功能：

(1) 单击“修改”主菜单中的按钮 -/-。

(2) 单击“常用”选项卡中“修改”面板上的按钮 。

(3) 单击“编辑”工具条上的按钮 。

(4) 执行trim命令。

图4—17 裁剪立即菜单

电子图板中的裁剪操作分为快速裁剪、拾取边界裁剪和批量裁剪三种方式，通过立即菜单的选项可以进行选择，裁剪立即菜单如图4—17所示。

1. 快速裁剪

用鼠标直接拾取被裁剪的曲线，系统自动判断边界并做出裁剪响应。快速裁剪时，允许在各交叉曲线中进行任意裁剪的操作。其操作方法是直接用光标拾取要被裁剪掉的线段，系统根据与该线段相交的曲线自动确定出裁剪边界，待单击鼠标左键后，将被拾取的线段裁剪掉。

快速裁剪在相交较简单的边界情况下可发挥巨大的优势，它具有很强的灵活性，应通过实践过程熟练掌握，以便提高绘图效率。

(1) 操作步骤

调用“裁剪”功能并通过立即菜单选择“快速裁剪”，然后直接单击要裁剪的对象即可，单击“Esc”键可退出裁剪命令，也可以单击立即菜单选择其他裁剪方式。

(2) 实例

例 如图4—18所示为快速裁剪拾取位置实例，在快速裁剪操作中，拾取同一曲线的不同位置进行裁剪，将产生不同的结果。

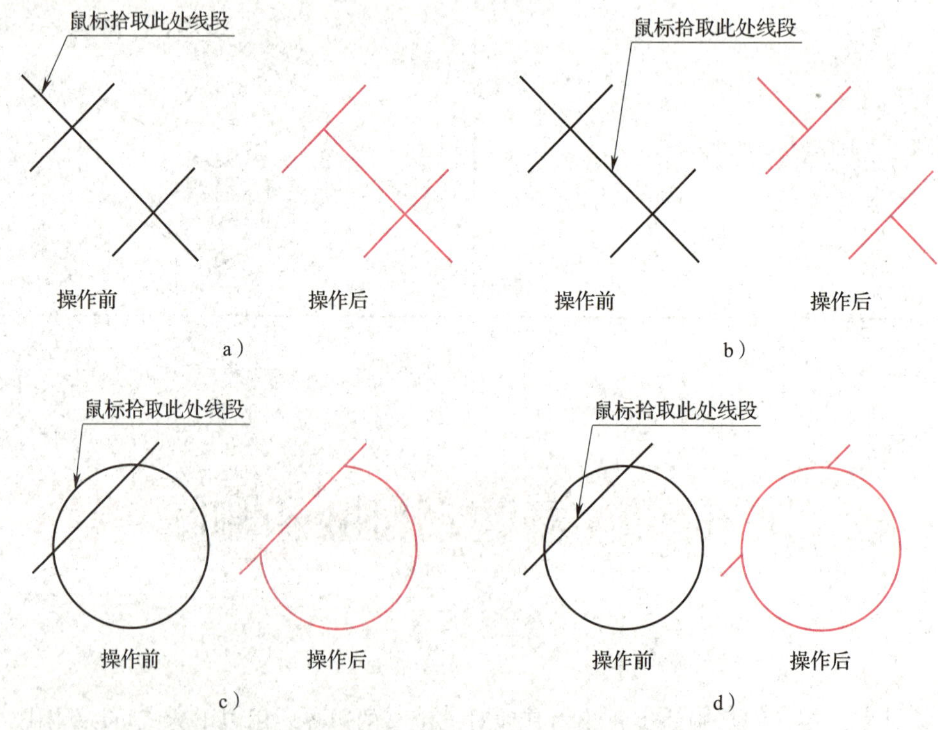

图4—18 快速裁剪拾取位置实例

a) 拾取直线左端 b) 拾取直线中间 c) 拾取左侧圆弧 d) 拾取直线中间

例 如图4—19所示为快速裁剪直线实例。

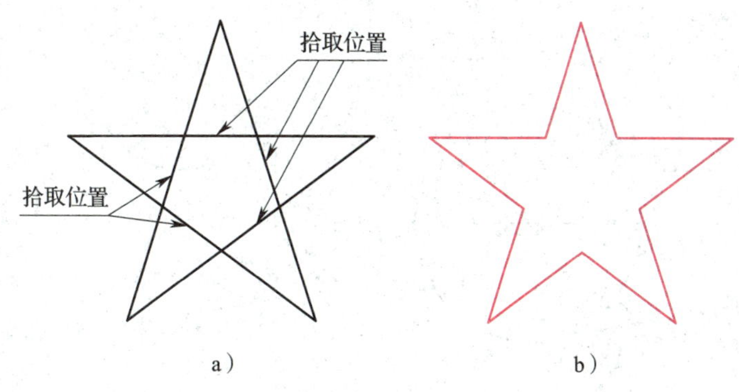

图4—19 快速裁剪直线实例

a）拾取位置 b）裁剪结果

例 如图4—20所示为快速裁剪圆弧实例。

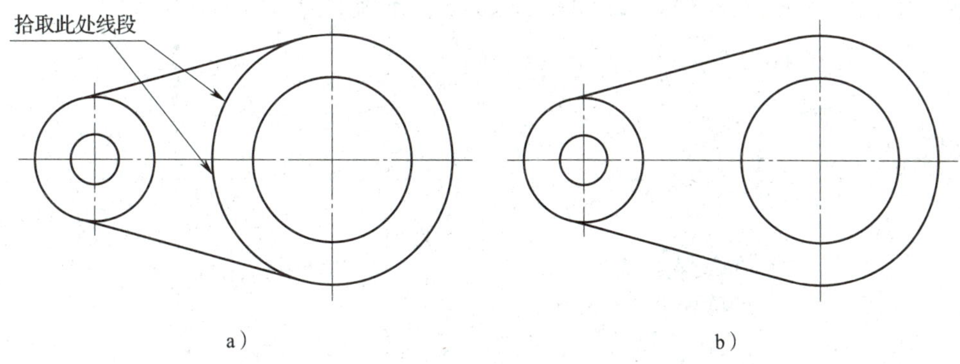

图4—20 快速裁剪圆弧实例

a）拾取位置 b）裁剪结果

2. 拾取边界裁剪

拾取一条或多条曲线作为剪刀线，构成裁剪边界，对一系列被裁剪的曲线进行裁剪。系统将裁剪掉所拾取的曲线段，保留在剪刀线另一侧的曲线段。

（1）操作步骤

调用“裁剪”功能并通过立即菜单选择“拾取边界”，按提示要求，用鼠标拾取一条或多条曲线作为剪刀线，然后单击鼠标右键确认。此时，操作提示变为拾取要裁剪的曲线。用鼠标拾取要裁剪的曲线，系统将根据用户选定的边界做出响应，并裁剪掉拾取的曲线段至边界部分，保留边界另一侧的部分。

拾取边界操作方式可以在选定边界的情况下对一系列的曲线进行精确的裁剪。此外，拾取边界裁剪与快速裁剪相比，省去了计算边界的时间，因此执行速度较快，在边界复杂的情况下更加明显。

（2）实例

例 如图4—21所示为拾取圆作为边界裁剪圆的实例。

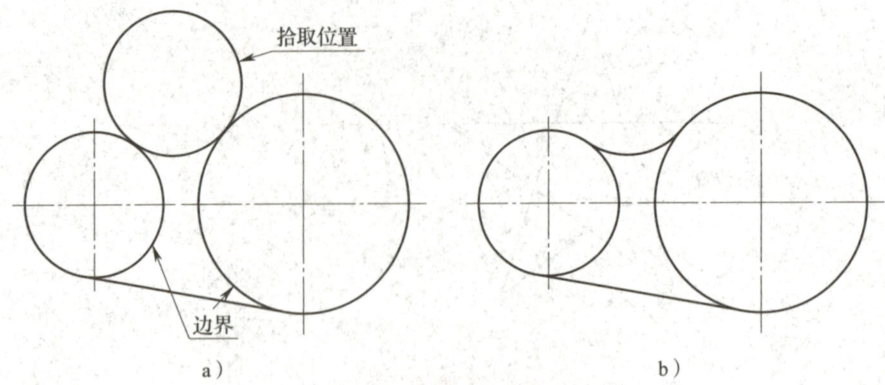

图4—21　拾取圆作为边界裁剪圆的实例

a）拾取圆作为边界裁剪圆　b）裁剪结果

例　如图4—22所示为拾取圆弧和直线作为边界裁剪圆的实例。

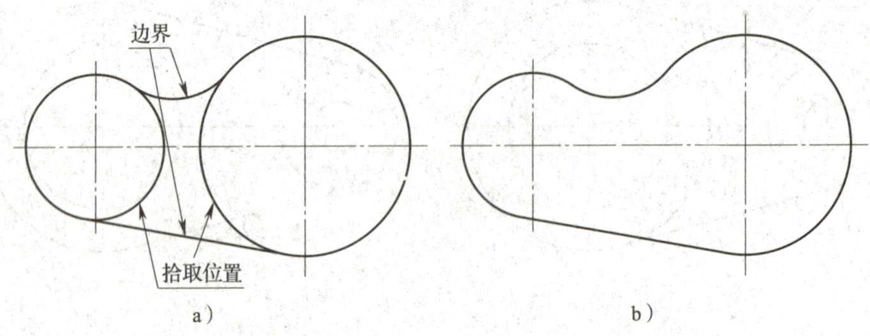

图4—22　拾取圆弧和直线作为边界裁剪圆的实例

a）拾取圆弧和直线作为边界裁剪圆　b）裁剪结果

3. 批量裁剪

当曲线较多时，可对曲线进行批量裁剪。

（1）操作步骤

调用“裁剪”功能并通过立即菜单选择“批量裁剪”，按提示拾取剪刀链后，系统提示拾取要裁剪的曲线，用窗口拾取或单个拾取要裁剪的曲线，单击鼠标右键确认，系统弹出裁剪方向，选择要裁剪的方向，裁剪完成。剪刀链可以是一条曲线，也可以是首尾相连的多条曲线。

（2）实例

如图4—23所示为批量裁剪实例。执行批量裁剪，拾取圆作为剪刀链，拾取三条直线为被裁剪对象，单击鼠标右键确认，系统弹出裁剪方向，如图4—23a所示；若选择向圆外裁剪，裁剪结果如图4—23b所示；若选择向圆内裁剪，裁剪结果如图4—23c所示。

二、打断

将一条指定曲线在指定点处打断成两条曲线，以便于其他操作。用以下方式可以调用“打断”功能：

（1）单击“修改”主菜单中的按钮。

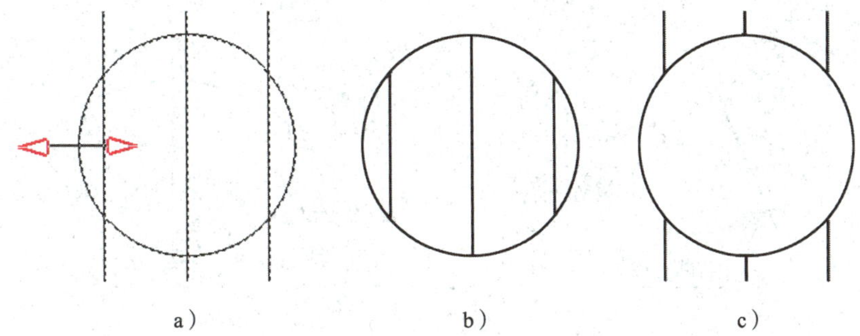

图4—23　批量裁剪实例

a）弹出裁剪方向　b）向圆外裁剪结果　c）向圆内裁剪结果

（2）单击“常用”选项卡中“修改面板”上的按钮。

（3）单击“编辑”工具条上的按钮。

（4）执行break命令。

打断有一点打断和两点打断两种形式。

1. 一点打断

（1）操作步骤

调用“打断”功能后，将立即菜单第一项切换为“一点打断”，即使用一点打断模式。此时，按提示要求用鼠标拾取一条待打断的曲线。拾取后，该曲线变成虚线显示。这时，命令行提示变为“拾取打断点”。根据当前绘图需要，移动鼠标在曲线上拾取打断点，选中后单击鼠标左键，曲线即被打断。打断点也可由键盘输入。曲线被打断后，在屏幕上所显示的与打断前并没有什么区别。但实际上，原来的一条曲线已经变成了两条互不相干、独立的曲线。

提示：

打断点最好选在需打断的曲线上，为绘图准确，可充分利用智能点、栅格点、导航点以及工具点菜单。

（2）说明

为了更方便灵活地使用此功能，电子图板也允许把点设在曲线外，使用规则是：

1）若欲打断的线为直线，则系统自动从选定点向直线作垂线，设定垂足为打断点。

2）若欲打断的线为圆弧或圆，则从圆心向设定点作直线，该直线与圆弧交点被设定为打断点。

（3）实例

例　将一段曲线n等分。

利用一点打断操作和等分点操作，可以将一段曲线n等分。具体方法在第二章第一节的例子中已进行了详细描述。

例　如图4—24所示为打断点设在曲线外情况的实例。

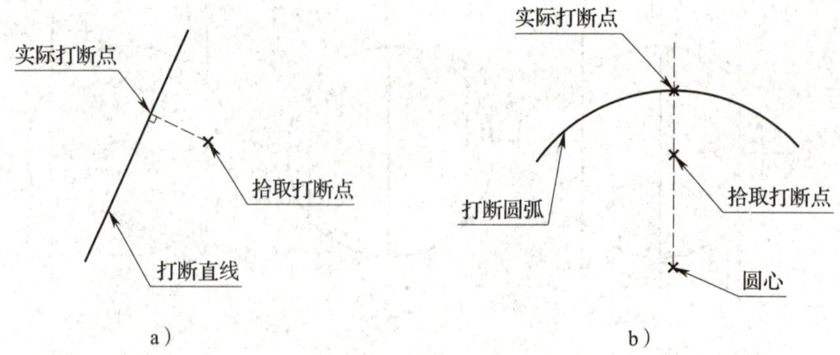

图4—24 打断点设在曲线外情况的实例
a）打断直线 b）打断圆弧

2. 两点打断

调用“打断”功能后将立即菜单第一项切换为“两点打断”，即使用两点打断模式。两点打断有伴随拾取点和单独拾取点两种模式。

（1）如果选择“伴随拾取点”，则执行两点打断时，首先拾取需打断的曲线，在拾取完毕后，直接将拾取点作为第一打断点，并提示选择第二打断点。

（2）如果选择“单独拾取点”，则执行两点打断时，同样首先拾取需打断的曲线，在拾取完毕后，命令输入区会提示分别拾取两个打断点。

无论使用哪种模式，拾取两个打断点后，被打断曲线会从两个打断点处被打断，同时两点间的曲线会被删除。

提示：

如果被打断的曲线是封闭曲线，则被删除的曲线部分是从第一点以逆时针方向指向第二点的那部分曲线。

三、删除

从图形中删除对象。

1. 调用“删除”功能

（1）单击“修改”主菜单中的按钮。

（2）单击“常用”选项卡中“修改”面板上的按钮。

（3）单击“编辑”工具条上的按钮。

（4）执行erase命令。

2. 说明

调用“删除”功能后，拾取要删除的图形对象并确认，所拾取的对象就被删除掉。如果想中断本命令，则在确认前单击“Esc”键退出即可。删除命令支持先拾取后操作，即先拾取对象再调用“删除”功能。

四、综合实例

绘制如图4—25所示的手柄平面图。

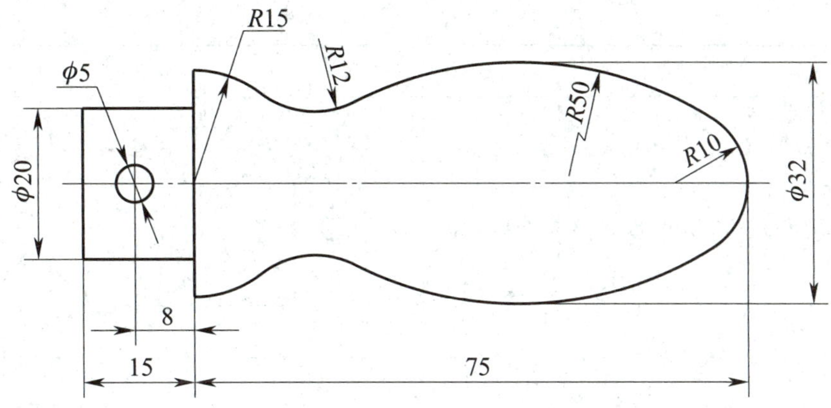

图 4—25　手柄平面图

绘图步骤见表4—3。

表 4—3　　**绘图步骤**

绘图步骤	图示
(1) 绘制中心线及直线轮廓 将中心线层设置为“当前层”，应用“两点线”命令绘制中心线。将粗实线层设置为“当前层”，根据尺寸 ϕ20 mm、15 mm、R15 mm，应用“两点线”命令绘制已知直线段	
(2) 绘制 ϕ5 mm 圆、R10 mm 圆、R15 mm 圆弧 根据长度尺寸 8 mm，确定 ϕ5 mm 圆心，应用“圆心_半径”命令绘制 ϕ5 mm 圆；根据长度尺寸 75 mm，确定 R10 mm 圆心，应用“圆心_半径”命令绘制 R10 mm 圆；应用“两点_半径”圆弧命令，绘制 R15 mm 圆弧	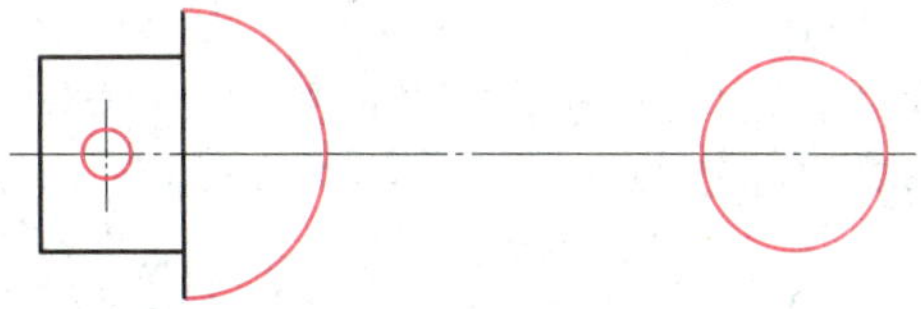
(3) 绘制等距线 应用“等距线”命令，绘制两条与中心线相距 16 mm 的等距线	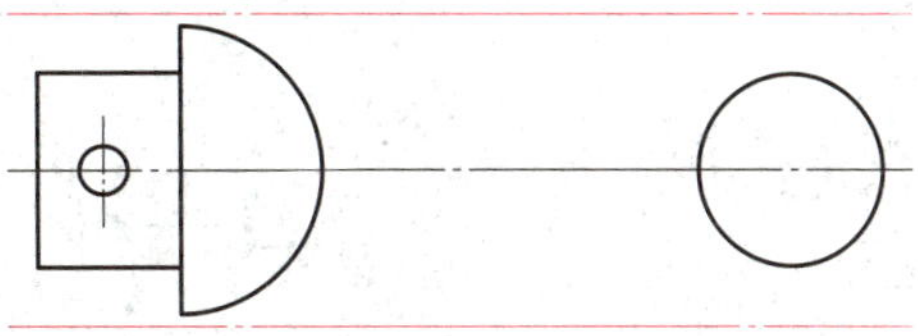
(4) 绘制 R50 mm 圆弧 应用“两点_半径”圆弧命令，绘制 R50 mm 圆弧。捕捉两点时，单击空格键，在弹出的点菜单中，选择“切点”，捕捉 R10 mm 圆和上面直线的切点	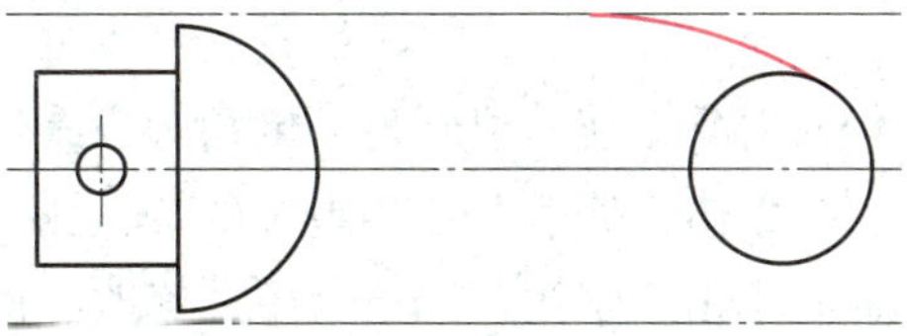

续表

绘图步骤	图示
（5）拉伸 $R50$ mm 圆弧 选中 $R50$ mm 圆弧，利用它的三角形夹点拉伸圆弧至图示位置	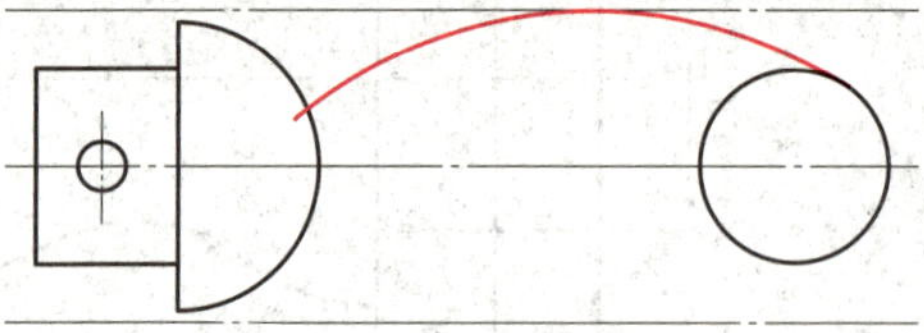
（6）绘制另外一条 $R50$ mm 圆弧 应用步骤（4）（5）的方法，绘制另外一条 $R50$ mm 圆弧	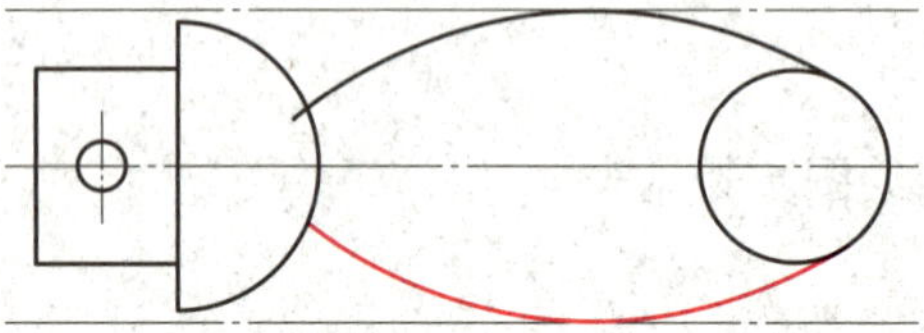
（7）绘制两条 $R12$ mm 圆弧 应用“两点_半径”圆弧命令，绘制与 $R15$ mm 和 $R50$ mm 圆弧相切的 $R12$ mm 圆弧	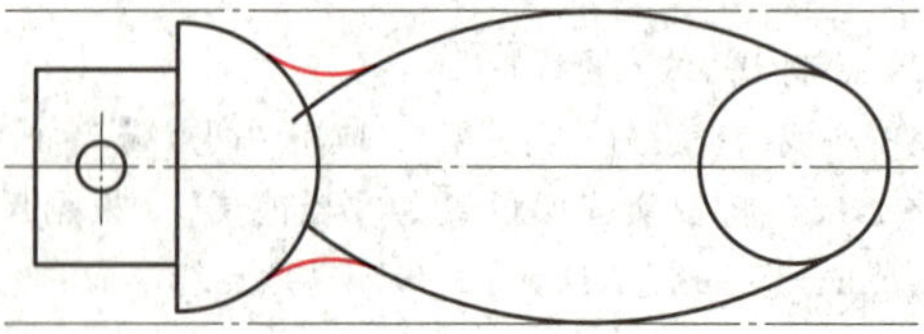
（8）整理图形 应用“删除”命令删除两条等距线。应用“裁剪”命令，裁剪多余的圆弧段	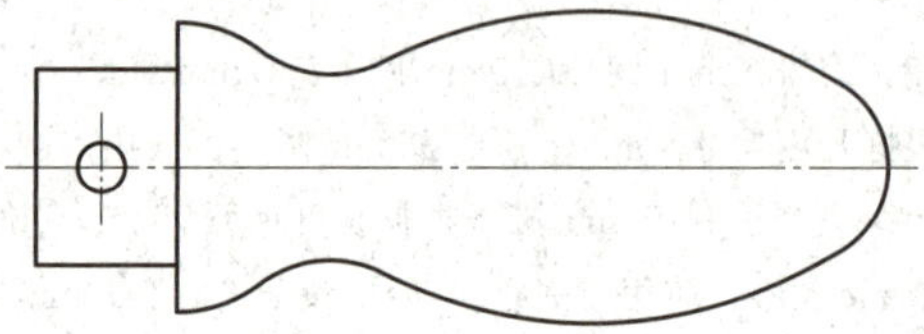

§4—4 过渡和延伸

一、过渡

修改对象，使其以圆角、倒角等方式连接。用以下方式可以调用“过渡”功能：

（1）单击“修改”主菜单中的按钮□。

（2）单击“常用”选项卡中“修改”面板上的按钮□。

（3）单击“编辑”工具条上的按钮□。

（4）执行corner命令。

过渡操作包括圆角、多圆角、倒角、外倒角、内倒角、多倒角和尖角等多种方式。可通过立即菜单进行选择，过渡立即菜单如图4—26所示。

1. 圆角

在两直线（或圆弧）之间用圆角进行光滑过渡。

（1）调用“圆角”功能

1）单击“修改”主菜单中“过渡”子菜单的按钮▢。

2）单击“常用”选项卡中“过渡”功能子菜单的按钮▢。

3）单击“过渡”工具条上的按钮▢。

4）执行fillet命令。

（2）说明

圆角立即菜单如图4—27所示。

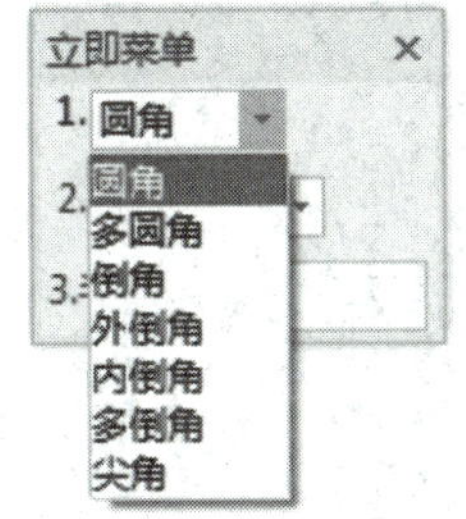

图4—26　过渡立即菜单

图4—27　圆角立即菜单

1）单击“1.”选项的下拉菜单，弹出“裁剪”“裁剪始边”“不裁剪”三个选项。裁剪表示执行圆角操作后，裁剪掉过渡后所有边的多余部分；裁剪始边表示执行圆角操作后只裁剪掉起始边的多余部分，起始边也就是拾取的第一条曲线；不裁剪表示执行圆角操作后原线段保留原样，不被裁剪。如图4—28所示为圆角过渡中的三种裁剪方式。

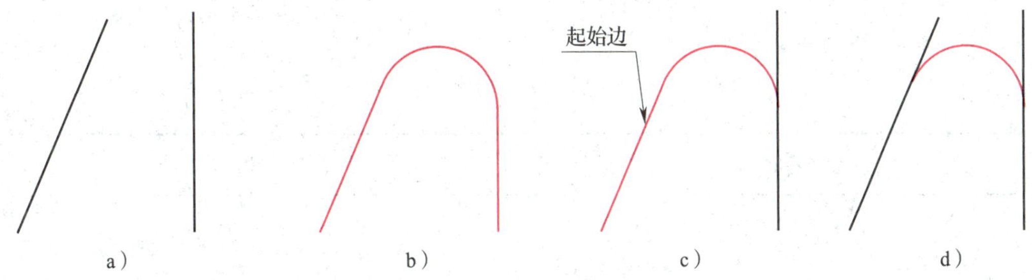

图4—28　圆角过渡中的三种裁剪方式

a）圆角过渡前　b）裁剪　c）裁剪起始边　d）不裁剪

2）单击“2. 半径”文本框，可按照提示输入过渡圆弧的半径值。

3）按当前立即菜单的条件及操作提示的要求，用鼠标拾取待过渡的第一条曲线，被拾取到的曲线呈虚线显示，而操作提示变为“拾取第二条曲线”。再用鼠标拾取第二条曲线后，则可在两条曲线之间用一个圆弧光滑过渡。

提示：

用鼠标拾取的曲线位置不同，会得到不同的结果，而且过渡圆弧半径的大小应合适，否则也将得不到正确的结果，如图4—29所示。

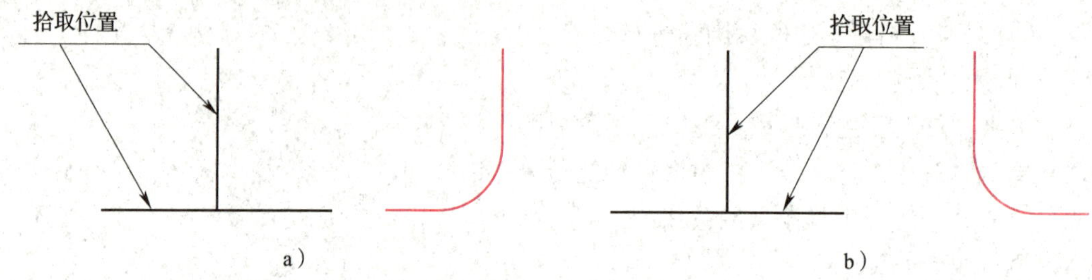

图4—29　圆角过渡拾取位置不同的结果

a）左侧圆角过渡　b）右侧圆角过渡

（3）实例

如图4—30所示为圆角过渡实例。

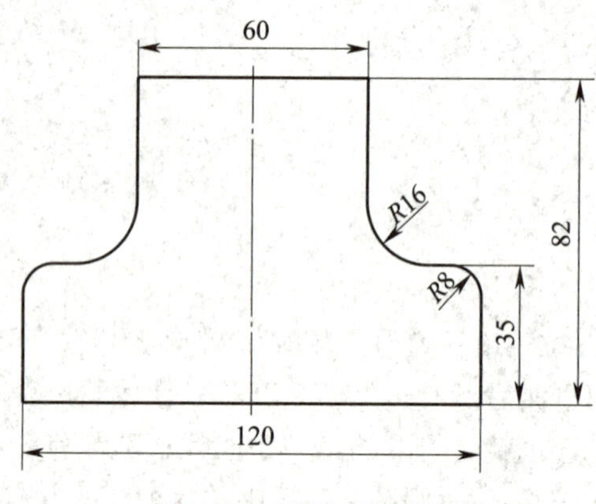

图4—30　圆角过渡实例

绘图步骤见表4—4。

表4—4　　**绘图步骤**

绘图步骤	图示
（1）绘制中心线与轮廓线 将中心线层设置为“当前层”，应用“直线”命令绘制垂直中心线；将粗实线层设置为“当前层”，应用“直线”命令绘制零件轮廓	

续表

绘图步骤	图示
（2）绘制$R8$ mm圆角 应用“圆角过渡”命令，在立即菜单“1.”选项的下拉菜单中选择“裁剪”，“2. 半径”设为“8”；拾取圆角过渡的左侧两条直线，则绘制出左侧$R8$ mm的圆角；拾取右侧两条直线，则绘制出右侧$R8$ mm的圆角	
（3）绘制$R16$ mm圆角 按步骤（2）的操作方法，绘制两侧$R16$ mm圆角	

2. 多圆角

用给定半径过渡一系列首尾相连的直线段。

（1）调用“多圆角”功能

1）单击“修改”主菜单中“过渡”子菜单的按钮。

2）单击“常用”选项卡中“过渡”功能子菜单的按钮。

3）单击“过渡”工具条上的按钮。

4）执行fillets命令。

（2）说明

多圆角过渡立即菜单如图4—31所示。

图4—31　多圆角过渡立即菜单

1）单击立即菜单“2. 半径”文本框，可设定过渡圆弧的半径。

2）系统提示“拾取首尾相连的直线”，用鼠标拾取待过渡的一系列首尾相连的直线中的一条，即可完成多圆角过渡。这一系列首尾相连的直线可以是封闭的，也可以是不封闭的，如图4—32所示为多圆角过渡实例。

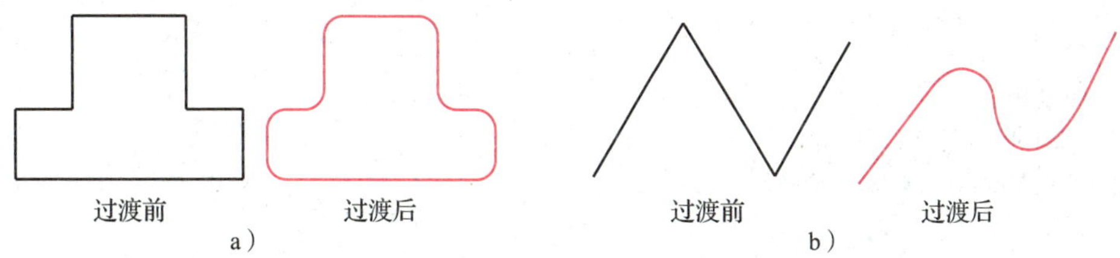

图4—32　多圆角过渡实例1
a）封闭　b）不封闭

(3) 实例

如图4—33所示为多圆角过渡实例。

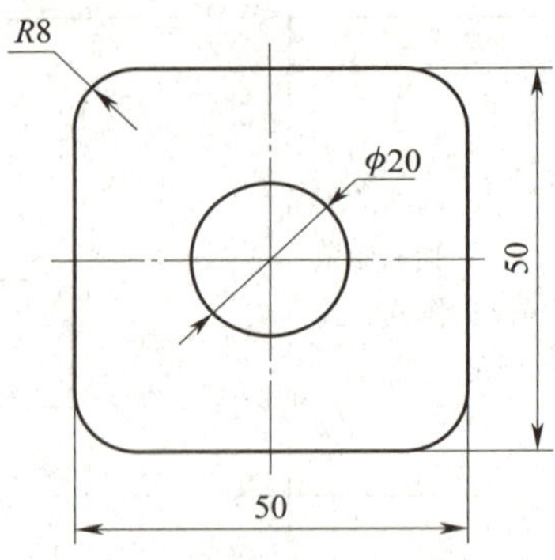

图4—33　多圆角过渡实例2

绘图步骤见表4—5。

表4—5　　**绘图步骤**

绘图步骤	图示
(1) 绘制中心线与边长为50 mm的正方形 应用“正多边形”命令，绘制一个边长为50 mm且带中心线的正方形	
(2) 绘制ϕ20 mm圆 应用“圆心_半径”命令，绘制ϕ20 mm圆	
(3) 多圆角过渡 应用“多圆角过渡”命令，单击立即菜单“2. 半径”文本框，设定过渡圆弧的半径为“8”，拾取正方形的任意一条边，完成多圆角过渡	

3. 倒角

在两直线间进行倒角过渡。直线可被裁剪或向角的方向延伸。

(1) 调用“倒角”功能

1) 单击“修改”主菜单中“过渡”子菜单的按钮◺。

2) 单击“常用”选项卡中“过渡”功能子菜单的按钮◺。

3) 单击“过渡”工具条上的按钮◺。

4) 执行chamfer命令。

(2) 说明

倒角过渡立即菜单如图4—34所示。

图4—34 倒角过渡立即菜单

1) 单击立即菜单“1.”选项的下拉菜单，可以在“长度和角度方式”和“长度和宽度方式”间转换。长度表示倒角的轴向长度，宽度表示倒角的径向长度，角度是指倒角线与所拾取第一条直线的夹角，其范围是（0°，180°），如图4—35所示。长度和角度方式就是给出倒角的轴向长度和倒角角度的方式进行倒角；长度和宽度方式就是给出倒角的轴向长度和径向长度的方式进行倒角。

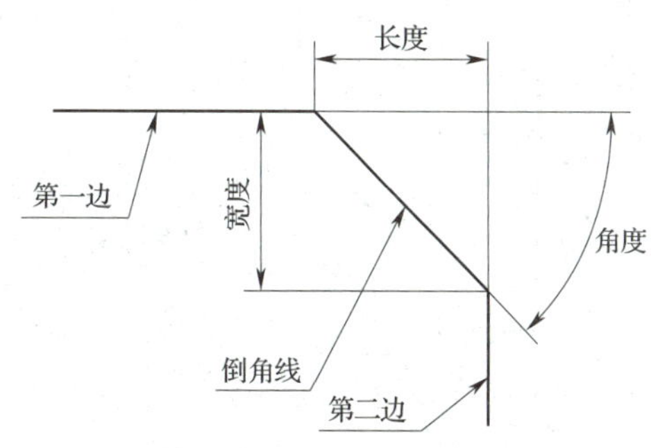

图4—35 长度、宽度与角度的定义

2) 单击立即菜单“2.”选项的下拉菜单，可选择裁剪的方式，操作方法及各选项的含义与“圆角过渡”中相同。

3) 需倒角的两直线已相交（即已有交点），则拾取两直线后，立即绘出一个由给定长度、给定角度确定的倒角，如图4—36a所示。如果待绘倒角过渡的两条直线没有相交（即尚不存在交点），则拾取完两条直线以后，系统会自动计算出交点的位置，并将直线延伸，而后绘出倒角，如图4—36b所示。

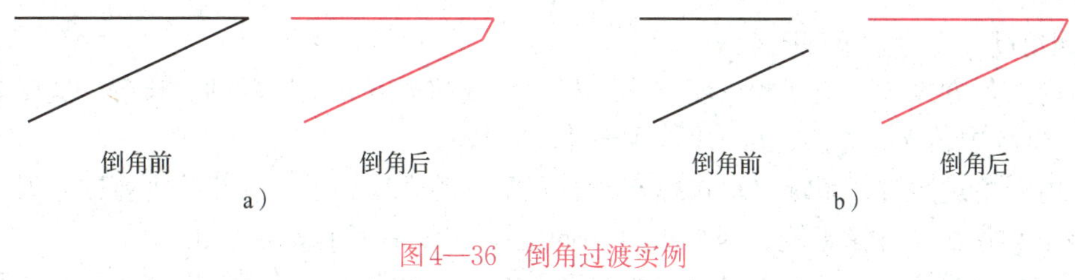

图4—36 倒角过渡实例

a）相交 b）未相交

(3) 实例

如图4—37所示为直线拾取的顺序与倒角的关系，从图4—37中可以看出，轴向长度均为3，角度均为60°的倒角，由于直线拾取的顺序不同，倒角的结果也不同。

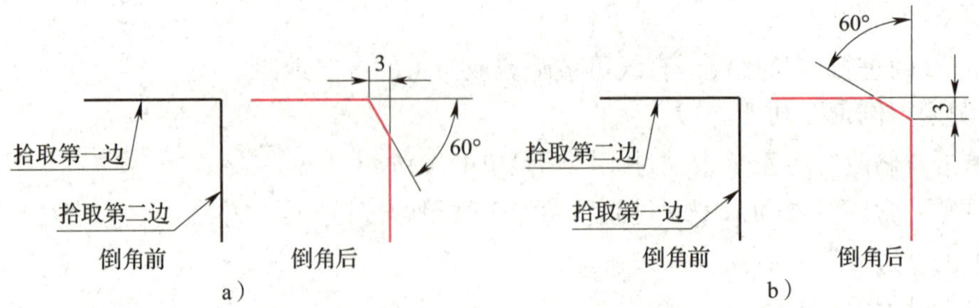

图4—37　直线拾取的顺序与倒角的关系

a）先拾取水平线，再拾取垂直线　b）先拾取垂直线，再拾取水平线

4. 多倒角

倒角过渡一系列首尾相连的直线。具体操作方法与“多圆角”的操作方法十分相似，如图4—38所示为多倒角实例。

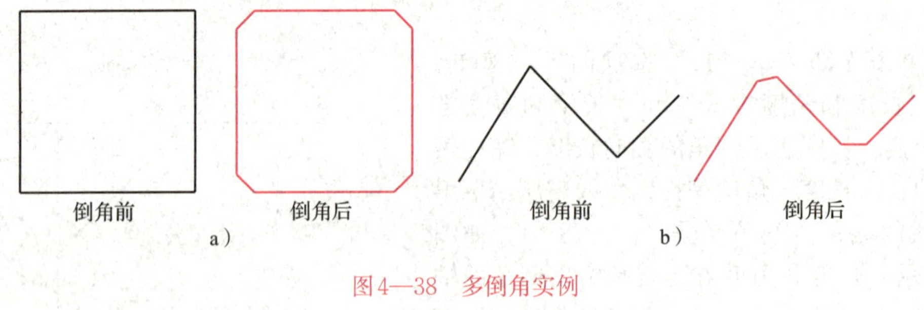

图4—38　多倒角实例

a）封闭　b）不封闭

5. 内倒角

拾取一对平行线及其垂线分别作为两条母线和端面线生成内倒角。

（1）调用“内倒角”功能

1）单击“修改”主菜单中“过渡”子菜单的按钮▣。

2）单击“常用”选项卡中“过渡”功能子菜单的按钮▣。

3）单击“过渡”工具条上的按钮▣。

4）执行chamferinside命令。

（2）说明

内倒角过渡立即菜单如图4—39所示。

1）内倒角方式有“长度和角度方式”和“长度和宽度方式”两种。长度、宽度和角度的含义与倒角中的含义相同，可根据需要进行设定。

2）内倒角过渡时，系统提示选择三条相互垂直的直线，这三条相互垂直的直线是指类似于图4—40所示的三条直线，即直线a、b同垂直于c，并且在c的同侧。

3）内倒角的结果与三条直线拾取的顺序无关，只决定于三条直线的相互垂直关系，如图4—41所示为内倒角实例。

6. 外倒角

拾取一对平行线及其垂线分别作为两条母线和端面线生成外倒角。外倒角功能的使用方法与内倒角功能十分类似，如图4—42所示为外倒角实例。

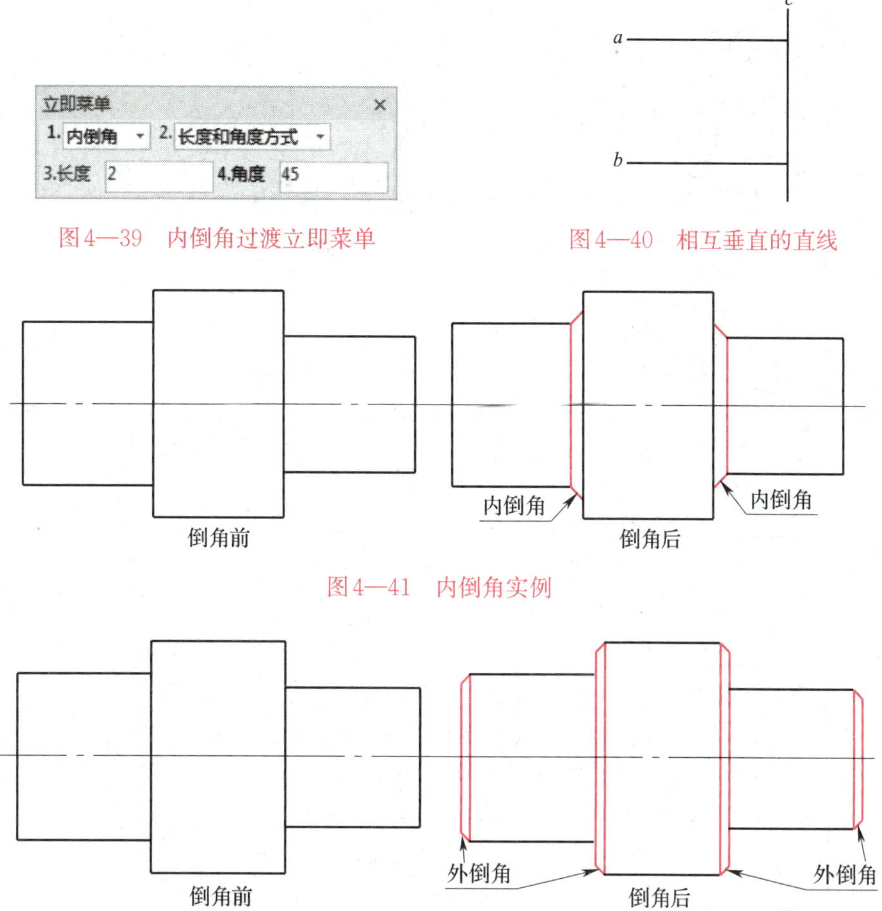

图4—39　内倒角过渡立即菜单

图4—40　相互垂直的直线

图4—41　内倒角实例

图4—42　外倒角实例

7. 尖角

在两条曲线（直线、圆弧、圆等）的交点处，形成尖角过渡。两条曲线若有交点，则以交点为界，多余部分被裁剪掉；两条曲线若无交点，则系统首先计算出两条曲线的交点，再将两条曲线延伸至交点处。

（1）调用“尖角”功能

1）单击“修改”主菜单中“过渡”子菜单的按钮。

2）单击“常用”选项卡中“过渡”功能子菜单的按钮。

3）单击“过渡”工具条上的按钮。

4）执行sharp命令。

（2）说明

调用“尖角过渡”功能，按提示要求连续拾取第一条曲线和第二条曲线后，即可完成尖角过渡的操作。注意鼠标拾取的位置不同，将产生不同的结果。

（3）实例

如图4—43所示为尖角过渡实例，其中图4—43a和图4—43b为由于拾取的位置不同而结果不同的实例，图4—43c和图4—43d为两曲线已相交和尚未相交的实例。

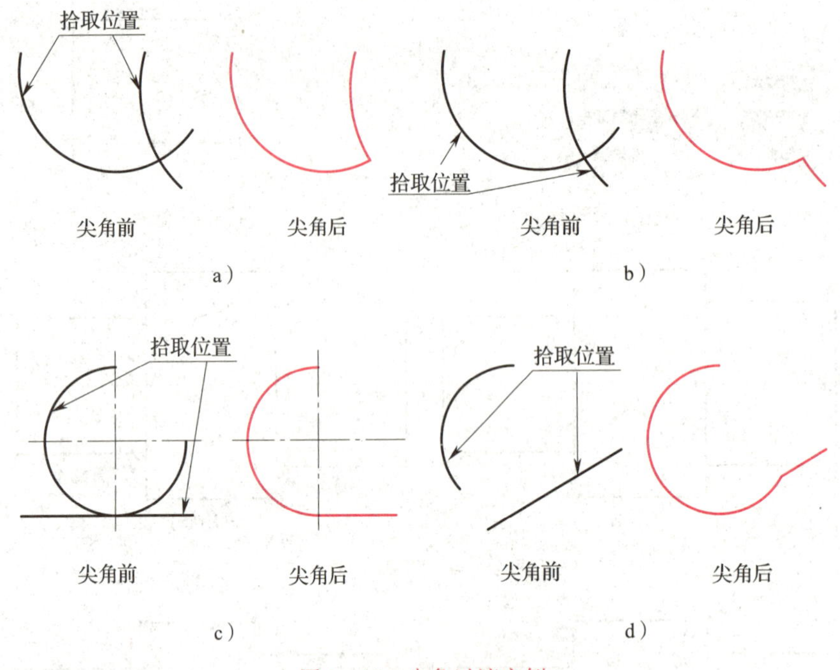

图4—43　尖角过渡实例

a）拾取两曲线交点同侧　b）拾取两曲线交点异侧

c）直线与圆弧相交　d）直线与圆弧不相交

二、延伸

以一条曲线为边界对一系列曲线进行裁剪或延伸。

1. 调用“延伸”功能

（1）单击“修改”主菜单中的按钮。

（2）单击“常用”选项卡中“修改”面板上的按钮。

（3）单击“编辑”工具条上的按钮。

（4）执行edge命令。

2. 说明

延伸立即菜单如图4—44所示。

图4—44　延伸立即菜单

（1）单击立即菜单“1.”选项的下拉菜单，可实现“齐边”与“延伸”选项的切换。齐边是将拾取的第一条曲线作为剪刀线，对后面拾取的曲线进行裁剪或延伸。延伸是将线段、曲线等对象延伸到一个边界对象，使其与边界对象相交，或者按住Shift键裁剪与其相交的对象。

（2）齐边时，如果拾取的曲线与边界曲线有交点，则系统按裁剪功能进行操作，系统将裁剪所拾取的曲线至边界为止。如果拾取的曲线与边界曲线没有交点，那么系统将把曲线按其本身的趋势（如直线的方向、圆弧的圆心和半径均不发生改变）延伸至边界。如图4—45所示为齐边实例。

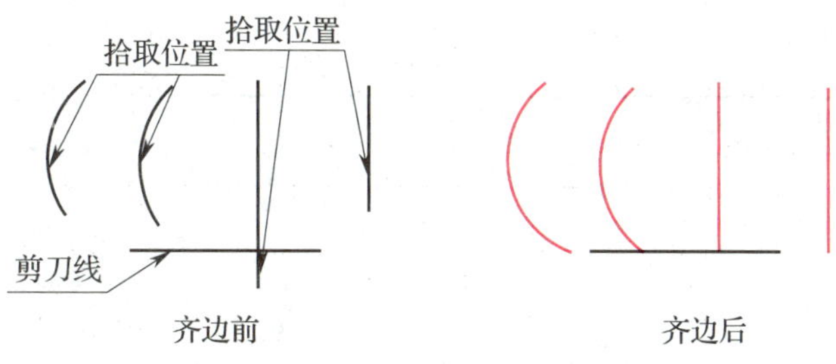

图4—45　齐边实例

提示：

圆或圆弧可能会有例外，这是因为它们无法向无穷远处延伸，它们的延伸范围是以半径为限的，而且圆弧只能以拾取的一端开始延伸，不能两端同时延伸（见图4—45最左侧的圆弧）。

（3）如图4—46所示为延伸实例。调用“延伸”功能，系统提示“选择对象或〈全部选择〉”，选择水平线作为边界，并单击鼠标右键结束拾取；系统提示“选择要延伸的对象，或按住Shift键选择要裁剪的对象”，拾取左侧的圆弧，该圆弧延伸至水平线下方与其相交；拾取第二条圆弧，该圆弧延伸至边界线；拾取与边界线相交的直线，没有变化，但按住Shift键，可以应用边界线裁剪该直线；拾取最右侧的直线，因其延伸后不能与边界线相交，所以该直线没有变化。

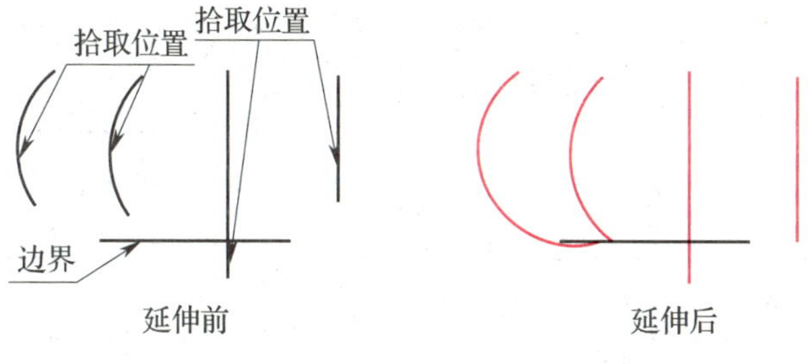

图4—46　延伸实例

三、综合实例

绘制如图4—47所示的扳手平面图形。

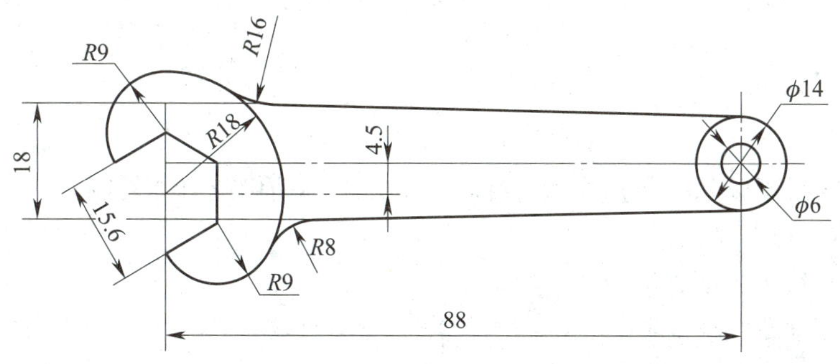

图4—47　扳手平面图形

绘图步骤见表4—6。

表4—6　　绘图步骤

绘图步骤	图示
（1）绘制中心线与定位线	
（2）绘制扳手手柄部ϕ6 mm、ϕ14 mm圆及外轮廓线	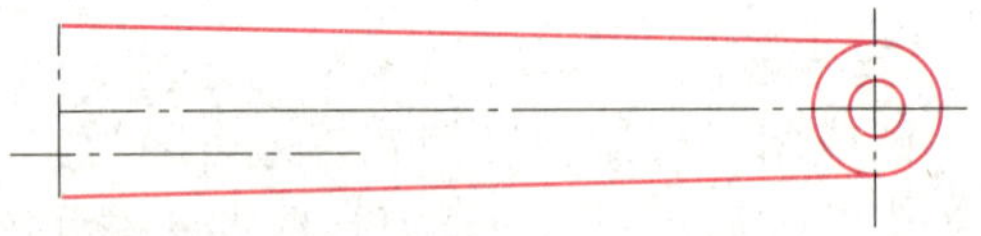
（3）根据尺寸15.6 mm，绘制扳手头部正六边形，并删除口部两条边。然后再绘制R9 mm、R18 mm、R9 mm三段圆弧，并修剪多余的圆弧线	
（4）圆角过渡 应用圆角过渡中的“裁剪始边”方式，绘制R8 mm和R16 mm圆弧	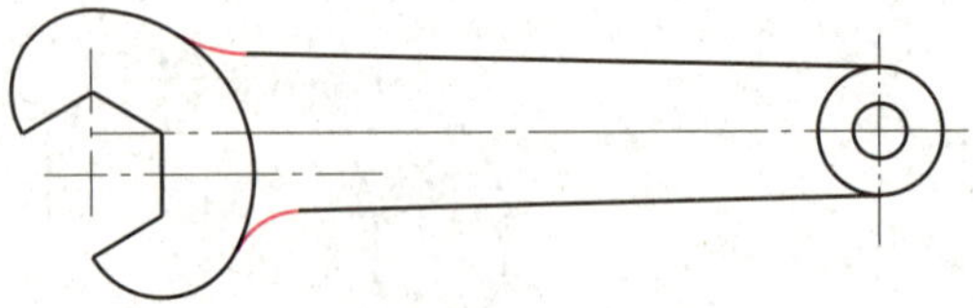

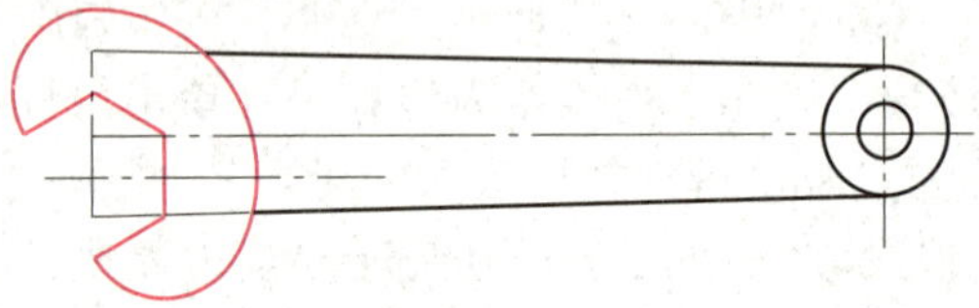

§4—5　镜像和阵列

一、镜像

将拾取到的图素以某一条直线为对称轴，进行对称镜像或对称复制。

1. 调用“镜像”功能

（1）单击“修改”主菜单中的按钮。

（2）单击“常用”选项卡中“修改”面板上的按钮。

（3）单击“编辑”工具条上的按钮。

（4）执行mirror命令。

2. 说明

图4—48 镜像立即菜单

镜像立即菜单如图4—48所示。

(1) 按系统提示“拾取元素”，拾取要镜像的图素（可单个拾取，也可用窗口拾取），拾取到的图素虚线显示，拾取完成后单击鼠标右键加以确认。

(2) 这时操作提示变为“拾取轴线”，用鼠标拾取一条作为镜像操作的对称轴线，一个以该轴线为对称轴的新图形显示出来，同时原图即刻消失。

(3) 如果选择立即菜单“1. 拾取两点”，其含义为允许指定两点，两点连线作为镜像的对称轴线，其他操作与前面相同。

(4) 如果选择立即菜单“2. 拷贝”，能够进行拷贝操作。拷贝操作的方法、操作过程与镜像操作完全相同，只是拷贝后原图不消失。

3. 实例

例 如图4—49所示为镜像实例，以对称轴线镜像如图4—49a所示的图形。

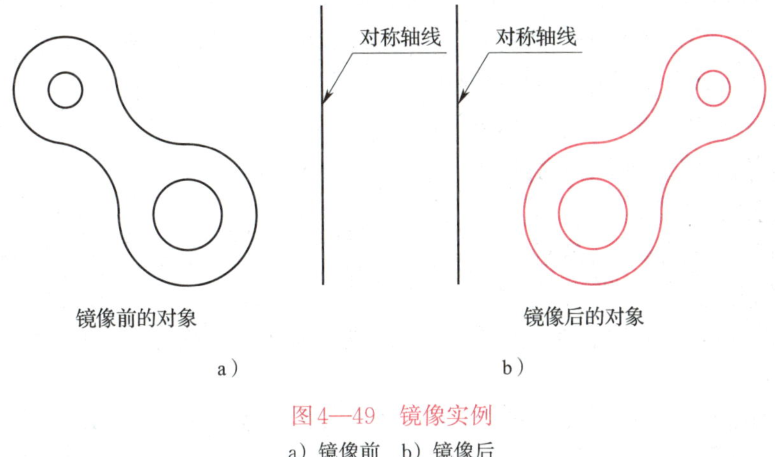

图4—49 镜像实例

a）镜像前 b）镜像后

操作步骤如下：

启动执行命令：“镜像”（立即菜单“1.”选项设为“选择轴线”，“2.”选项设为“镜像”）

拾取元素：（拾取所要镜像的对象，如图4—49a所示，单击鼠标右键确认）

拾取轴线：（拾取对称轴线）

操作结果如图4—49b所示。

例 如图4—50所示为镜像拷贝实例，以1、2点镜像拷贝如图4—50a所示的图形。

操作步骤如下：

启动执行命令：“镜像”（立即菜单“1.”选项设为“拾取两点”，“2.”选项设为“拷贝”）

拾取元素：（拾取所要镜像的对象，单击鼠标右键确认）

第一点：（拾取镜像1点）

第二点：（拾取镜像2点）

操作结果如图4—50b所示，镜像前的对象保留在原位置。

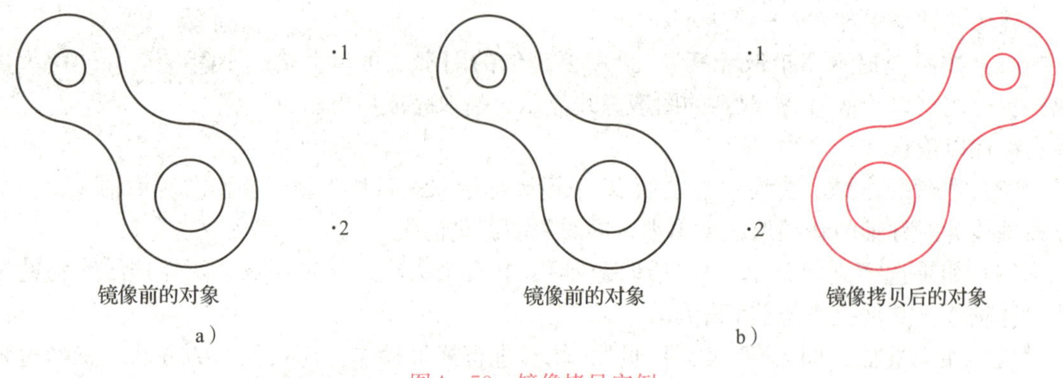

图4—50　镜像拷贝实例

a）镜像拷贝前　b）镜像拷贝后

二、阵列

阵列命令可以按照一定的排列规律一次复制多个图形对象，以提高绘图效率。阵列的方式有圆形阵列、矩形阵列和曲线阵列三种。通过以下方式可以调用“阵列”功能：

（1）单击“修改”主菜单中的按钮器。

（2）单击“常用”选项卡中“修改”面板上的按钮器。

（3）单击“编辑”工具条上的按钮器。

（4）执行array命令。

阵列立即菜单如图4—51所示。

1. 圆形阵列

圆形阵列是指对拾取到的图素，以某基点为圆心进行阵列复制。

（1）说明

1）调用“阵列”功能，选择圆形阵列，其立即菜单如图4—52所示。

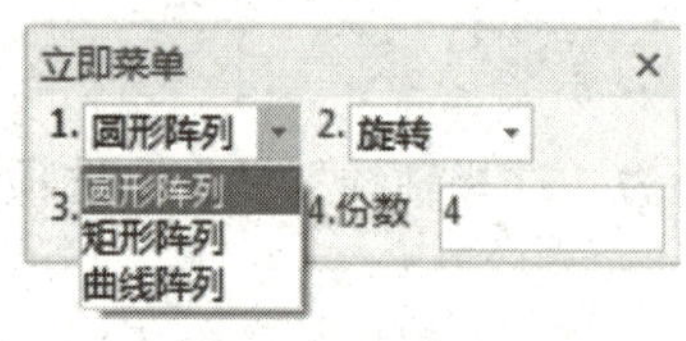

图4—51　阵列立即菜单

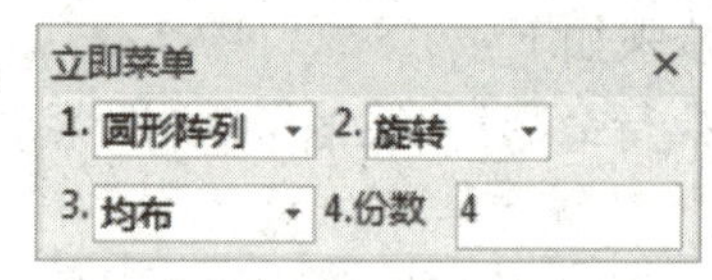

图4—52　圆形阵列立即菜单1

2）用鼠标拾取元素，拾取的图形变为虚线显示，拾取完成后单击鼠标右键加以确认。按照操作提示，用鼠标左键拾取阵列图形的中心点后，一个阵列复制的结果显示出来。

3）系统根据立即菜单中的“2. 旋转”在阵列时自动对图形进行旋转。

4）系统根据立即菜单中的“3. 均布”和“4. 份数”自动计算各插入点的位置，且各点之间夹角相等。各阵列图形均匀地排列在同一圆周上，如图4—54b所示。其中的份数包含阵列拾取对象。

5）选择立即菜单“3. 给定夹角”，则立即菜单转换为如图4—53所示的内容。

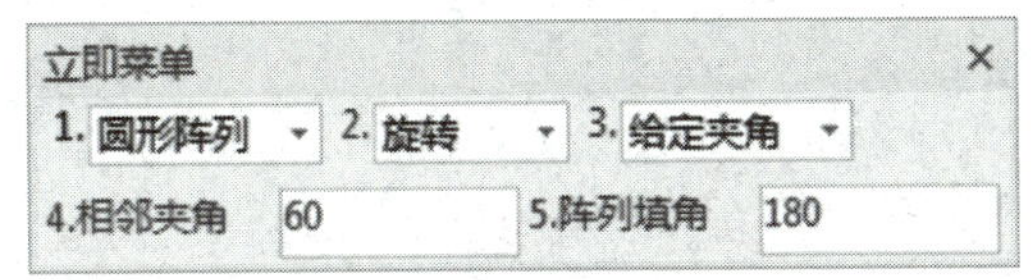

图 4—53　圆形阵列立即菜单 2

此立即菜单的含义是用给定夹角的方式进行圆形阵列，各相邻图形夹角为 60°，阵列的填充角度为 180°。其中阵列填充角的含义为从拾取的实体所在位置起，绕中心点逆时针方向转过的夹角，相邻夹角和阵列填充角都可以由键盘输入确定。

（2）实例

如图 4—54 所示为圆形阵列实例，其中图 4—54b 为均布方式、份数为 6 份，图 4—54c 为给定夹角方式、夹角为 60°、阵列填充角为 180°。

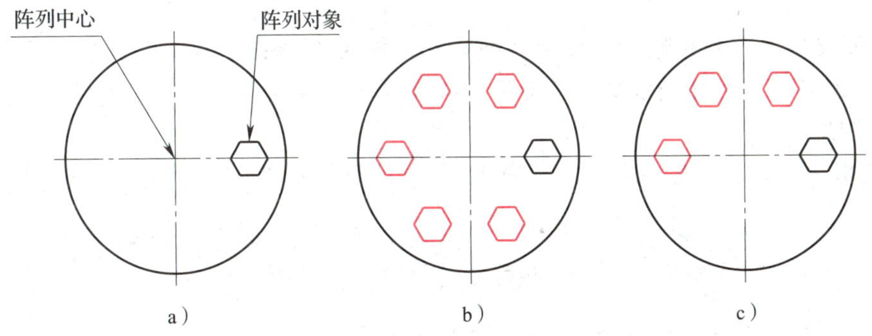

图 4—54　圆形阵列实例

a）阵列前　b）均布阵列　c）给定夹角阵列

2. 矩形阵列

矩形阵列是指对拾取到的实体按矩形阵列的方式进行阵列复制。

（1）说明

1）调用“阵列”功能，选择矩形阵列，其立即菜单如图 4—55 所示。当前立即菜单中规定了矩形阵列的行数、行间距、列数、列间距以及旋转角的默认值，这些数值均可通过键盘输入进行修改。

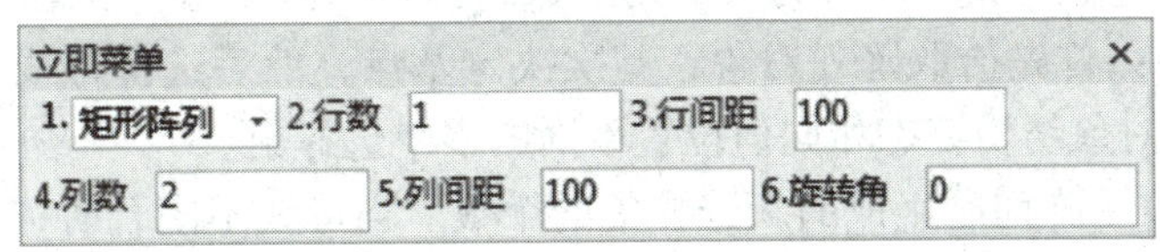

图 4—55　矩形阵列立即菜单

2）行、列间距指阵列后各元素基点之间的间距大小，旋转角指与 X 轴正方向的夹角。

（2）实例

如图 4—56 所示矩形阵列实例，其中图 4—56a 的行数为 3，行间距为 15，列数为 4，列间距为 20，旋转角为 0°；图 4—56b 的行数为 2，行间距为 15，列数为 3，列间距为 20，旋转角为 30°。

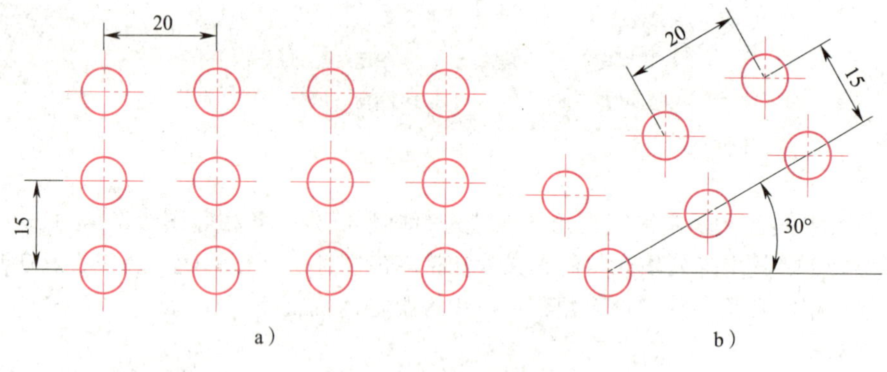

图4—56　矩形阵列实例

a）不旋转　b）旋转30°

3. 曲线阵列

在一条或多条首尾相连的曲线上生成均布的图形选择集。各图形选择集的结构相同、位置不同，其姿态是否相同取决于“旋转/不旋转”选项。

（1）说明

1）调用“阵列”功能，选择曲线阵列，其立即菜单如图4—57所示。

图4—57　曲线阵列立即菜单

2）拾取母线方式。拾取母线可单个拾取或链拾取，也可重新指定母线。单个拾取时仅拾取单根母线；链拾取时可拾取多根首尾相连的母线集，也可只拾取单根母线。单根拾取母线时，阵列从母线的端点开始；链拾取母线时，阵列从鼠标单击到的那根曲线的端点开始。

3）可拾取的母线种类。对于单个拾取母线，可拾取的曲线种类有直线、圆弧、圆、样条、椭圆、多段线；对于链拾取母线，链中只能有直线、圆弧或样条。

4）对于旋转的情况：首先拾取阵列对象，其次确定基点，然后选择母线，最后确定生成方向，于是在母线上生成了均布的与阵列对象结构相同但姿态与位置不同的多个选择集。对于不旋转的情况：首先拾取阵列对象，其次决定基点，然后选择母线，于是在母线上生成了均布的与阵列对象结构姿态相同但位置不同的多个选择集。

5）阵列份数表示阵列后生成的新选择集的个数。当母线不闭合时，母线的两个端点均生成新选择集，新选择集的总份数不变。

（2）实例

如图4—58所示为曲线阵列实例，其中图4—58a选择旋转，份数为6。图4—58b是同样条件下，选择不旋转情况的阵列结果。

三、综合实例

绘制如图4—59所示的铣刀平面图。

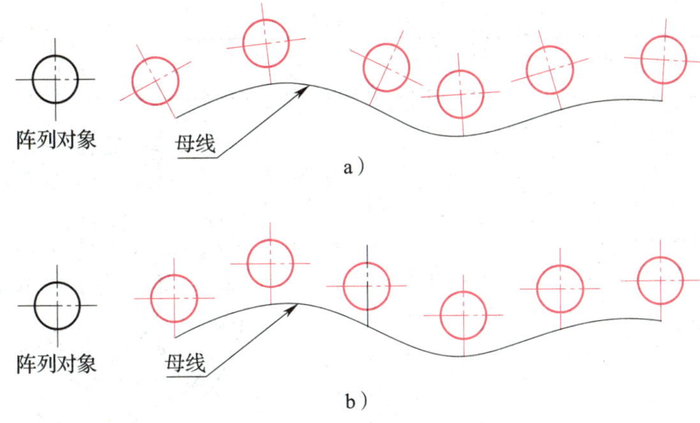

图4—58　曲线阵列实例

a）旋转　b）不旋转

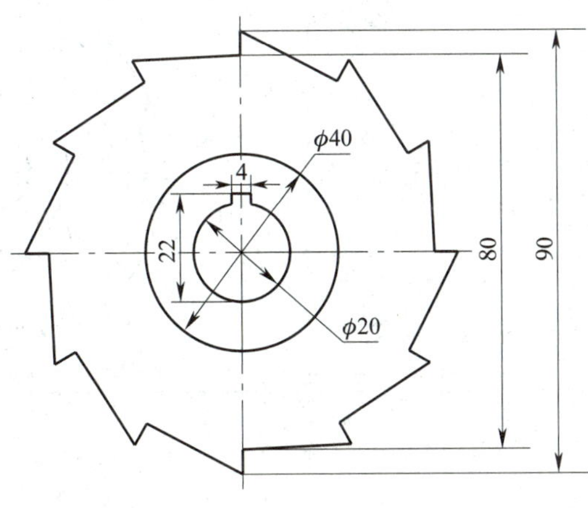

图4—59　铣刀平面图

绘图步骤见表4—7。

表4—7　　**绘图步骤**

绘图步骤	图示
（1）绘制中心线及 ϕ20 mm、ϕ40 mm、ϕ80 mm、ϕ90 mm四个同心圆 将粗实线设置为“当前层”，应用“圆心_半径”命令，绘制 ϕ20 mm、ϕ40 mm、ϕ80 mm、ϕ90 mm四个同心圆。应用“中心线”命令绘制中心线	

续表

绘图步骤	图示
（2）绘制水平与垂直辅助线 应用“等距线”命令，在水平中心线上方绘制与其相距 12 mm 的辅助线，在垂直中心线两侧绘制与其相距 2 mm 的辅助线	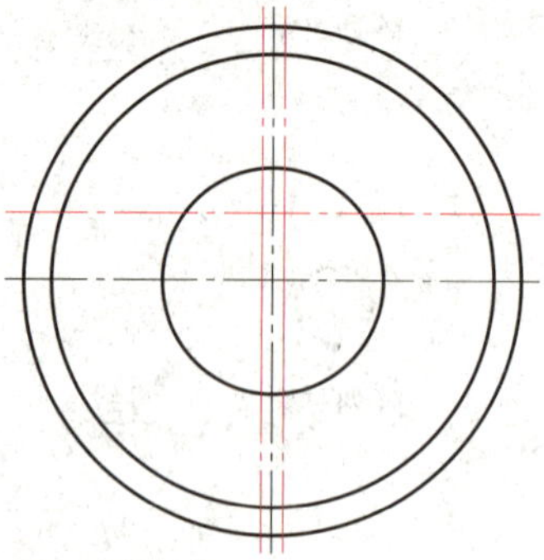
（3）绘制键槽 应用“两点线”命令绘制键槽，并删除水平和垂直辅助线，裁剪圆弧线	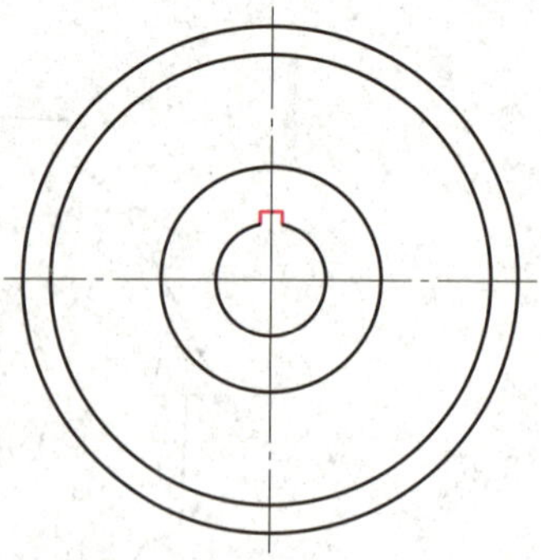
（4）绘制 120°的辅助线 应用“角度线”命令，绘制 120°的辅助线	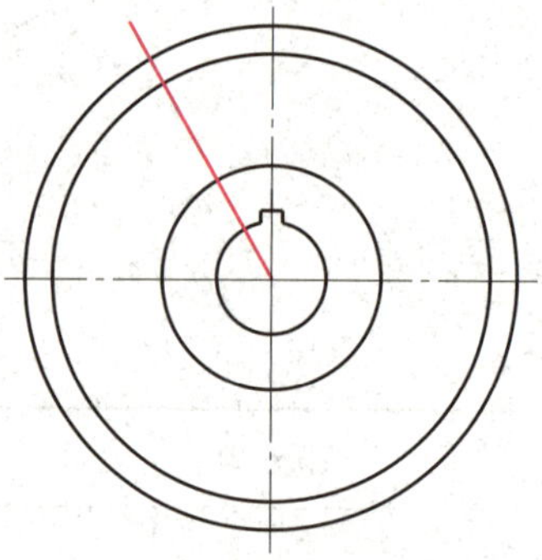
（5）绘制一个铣刀齿 应用“两点线”命令，将垂直中心线与 ϕ80 mm 圆的交点、120°辅助线与 ϕ90 mm 的交点连接起来，并应用 ϕ80 mm 和 ϕ90 mm 圆作为剪刀线，裁剪 120°辅助线。上述两条直线形成一个铣刀齿	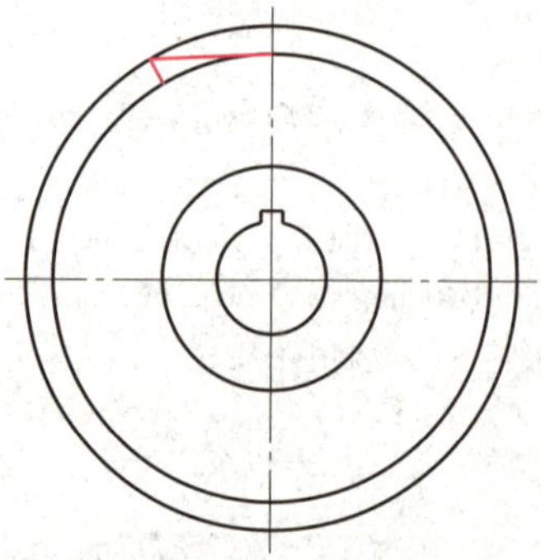

续表

绘图步骤	图示
（6）阵列铣刀齿 应用“圆形阵列”命令，将步骤（5）绘制的一个铣刀齿进行阵列，阵列份数为12，阵列中心点为圆心、均布	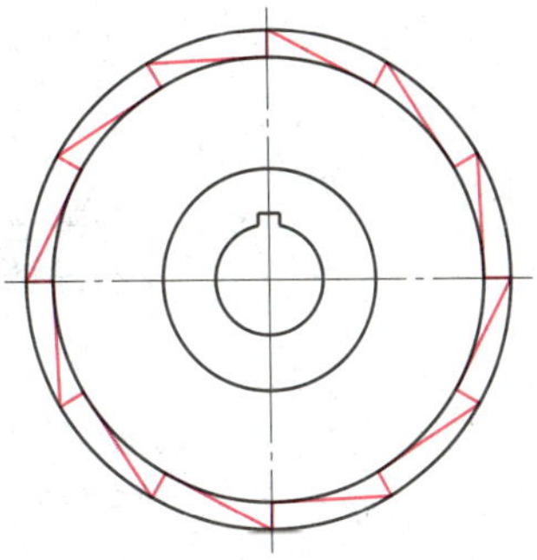
（7）删除ϕ80 mm和ϕ90 mm圆 应用“删除”命令，删除ϕ80 mm和ϕ90 mm圆	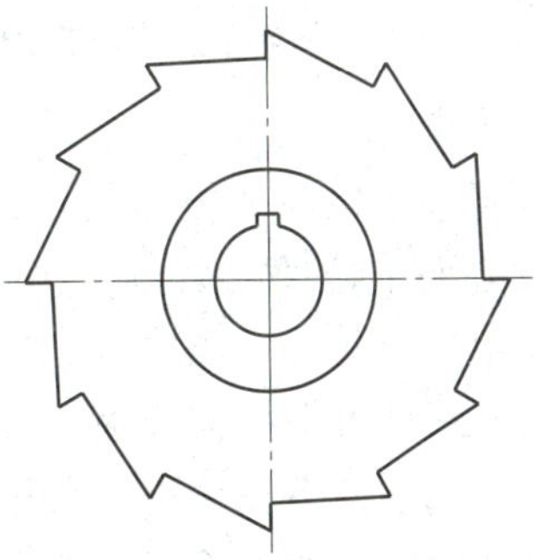

§4—6 拉伸、缩放和分解

一、拉伸

在保持曲线原有趋势不变的前提下，对曲线或曲线组进行拉伸或缩短处理。

1. 调用“拉伸”功能

（1）单击“修改”主菜单中的按钮。

（2）单击“常用”选项卡中“修改”面板上的按钮。

（3）单击“编辑”工具条上的按钮。

（4）执行stretch命令。

拉伸分为对单条曲线拉伸和对曲线组拉伸两种。

2. 单条曲线拉伸

在保持曲线原有趋势不变的前提下，对曲线进行拉伸或缩短处理。操作步骤如下：

（1）执行拉伸命令

执行拉伸命令后弹出立即菜单，选择“1. 单个拾取”方式，如图4—60a所示。

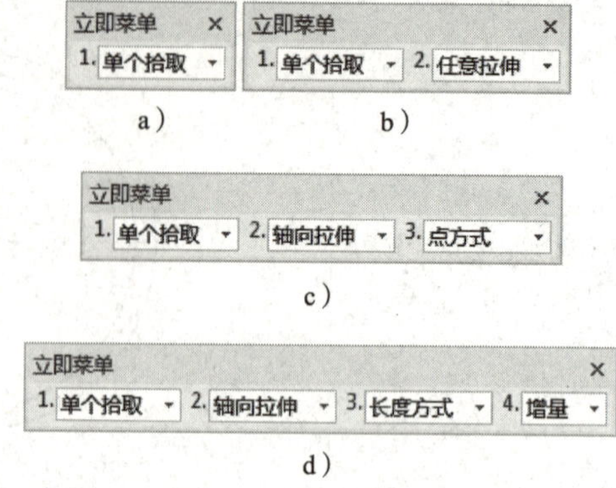

图4—60　单个拾取拉伸立即菜单

a）单个拾取　b）任意拉伸　c）点方式轴向拉伸　d）长度方式轴向拉伸

（2）拉伸直线

按提示要求拾取所要拉伸的直线的一端，其立即菜单变为图4—60b所示，此时，可将直线在任意方向上拉伸或缩短。选择“2. 轴向拉伸”方式，如图4—60c所示，单击“3.”选项的下拉菜单，可在“点方式”和“长度方式”之间切换，若选择“点方式”，可按鼠标给出的点沿直线原方向拉伸或缩短直线；若选“长度方式”，可单击如图4—60d所示的立即菜单的“4.”选项的下拉菜单，可按增量或绝对方式拉伸或缩短直线，如图4—61所示。绝对是指所拉伸直线的整个长度，增量是指在原图素基础上增加的长度。

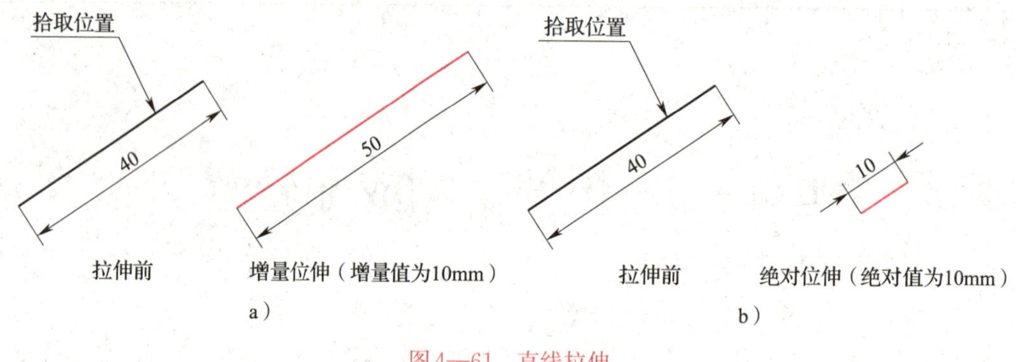

图4—61　直线拉伸

a）增量方式拉伸　b）绝对方式拉伸

（3）拉伸圆弧

按提示要求拾取所要拉伸的圆弧的一端，其立即菜单如图4—62所示，单击立即菜单“2.”选项的下拉菜单可切换弧长拉伸、角度拉伸、半径拉伸和自由拉伸。弧长拉伸和角度拉伸时圆心和半径不变，圆心角改变，可以用键盘输入新的圆心角；半径拉伸时圆心和圆心角不变，半径改变，可以输入新的半径值；自由拉伸时圆心、半径和圆心角都可以改变。除了自由拉伸外，以上所述的拉伸量都可以通过“3.”选项的下拉菜单来选择。如图4—63所示为圆弧拉伸实例。

图4—62　弧长拉伸立即菜单

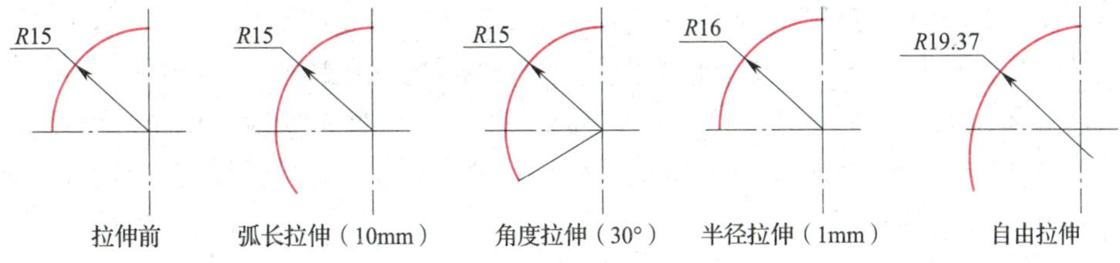

图4—63　圆弧拉伸实例

本命令可以重复操作，单击鼠标右键可结束操作。

3. 曲线组拉伸

移动窗口内图形的指定部分，即将窗口内的图形一起拉伸。操作步骤如下：

（1）执行拉伸命令后，在立即菜单中选择“1. 窗口拾取”方式。

（2）按提示要求用鼠标指定待拉伸曲线组窗口中的第一角点，则提示变为“对角点”。再拖动鼠标选择另一角点，则一个窗口形成。注意：这里窗口的拾取必须从右向左拾取，即第二角点的位置必须位于第一角点的左侧，这一点至关重要，如果窗口不是从右向左拾取，则不能实现曲线组的全部拾取。

（3）拾取完成后，在立即菜单中选择“2. 给定偏移”，提示又变为“X和Y方向偏移量或位置点”，此时，再移动鼠标或从键盘输入一个位置点，窗口内的曲线组被拉伸，如图4—64所示为曲线组给定偏移拉伸。注意：X和Y方向偏移量是指相对基准点的偏移量，这个基准点是由系统自动给定的。一般来说，直线的基准点在中点处，圆、圆弧、矩形的基准点在中心，而组合实体、样条曲线的基准点在该实体的包容矩形的中心处。如图4—64b、图4—64c所示，显示出了拾取窗口、基准点等概念。

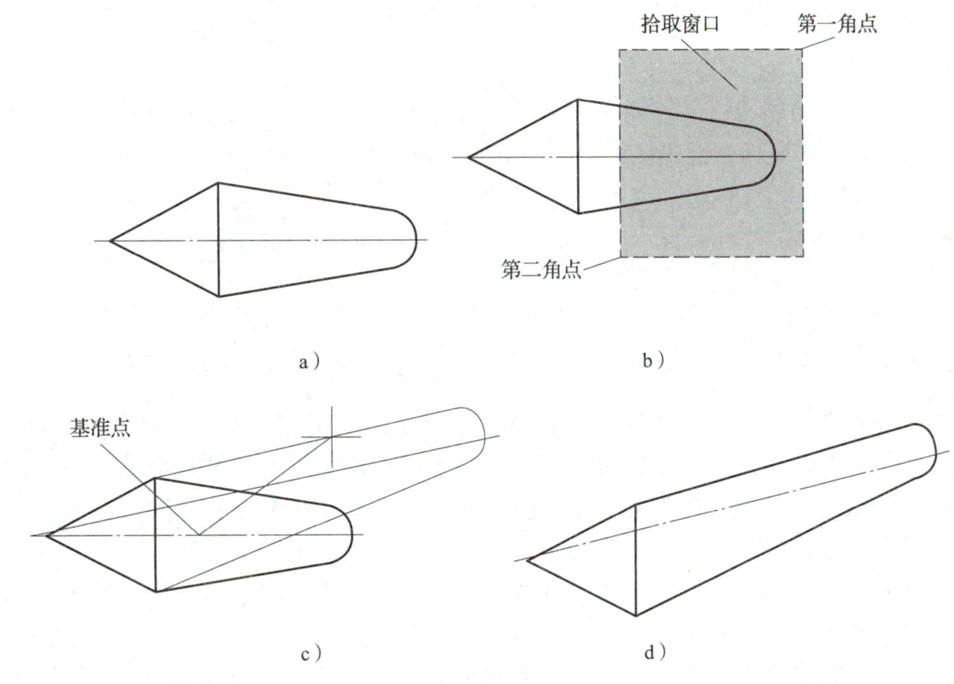

图4—64　曲线组给定偏移拉伸

a）拉伸前　b）窗口拾取　c）拉伸过程　d）拉伸结果

（4）单击立即菜单“2.”选项的下拉菜单，切换为“给定两点”。同时，操作提示变为“拾取添加”。在这种状态下，用窗口拾取曲线组并单击鼠标右键确定，当出现“第一点”时，用鼠标指定一点，提示又变为“第二点”，再移动鼠标时，曲线组被拉伸拖动，当确定第二点以后，曲线组被拉伸。如图4—65所示为曲线组给定两点拉伸，拉伸长度和方向由两点连线的长度和方向决定。

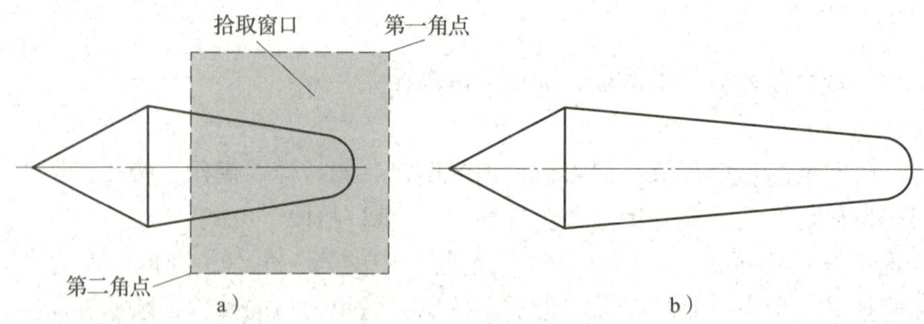

图4—65 曲线组给定两点拉伸

a）窗口拾取 b）拉伸结果

二、缩放

对拾取到的图素进行比例放大和缩小。

1. 调用“缩放”功能

（1）单击“修改”主菜单中的按钮。

（2）单击“常用”选项卡中“修改”面板上的按钮。

（3）单击“编辑”工具条上的按钮。

（4）执行scale命令。

2. 说明

调用“缩放”功能后，系统弹出如图4—66a所示的立即菜单，系统提示“拾取添加”，拾取图素结束后单击鼠标右键确认，立即菜单变为如图4—66b所示。

图4—66 缩放立即菜单

a）拾取图素前的立即菜单 b）拾取图素后的立即菜单

（1）单击立即菜单“1.”选项的下拉菜单，可实现“平移”和“拷贝”项相互切换。当切换为“平移”项，进行比例缩放操作后，只生成目标图形，原图在屏幕上消失；当切换为“拷贝”项时，在进行比例缩放操作时，除了按缩放比例生成目标图形，还会保留原图形。

（2）单击立即菜单“2.”选项的下拉菜单，可实现“比例因子”与“参考方式”两种缩放方式相互切换。

（3）单击立即菜单中的“3.”选项的下拉菜单，可实现“尺寸值不变”与“尺寸值变化”相互转换。当切换为“尺寸值变化”时，如果拾取的图素中包含尺寸元素，则尺寸值会根据相应的比例进行放大或缩小。当切换为“尺寸值不变”时，所选择尺寸元素不会随着比例变化而变化。

用鼠标指定一个比例缩放的基点，则系统提示输入比例系数。当移动鼠标时，会看到图形在屏幕上动态显示，在确认光标位置合适后，单击鼠标左键，系统会自动根据基点和当前光标点的位置来计算比例系数，一个变换后的图形立即显示在屏幕上。也可通过键盘直接输入缩放的比例系数。

3. 实例

如图4—67所示，选用“尺寸值不变”对ϕ20 mm的圆进行缩小和放大，缩放图中，尺寸值没有变化，但字体高度和箭头大小都随着比例系数发生了变化。如图4—68所示，选用“尺寸值变化”对20 mm×15 mm的矩形进行缩放，缩放图中，尺寸数值随着比例系数发生了改变。

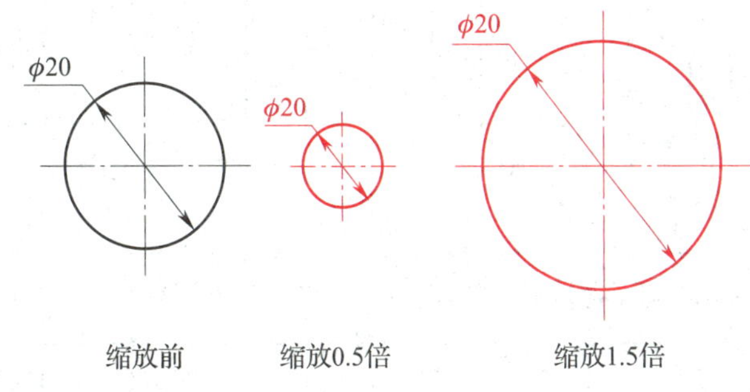

图4—67 按“尺寸值不变”进行缩放

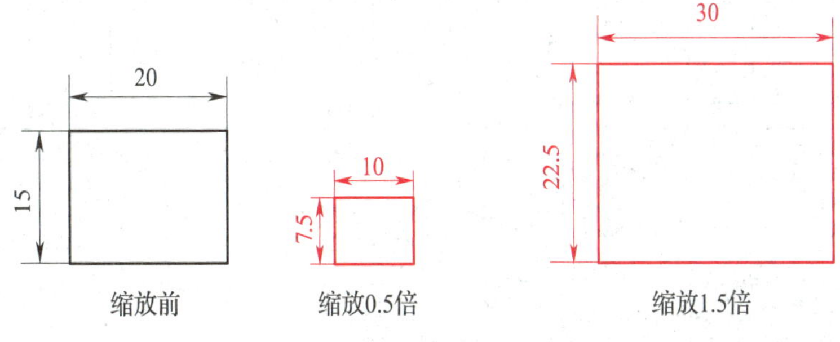

图4—68 按“尺寸值变化”进行缩放

三、分解

1. 概念

可以将多段线、标注、图案填充或块等合成对象转变为单个的元素。例如，分解多段线将其分为简单的线段和圆弧，分解块使其替换为组成块的对象副本。

分解标注或图案填充后，将失去其所有的关联性，标注或填充对象被替换为单个对象（例如直线、文字、点和二维实体）。

分解多段线时，将放弃所有关联的宽度信息。所得直线和圆弧将沿原多段线的中心线放置。如果分解包含多段线的块，则需要单独分解多段线。如果分解一个圆环，它的宽度将变为0。

对于大多数对象，分解的效果并不是看得见的。

2. 调用“分解”功能

（1）单击“修改”主菜单中的按钮。

（2）单击“常用”选项卡中“修改”面板上的按钮。

（3）单击“编辑”工具条上的按钮。

（4）执行explode命令。

执行分解命令后，选择要分解的对象并确认即可。

四、综合实例

绘制如图4—69所示的综合实例。

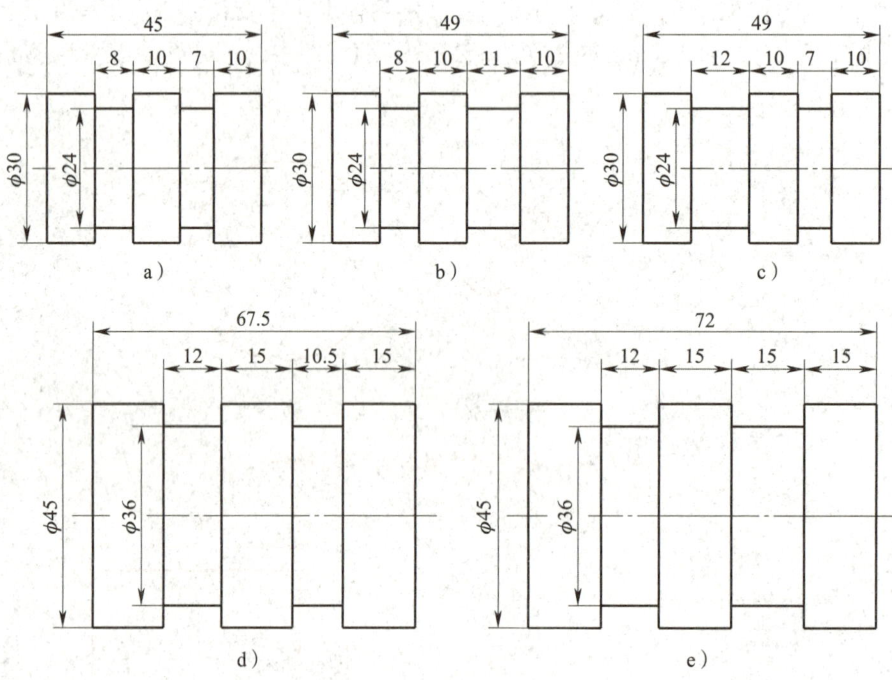

图4—69　综合实例

绘图步骤见表4—8。

表4—8　　绘图步骤

绘图步骤	图示
（1）绘制a图 执行命令：“孔/轴” 插入点：(用鼠标左键确定轴的起点) 轴上一点或轴的长度：10（起始与终止直径为“30”，轴长为“10”） 轴上一点或轴的长度：8（起始与终止直径为“24”，轴长为“8”） 轴上一点或轴的长度：10（起始与终止直径为“30”，轴长为“10”） 轴上一点或轴的长度：7（起始与终止直径为“24”，轴长为“7”） 轴上一点或轴的长度：10（起始与终止直径为“30”，轴长为“10”）	45 8 10 7 10 φ30 φ24

续表

绘图步骤	图示
(2) 绘制b图 1) 执行"平移复制"命令，平移复制a图 2) 执行"拉伸"命令，选择立即菜单"1. 窗口拾取"，拾取轴右侧ϕ30 mm直径及ϕ24 mm的槽，向右拉伸4 mm	49 8 10 11 10 ϕ30 ϕ24
(3) 绘制c图 1) 执行"平移复制"命令，平移复制a图 2) 采用步骤（2）的方法，将8 mm宽的槽向右拉伸4 mm	49 12 10 7 10 ϕ30 ϕ24
(4) 绘制d图 1) 执行"平移复制"命令，平移复制a图 2) 应用"缩放"命令，对平移复制图形缩放1.5倍，缩放时选择立即菜单"3. 尺寸值变化""4. 比例不变"	67.5 12 15 10.5 15 ϕ45 ϕ36
(5) 绘制e图 1) 执行"平移复制"命令，平移复制d图 2) 采用步骤（2）的方法，将10.5 mm宽的槽向右拉伸4.5 mm	72 12 15 15 15 ϕ45 ϕ36

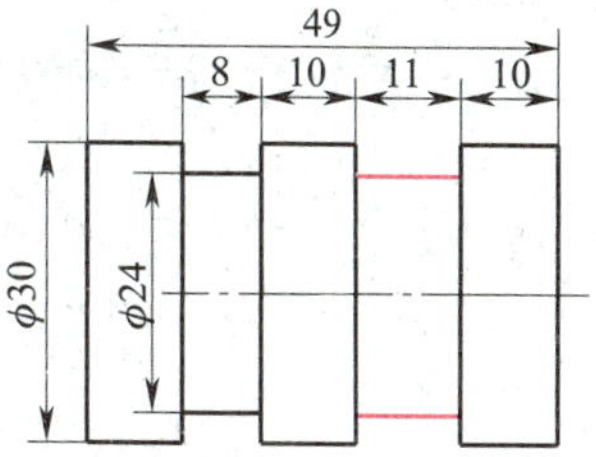

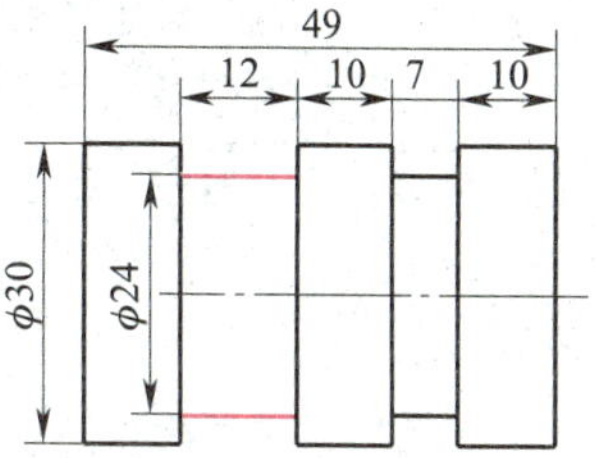

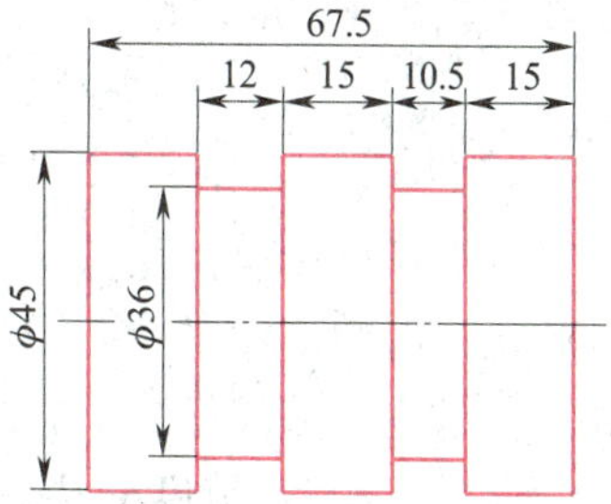

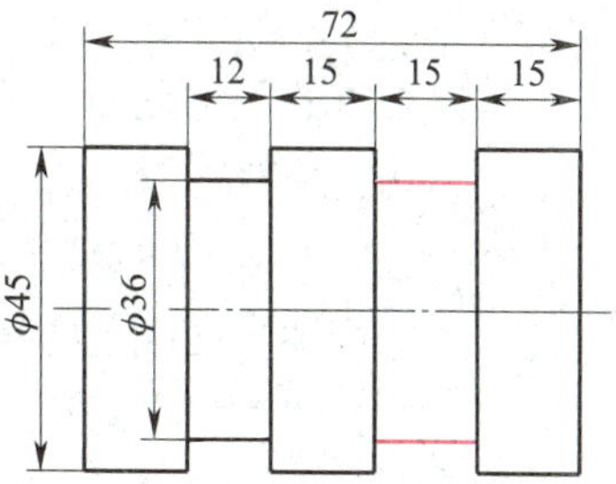

第五章 标　注

标注是图样中必不可少的内容，需要通过标注来表达图形对象的尺寸大小和各种注释信息。电子图板依据相关制图标准提供了丰富而智能的标注功能，包括尺寸标注、坐标标注、文字标注、工程标注等，并可以方便地对标注进行编辑。另外，电子图板各种类型的标注都可以通过相应样式进行参数设置，满足各种条件下的标注需求。

§5—1 尺寸标注

在工程设计中，尺寸标注是绘图设计工作中的一项重要内容，因为图形只能反映对象的形状，而图形中各个对象的真实大小和相互位置只有标注尺寸后才能确定。尺寸标注包括基本标注、基线标注、连续标注、三点角度标注、角度连续标注、半标注、大圆弧标注、射线标注、锥度/斜度标注、曲率半径标注、线性标注、对齐标注、角度标注、弧长标注、半径标注和直径标注。这些标注命令均可以通过调用“尺寸标注”功能并在立即菜单中切换选择，也可以单独执行。执行每个标注命令时，都可以在立即菜单临时切换到以上各种标注命令。

用以下方式可以调用“尺寸标注”功能：

1. 单击主菜单“标注”下拉菜单中的按钮⊢⊣。

2. 单击“标注”选项卡中“尺寸”面板上的按钮⊢⊣或“常用”选项卡中“标注”面板上的按钮⊢⊣。

3. 单击“标注”工具条上的按钮⊢⊣。

4. 执行dim命令。

尺寸标注立即菜单如图5—1所示。

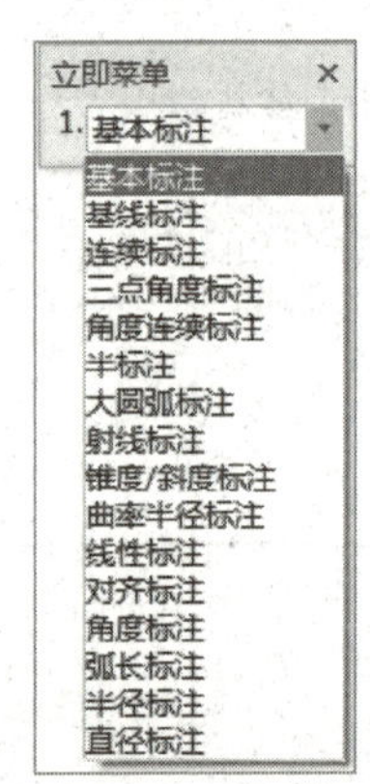

图5—1　尺寸标注立即菜单

一、基本标注

基本标注是指快速生成线性尺寸、直径尺寸、半径尺寸、角度尺寸等基本类型的标注。尺寸标注的类型非常多，电子图板的基本标注可以根据所拾取的对象自动判别要标注的尺寸类型。调用

“基本标注”功能后，根据提示拾取要标注的对象，然后再确认标注的参数和位置即可。拾取单个对象和先后拾取两个对象的概念和操作方法不同。

1. 直线的标注

调用“基本标注”功能拾取直线后，屏幕上出现标注的预显提示，并且弹出如图5—2所示的标注直线立即菜单。

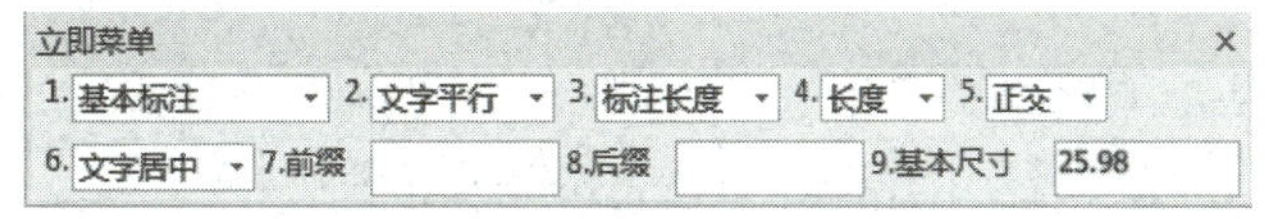

图5—2　标注直线立即菜单

（1）立即菜单参数说明

1）单击立即菜单“1.”选项的下拉菜单可以设置尺寸标注方式。

2）单击立即菜单“2.”选项的下拉菜单可以设置标注文字与尺寸线的位置关系，如文字平行、文字水平或ISO标准。

3）直线长度的标注。当选择立即菜单“3. 标注长度”“4. 长度”时，此时标注的即为直线的长度。当选择立即菜单“5. 正交”时，标注该直线沿水平方向的长度或沿铅垂方向的长度，当切换为“5. 平行”时，标注为直线的实际长度。

4）直线直径的标注。当选择立即菜单“4. 直径”时，即标注直径，其标注方式与长度基本相同，区别在于在尺寸值前默认加前缀“ϕ”。

5）当选择立即菜单“6. 文字居中”时，表示标注的尺寸文字在尺寸线的中心放置，当切换为“6. 文字拖动”时，则尺寸文字跟随光标的移动而移动。

6）立即菜单“7. 前缀”为尺寸文字前面加前缀，如半径“R”、直径“ϕ”等；立即菜单“8. 后缀”为尺寸文字后面加后缀，如公差等级“7h”“8G”等。

7）立即菜单“9. 基本尺寸”为测量直线的长度值，图5—2中的数字是默认值，还可通过键盘输入尺寸值。

8）直线与坐标轴夹角的标注。选择立即菜单“3. 标注角度”，此时标注的即为直线与坐标轴的夹角，如图5—3所示。

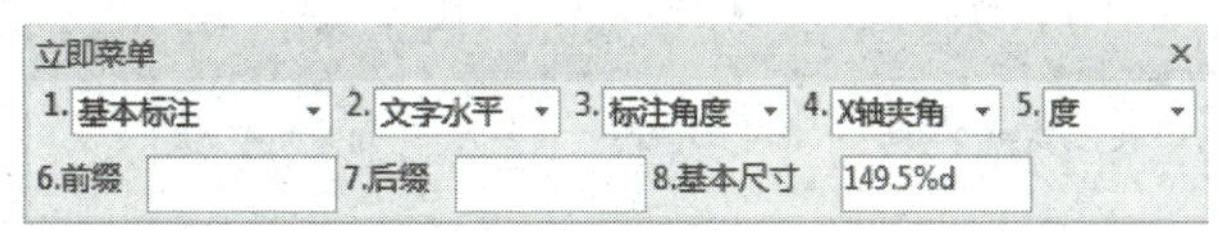

图5—3　直线与坐标轴夹角标注

切换立即菜单“4.”选项可标注直线与X轴的夹角或与Y轴的夹角，角度尺寸的顶点为直线靠近拾取点的端点。立即菜单“5.”选项标注尺寸的单位是度，也可切换变为度分秒、百分度、弧度。

（2）实例

如图5—4所示为直线标注实例。

1）调用“基本标注”功能拾取图5—4a中的直线后，按照图5—2所示设置立即菜单；若向下拖动鼠标，则可标注出尺寸25.98；若向右拖动鼠标，则可标注出尺寸15；若将图5—2所示立即菜单中“5.”选项切换为“平行”时，则可标注出直线的实际长度30。

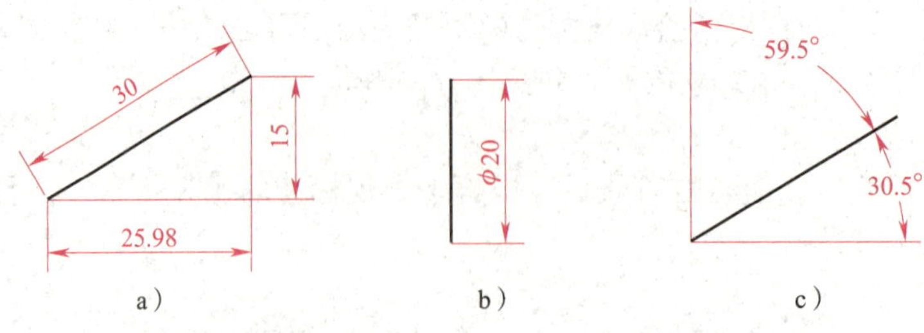

图5—4　直线标注实例

a）标注长度　b）标注直径　c）标注角度

2）调用“基本标注”功能拾取图5—4b中的直线后，将图5—2所示的立即菜单中“4.”选项切换为“直径”时，则可标注ϕ20。

3）调用“基本标注”功能拾取图5—4c中的直线（拾取直线的下部）后，按照图5—3所示设置立即菜单，则可标注出角度30.5°；若将立即菜单“4.”选项切换为“Y轴夹角”，则可标注出角度59.5°。

2. 圆的标注

调用“基本标注”功能，按提示拾取要标注的圆，弹出如图5—5所示的标注圆立即菜单。

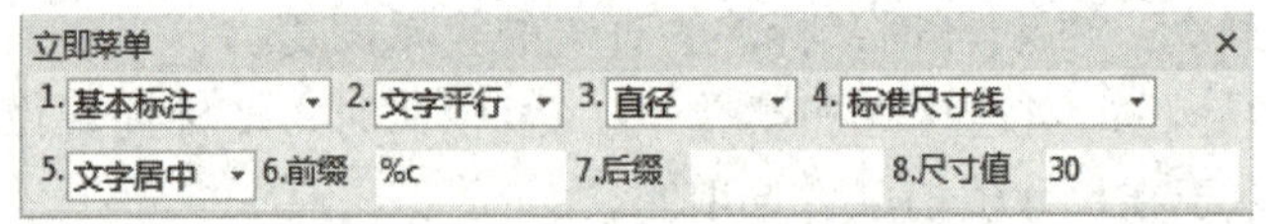

图5—5　标注圆立即菜单

（1）立即菜单参数说明

1）立即菜单“3.”选项的下拉菜单中有“直径”“半径”“圆周直径”三种标注方式。圆周直径为自圆周引出尺寸界线，标注直径尺寸。

2）在标注直径和圆周直径时，尺寸值自动带前缀“ϕ”；在标注半径尺寸时，尺寸值自动带前缀“R”。

3）当选择“圆周直径”时，立即菜单如图5—6所示。

图5—6　圆周直径立即菜单1

4）将图5—6中的“5.”选项切换为“5. 平行”时，立即菜单中增加了一项“6. 旋转角”，如图5—7所示，用来指定尺寸线的倾斜角度。尺寸线与尺寸文字的标注位置随“标注点”动态确定。

（2）实例

如图5—8所示为圆的标注实例。

3. 圆弧的标注

调用“基本标注”功能，按提示拾取要标注的圆弧，弹出标注圆弧立即菜单，如图5—9所示。

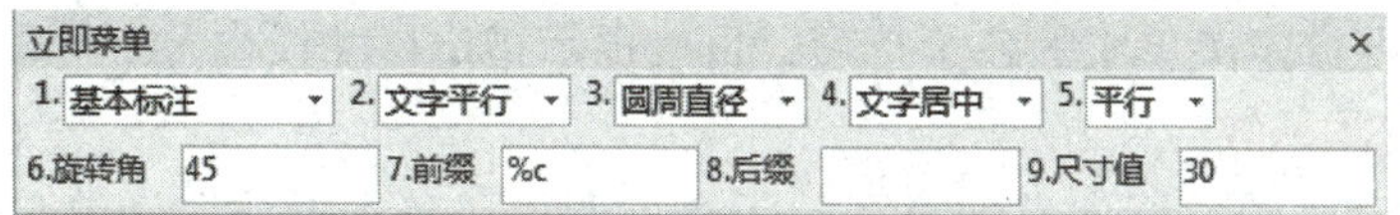

图 5—7　圆周直径立即菜单 2

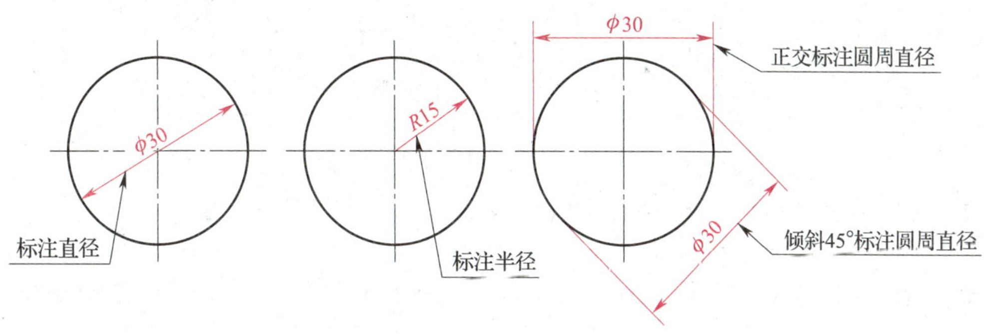

图 5—8　圆的标注实例

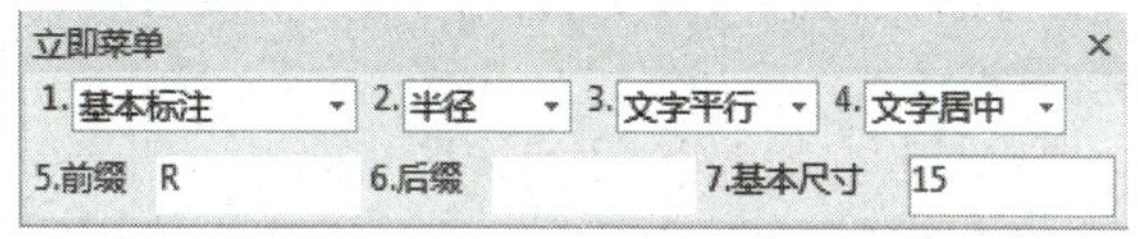

图 5—9　标注圆弧立即菜单

（1）立即菜单参数说明

在“2.”选项的下拉菜单中包含“半径”“直径”“圆心角”“弦长”“弧长”五个选项，可根据需要对圆弧进行标注，然后按提示指定尺寸线位置，标注位置可随“标注点”动态确定。

（2）实例

如图 5—10 所示为圆弧标注实例。

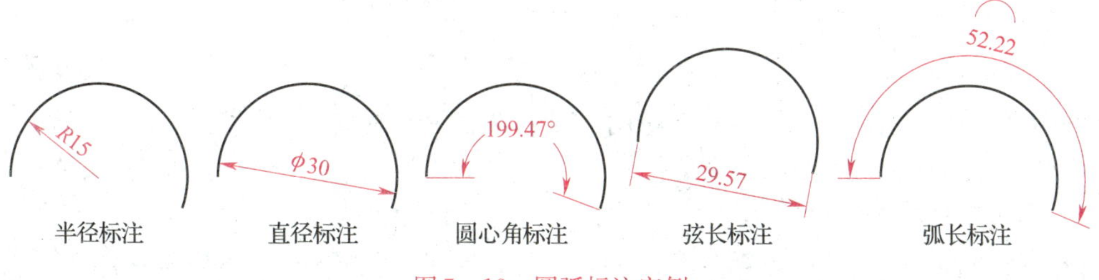

图 5—10　圆弧标注实例

4. 点和点的标注

分别拾取两点（屏幕点、孤立点或利用工具点菜单绘制的特征点），标注两点之间的距离。调用“基本标注”功能，按提示拾取第一点，再拾取第二点，弹出如图 5—11 所示的标注两点立即菜单。

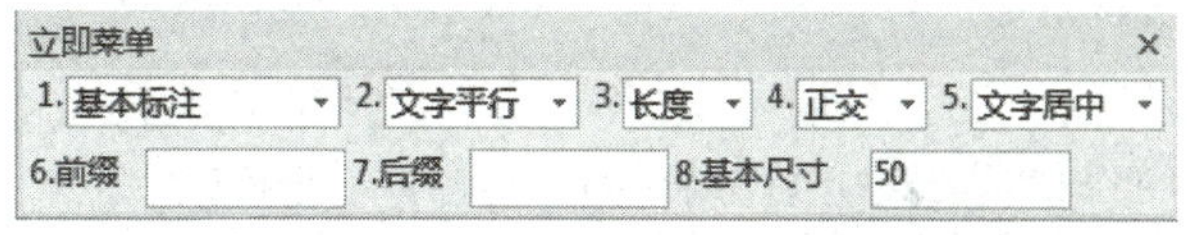

图 5—11　标注两点立即菜单

根据绘图需要选定菜单中的各个选项，再按提示指定尺寸线位置。

5. 点和直线的标注

分别拾取点和直线，标注点到直线的距离。调用“基本标注”功能，按提示拾取第一点，再拾取直线上任意一点，弹出如图5—12所示的标注点到直线距离立即菜单。

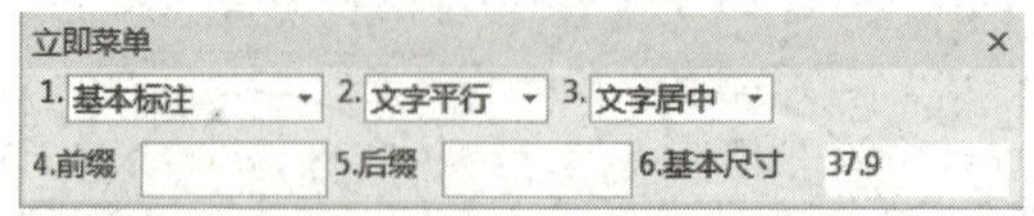

图5—12　标注点到直线距离立即菜单

根据绘图需要选定菜单中的各个选项，再按提示指定尺寸线的位置。

6. 点和圆（或圆弧）的标注

分别拾取点和圆（或圆弧），标注点到圆心的距离。操作步骤与点到直线的标注相同。

提示：

如果先拾取点，则点可以是任意点（屏幕点、孤立点或各种特征点）；如果先拾取圆（或圆弧），则点不能是屏幕点。

7. 圆和圆（或圆和圆弧、圆弧和圆弧）的标注

分别拾取圆和圆（或圆和圆弧、圆弧和圆弧），标注两个圆心之间的距离。操作步骤与点到直线的标注相同。

8. 直线和圆（或圆弧）的标注

分别拾取直线和圆（或圆弧），标注直线到圆心之间的距离。调用“基本标注”功能，按提示拾取直线和圆，弹出如图5—13所示的标注直线到圆心距离立即菜单。

图5—13　标注直线到圆心距离立即菜单

立即菜单中“3. 圆心”是指标注圆心到直线的最短或垂直距离；切换为“3. 切点”时是指标注圆的切点与直线的距离。

9. 直线和直线的标注

拾取两条直线，系统根据两条直线的相对位置（平行或相交），标注两条直线的距离或夹角。调用“基本标注”功能，如果所拾取的两条直线平行，则标注两条直线间的长度或对应的直径，弹出如图5—14所示的标注两平行直线距离立即菜单。

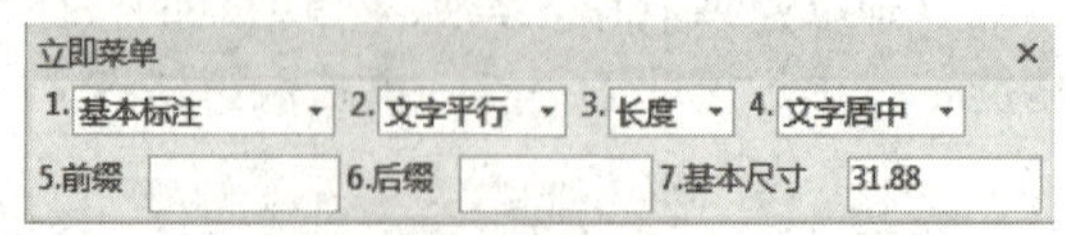

图5—14　标注两平行直线距离立即菜单

立即菜单“3. 长度”是标注两条直线间的长度；切换为“3. 直径”时，则是标注两条直线对应的直径，在尺寸值前自动加前缀“ϕ”。

如果所拾取的两条直线相交，则标注两条直线间的夹角，其立即菜单如图5—15所示。

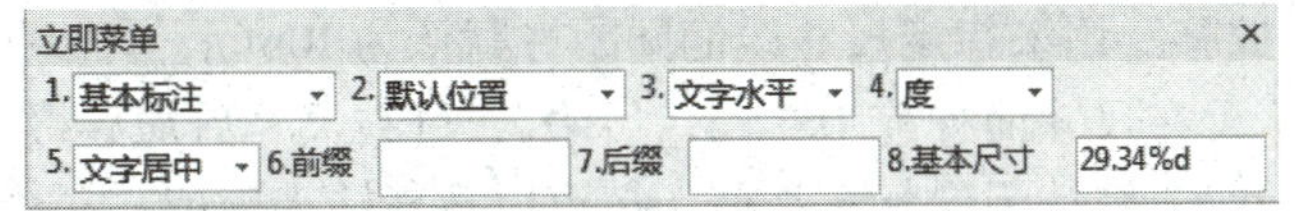

图 5—15　标注两条直线间的夹角立即菜单

10. 实例

如图 5—16 所示为拾取两个对象标注实例。

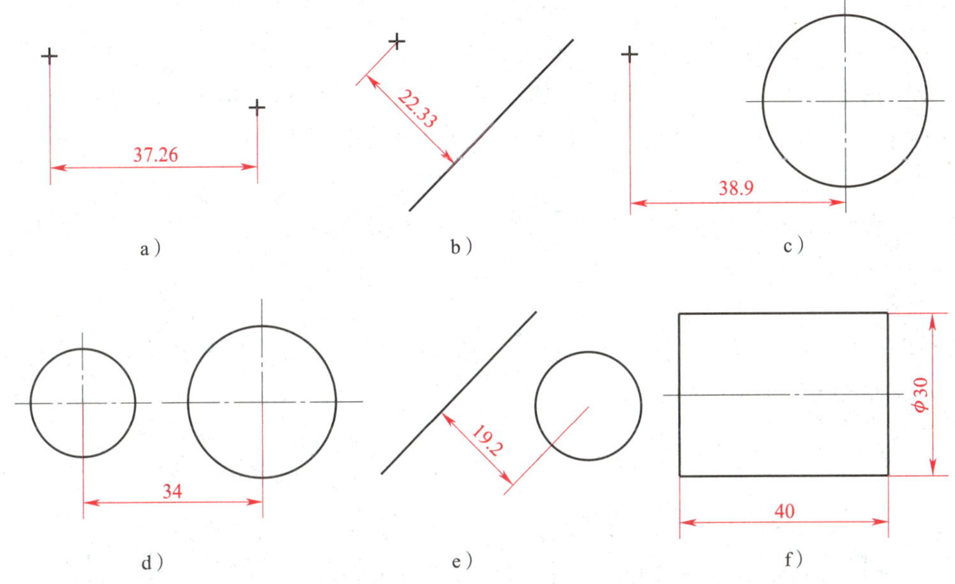

图 5—16　拾取两个对象标注实例

a）两点的标注　b）点和直线的标注　c）点和圆的标注

d）圆和圆的标注　e）直线和圆的标注　f）直线和直线的标注

二、基线标注

基线标注是指从同一基点处引出多个标注。

1. 调用“基线标注”功能

(1) 单击“尺寸标注”功能按钮处子菜单中的按钮。

(2) 调用“尺寸标注”功能并在立即菜单中选择“基线标注”。

(3) 执行 basdim 命令。

2. 说明

调用“基线标注”功能，按提示操作即可连续生成多个标注，拾取一个已有标注和引出点操作方法不同，具体如下：

(1) 如拾取一个已标注的线性尺寸，则该线性尺寸就作为基线标注中的第一基准尺寸，并按拾取点的位置确定尺寸基准界线，再按提示标注后续基准尺寸。对应的基线标注立即菜单如图 5—17 所示。

立即菜单各项的含义如下：

1)“1.”选项的下拉菜单有“文字平行”“文字水平”“ISO 标准”三种选项，用来控制尺寸文字的方向。

2）“2. 尺寸线偏移”用来指定尺寸线的间距，默认为10mm，可以修改。

3）“3. 前缀”，可在尺寸前加前缀；“4. 后缀”，可在尺寸后加后缀。

4）“5. 基本尺寸”，默认为实际测量值，还可以重新输入数值。

（2）如拾取的是“第一引出点”，弹出的基线标注立即菜单如图5—18所示。

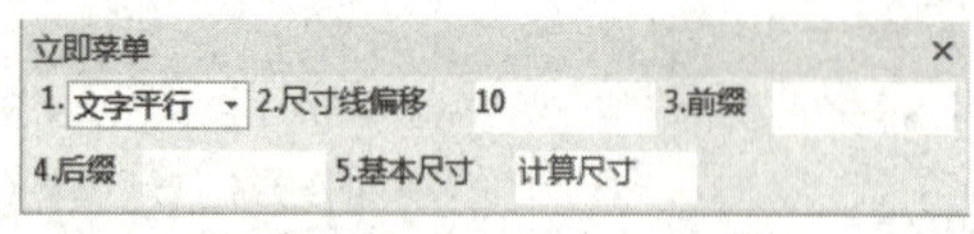

图5—17　基线标注立即菜单1

图5—18　基线标注立即菜单2

以此引出点作为尺寸基准界线引出点，拾取“第二引出点”指定尺寸线位置后，即可标注两个引出点间的第一基准尺寸。按提示可以反复拾取“第二引出点”，即可标注出一组基准尺寸。

其中，立即菜单“3. 正交”是指尺寸线平行于坐标轴，也可切换为“3. 平行”，即尺寸线平行于两点连线方向。

3. 实例

如图5—19所示为基线标注实例。图5—19a为采用正交方式标注实例，图5—19b为采用平行方式标注实例。

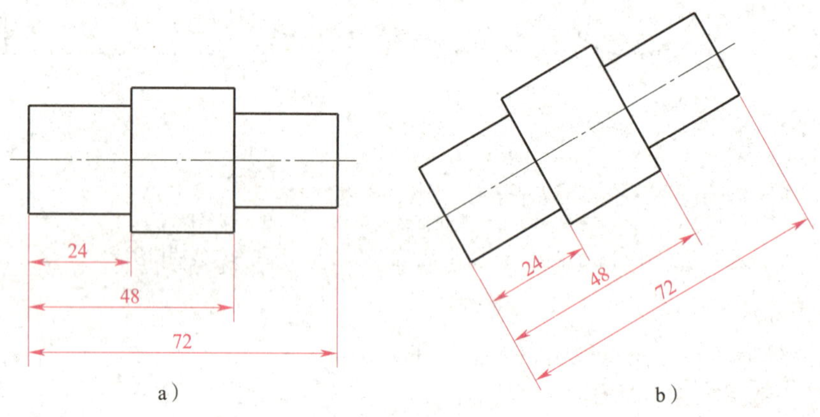

图5—19　基线标注实例

a）正交　b）平行

三、连续标注

连续标注是指生成一系列首尾相连的线性尺寸标注。

1. 调用“连续标注”功能

（1）单击“尺寸标注”功能按钮处子菜单中的按钮卌。

（2）调用“尺寸标注”功能并在立即菜单中选择“连续标注”。

（3）执行contdim命令。

2. 说明

调用“连续标注”功能，按提示操作即可连续生成多个标注，拾取一个已有标注和引出点操作方法不同。

（1）如拾取一个已标注的线性尺寸，则该线性尺寸就作为连续尺寸中的第一个尺寸，并按拾取点的位置确定尺寸基准界线，沿另一方向可标注后续的连续尺寸，此时相应的连续标注立即菜单如图5—20所示。

给定第二引出点后，按提示可以反复拾取适当的“第二引出点”，即可标注出一组连续尺寸。

（2）如拾取的是“第一引出点”，则此引出点为尺寸基准界线的引出点，按提示拾取第二引出点后，连续标注立即菜单变为如图5—21所示的内容。

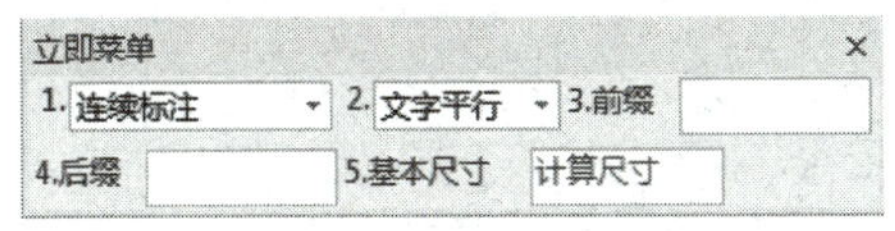

图5—20　连续标注立即菜单1

图5—21　连续标注立即菜单2

可以标注两个引出点间的X轴方向、Y轴方向或沿两点方向的“连续尺寸”中的第一尺寸，系统重复提示“第二引出点:”。此时，通过反复拾取适当的“第二引出点”，即可标注出一组连续尺寸。

3. 实例

如图5—22所示为连续标注实例。具体操作步骤如下：

启动执行命令：“连续标注”

拾取线性尺寸或第一引出点：（拾取图5—22中的A点）

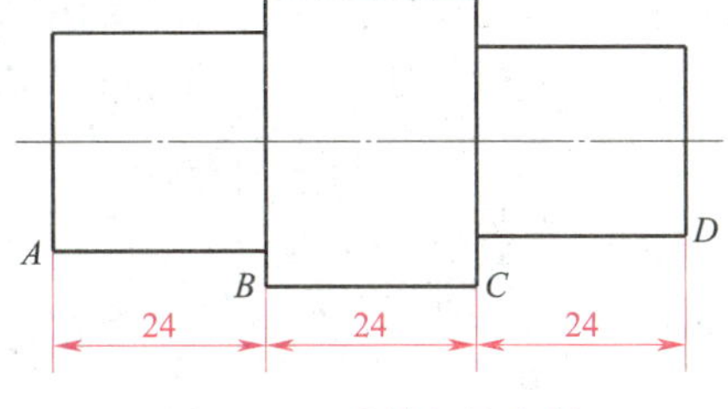

图5—22　连续标注实例

拾取第二引出点：（拾取图5—22中的B点）

尺寸线位置：（单击鼠标左键确定尺寸线位置，则标注出A、B两点间的长度尺寸）

拾取第二引出点：（拾取图5—22中的C点，则标注出B、C两点间的长度尺寸）

拾取第二引出点：（拾取图5—22中的D点，则标注出C、D两点间的长度尺寸）

单击鼠标右键弹出快捷菜单，单击“取消”按钮，退出连续标注。

四、三点角度标注

三点角度标注是指生成一个用三个点确定的角度标注。

1. 调用“三点角度标注”功能

（1）单击“尺寸标注”功能按钮处子菜单中的按钮。

（2）调用“尺寸标注”功能并在立即菜单中选择“三点角度标注”。

（3）执行dimanglep命令。

2. 说明

三点角度标注立即菜单如图5—23所示。

（1）单击立即菜单“3.”选项的下拉菜单可以切换为“度分秒”。

（2）根据提示拾取“顶点”“第一点”“第二点”，并确认标注的位置即可。第一引出点和顶点的连线与第二引出点和顶点的连线之间的夹角即为“三点角度”标注的角度值。

3. 实例

如图5—24所示为三点角度标注实例。操作步骤如下：

启动执行命令：“三点角度标注”

顶点：（拾取图5—24中的顶点）

图5—23 三点标注立即菜单

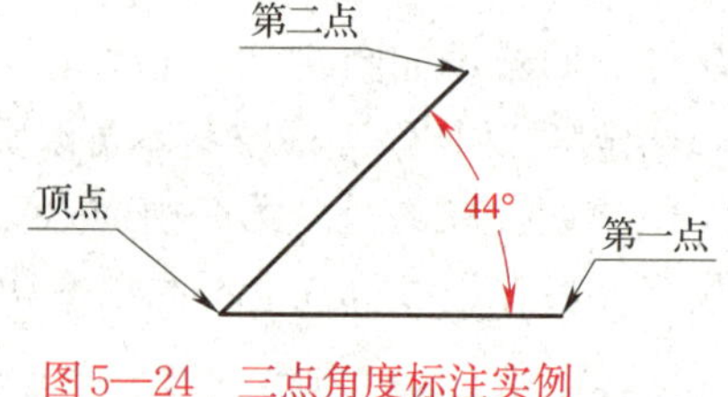

图5—24 三点角度标注实例

第一点：（拾取图5—24中的第一点）

第二点：（拾取图5—24中的第二点）

尺寸线位置：（移动光标，选择合适的位置，单击鼠标左键确定尺寸线位置）

五、角度连续标注

角度连续标注是指连续生成一系列的角度标注。

1. 调用“角度连续标注”功能

（1）单击“尺寸标注”功能按钮处子菜单中的按钮。

（2）调用“尺寸标注”功能并在立即菜单中选择“角度连续标注”。

（3）执行dimanglec命令。

2. 说明

调用“角度连续标注”功能，按提示操作即可连续生成多个标注，拾取一个已有角度标注和引出点操作方法不同。

（1）选择标注点

启动执行命令：“角度连续标注”

拾取第一个标注元素或角度尺寸：（拾取图5—25b中的O点）

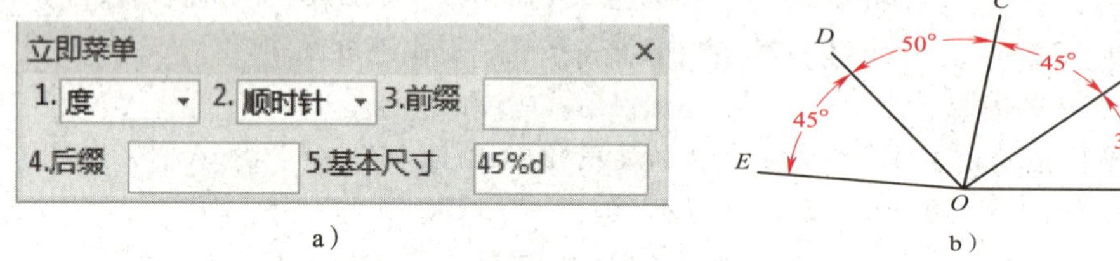

图5—25 选择标注点

a）立即菜单 b）实例

拾取角度起始点：（拾取图5—25b中A点）

拾取角度终止点：（拾取图5—25b中B点，立即菜单变为图5—25a所示，可根据标注需要进行设置）

尺寸线位置：（移动光标，在合适的位置单击鼠标左键，即可标注出$\angle AOB$的角度）

尺寸线位置：（依次捕捉C、D、E点，则可完成其他三个角度的标注）

单击鼠标右键弹出快捷菜单，单击“确定”按钮，退出角度连续标注。

（2）选择标注边（见图5—26）

启动执行命令：“角度连续标注”

拾取第一个标注元素或角度尺寸：（拾取图5—26b中的直线 OA）

拾取另一条直线：（拾取图5—26b中的直线 OB，弹出如图5—26a所示的立即菜单，可根据标注需要进行设置）

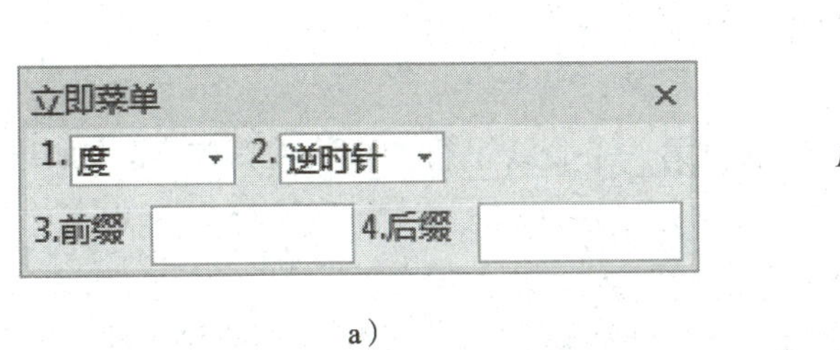

a）

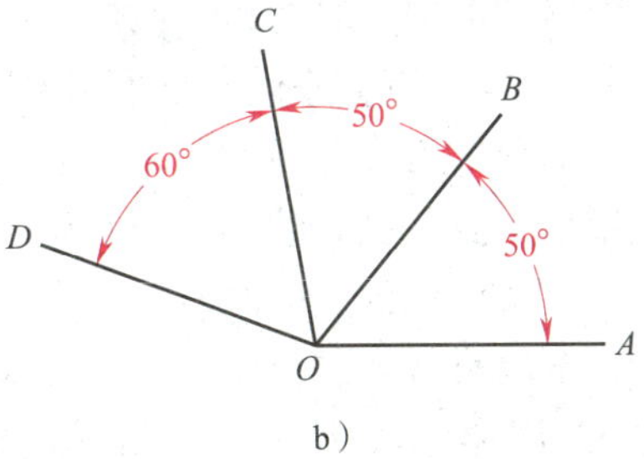

b）

图5—26　选择标注边

a）立即菜单　b）实例

尺寸线位置：（移动光标，在合适的位置单击鼠标左键，即可标注出∠AOB的角度，依次拾取直线 OC 和 OD，则可完成∠BOC和∠COD的标注）

单击鼠标右键弹出快捷菜单，单击“确定”按钮，退出角度连续标注。

（3）选择已有角度标注（见图5—27）

启动执行命令：“角度连续标注”

拾取第一个标注元素或角度尺寸：（拾取图5—27b中∠AOB的标注，弹出如图5—27a所示的立即菜单）

依次拾取直线 OC、OD、OE，则可完成∠BOC、∠COD、∠DOE的标注，尺寸位置与∠AOB对齐，如图5—27b所示。单击鼠标右键弹出快捷菜单，单击“确定”按钮，退出角度连续标注。

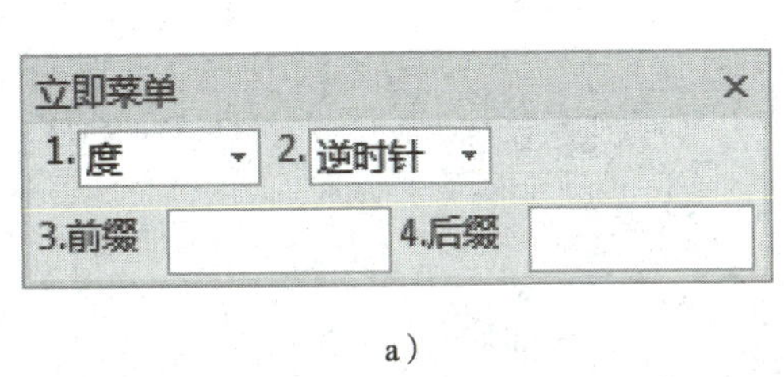

a）

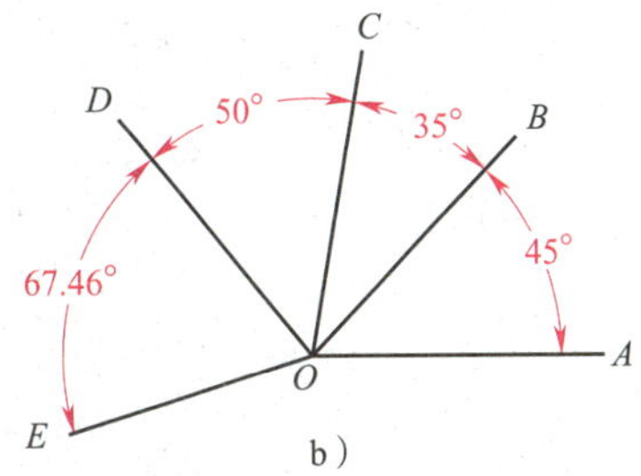

b）

图5—27　选择已有角度标注

a）立即菜单　b）实例

六、半标注

半标注用于生成一个具有单箭头的线性尺寸。

1. 调用“半标注”功能

（1）单击“尺寸标注”功能按钮处子菜单中的按钮⊢。

（2）调用“尺寸标注”功能并在立即菜单中选择“半标注”。

（3）执行dimhalf命令。

2. 说明

半标注立即菜单如图5—28所示。

单击“1.”选项的下拉菜单可以切换标注直径或长度。单击“2. 延伸长度”文本框可以设置半标注的尺寸线延伸长度。单击“3. 前缀”文本框可以输入尺寸文字前缀，当“1.”选项为直径时会自动添加“%c”符号。设置好立即菜单的参数后，根据提示：

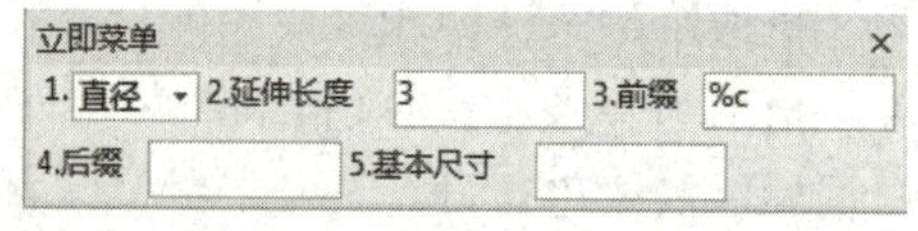

图5—28 半标注立即菜单

（1）拾取直线或第一点

如果拾取到一条直线，系统提示“拾取与第一条直线平行的直线或第二点”；如果拾取到一个点，系统提示“拾取第二点或直线”。

（2）拾取第二点或直线

如果两次拾取的都是点，第一点到第二点距离的2倍为尺寸值；如果拾取的为点和直线，点到被拾取直线的垂直距离的2倍为尺寸值；如果拾取的是两条平行的直线，两条直线之间距离的2倍为尺寸值。尺寸值在立即菜单“5. 基本尺寸”文本框中显示，也可以输入数值。输入第二个元素后，系统提示“尺寸线位置”。

（3）确定尺寸线位置

用光标动态拖动尺寸线。在适当位置确定尺寸线位置后，即完成标注。半标注的尺寸界线引出点总是从第二次拾取元素上引出。尺寸线箭头指向尺寸界线。

3. 实例

如图5—29所示为半标注实例。其中，图5—29a为两次拾取的都是点的标注形式；图5—29b为第一次拾取的是点，第二次拾取的是直线的标注形式；图5—29c为拾取两条平行直线的标注形式；图5—29d为第一次拾取的是直线，第二次拾取的是点的标注形式。

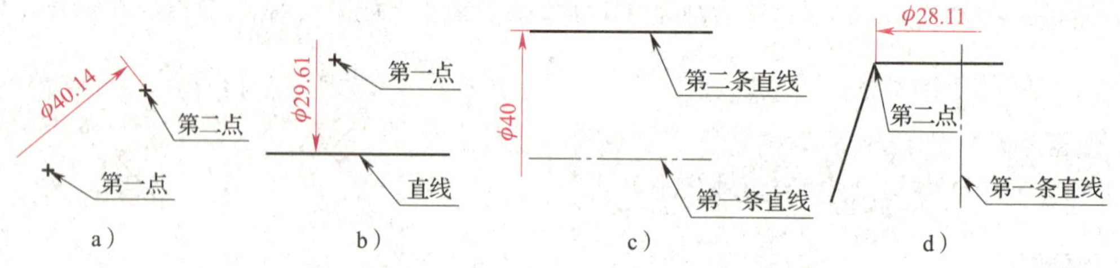

图5—29 半标注实例

a）两点之间的半标注 b）点与直线之间的半标注

c）两条直线之间的半标注 d）直线与点之间的半标注

七、大圆弧标注

生成大圆弧标注。

1. 调用“大圆弧标注”功能

（1）单击“尺寸标注”功能按钮处子菜单中的按钮。

（2）调用“尺寸标注”功能并在立即菜单中选择“大圆弧标注”。

（3）执行arcdim命令。

2. 说明

大圆弧标注立即菜单如图5—30所示。

（1）先拾取圆弧。拾取圆弧之后，圆弧的尺寸值在立即菜单“4. 基本尺寸”中显示，也可以输入尺寸值。

立即菜单
1.大圆弧标注 2.前缀 R 3.后缀 4.基本尺寸

图 5—30 大圆弧标注立即菜单

（2）在依次指定“第一引出点”“第二引出点”和“定位点”后即完成大圆弧的标注。

3. 实例

例 如图 5—31 所示为大圆弧标注实例。操作步骤如下：

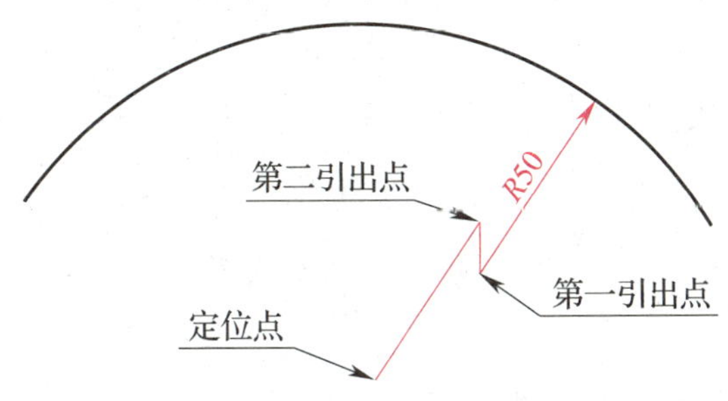

图 5—31 大圆弧标注实例

启动执行命令：“大圆弧标注”

拾取圆弧：（拾取图 5—31 所示的圆弧）

第一引出点：（确定第一引出点）

第二引出点：（确定第二引出点）

定位点：（确定定位点）

执行上述操作，则可标注出如图 5—31 所示的标注。单击鼠标右键弹出快捷菜单，单击“确定”按钮，退出大圆弧标注。

八、射线标注

射线标注用于生成如图 5—34 所示的射线尺寸。

1. 调用“射线标注”功能：

（1）单击“尺寸标注”功能按钮处子菜单中的按钮。

（2）调用“尺寸标注”功能并在立即菜单中选择“射线标注”。

（3）执行 dimradial 命令。

2. 说明

射线标注立即菜单如图 5—32 所示。

调用“射线标注”功能后，系统提示“第一点”，指定第一点后，系统提示“第二点”，指定第二点后，其立即菜单如图 5—33 所示。

尺寸值默认为第一点到第二点的距离，也可以输入尺寸值，然后拖动尺寸线，在适当位置指定文字定位点即完成射线标注。

立即菜单
1.射线标注 2.文字居中

图 5—32 射线标注立即菜单 1

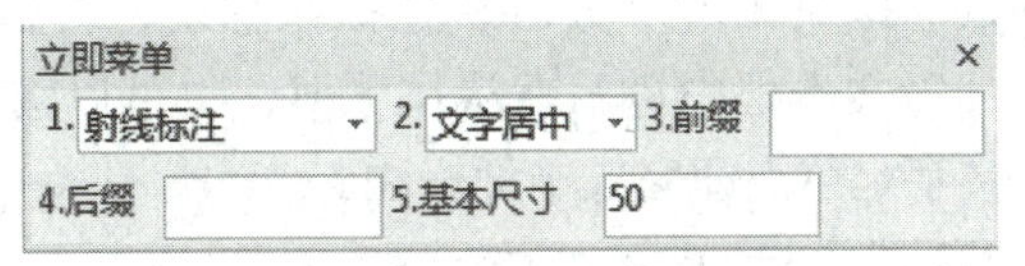
立即菜单
1.射线标注 2.文字居中 3.前缀
4.后缀 5.基本尺寸 50

图 5—33 射线标注立即菜单 2

3. 实例

如图5—34所示为射线标注实例。操作步骤如下：

启动执行命令："射线标注"

第一点：(拾取第一点)

第二点：(拾取第二点)

定位点：(拾取定位点)

执行上述操作，则可标注出如图5—34所示的标注。单击鼠标右键弹出快捷菜单，单击"确定"按钮，退出射线标注。

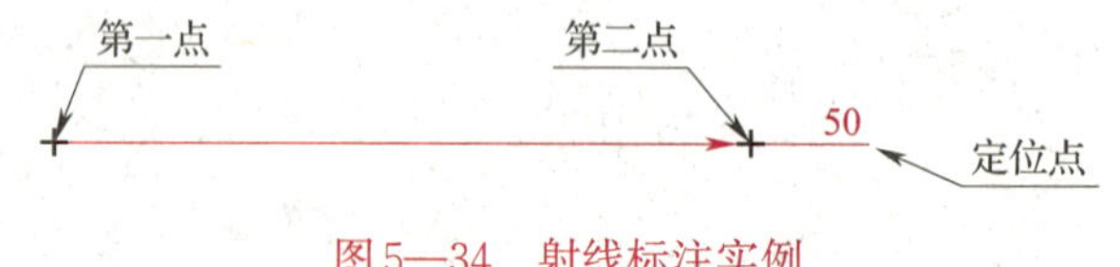

图5—34 射线标注实例

九、锥度/斜度标注

锥度/斜度标注用于标注锥度或斜度。

1. 调用"锥度/斜度标注"功能

(1) 单击"尺寸标注"功能按钮处子菜单中的按钮。

(2) 调用"尺寸标注"功能并在立即菜单中选择"锥度/斜度标注"。

(3) 执行gradientdim命令。

2. 说明

锥度/斜度标注立即菜单如图5—35所示。

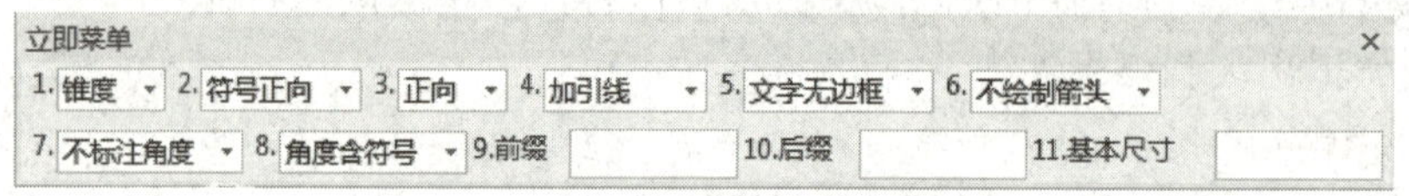

图5—35 锥度/斜度标注立即菜单

(1) 单击"1."选项的下拉菜单可以切换锥度或斜度。锥度的默认尺寸值为被标注直线相对轴线高度差的2倍与直线长度的比值，用"1：*X*"表示；斜度的默认尺寸值为被标注直线相对轴线高度差与直线长度的比值，用"1：*X*"表示。

(2) 单击"2."选项的下拉菜单可以切换符号正反向，用来调整锥度或斜度符号的方向。

(3) 单击"3."选项的下拉菜单可以切换正反向，用来调整锥度或斜度标注文字的方向。

(4) 单击"4."选项的下拉菜单可以控制是否添加引线。

(5) 单击"5."选项的下拉菜单可以设置标注的文字是否加边框。

(6) 单击"6."选项的下拉菜单可以设置是否绘制引出线的箭头。

(7) 单击"7."选项的下拉菜单可以设置是否添加角度标注。

确认立即菜单的参数后，先拾取轴线，再拾取直线。拾取直线后，在立即菜单"11.基本尺寸"文本框中显示默认尺寸值，也可以输入尺寸值。用光标拖动尺寸线，在适当位置输入文字定位点即完成锥度标注。

3. 实例

如图5—36所示为锥度/斜度标注实例。操作步骤如下：

启动执行命令："锥度标注"

拾取轴线：（拾取图5—36中的中心线）

拾取直线：（拾取图5—36中的轮廓线）

定位点：（移动光标，在合适的位置确定定位点）

执行上述操作，则可标注出图5—36中的锥度符号；单击"1. 锥度"切换为斜度，按上述步骤，则可标注出图5—36中的斜度符号。单击鼠标右键弹出快捷菜单，单击"确定"按钮，退出锥度/斜度标注。

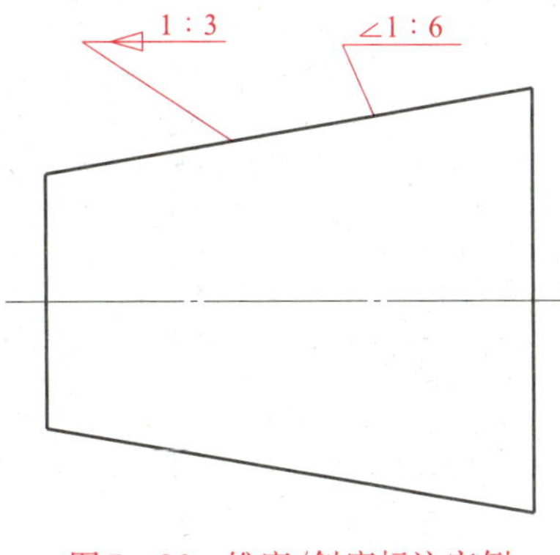

图5—36　锥度/斜度标注实例

十、曲率半径标注

曲率半径标注用于对样条线进行曲率半径的标注。

1. 调用"曲率半径标注"功能

（1）单击"尺寸标注"功能按钮处子菜单中的按钮。

（2）调用"尺寸标注"功能并在立即菜单选择"曲率半径标注"。

（3）执行dimcurvrature命令。

2. 说明

调用"曲率半径标注"功能，弹出如图5—37a所示的曲率半径标注立即菜单。系统提示"拾取标注元素或点取第一点"，拾取标注元素，立即菜单变为如图5—37b所示的内容，系统提示变为"尺寸线位置"，确定标注尺寸线位置，样条线曲率半径标注完成。

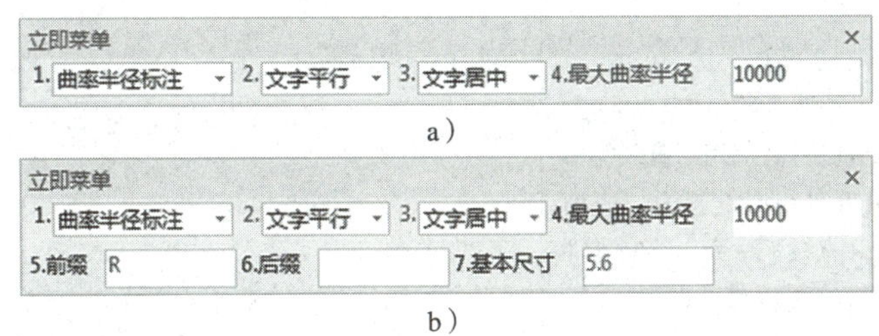

图5—37　曲率半径标注立即菜单

a）拾取标注元素前　b）拾取标注元素后

单击"2."选项的下拉菜单可以选择"文字水平""文字平行"或"ISO标准"。单击"3."选项的下拉菜单可以选择"文字居中"或"文字拖动"。

3. 实例

如图5—38所示为曲率半径标注实例。操作步骤如下：

启动执行命令："曲率半径标注"

拾取标注元素或点取第一点：（拾取图5—38中的样条曲线）

尺寸线位置：（随着光标的移动，样条曲线的曲率半径发生变化，单击鼠标左键，确定标注的位置）

执行上述操作，完成曲率半径的标注。单击鼠标右键弹出快捷菜单，单击"确定"按钮，退出曲率半径标注。

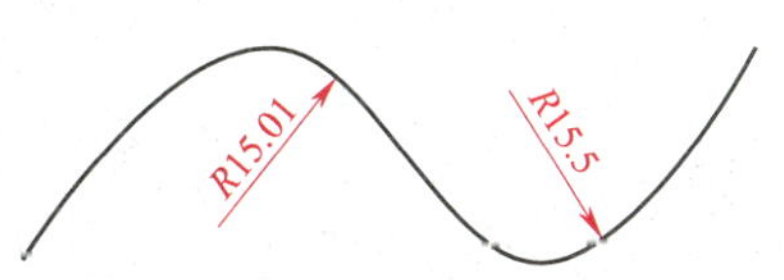

图5—38　曲率半径标注实例

十一、综合实例

例　绘制如图5—39所示的燕尾块，并标注尺寸。

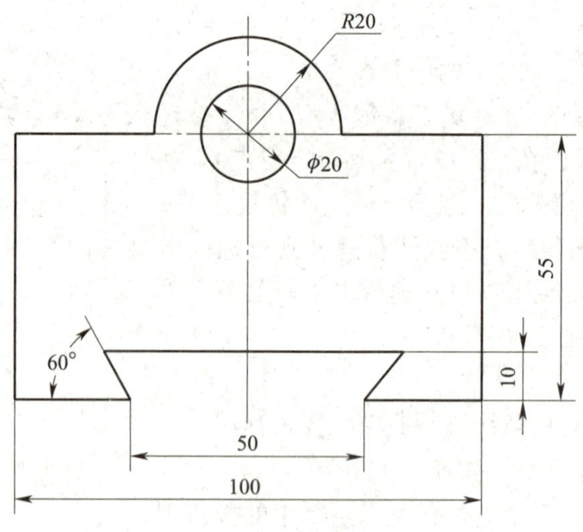

图5—39 燕尾块

绘图步骤见表5—1。

表5—1 **绘图步骤**

绘图步骤	图示
(1) 绘制图形 将中心线层设置为“当前层”，应用“直线”命令，绘制中心线。再将粗实线层设置为“当前层”，应用“圆”命令和“直线”命令，绘制零件轮廓。最后，应用“修剪”等命令修改图形	
(2) 标注尺寸 应用“基本标注”命令，标注图中的长度、角度、直径、半径等尺寸	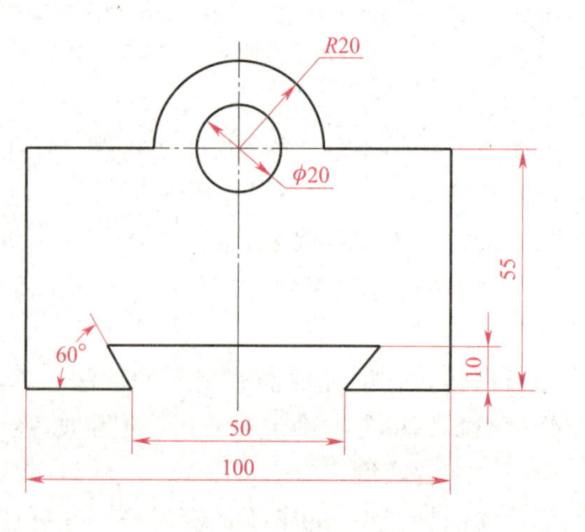

例 绘制如图5—40所示的挂轮架平面图，并标注尺寸。

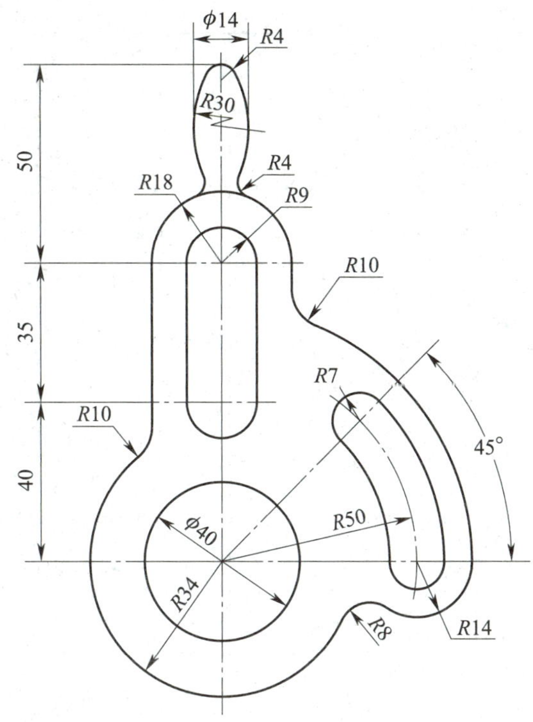

图5—40　挂轮架平面图

绘图步骤见表5—2。

表5—2　　**绘图步骤**

绘图步骤	图示
（1）绘制中心线和定位线 将中心线层设置为“当前层”，绘制中心线和定位线	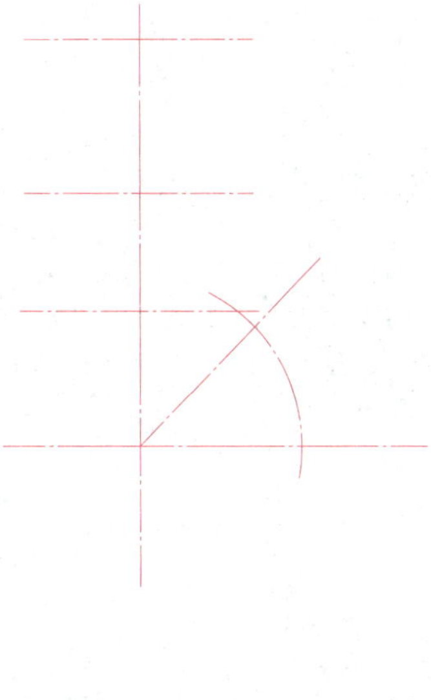

续表

绘图步骤	图示
（2）绘制圆 将粗实线设置为“当前层”，绘制图中的ϕ40 mm、*R*34 mm、*R*9 mm（两处）、*R*7 mm（两处）、*R*14 mm、*R*18 mm、*R*4 mm等圆	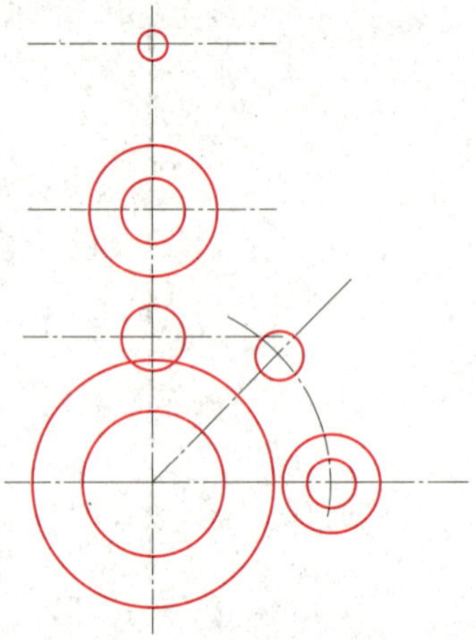
（3）绘制*R*30 mm圆弧 应用“等距”命令，将垂直中心线向两侧等距7 mm。再应用“两点_半径”圆弧命令，绘制*R*30 mm圆弧，并应用圆弧的三角形夹点拉伸圆弧。最后应用“镜像”命令，镜像*R*30 mm圆弧	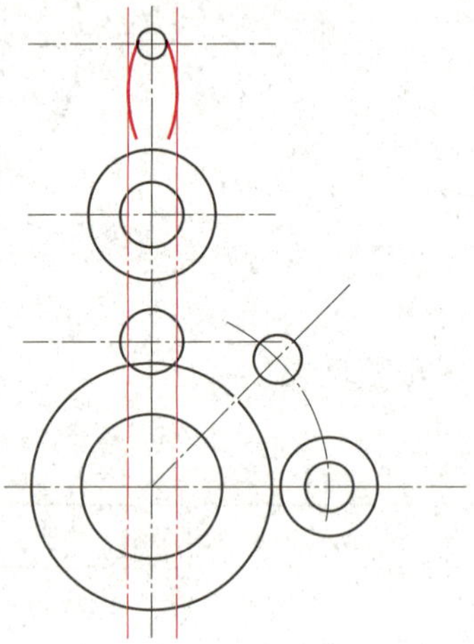
（4）绘制*R*4 mm过渡圆弧并修剪、删除多余的线条 应用“圆角过渡”命令，绘制*R*4 mm过渡圆弧。应用“修剪”命令，修剪*R*4 mm圆，应用“删除”命令，删除两条中心线的等距线	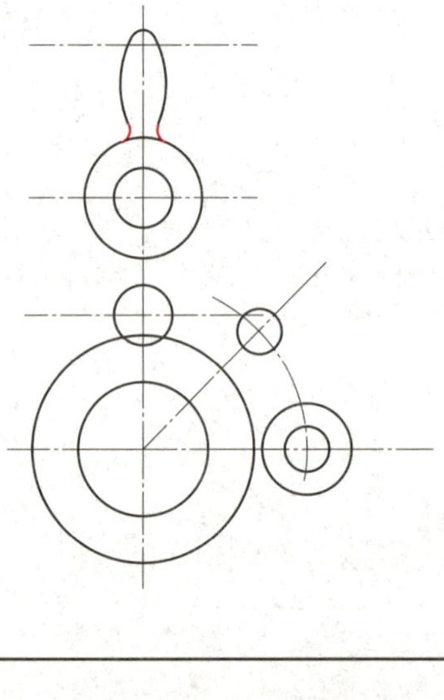

绘图步骤	图示
（5）绘制R18 mm、R9 mm圆的切线及R10 mm过渡圆角 应用“直线”命令，绘制R18 mm、R9 mm圆的切线。应用“圆角过渡”命令，绘制R10 mm过渡圆角	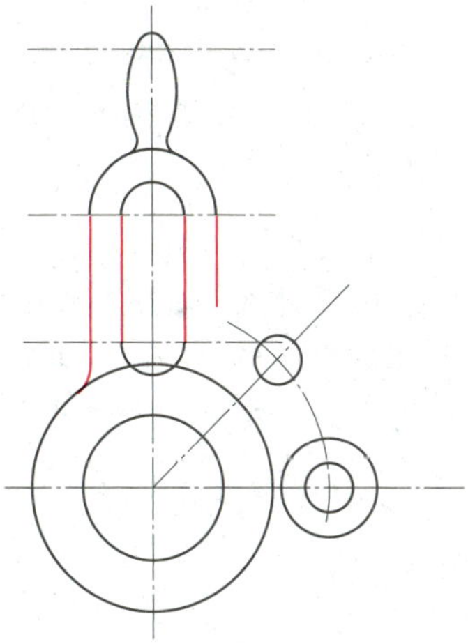
（6）绘制R43 mm、R57 mm圆弧及R64 mm圆弧 应用“两点_半径”圆弧命令，绘制R43 mm、R57 mm圆弧。应用“等距线”命令，将R50 mm圆弧向右等距14 mm，并将该圆弧的线型修改为粗实线	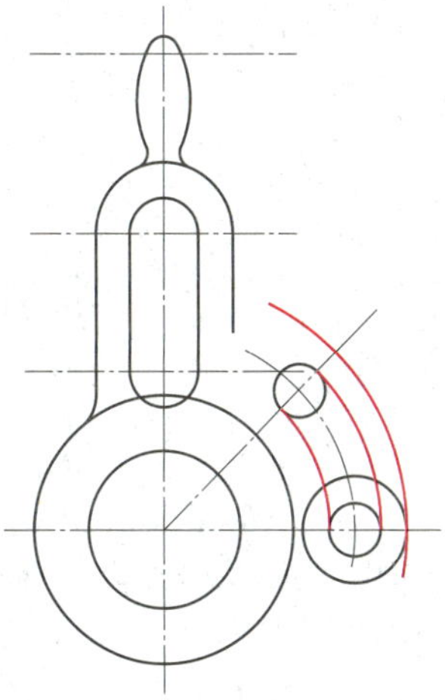
（7）绘制R10 mm、R8 mm过渡圆弧，并编辑图形使其符合机械制图标准 应用“圆角过渡”命令绘制R10 mm、R8 mm过渡圆弧，应用“修剪”“打断”命令修改绘制的图形，使之符合机械制图标准	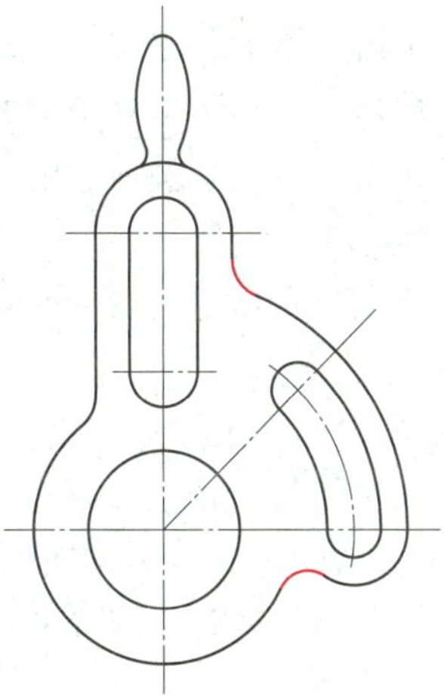

绘图步骤	图示
(8) 标注尺寸 应用“基本标注”命令，标注图中的圆、圆弧、角度等尺寸，应用“连续标注”命令，标注40 mm、35 mm、50 mm，应用“大圆弧标注”命令，标注R30 mm圆弧	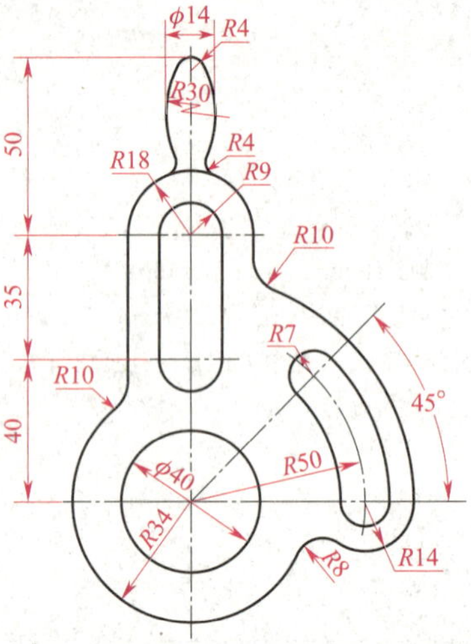 φ14 R4 R30 50 R4 R18 R9 R10 35 R7 R10 45° 40 φ40 R50 R34 R8 R14

§5—2 文字标注

文字是图样中很重要的组成元素，是机械制图和工程制图中不可缺少的内容。在一个完整的图样中，通常都包含一些文字注释来标注图样中的一些非图形信息，如机械工程图样中的标题栏、明细表、需要用文字说明的技术要求等。

一、文字功能

文字功能用于在当前CAD文件中生成文字对象。可以用以下方式调用“文字”功能：

(1) 单击“绘图”主菜单中的按钮A。

(2) 单击“绘图”工具条中的按钮A。

(3) 单击“标注”选项卡中“文字”面板上的按钮A。

(4) 执行text命令。

生成文字时有指定两点、搜索边界、曲线文字和递增文字四种方式，下面分别介绍。

1. 指定两点

调用“文字”功能后，在立即菜单中选择“指定两点”，根据提示用鼠标指定要标注文字的矩形区域的第一角点和第二角点。然后系统将弹出文本编辑器，如图5—41所示。设置文字参数后，在文字输入文本框中输入文字，然后单击“确定”按钮即可。

文本编辑器各项参数的含义和用法如下：

(1) 样式

单击样式下拉菜单可以选择要生成文字的文字风格，文字风格的切换对整段文字有效。

图5—41　文本编辑器

如果将新样式应用到当前编辑的文字对象中，用于字体、高度和粗体或斜体属性的字符格式将被替代。下划线和颜色属性将保留在应用了新样式的字符中。

（2）字体

单击英文和中文右边的下拉菜单可以为新输入的文字指定字体或改变选定文字的字体。

（3）文字高度

设置新文字的字符高度或修改选定文字的字符高度。

（4）角度

在旋转角右边的文本框可以为新输入的文字设置旋转角度或改变已选定文字的旋转角度。横写时为一行文字的延伸方向与坐标系的X轴正方向按逆时针测量的夹角；竖写时为一列文字的延伸方向与坐标系的Y轴负方向按逆时针测量的夹角。

（5）颜色

可以指定新文字的颜色或更改选定文字的颜色。

（6）粗体

单击**B**打开或关闭新文字或选定文字的粗体格式。此选项仅适用于使用TrueType字体的字符。

（7）倾斜

单击*I*打开或关闭新文字或选定文字的斜体格式。此选项仅适用于使用TrueType字体的字符。

（8）下划线

单击U为新文字或选定文字打开或关闭下划线。

（9）中划线

单击U为新文字或选定文字打开或关闭中划线。

（10）上划线

单击U为新文字或选定文字打开或关闭上划线。

（11）插入符号

单击插入...选择框可以插入各种特殊符号，包括直径符号、角度符号、正负号、偏差、上下标、分数、粗糙度、尺寸特殊符号等。

（12）换行

可以设置文字自动换行、压缩文字或手动换行。自动换行是指文字到达指定区域的右边界（横写时）或下边界（竖写时）时，自动以汉字、单词、数字或标点符号为单位换行，并可以避头尾字符，使文字不会超过边界（例外情况：当指定的区域很窄而输入的单词、数字或分数等很长时，为保证不将一个完整的单词、数字或分数等结构拆分到两行，生成的文字会超出边界）；压缩文字是指当指定的字型参数会导致文字超出指定区域时，系统自动修改文字的高度、中英文宽度系数和字符间距系数，以保证文字完全在指定的区域内；手动换行是指在输入标注文字时，只要单击“Enter”键就能完成文字换行。

（13）对齐

单击选择框可以设置文字的对齐方式，包括左上、中上、右上、左中、居中、右中、左下、中下、右下等多种对齐方式。

（14）分栏

单击选择框可以切换分栏状态，默认为不分栏状态，通过下拉菜单可以选择动态分栏（包括手动高度和自动高度）、静态分栏、插入分栏符及分栏设置。其中插入分栏符选项默认为灰色不可选状态，只有成功分栏后才可以插入分栏符作为分栏界限。

（15）段落设置

单击按钮可弹出如图5—42所示的“段落设置”对话框，可以通过制表位、左缩进、右缩进、段落对齐、段落间距和段落行距等对文本进行设定。

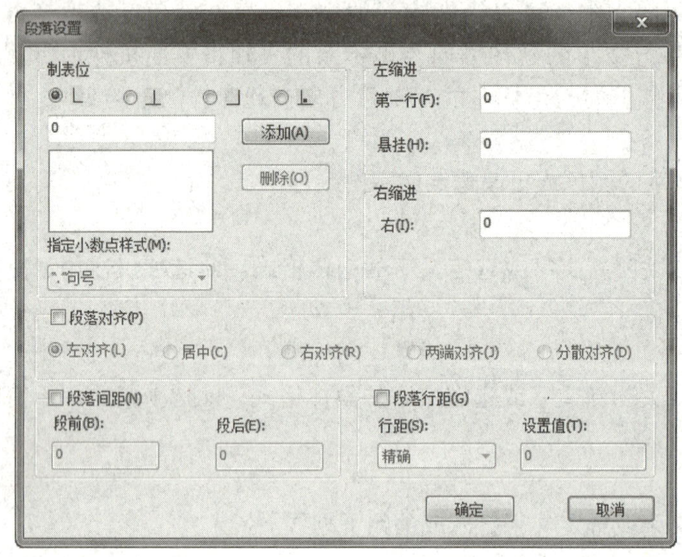

图5—42 “段落设置”对话框

2. 搜索边界

调用“文字”功能后，在立即菜单中选择“搜索边界”，根据提示指定边界内一点和边界间距系数，然后系统将弹出如图5—41所示的文本编辑器。文字编辑方法与“指定两点”一致。

3. 曲线文字

调用“文字”功能后，在立即菜单中选择“曲线文字”，根据提示拾取曲线，则会提示“拾取文字标注的方向”，指定文字方向后，再拾取起点和终点，弹出如图5—43所示的“曲线文字参数”对话框。在“文字内容”文本框内可以输入文字，单击“插入”按钮可以插入各种符号。

对话框的各种参数和含义说明如下：

（1）对齐方式

单击L按钮设置文字左对齐；单击R按钮设置文字右对齐；单击C按钮设置文字居中对齐；单击F按钮设置文字均布对齐。

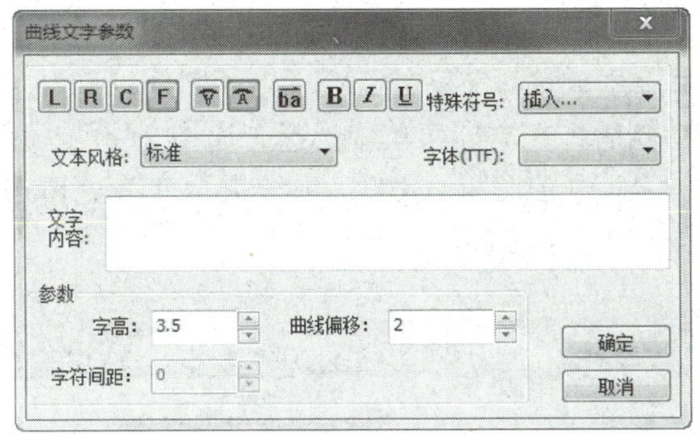

图 5—43 “曲线文字参数”对话框

(2) 文字方向

单击按钮可以设置文字的书写方向。

(3) 文本风格

可在“标准”和“机械”两种风格中进行切换。

(4) 字符间距

设置文字字符间距的大小。

(5) 字高

设置文字的高度。

(6) 字体

可以设置字体。

(7) 曲线偏移

设置文字与曲线的偏移距离。

设置好各项参数，输入文字内容，单击“确定”按钮即可生成曲线文字对象。如图 5—44 所示沿曲线生成文字实例。

图 5—44 沿曲线生成文字实例

a) 曲线外、文字正向 b) 曲线里、文字反向

4. 递增文字

递增文字是指对含有字母或数字的单行文字，生成相应递增的文字对象。如生成图 5—45 中的“CAXA 电子图板 2017”和“CAXA 电子图板 2018”文字对象。

CAXA电子图板2016

CAXA电子图板2017

CAXA电子图板2018

图 5—45 生成递增文字

操作步骤如下：

（1）应用“两点文字”生成单行文字“CAXA电子图板2016”。

（2）调用“文字”功能后，在立即菜单中选择“递增文字”，系统提示“请拾取单行文字”，拾取单行文字“CAXA电子图板2016”，系统提示变为“请选择递增文字参数”，此时，按图5—46所示设置递增文字参数。

图5—46　递增文字立即菜单

（3）向右下移动鼠标，单击鼠标左键，确定文字位置，则生成如图5—45所示的递增文字。

二、控制符

为方便常用符号和特殊格式的输入，电子图板规定了一些表示方法，这些方法均以“%”作为开始标志，常见的控制符见表5—3。

表5—3　常见的控制符

控制符	功能
%c	输入直径符号（ϕ）
%p	输入正负号（±）
%d	输入角度值符号（°）
%×	输入叉号（×）

三、插入符号

例　输入$12^{+0.05}_{-0.04}$。

在两点文字输入状态下，先输入12，然后单击“插入...”按钮，选下拉列表框中的“偏差”，系统弹出“上下偏差”对话框，在上偏差文本框中输入“+0.05”，在下偏差文本框中输入“−0.04”，如图5—47所示，单击“确定”按钮结束公差的输入。注意输入的上偏差必须大于下偏差。上下偏差必须加正负号，等于0时可以不输入正负号。

例　输入$\frac{1}{2}$。

在两点文字输入状态下，单击“插入...”按钮，选下拉列表框中的“分数”，系统弹出“分数”对话框，在分子中输入“1”，在分母中输入“2”，如图5—48所示，单击“确定”按钮结束分数的输入。

例　输入表面结构符号$\sqrt{Ra\ 1.6}$。

在两点文字输入状态下，单击“插入...”按钮，选下拉列表框中的“粗糙度”，系统弹出“表面粗糙度”对话框，在表面粗糙度符号下侧文本框中输入“Ra1.6”，如图5—49所示。单击“确定”按钮结束表面结构符号的输入。

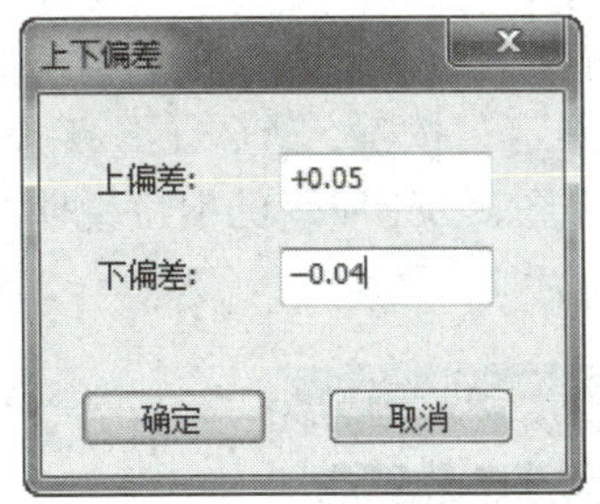

图5—47 “上下偏差”对话框

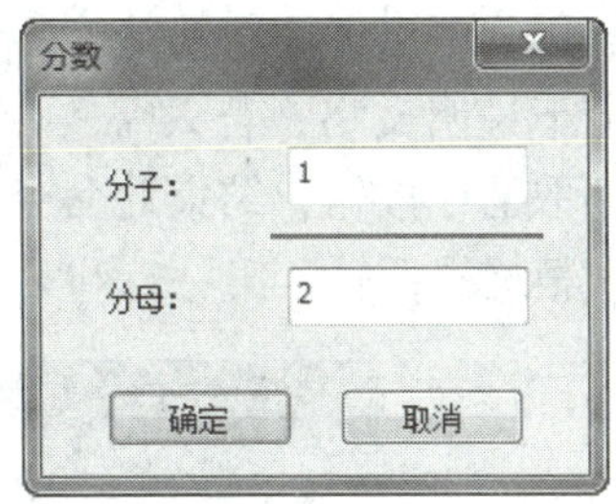

图5—48 “分数”对话框

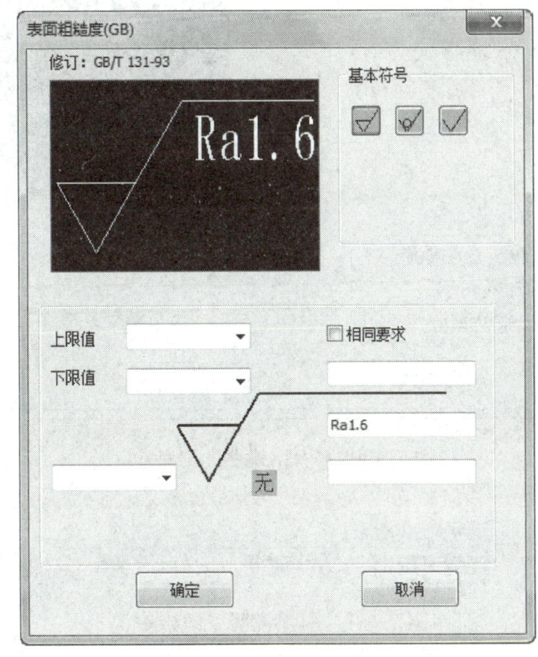

图5—49 “表面粗糙度”对话框

提示：

按上述步骤输入的表面结构符号中的“*Ra*”为正体，国家标准要求“*Ra*”为斜体，可采用“分解”命令，将表面结构符号进行分解，然后再选择字符“*Ra*”，将其改变为斜体。

四、引出说明

引出说明用于标注引出注释，由文字和引出线组成。引出点处可带箭头，文字可输入中文和英文。

1. 调用“引出说明”功能

（1）单击“标注”主菜单中的按钮 。

（2）单击“标注”工具条中的按钮 。

（3）单击“标注”选项卡“标注”功能区中的按钮 。

(4) 执行ldtext命令。

2. 说明

调用“引出说明”功能，弹出如图5—50所示的“引出说明”对话框。在对话框中输入相应上下说明文字，若只需一行说明则只输上说明。单击“确定”按钮，进入下一步操作，单击“取消”按钮，结束此命令。单击“确定”按钮后弹出如图5—51所示的引出说明立即菜单。根据提示输入第一点和第二点后即可完成引出说明的标注。

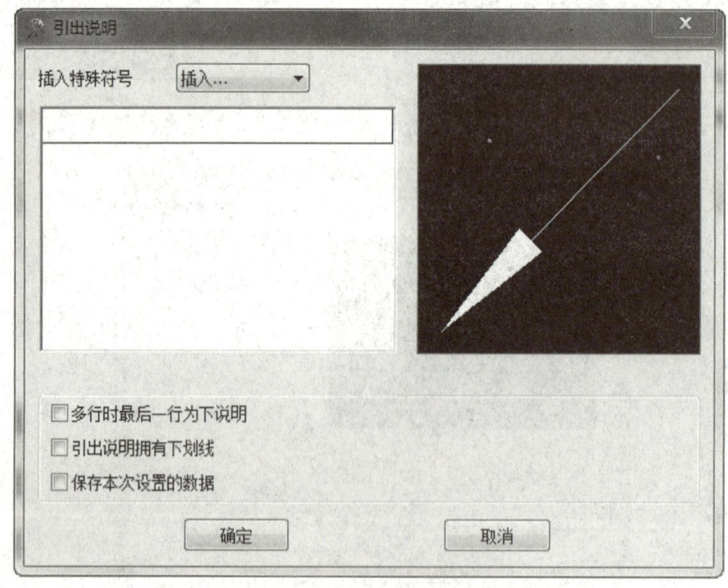

图5—50 “引出说明”对话框

图5—51 引出说明立即菜单

3. 实例

如图5—52所示为引出说明实例，文字方向不同，引出效果不同。

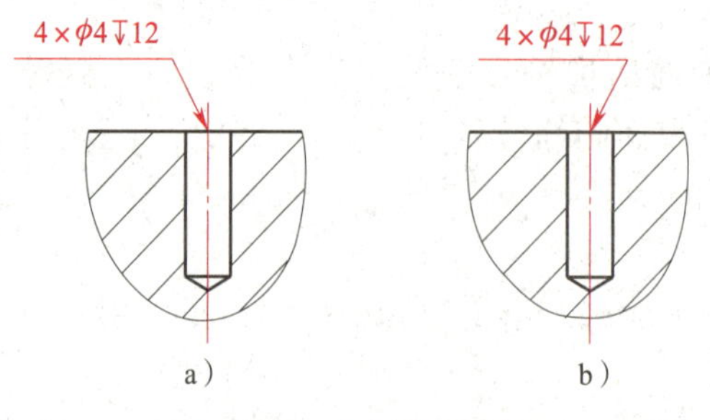

图5—52 引出说明实例

a) 文字方向默认 b) 文字反向

五、技术要求

技术要求功能可以快速生成工程技术要求的说明文字。电子图板用数据库文件分类记录了常用的技术要求文本项，可以辅助生成技术要求文本插入到工程图中，也可以对技术要求库的文本进行添加、删除和修改等操作。

1. 调用“技术要求”功能

（1）单击“标注”主菜单中的按钮。

（2）单击“标注”工具条中的按钮。

（3）单击“标注”选项卡中“文字”面板上的按钮。

（4）执行speclib命令。

2. 说明

调用“技术要求”功能，弹出如图5—53所示的“技术要求库”对话框。

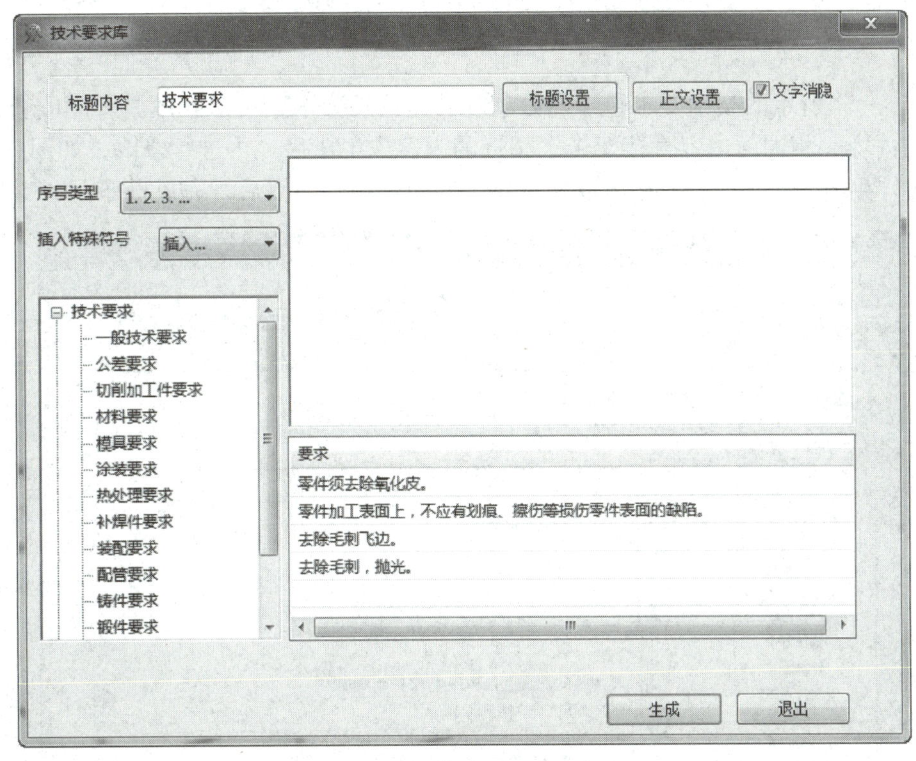

图5—53 “技术要求库”对话框

（1）左下角的列表框中列出了所有已有的技术要求类别，右下角的表格框中列出了当前类别的所有文本项。如果技术要求库中已经有了要用到的文本，则可以用鼠标直接将文本从表格中拖到文本框中的合适位置，也可以直接在文本框中输入和编辑文本。

（2）单击“标题设置”和“正文设置”按钮，可以进入“文字参数设置”对话框，修改技术要求中的标题和正文文本要采用的参数。

（3）完成编辑后，单击“生成”按钮，根据提示指定技术要求所在的区域，系统自动生成技术要求。

（4）技术要求库的管理工作也是在此对话框中进行的。选择左下角列表框中的不同类别，右下角表格中的内容随之变化。要修改某个文本项的内容，只需直接在表格中双击文本即可修改；要删除文本项，则用鼠标单击选中相应行，再单击“Del”键删除。完成管理工作后，单击“生成”按钮生成技术要求或单击“退出”按钮退出对话框。

3. 实例

生成如图5—54所示的技术要求实例。

技术要求

1.经调质处理28~32HRC。

2.未注线性尺寸公差应符合GB/T1804-2000的要求。

图5—54　技术要求实例

如图5—54所示的技术要求包含热处理和公差两项要求，可从技术要求库中查找相同或相近的内容，相同的内容直接双击，相近的内容先生成后，再进行修改，如图5—55所示。单击“生成”按钮，确定技术要求的第一角点和第二角点后，完成操作。

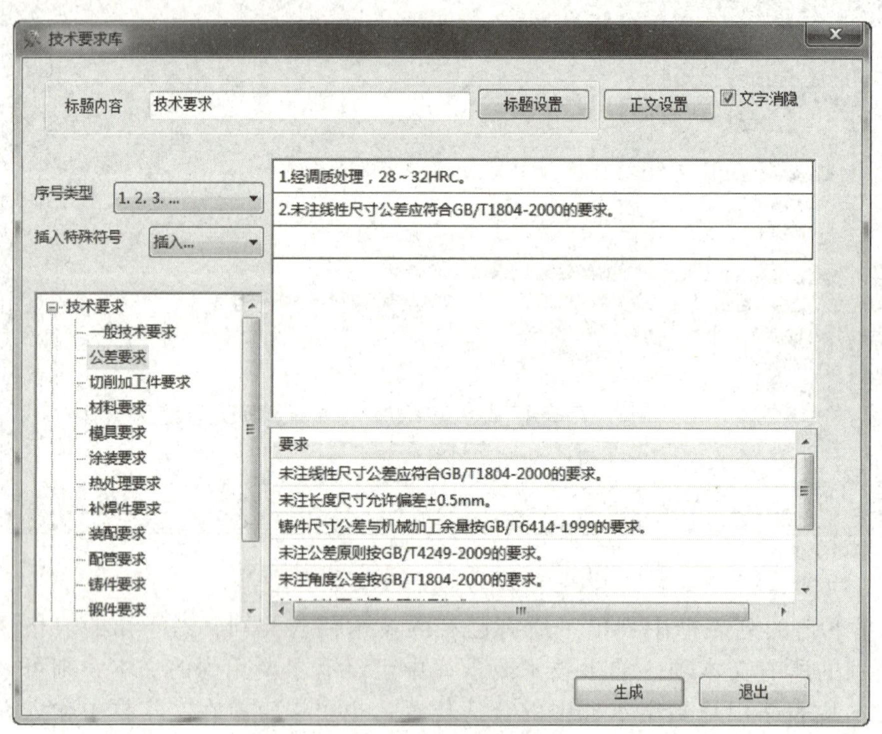

图5—55　生成技术要求

六、综合实例

如图5—56所示为文字标注综合实例，绘制图形并标注图中的尺寸和文字。

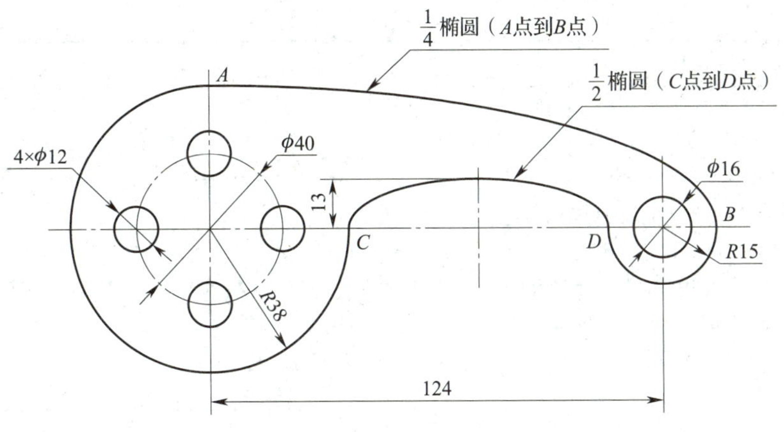

图5—56　文字标注综合实例

绘图步骤见表5—4。

表5—4　　**绘图步骤**

绘图步骤	图示
（1）绘制中心线 将中心线层设置为“当前层”，根据图5—56所示的尺寸绘制中心线	
（2）绘制零件轮廓线 将粗实线层设置为“当前层”，应用“圆”命令和“椭圆”命令，绘制轮廓线，并修剪多余轮廓线	
（3）标注尺寸 应用“基本标注”命令，标注图中各尺寸并应用“引出说明”命令标注1/2椭圆和1/4椭圆	

续表

绘图步骤	图示
（4）标注字母，调整文字 应用“文字标注”命令，标注字母*A*、*B*、*C*、*D*；应用“分解”命令，将引出说明和半径标注分解，将引出说明中的字母和半径*R*调整为斜体，将引出说明中分数的字号设置为“5”	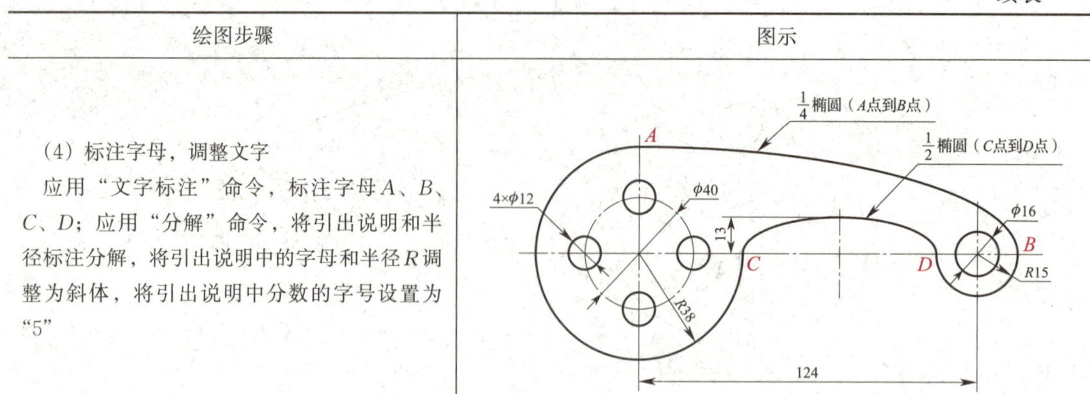

§5—3 工程标注

一、基准代号

基准代号用于标注几何公差中基准部位的代号。

1. 调用“基准代号”功能

（1）单击“标注”主菜单中的按钮。

（2）单击“标注”工具条中的按钮。

（3）单击“标注”选项卡中“符号”面板上的按钮。

（4）执行datum命令。

2. 说明

基准代号立即菜单如图5—57所示。

图5—57 基准代号立即菜单

（1）单击“1.”选项的下拉菜单可以选择基准代号的方式，包括基准标注和基准目标。基准标注状态下可以设置基准的方式和名称，基准目标状态下可以设置目标标注或代号标注。

（2）确定各项参数后，根据提示拾取定位点、直线或圆弧，并确认标注位置即可生成基准代号。如拾取的是定位点，可用拖动鼠标的方式或从键盘输入旋转角后，即可完成基准代号的标注。如拾取的是直线或圆弧，标注出与直线或圆弧相垂直的基准代号。

3. 实例

如图5—58所示为基准代号标注实例。

图 5—58 基准代号标注实例

二、几何公差

标注几何公差。国家标准GB/T 1182—2008规定，几何公差包括形状公差、方向公差、位置公差和跳动公差等内容，下面仅介绍其标注。

1. 调用“形位公差”功能

（1）单击“标注”主菜单中的按钮⊕.1。

（2）单击“标注”工具条中的按钮⊕.1。

（3）单击“标注”选项卡中“符号”面板上的按钮⊕.1。

（4）执行fcs命令。

2. 说明

调用“形位公差”功能后，弹出如图5—59所示的“形位公差”对话框。在对话框中选择公差代号并设置各项参数后，单击“确定”按钮，在立即菜单中选择“水平标注”或者“铅垂标注”。然后根据提示拾取标注元素并输入引线转折点后，即完成几何公差的标注。下面分别讲解图5—59中数字序号指示的具体内容：

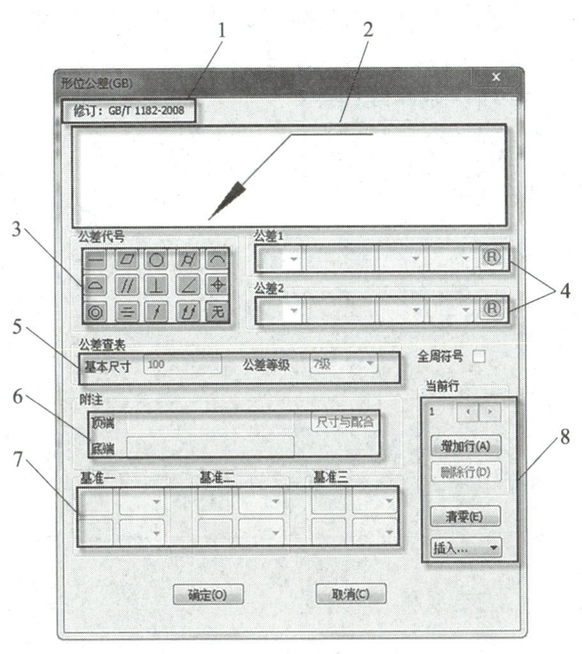

图 5—59 “形位公差”对话框

（1）1区显示当前使用标准。

（2）2区为预显区，显示填写与布置的结果。

（3）3区为几何公差代号区，它排列出了所有几何公差的代号按钮，单击某一按钮，即在预显区显示相应的公差符号。

（4）4区为几何公差数值分区，它包括以下内容：

1）公差符号。可选择直径“ϕ”或球半径“SR”等符号的输出。

2）数值文本框。用于输入几何公差数值。

3）形状限定。单击弹出列表框，有“（空）”“（－）”“（＋）”“(▷)”“(◁)”等选项。“（空）”表示对形状没有限制，“（－）”表示只许中间向材料内凹下，“（＋）”表示只许中间向材料外凸起，“(▷)”表示只许从左至右减小，“(◁)”表示只许从右至左减小。

4）相关原则。单击弹出列表框，可选项为“（空）”“Ⓟ”“Ⓜ”“Ⓔ”“Ⓛ”“Ⓕ”等。“Ⓟ”表示延伸公差带，“Ⓜ”表示最大实体要求，“Ⓔ”表示包容要求，“Ⓛ”表示最小实体要求，“Ⓕ”表示非刚性零件的自由状态条件。

（5）5区为公差查询区。在选择公差代号、输入基本尺寸和选择公差等级后，自动给出公差值。

（6）6区为附注区。单击“尺寸与配合”按钮，可以弹出“公差输入”对话框，可以在几何公差处增加尺寸公差的附注。

（7）7区为基准代号分区。有三组可分别输入和选取的基准代号与相应符号（如“Ⓜ”“Ⓔ”“Ⓛ”）。

（8）8区为行管理区。它包括以下内容：

1）指示当前行的行号。如只标注一行几何公差，则指示为1，如同时标注多行几何公差，则用此项可以指示当前行号，右边的按钮切换当前行。

2）增加行。在已标注一行几何公差的基础上，用“增加行”来标注新行，新行的标注方法与第一行相同。

3）删除行。如单击此按钮，则删除当前行，系统自动重新调整整个几何公差的标注。

3. 实例

如图5—60所示为几何公差标注实例。

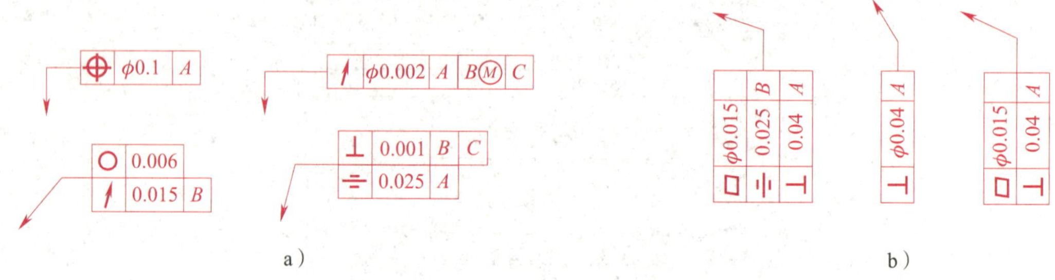

图5—60　几何公差标注实例

a）水平标注　b）垂直标注

三、粗糙度

粗糙度用于标注表面结构符号。GB/T 131—2006规定，零件表面质量用表面结构要求来定义，在图样上用表面结构符号来表示。

1. 调用“粗糙度”功能

（1）单击“标注”主菜单中的按钮√。

（2）单击“标注”工具条中的按钮√。

（3）单击“标注”选项卡中“符号”面板上的按钮√。

(4) 执行rough命令。

2. 说明

粗糙度标注立即菜单如图5—61所示，立即菜单第一项有“简单标注”和“标准标注”两个选项。

图5—61 粗糙度标注立即菜单

(1) 简单标注

简单标注只标注表面处理方法和粗糙度值；表面处理方法可通过立即菜单第三项选择，如去除材料、不去除材料、基本符号；表面粗糙度值可通过立即菜单第四项输入。第二项有默认方式和引出方式两个选项；第五项有空、其余、全部、下料切边四个选项。

(2) 标准标注

切换立即菜单第一项为“标准标注”，同时弹出如图5—62所示的“表面粗糙度”对话框（根据选择标准不同，对话框会有区别）。

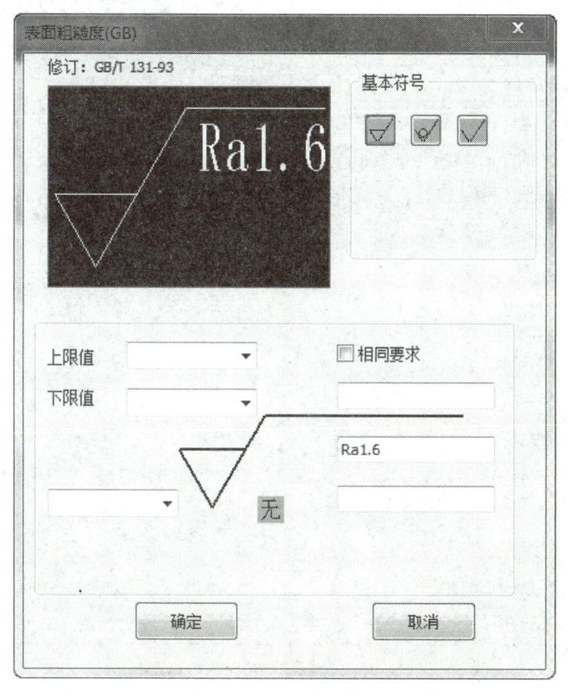

图5—62 “表面粗糙度”对话框

对话框中包括了表面粗糙度的各种标注，如基本符号、纹理方向、上限值、下限值以及说明标注等，可以在预显框里看到标注结果，然后单击“确定”按钮确认。

3. 实例

如图5—63所示为表面结构符号（粗糙度）标注实例。

四、焊接符号

“焊接符号”功能用于标注焊接零部件上的焊接符号。

1. 调用“焊接符号”功能

（1）单击“标注”主菜单中的按钮。

（2）单击“标注”工具条中的按钮。

（3）单击“标注”选项卡中“符号”面板上的按钮。

（4）执行weld命令。

2. 说明

调用“焊接符号”功能，弹出如图5—64所示的“焊接符号”对话框（根据选择标准不同，对话框会有区别）。在对话框中设置所需的各种选项，单击“确定”按钮确认，根据系统提示设置引线起点和定位点后，即完成焊接符号的标注。

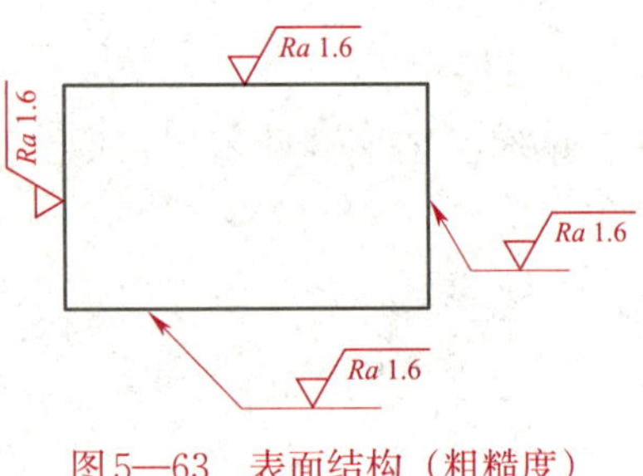

图5—63 表面结构（粗糙度）符号标注实例

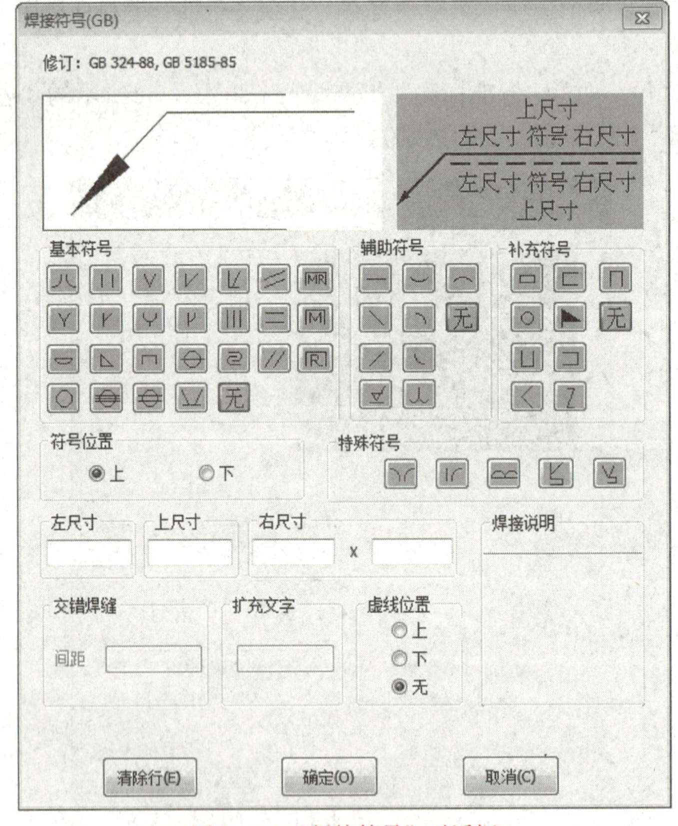

图5—64 “焊接符号”对话框

对话框的上部是预显框和单行参数示意图。在第二行是一系列符号选择按钮和符号位置选择。符号位置是用来控制当前单行参数是对应基准线以上的部分还是以下的部分，系统通过这种手段来控制单行参数。各个位置的尺寸值和焊接说明位于第三行。对话框的底部用来选择虚线位置和输入交错焊缝的间距，其中虚线位置是用来表示基准虚线与实线的相对位置。“清除行”按钮是用来将当前的单行参数清零。

3. 实例

如图5—65所示为焊接符号标注实例。

五、剖切符号

剖切符号用于标注剖视图和断面图的剖切位置。

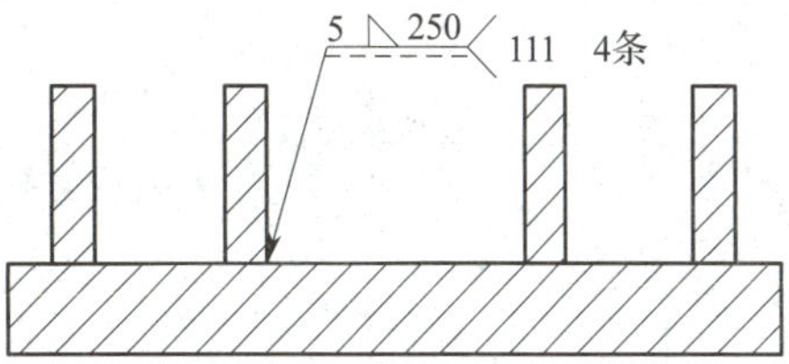

1. 调用“剖切符号”功能

（1）单击“标注”主菜单中的按钮。

（2）单击“标注”工具条中的按钮。

（3）单击“标注”选项卡中“符号”面板上的按钮。

（4）执行hatchpos命令。

图5—65　焊接符号标注实例

2. 说明

剖切符号立即菜单如图5—66所示。

（1）立即菜单第一项有“垂直导航”和“不垂直导航”两个选项；第二项有“自动放置剖切符号名”和“手动放置剖切符号名”两个选项，可根据绘图需要进行选择。

（2）调用“剖切符号”功能后，系统提示“画剖切轨迹（画线）”，根据绘图要求，绘制剖切线，当绘制完成后，单击鼠标右键结束画线状态。此时在剖切轨迹线的终止点显示出沿最后一段剖切轨迹线法线方向的两个箭头标识，并提示“请单击箭头选择剖切方向”。可以在两个箭头的一侧单击鼠标左键以确定箭头的方向或者单击鼠标右键取消箭头。

然后系统提示“指定剖面名称标注点”，拖动一个表示文字大小的矩形到所需位置单击鼠标左键确认，此步骤可以重复操作，直至单击鼠标右键结束。

3. 实例

如图5—67所示为剖切符号标注实例。

图5—66　剖切符号立即菜单

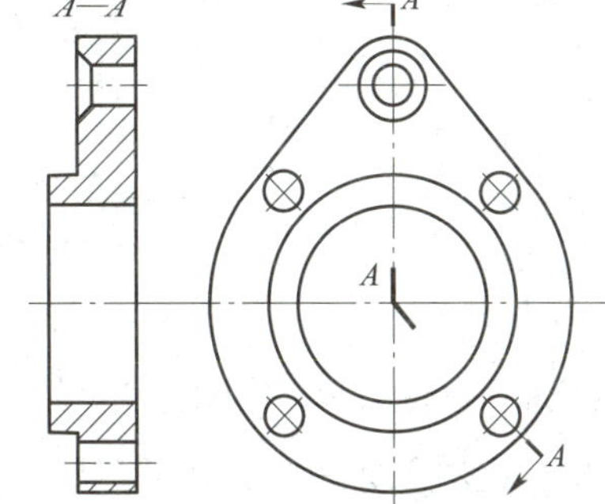

图5—67　剖切符号标注实例

六、倒角标注

倒角标注用于标注倒角的尺寸。

1. 调用“倒角标注”功能

（1）单击“标注”主菜单中的按钮。

（2）单击“标注”工具条中的按钮。

（3）单击“标注”选项卡中“符号”面板上的按钮。

（4）执行dimch命令。

2. 说明

倒角标注立即菜单如图5—68所示。

图5—68　倒角标注立即菜单

(1) 单击立即菜单“2.”选项的下拉菜单可以选择倒角线的轴线方式。

1) 轴线方向为X轴方向，轴线与X轴平行。

2) 轴线方向为Y轴方向，轴线与Y轴平行。

3) 拾取轴线，即自定义轴线。

(2) 拾取一段倒角后，立即菜单中显示出该直线的标注值，可以进行编辑，然后再指定尺寸线位置即可。

(3) 当倒角角度为45°时，可以单击立即菜单“4.”选项的下拉菜单，选择倒角标注的方式，有“1×1”“1×45°”“45°×1”和“C1”四种方式，其中C1为国家标准规定的标注形式，表示“1×45°”的倒角。

3. 实例

如图5—69所示为倒角标注实例。

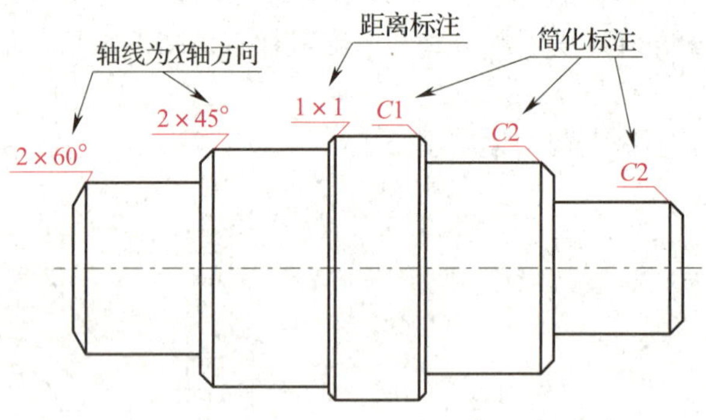

图5—69　倒角标注实例

七、中心孔标注

中心孔标注用于标注中心孔的尺寸。

1. 调用“中心孔标注”功能

(1) 单击“标注”主菜单中的按钮。

(2) 单击“标注”工具条中的按钮。

(3) 单击“标注”选项卡中“符号”面板上的按钮。

(4) 执行dimhole命令。

2. 说明

中心孔标注立即菜单如图5—70所示。

图5—70　中心孔标注立即菜单

中心孔标注有“简单标注”和“标准标注”两种方式。

（1）简单标注

简单标注时，可以在立即菜单设置字高和标注文本，然后根据提示指定中心孔标注的引出点和位置即可。

（2）标准标注

单击立即菜单“1.”选项的下拉菜单，选择“标准标注”，弹出如图5—71所示的“中心孔标注形式”对话框。在对话框中可以选择三种标注形式，以及标注的文字内容、文字风格、文字字高、标注标准。设置完毕后单击“确定”按钮，然后选择引出点和位置即可。

3. 实例

如图5—72所示为中心孔标注实例。

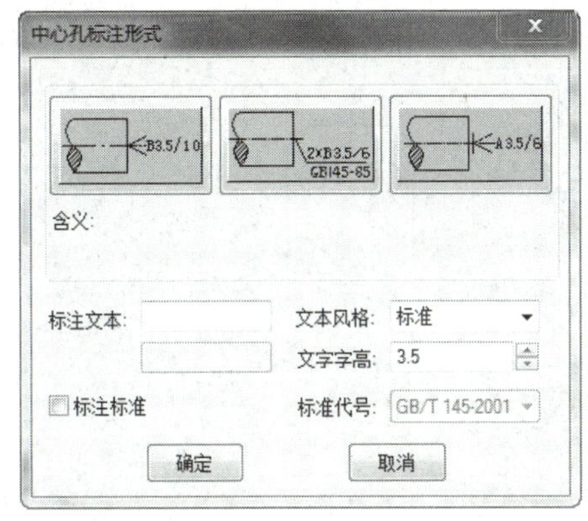

图5—71 “中心孔标注形式”对话框

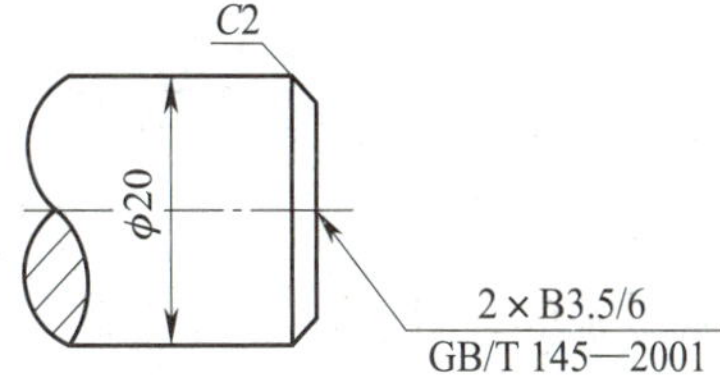

图5—72 中心孔标注实例

八、向视符号

向视符号用于向视图的标注。

1. 调用“向视符号”功能

（1）单击“标注”主菜单中的按钮。

（2）单击“标注”工具条中的按钮。

（3）单击“标注”选项卡中“符号”面板上的按钮。

（4）执行drectionsym命令。

2. 说明

向视符号立即菜单如图5—73所示。

图5—73 向视符号立即菜单

（1）立即菜单各选项的含义

1）标注文本。确定向视图的字母编号。

2）字高。确定向视图名称字母的高度。

3）箭头大小。设置指示投影方向箭头的大小。

4）不旋转/旋转。“不旋转”用于生成正视向视图，“旋转”用于生成旋转向视图。如果选择“旋转”，还有以下立即菜单项：

①左旋转/右旋转。确定旋转箭头标志指向的方向。

②旋转角度。决定向视图名称标注的旋转角度。

(2) 确定立即菜单的参数后即可在绘图区拾取两点，确定向视符号箭头方向，然后决定向视符号字母编号的插入位置。此时如果选择“旋转”，则还要在确定字母位置后，确定旋转箭头符号标志的位置。最后确定向视图名称的位置，即可结束当前功能。

3. 实例

如图5—74所示为向视图标注实例。

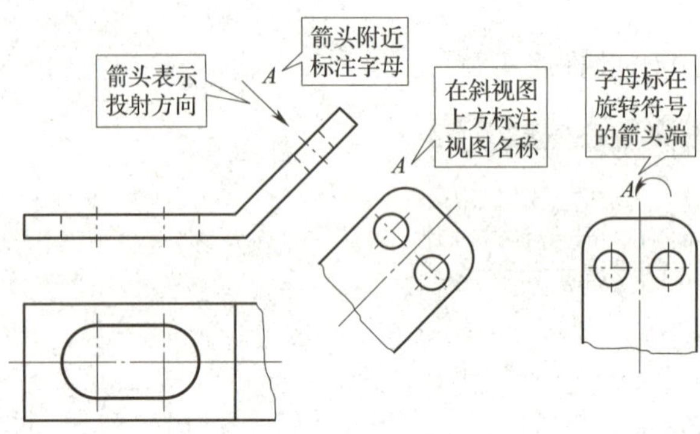

图5—74　向视图标注实例

九、综合实例

绘制如图5—75所示的工程标注综合实例。

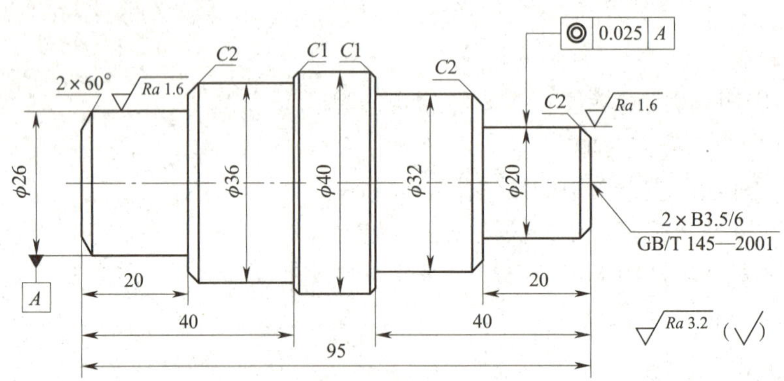

图5—75　工程标注综合实例

绘图步骤见表5—5。

表5—5　　绘图步骤

绘图步骤	图示
(1) 绘制零件轮廓 根据图5—75所示的尺寸，应用“孔/轴”命令绘制零件轮廓	

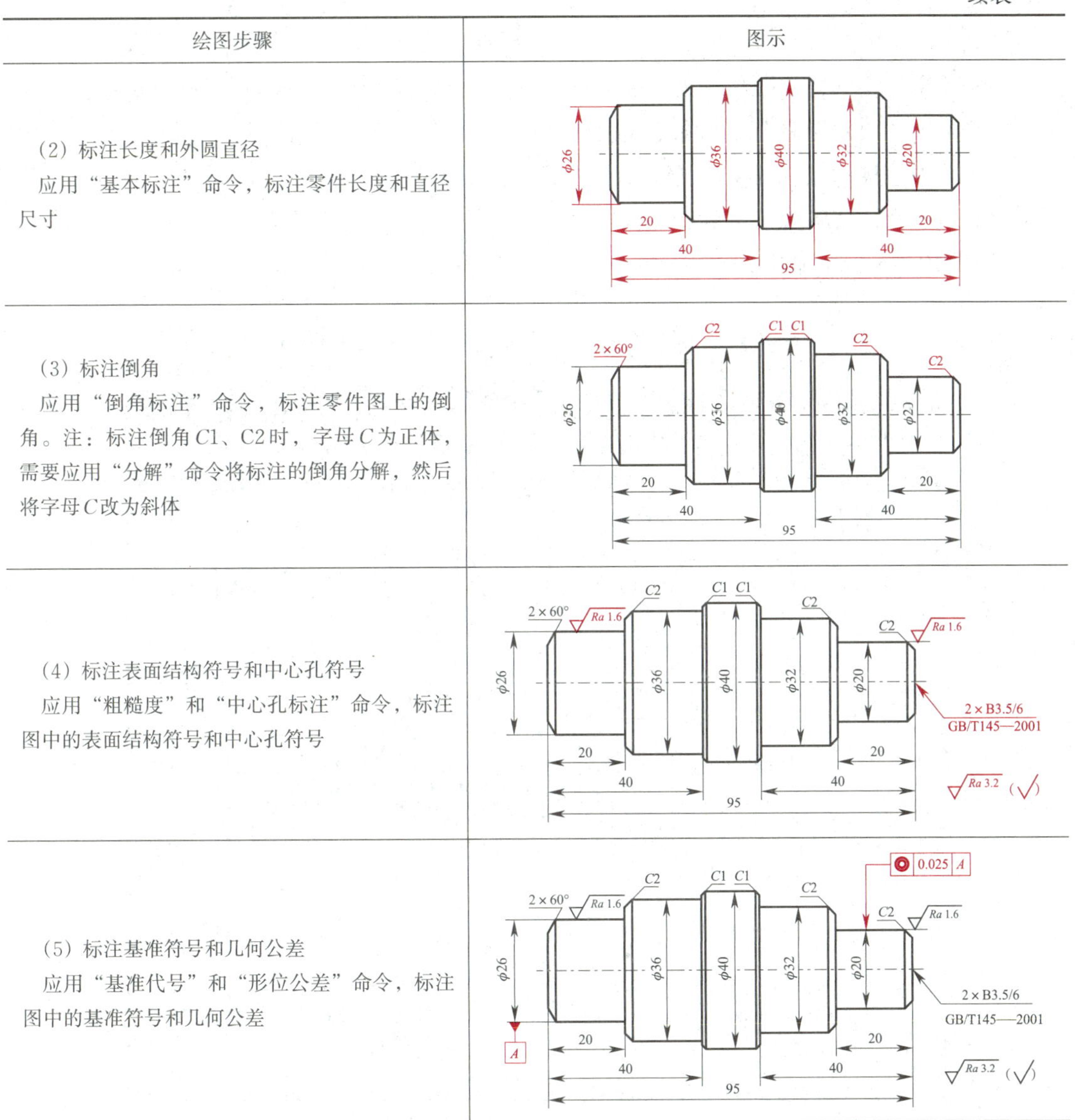

绘图步骤	图示
(2) 标注长度和外圆直径 应用“基本标注”命令，标注零件长度和直径尺寸	
(3) 标注倒角 应用“倒角标注”命令，标注零件图上的倒角。注：标注倒角C1、C2时，字母C为正体，需要应用“分解”命令将标注的倒角分解，然后将字母C改为斜体	
(4) 标注表面结构符号和中心孔符号 应用“粗糙度”和“中心孔标注”命令，标注图中的表面结构符号和中心孔符号	
(5) 标注基准符号和几何公差 应用“基准代号”和“形位公差”命令，标注图中的基准符号和几何公差	

§5—4 文本样式与标注样式

一、文本样式

文本样式为文字设置各项参数，控制文字的字体、字高、方向、角度等参数。文本样式既应符合国家制图标准要求，又能根据实际情况来设置文字的大小、方向等，所以要对文本样式进行设置。

1. 调用“文本样式”功能

（1）单击“格式”主菜单中的按钮。

（2）单击“设置工具”工具条中的按钮。

（3）单击“标注”选项卡中的“标注样式”面板上的按钮。

（4）单击“样式管理”下的按钮。

（5）执行textpara命令。

2. 说明

调用“文本样式”功能后，弹出如图5—76所示的“文本风格设置”对话框。

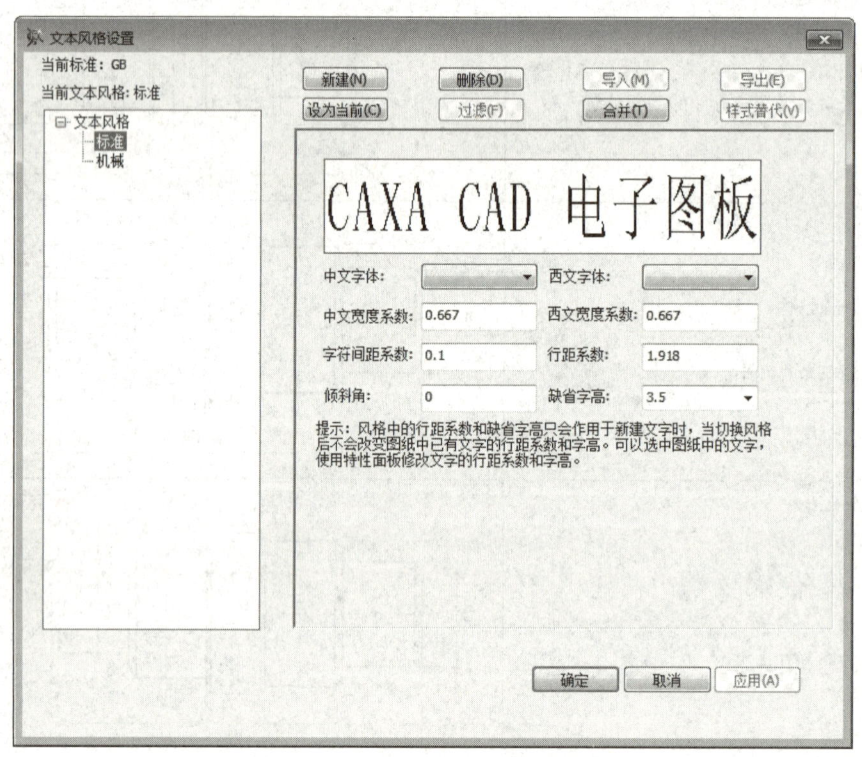

图5—76 “文本风格设置”对话框

（1）在“文本风格”下列出了当前文件中所使用的文字风格。系统预定义了“标准”“机械”两种默认样式，默认样式不可删除但可以编辑。

（2）单击“文字风格设置”对话框中的“新建”“删除”“设为当前”“合并”等按钮可以进行相应的管理操作。

（3）选中一种文字风格后，在对话框中可以设置字体、宽度系数、字符间距、倾斜角、字高等参数，并可以在对话框中预览。

（4）文字风格中各参数的含义和使用方法

1）中文字体。可选择中文文字所使用的字体。除了支持Windows的TrueType字体外，电子图板还支持使用单线体（形文件）文字。选择不同风格的字体所生成的文字效果不同，如图5—77所示。

CAXA电子图板　CAXA电子图板

a）　　　　b）

图5—77　使用不同字体的效果

a）宋体　b）单线体

2）西文字体。选择方式与中文相同，只是限定的是文字中的西文。同样可以选择单线体（形文件）。

3）中文宽度系数、西文宽度系数。当宽度系数为1时，文字的长宽比例与TrueType字体文件中描述的字形保持一致；当宽度系数为其他值时，文字宽度在此基础上缩小或放大相应的倍数。

4）字符间距系数。同一行（列）中两个相邻字符的间距与设定字高的比值。

5）行距系数。横写时两个相邻行的间距与设定字高的比值。

6）倾斜角。横写时为一行文字的延伸方向与坐标系的X轴正方向按逆时针测量的夹角；竖写时为一列文字的延伸方向与坐标系的Y轴负方向按逆时针测量的夹角。倾斜角的单位为度。

7）缺省字高。缺省字高是指设置生成文字时默认的字高。在生成文字时也可以临时修改字高。

修改文字风格中的参数后，可以单击对话框中的“确定”或“应用”按钮，确认并使用修改的设置。

二、尺寸样式

尺寸样式为尺寸标注设置各项参数，控制尺寸标注的箭头样式、文本位置、尺寸公差、对齐方式等。用以下方式可以调用“尺寸样式”功能：

（1）单击“格式”主菜单中的按钮。

（2）单击“设置”工具条中的按钮。

（3）单击“标注”选项卡中“标注样式”面板上的按钮。

（4）单击“样式管理”下的按钮。

（5）执行dimpara命令。

调用“尺寸样式”功能后，弹出如图5—78所示的“标注风格设置”对话框。在该对话框中可以新建、删除、设为当前、合并尺寸风格，还可以设置“直线和箭头”“文本”“调整”“单位”“换算单位”“公差”“尺寸形式”等选项。

1. 直线和箭头

“直线和箭头”选项卡可以对尺寸线、尺寸界线及箭头进行颜色和风格的设置。如图5—78所示，其中各项参数的含义和使用方法如下：

（1）尺寸线

控制尺寸线的参数。

1）颜色。设置尺寸线的颜色，默认值为ByBlock。

2）延伸长度。当尺寸线在尺寸界线外侧时，尺寸界线外侧距尺寸线的长度即为延伸长度。

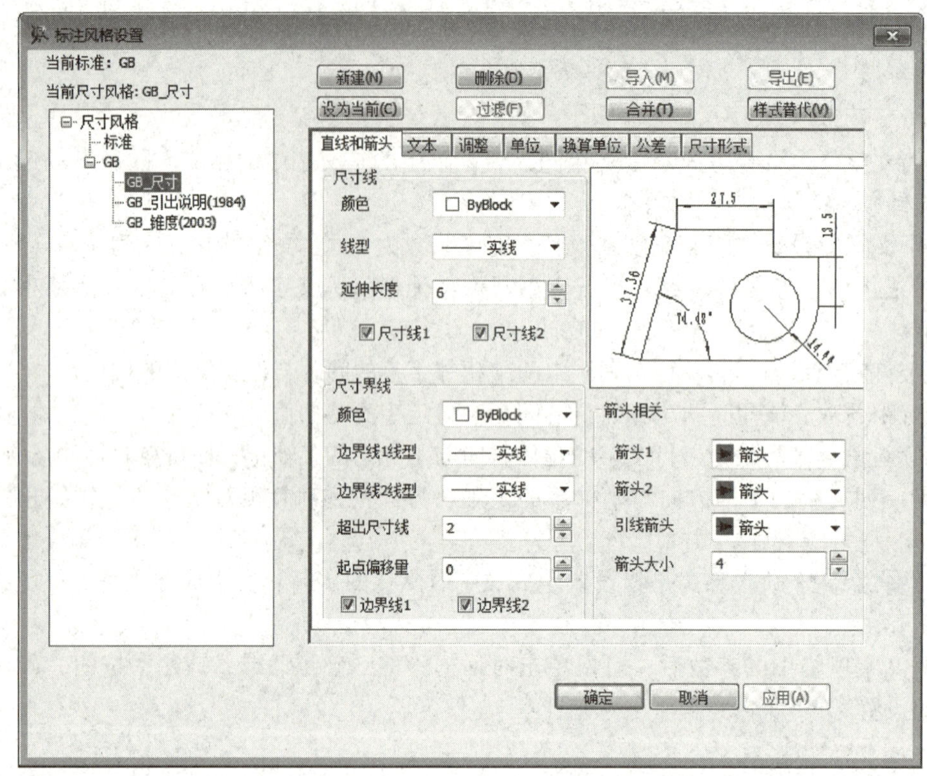

图5—78 “标注风格设置”对话框

3）尺寸线1和尺寸线2。设置尺寸线两端是否存在箭头，默认值为全部。

如图5—79所示为尺寸线参数实例。

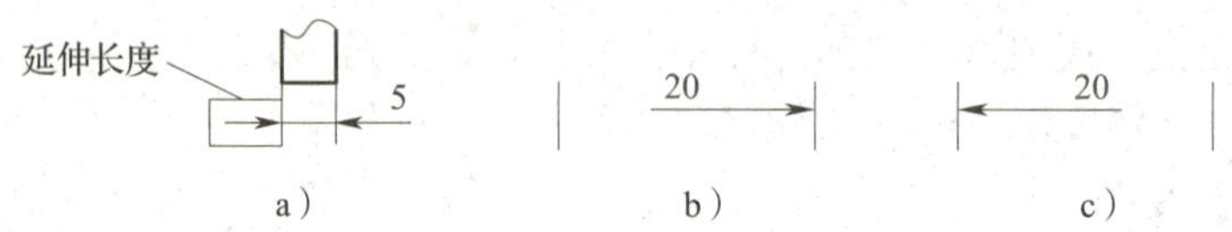

图5—79 尺寸线参数实例

a）延伸长度 b）尺寸线1取消勾选 c）尺寸线2取消勾选

（2）尺寸界线

控制尺寸界线的参数。

1）颜色。设置尺寸界线的颜色，默认值为ByBlock。

2）超出尺寸线。尺寸界线向尺寸线终端外延伸距离即为超出尺寸线的长度，默认值为2.0 mm。

3）起点偏移量。尺寸界线距离所标注元素的长度，默认值为0。

4）边界线。分为边界线1和边界线2，设置两端边界线的开关，默认值为开。如图5—80所示为边界线开关实例。

（3）箭头相关

可以设置尺寸箭头的大小与样式。标注时，箭头可根据需要选择归内还是归外。

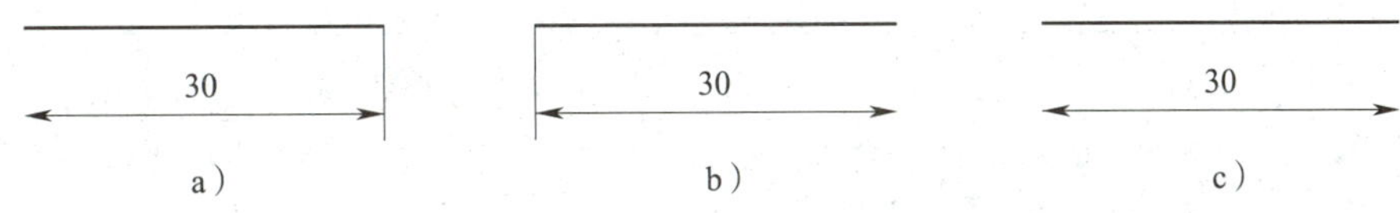

图5—80　边界线开关实例

a）边界线1关　b）边界线2关　c）边界线1、2都关

1）箭头1和箭头2。控制尺寸线两端箭头的样式，默认为箭头，还可选择斜线、圆点、空心箭头等形式。

2）引线箭头。控制引线箭头的样式，默认为箭头，还可选择斜线、圆点、空心箭头等形式。

3）箭头大小。控制箭头的大小。

2. 文本

“文本”选项卡设置尺寸标注中的文本外观、文本位置、文本对齐方式等。如图5—81所示为尺寸风格的文本设置。

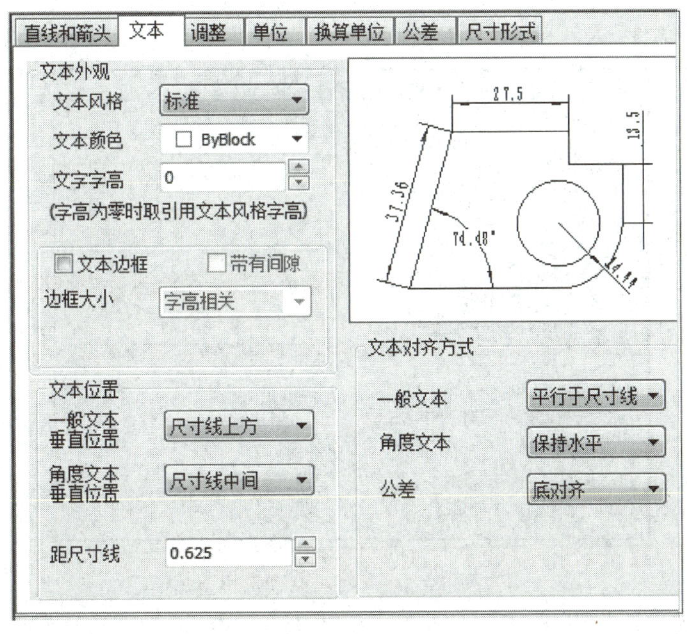

图5—81　尺寸风格的文本设置

（1）文本外观

1）文本风格。与文本样式相关联。

2）文本颜色。设置文字的字体颜色，默认值为ByBlock。

3）文字字高。控制尺寸文字的高度，默认值为3.5 mm。

4）文本边框。为标注字体加边框。

（2）文本位置

控制尺寸文本与尺寸线的位置关系。

1）文本垂直位置。控制文字相对于尺寸线的位置。单击下拉菜单可以选择“尺寸线上方”“尺寸线中间”“尺寸线下方”三种文本位置。如图5—82所示为文本位置实例。

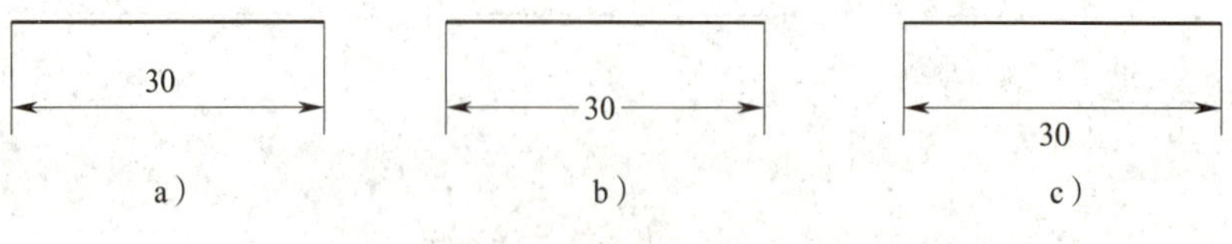

图5—82　文本位置实例

a）尺寸线上方　b）尺寸线中间　c）尺寸线下方

2）距尺寸线。控制文字距离尺寸线位置，软件默认为0.625 mm。

(3) 文本对齐方式

设置文本的对齐方式。

1）文本对齐方式。设置基本尺寸文字的对齐方式为平行于尺寸线、保持水平或ISO标准。

2）公差对齐方式。设置公差文字的对齐方式为顶对齐、中对齐或底对齐。

3. 调整

“调整”选项卡用于设置文字与箭头的关系，使尺寸的效果最佳。如图5—83所示为尺寸风格的调整设置。

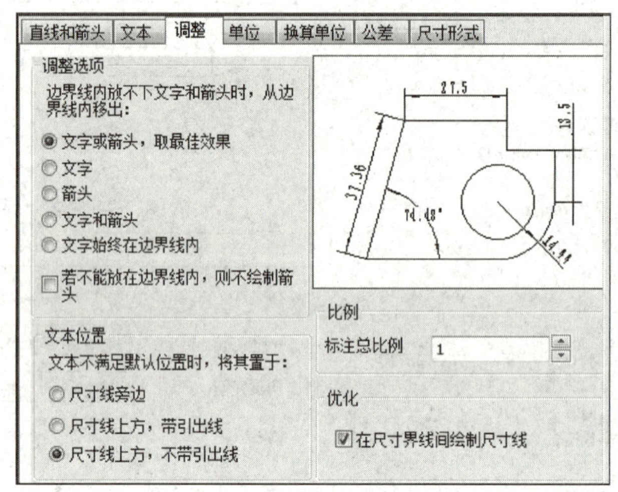

图5—83　尺寸风格的调整设置

(1) 调整选项

当边界线内放不下文字和箭头时，可以设置从边界线内移出，有“文字或箭头，取最佳效果”“文字”“箭头”“文字和箭头”“文字始终在边界线内”“若不能放在边界线内，则不绘制箭头”等选项。

(2) 文本位置

当文本不满足默认位置时，可以将文字置于“尺寸线旁边”“尺寸线上方，带引出线”“尺寸线上方，不带引出线”。

(3) 标注总比例

按输入的比例值放大或缩小标注的文字和箭头的大小。

(4) 优化

可以设置是否在尺寸界线间绘制尺寸线。

4. 单位

“单位”选项卡设置标注的精度。如图5—84所示为尺寸风格的单位设置。

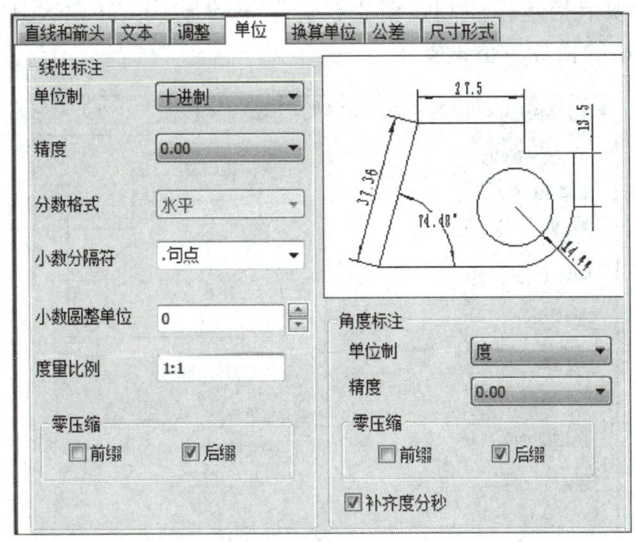

图5—84　尺寸风格的单位设置

(1) 线性标注

线性标注用于设置单位制和精度等参数。

1) 单位制。设置除角度之外的所有标注类型的当前单位格式，可以为十进制、分数等。

2) 精度。设置标注主单位中显示的小数位数。精度基于选定的单位或角度格式。

3) 分数格式。设置分数的格式为竖直或水平，只有在单位制选分数时此参数才可设置。

4) 小数分隔符。小数点的表示方式，有“句点”“逗号”“空格”三种。

5) 小数圆整单位。为除“角度”之外的所有标注类型设置标注测量值的舍入规则。如果输入“0.25”，则所有标注距离都以“0.25”为单位进行舍入。如果输入“1.0”，则所有标注距离都将舍入为最接近的整数。小数点后显示的位数取决于“精度”设置。

6) 度量比例。标注尺寸与实际尺寸的比值。例如，比例为“2∶1”时，直径为“5”的圆，标注直径结果为“ϕ10”，默认值度量比例为“1∶1”。

7) 零压缩。尺寸标注中小数的前后消“0”。例如，尺寸值为“0.901”，精度为“0.00”，选中“前缀”，则标注结果为“.90”；选中“后缀”，则标注结果为“0.9”。

(2) 角度标注

设置角度标注的格式和精度等参数。

1) 单位制。设置角度单位格式为度、度分秒、百分度或弧度。

2) 精度。设置角度标注的小数位数，可以精确到小数点后8位。

3) 零压缩。控制是否禁止输出前导零和后续零。

4) 补齐度分秒。勾选该复选框，在用度分秒方式标注时，会补齐度分秒。如有一角度为“50°24″”，勾选该项后将显示为“50°0′24″”。

5. 换算单位

“换算单位”选项卡指定标注测量值中换算单位的显示，并设置其格式和精度。如图5—85所示为尺寸风格的换算单位设置。

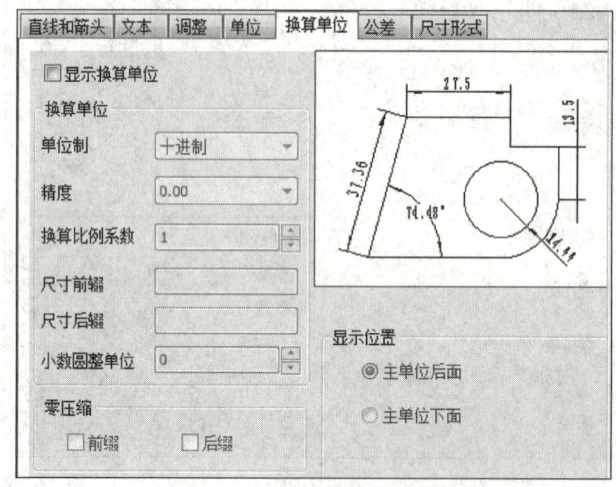

图5—85　尺寸风格的换算单位设置

（1）换算单位

换算单位用于显示和设置除角度之外的所有标注类型的当前换算单位格式。

1）单位制。设置换算单位的单位格式。

2）精度。设置换算单位中的小数位数。

3）换算比例系数。指定一个乘数，作为主单位和换算单位之间的换算因子使用。例如，要将英寸转换为毫米，应输入25.4。此值对角度标注没有影响，而且不会应用于舍入值或者正负公差值。

4）尺寸前缀。在换算标注文字中包含前缀。可以输入文字或使用控制代码显示特殊符号。例如，输入控制代码“%c”显示直径符号。

5）尺寸后缀。在换算标注文字中包含后缀。可以输入文字或使用控制代码显示特殊符号，输入的后缀将替代所有默认后缀。

6）小数圆整单位。设置除角度外所有标注类型的换算单位的舍入规则。如果输入0.25，则所有标注测量值都以0.25为单位进行舍入。如果输入1.0，则所有标注测量值都将舍入为最接近的整数。小数点后显示的位数取决于“精度”的设置。

（2）零压缩

零压缩用于控制是否禁止输出前导零和后续零。

1）前缀。不输出所有十进制标注中的前导零。例如，“0.5000”变成“.5000”。

2）后缀。不输出所有十进制标注的后续零。例如，“12.5000”变成“12.5”，“30.0000”变成“30”。

（3）显示位置

显示位置用于控制标注文字中换算单位的位置。

1）主单位后面。将换算单位放在标注文字中的主单位之后。

2）主单位下面。将换算单位放在标注文字中的主单位下面。

6. 公差

“公差”选项卡控制标注文字中公差的格式及显示，如图5—86所示为尺寸风格的公差设置。

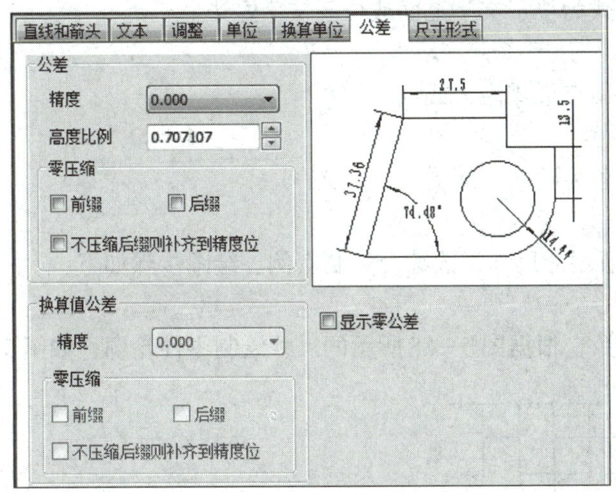

图5—86　尺寸风格的公差设置

（1）公差

公差栏用于控制标注文字中公差的格式及显示。

1）精度。尺寸偏差的精确度，可以精确到小数点后5位。

2）高度比例。设置当前公差文字相对于基本尺寸的高度比例。

3）零压缩。控制是否禁止输出前导零和后续零，以及不压缩后缀补齐到精度位。

（2）换算值公差

设置换算公差单位的格式。

1）精度。显示和设置换算单位公差的小数位数。

2）零压缩。控制是否禁止输出前导零和后续零，以及不压缩后缀补齐到精度位。

7. 尺寸形式

“尺寸形式”选项卡控制弧长标注形式、弧长符号形式、引出点形式等参数，如图5—87所示为尺寸风格的尺寸形式设置。

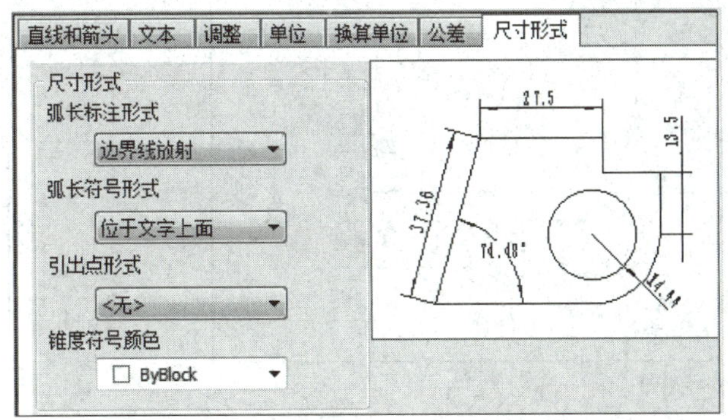

图5—87　尺寸风格的尺寸形式设置

(1) 弧长标注形式

设置弧长标注形式为边界线垂直于弦长或边界线放射。

(2) 弧长符号形式

设置弧长符号形式为位于文字上面或位于文字左边。

(3) 引出点形式

设置尺寸标注引出点形式为无或点。

(4) 锥度符号颜色

设置锥度符号颜色为随块、随层或自定义。

三、综合实例

绘制如图5—88所示的尺寸样式综合绘制实例。绘图步骤如下：

1. 绘制零件轮廓

应用“直线”命令，根据图5—88所示的尺寸绘制零件轮廓，如图5—89所示。

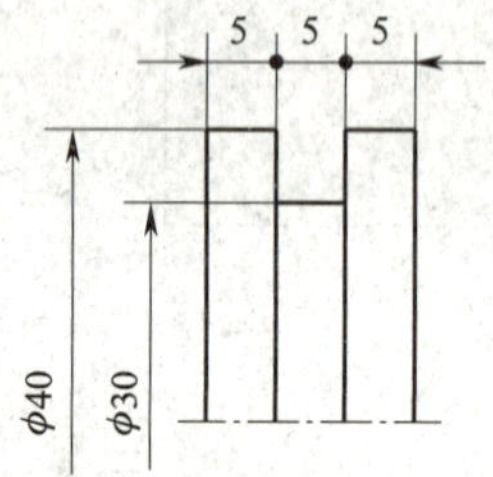

图5—88 尺寸样式综合绘制实例

图5—89 绘制零件轮廓

2. 标注 ϕ30 mm、ϕ40 mm

图5—88中的ϕ30 mm、ϕ40 mm为半标注。如图5—90所示设置半标注样式，按图5—90a所示设置尺寸线和尺寸界线，其他参数采用默认值，将半标注样式设为当前标注样式，标注直径ϕ30 mm、ϕ40 mm，如图5—90b所示

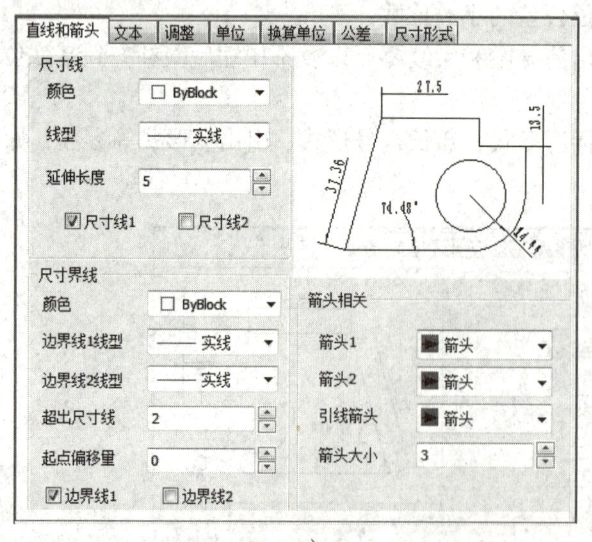

a)

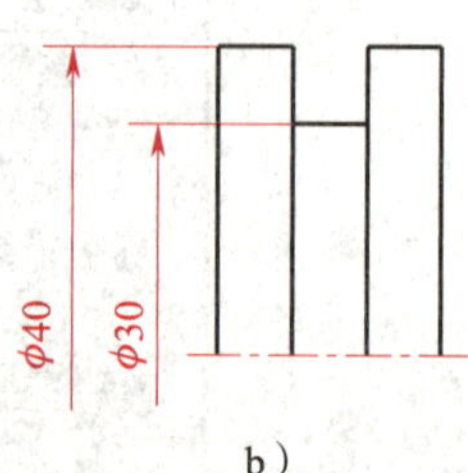

b)

图5—90 设置半标注样式

a) 设置尺寸线和尺寸界线 b) 标注ϕ30 mm、ϕ40 mm

3. 标注长度尺寸

图5—88中的三个长度尺寸采用了两种标注样式，左右两个长度尺寸采用的是一端为箭头、一端为小点的标注样式，中间尺寸采用的是两端皆为小点的标注样式。所以新建小尺寸1和小尺寸2两个标注样式，小尺寸1样式按图5—91a进行设置，小尺寸2按图5—91b进行设置。

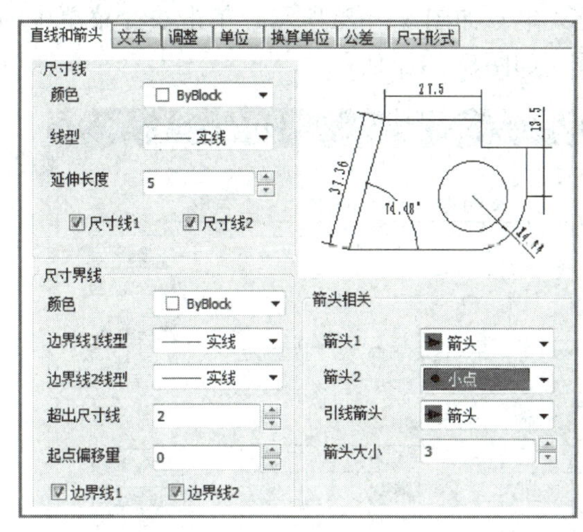

a）

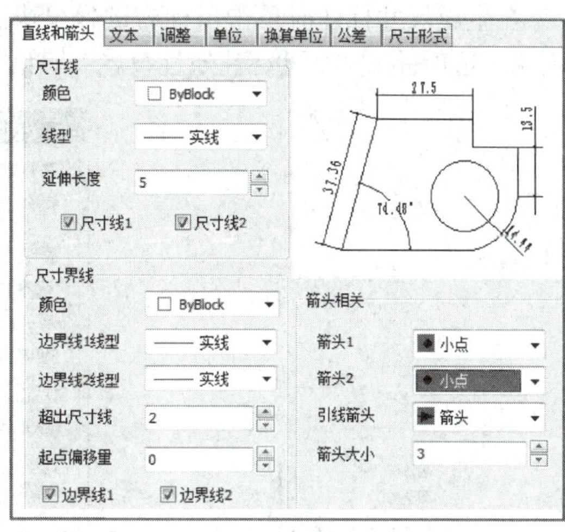

b）

图5—91　设置小尺寸1和小尺寸2样式

a）设置小尺寸1　b）设置小尺寸2

应用小尺寸1样式，标注左右两个长度尺寸；标注左端尺寸5时，第一点拾取左端点；标注右端尺寸5时，第一点拾取右端点。应用小尺寸2样式标注中间尺寸5，结果如图5—88所示。

§5—5　标注编辑

一、标注编辑的调用

拾取要编辑的标注对象，进入编辑状态。用以下方式可以调用“标注编辑”功能：

（1）单击“修改”主菜单中的按钮。

（2）单击“编辑工具”工具条上的按钮。

（3）单击功能区“标注”选项卡下的按钮。

（4）执行dimedit命令。

调用“标注编辑”功能，拾取要编辑的标注并进入该标注对象的编辑状态。接下来可以通过立即菜单、尺寸标注属性设置、夹点编辑等多种方式进行编辑。

二、标注编辑对话框

1．“尺寸标注属性设置”对话框

尺寸标注除尺寸外，通常还需要添加尺寸公差、特殊符号以及设置一些特殊参数。电子图板可以方便地添加和设置这些内容，并且尺寸公差可以和基本尺寸关联变化，从而提高编辑修改效率。

在生成尺寸标注时单击鼠标右键弹出快捷菜单，如图5—92a所示，单击快捷菜单中的“确认”选项进入“尺寸标注属性设置”对话框，如图5—92b所示。

确认(E)
取消(C)
捕捉替代
动态平移(M)
动态缩放(R)

a）

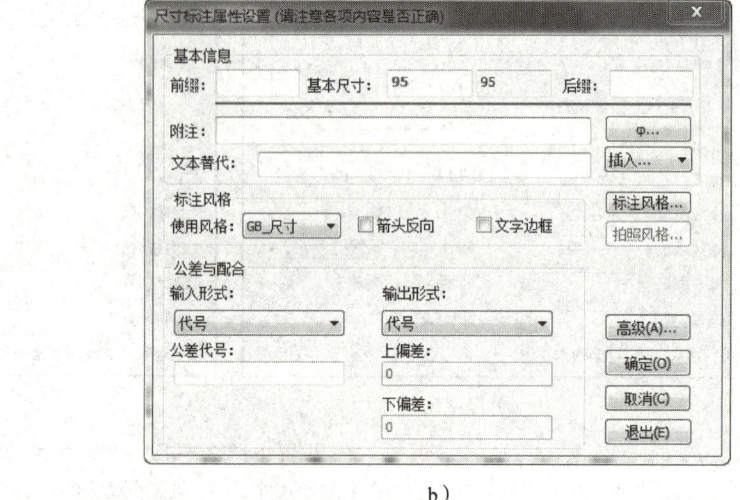

b）

图5—92　快捷菜单和“尺寸标注属性设置”对话框

a）快捷菜单　b）“尺寸标注属性设置”对话框

（1）基本信息设置

1）前缀。填写对尺寸值的描述或限定，如表示直径的“%c”，表示个数的“6%x”，也可以是“（”，一般和后缀中“）”一起使用。

2）基本尺寸。默认为实际测量值，可以输入数值，基本尺寸通常只输入数字。

3）后缀。填写内容无限定，与前缀同。

4）附注。填写对尺寸的说明或其他注释。

5）文本替代。在此文本框中填写内容时，前缀、基本尺寸和后缀的内容将不显示，尺寸文字使用文本替代的内容。

6）插入。单击“插入”选项弹出子菜单，可以插入各种特殊符号，如直径符号、角度、分数、粗糙度等。单击其中的“尺寸特殊符号”选项，弹出如图5—93所示的“尺寸特殊符号”对话框。

单击“确定”按钮即可。如图5—94所示为前后缀和附注实例，后缀插入图5—93中的孔深符号“↧”，深度为“10”。按图5—94填写后，生成的标注结果如图5—95所示。

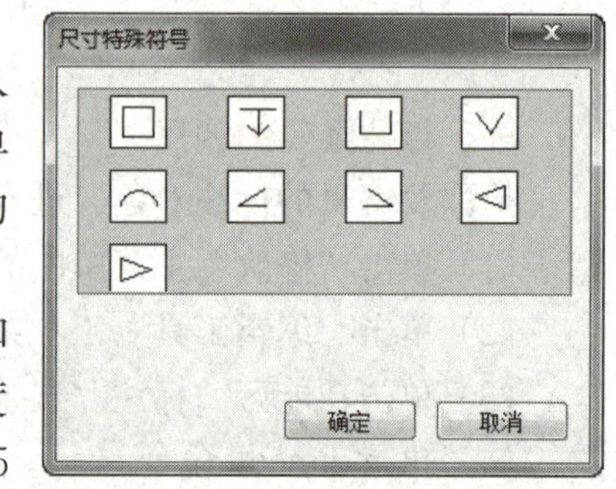

图5—93　“尺寸特殊符号”对话框

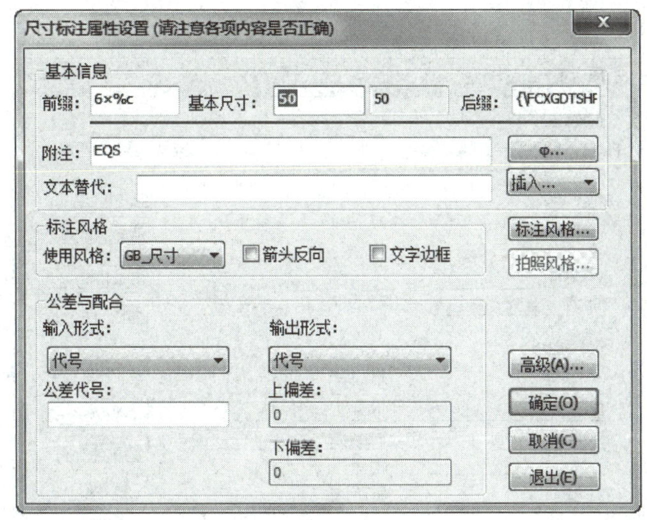

图5—94　前后缀和附注实例

（2）标注风格设置

可以选择生成尺寸标注的风格，并且可以设置“箭头反向”和“文字边框”。单击“标注风格”按钮可以激活“尺寸样式”对话框，详细设置尺寸标注的参数。

（3）公差与配合设置

1）“输入形式”选项的下拉菜单有四种选项，分别为“代号”“偏差”“配合”和“对称”，用于控制公差的输入方式。

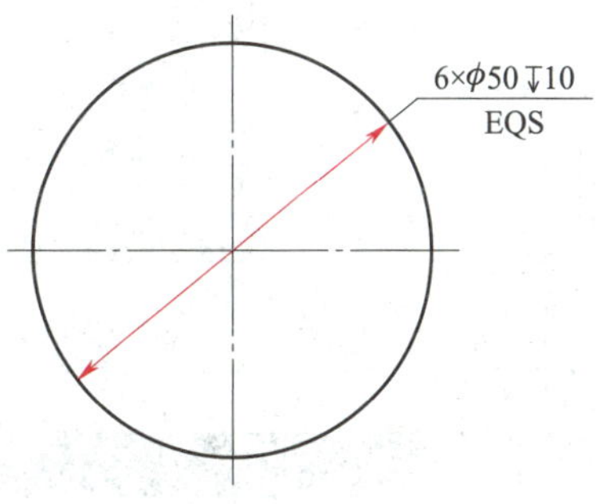

图5—95　前后缀和附注的标注结果

当“输入形式”为“代号”时，系统根据在“代号”文本框中输入的代号名称自动查询上下偏差，并将查询结果在“上偏差”和“下偏差”文本框中显示。当为“偏差”时，可手动输入偏差值；当为“配合”时，在公差带框中选择配合符号，如“H6/f5”，不管“输出形式”是什么，输出时按代号标注，如图5—96所示；当为“对称”时，只有“上偏差”可以输入。

2）公差代号文本框

①当“输入形式”选项为“代号”时，在此文本框中输入公差代号名称。如“H7、h6、k6”等，系统将根据基本尺寸和代号名称自动查表，并将查到的上下偏差值显示在“上偏差”和“下偏差”文本框中；也可以单击“高级”按钮，在弹出的“公差与配合可视化查询”对话框中直接选择合适的公差代号，如图5—97所示为公差查询。

②当“输入形式”选项为“配合”时，可以在公差带组选择合适的公差带，如“H7/h6、H7/k6、H7/s6”等，系统输出时将按所输入的配合进行标注；也可以单击“高级”按钮，在弹出的“公差与配合可视化查询”对话框中直接选择合适的配合代号，如图5—98所示为配合查询。

③当“输入形式”为“偏差”时，则公差代号文本框为灰色，不可填写，直接在“输出形式”的上、下偏差文本框内输入。

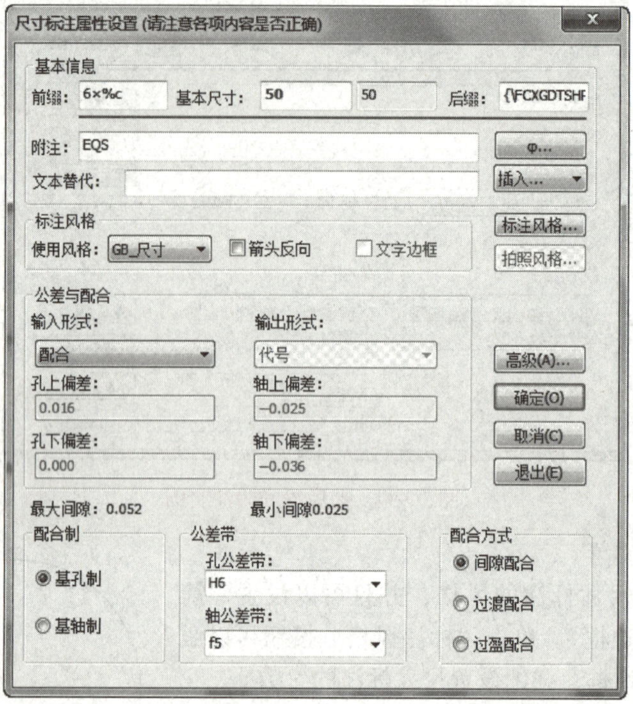

图5—96　输入形式为“配合”时的对话框

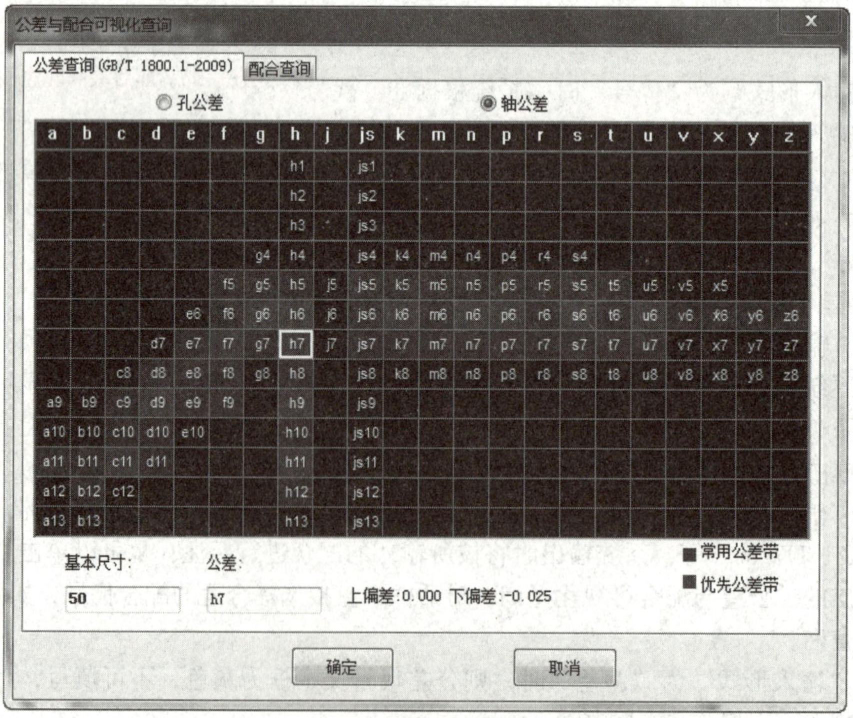

图5—97　公差查询

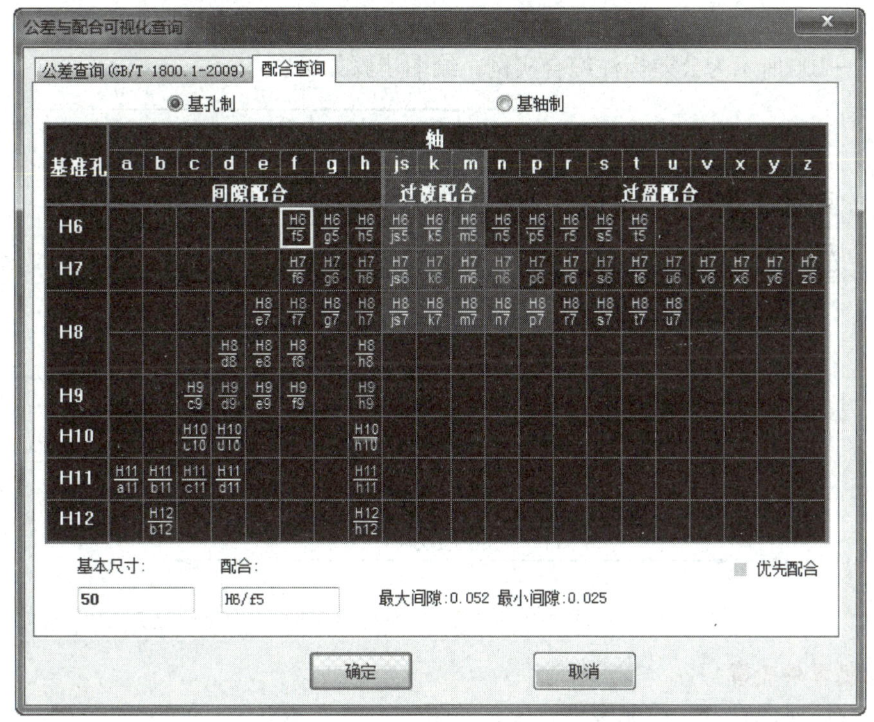

图 5—98　配合查询

3）上、下偏差文本框。如“输入形式”为“代号”时，上、下偏差文本框中显示查询到的上、下偏差值。

4）输出形式选项。输入形式为“代号”时，输出形式有五种选项，分别为“代号”“偏差”“（偏差）”“代号（偏差）”和“极限尺寸”，用于控制公差的输出方式。输入形式为“偏差”和“对称”时，输出形式只有“偏差”和“（偏差）”。输入形式为“配合”时，输出形式不可选。

例如：

①输出形式为“代号”，标注时标代号，如ϕ50K6。

②输出形式为“偏差”，标注时标偏差，如$\phi50^{+0.003}_{-0.013}$。

③输出形式为“（偏差）”，标注时偏差值用“（）”括起来，如$\phi50(^{+0.003}_{-0.013})$。

④输出形式为“代号（偏差）”，标注时代号和偏差都标，如$\phi50K6(^{+0.003}_{-0.013})$。

2．“角度公差”对话框

在生成角度尺寸或三点角度尺寸时，单击鼠标右键，在弹出的快捷菜单中单击“确定”按钮，可弹出“角度公差”对话框，如图 5—99 所示。

“角度公差”对话框内控件的使用方法与“尺寸标注属性设置”对话框的使用方法类似。

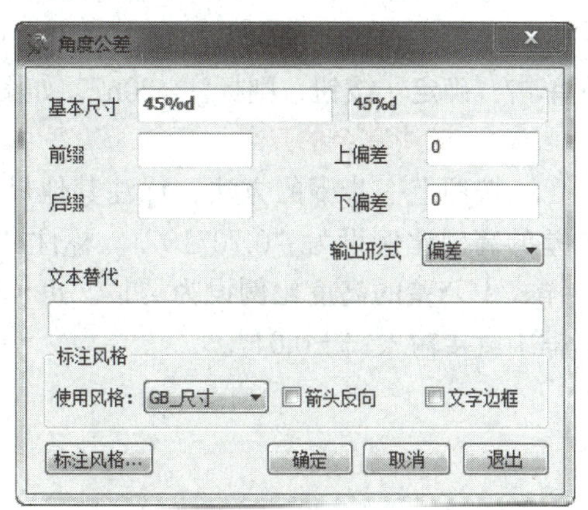

图 5—99　“角度公差”对话框

三、综合实例

如图5—100所示为公差标注综合实例，绘图步骤如下：

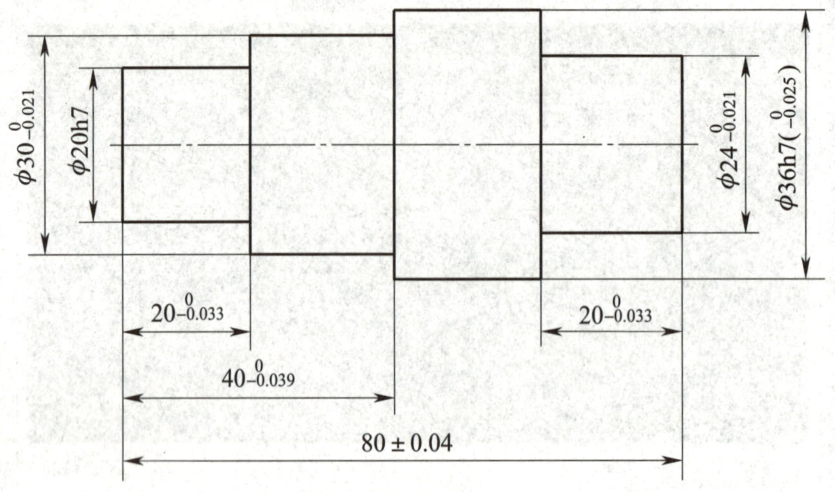

图5—100　公差标注综合实例

1. 绘制零件轮廓

应用“孔/轴”命令，绘制零件轮廓，如图5—101所示。

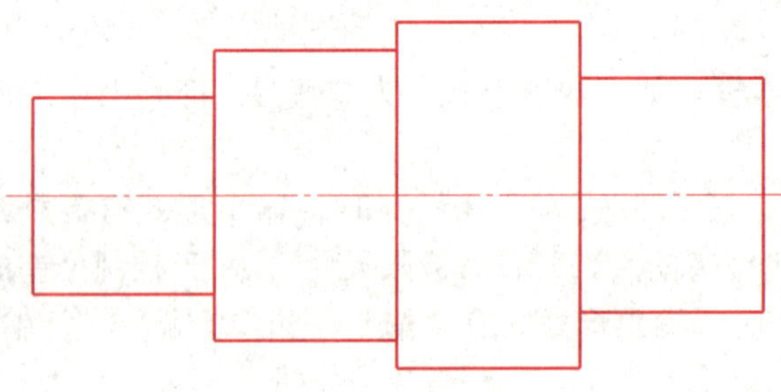

图5—101　绘制零件轮廓

2. 标注 ϕ20h7

应用“基本标注”命令，拾取ϕ20h7两端点，生成尺寸标注时单击鼠标右键，在弹出的快捷菜单中单击“确定”按钮，弹出“尺寸标注属性设置”对话框，按图5—102进行设置，单击“确定”按钮，则标注ϕ20h7，如图5—103所示。

3. 标注其余的尺寸

按照上一步骤的方法，标注其他尺寸。标注带有偏差的尺寸时，需要将尺寸样式中公差的高度比例设为“0.707107”。标注“80±0.04”时，需要新建标注样式，并将新建标注样式中公差的高度比例设为“1”。也可以在“尺寸标注属性设置”对话框的“后缀”文本框中直接输入“±0.04”。

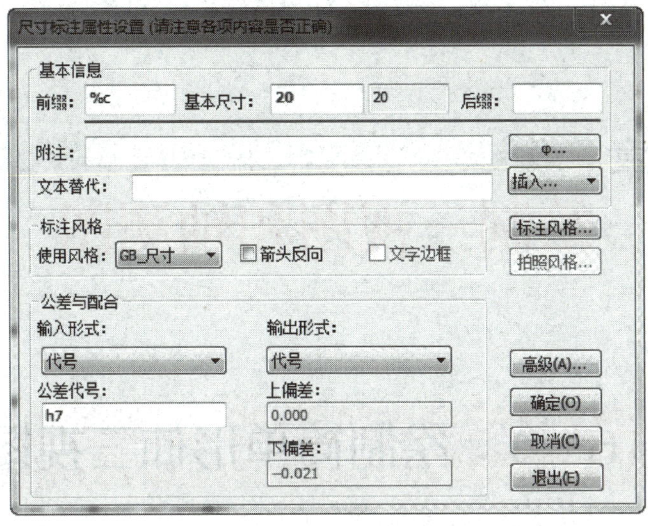

图 5—102 “尺寸标注属性设置”对话框

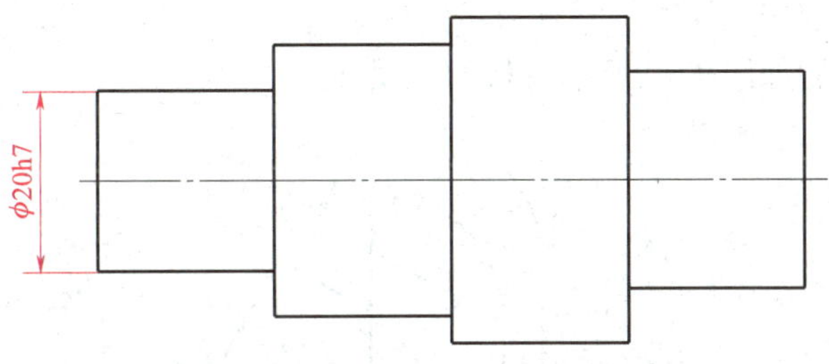

图 5—103 标注 ϕ20h7

第六章 绘制三视图和轴测图

§6—1 绘制简单形体三视图

一、绘制弯板三视图

应用电子图板绘制如图6—1所示弯板的三视图。

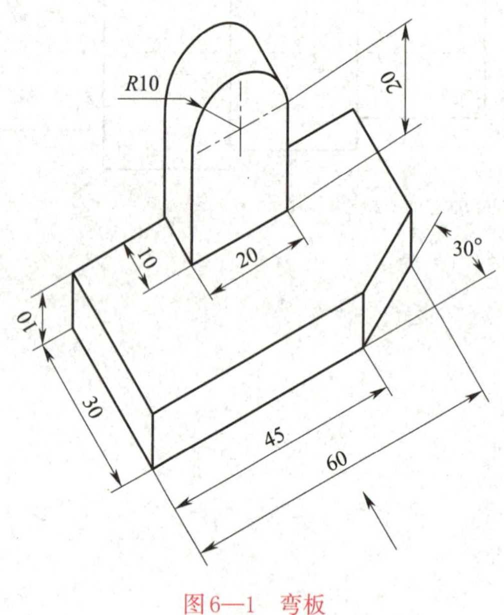

图6—1 弯板

1. 分析

弯板是由带切角的底板与半圆拱形竖板两部分组合而成。绘制三视图时，考虑到三视图的布局，应先绘制出各视图定位线（物体的对称线、中心线、较大平面的基线等），由于每个视图都能反映物体两个方向的尺寸，因此每个物体的长、宽、高三个方向都要有基准（基准即绘图或度量尺寸的起点）；然后从反映物体形状特征的视图绘起，如立体图中箭头指示方向；再按投影关系逐步绘出各部分的三视图。

2. 绘图步骤

（1）绘制中心线、底面基线及45°辅助线

将中心线层设置为“当前层”，根据图6—1所示的尺寸，应用“直线”命令，绘制弯板的对称中心线、底面基线及45°辅助线，如图6—2所示。

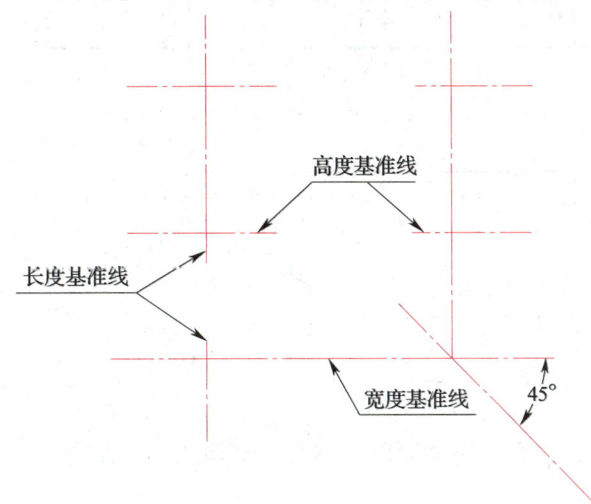

图6—2 绘制弯板的对称中心线、底面基线及45°辅助线

（2）绘制底板三视图

将粗实线层设置为“当前层”，根据图6—1所示的尺寸，应用“两点线”命令，绘制底板三视图，如图6—3所示，先绘制反映底板形状特征（切角）的俯视图，再按投影关系补绘主视图、左视图。

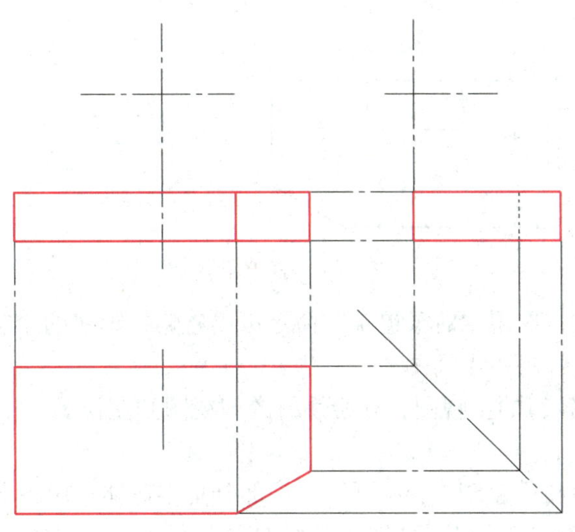

图6—3 绘制底板三视图

（3）绘制竖板三视图

根据图6—1所示的尺寸，绘制竖板三视图，如图6—4所示，先绘制反映竖板形状特征的主视图，然后再按投影关系补绘其俯视图、左视图。

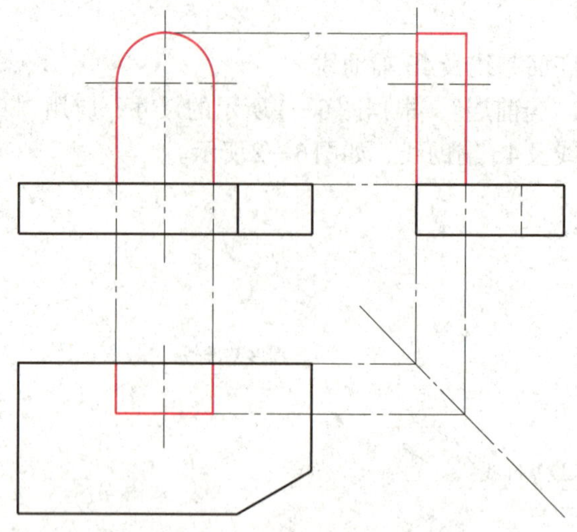

图6—4　绘制竖板三视图

（4）整理图形

根据机械制图的要求，删除不必要的绘图线，整理图形，如图6—5所示。

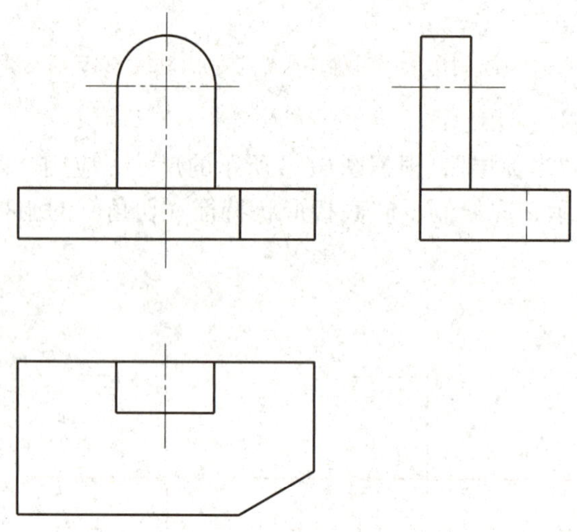

图6—5　整理图形

注：绘制三视图时，应用“对象追踪”命令可以省略投影线的绘制。

二、补绘铆钉的俯视图和左视图

根据图6—6a所示铆钉的主视图，补绘铆钉的俯视图和左视图。

1. 分析

由视图右端半圆形和尺寸*SR*9 mm可知，该部分是半球体；由视图中间的矩形和相关尺寸ϕ12 mm、14 mm（16－2＝14）可知这部分是圆柱体；由左端梯形及相关尺寸ϕ8 mm、ϕ12 mm和2 mm可知，左端为圆锥台，即铆钉是由半球、圆柱和圆锥台三个基本体构成的。

2. 绘图步骤

（1）根据图6—6a所示的尺寸，绘制左视图的中心线和俯视图的轴线，如图6—7所示。

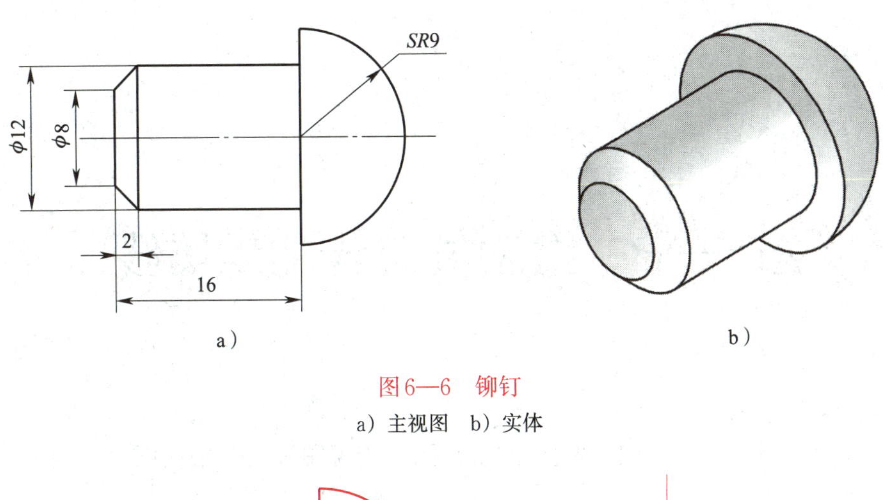

图6—6　铆钉

a）主视图　b）实体

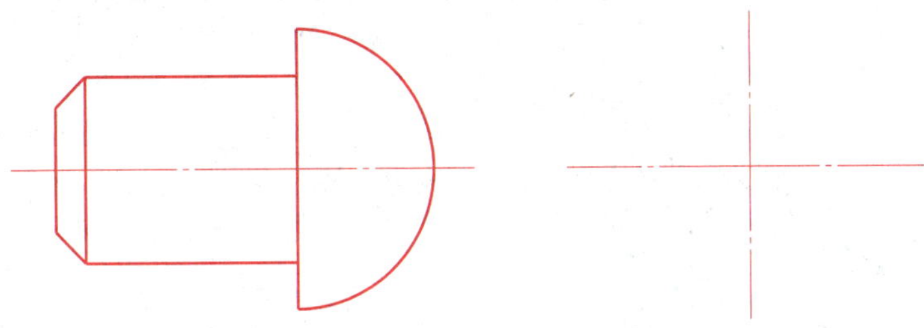

图6—7　绘制左视图的中心线和俯视图的轴线

（2）根据投影关系，补绘各部分基本体的俯视图和左视图，如图6—8所示。

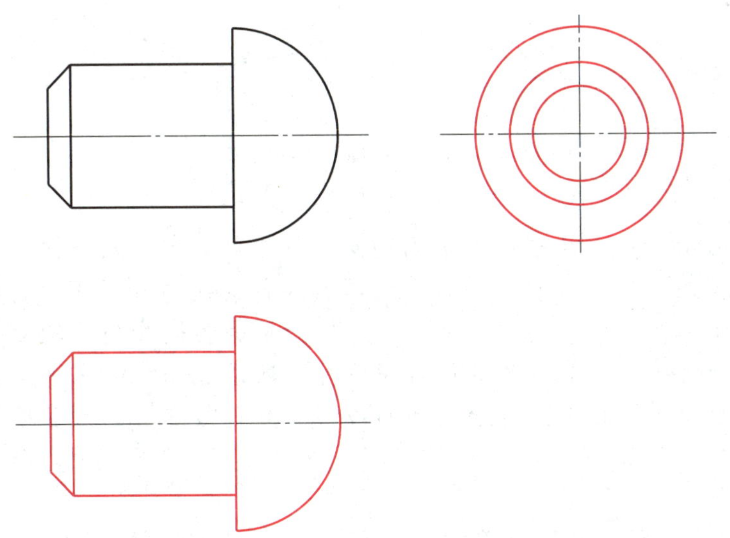

图6—8　补绘各部分基本体的俯视图和左视图

注：俯视图与主视图轮廓相同，绘制俯视图时，可采用“复制”命令，将主视图的轮廓线复制到俯视图中即可。

§6—2　绘制截交线和相贯线

一、绘制平面切割正六棱柱的截交线

根据图6—9所示平面切割正六棱柱的主视图、俯视图及正等轴测图，绘制平面切割正六棱柱的三视图。

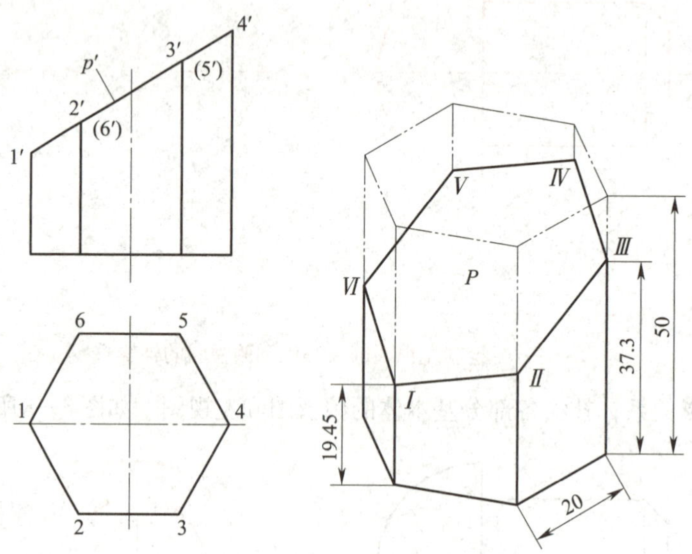

图6—9　平面切割正六棱柱

1. 分析

如图6—9所示，正六棱柱被正垂面切割，截平面P与正六棱柱的六条棱线都相交，所以截交线是一个六边形。六边形的顶点为各棱线与截平面P的交点。截交线的正投影积聚在p'上，$1'$、$2'$、$3'$、$4'$、$5'$、$6'$分别为各棱线与p'的交点。由于正六棱柱的六条棱线在俯视图上的投影具有积聚性，所以截交线的水平投影为已知。根据截交线的正面和水平面投影可绘出侧面投影，并且截交线的侧面投影类似水平投影。

2. 绘图步骤

（1）根据图6—9所示的正六边形的尺寸（20 mm）和正六棱柱的高度（50 mm），应用“直线”命令和“正多边形”命令绘制正六棱柱的三视图，如图6—10所示。

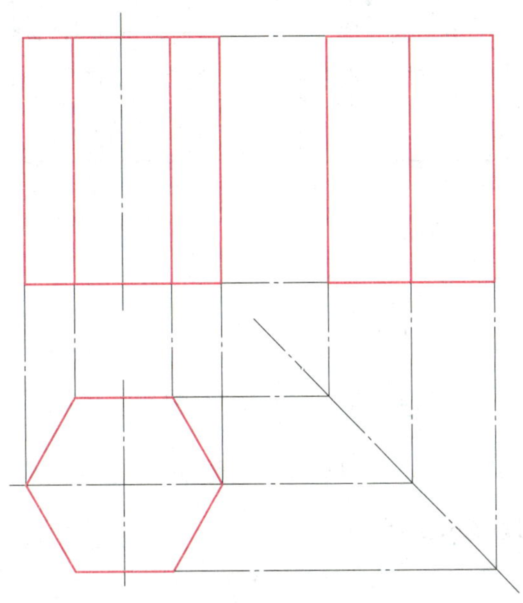

图6—10 绘制正六棱柱的三视图

（2）根据图6—9所示的Ⅰ点的高度（19.45 mm）和Ⅲ点的高度（37.3 mm），应用“直线”命令绘制主视图上的切割平面p'，根据截交线（六边形）各顶点的正面和水平面投影绘出截交线的侧面投影1″、2″、3″、4″、5″、6″。应用“直线”命令，顺次连接1″、2″、3″、4″、5″、6″、1″，如图6—11所示。

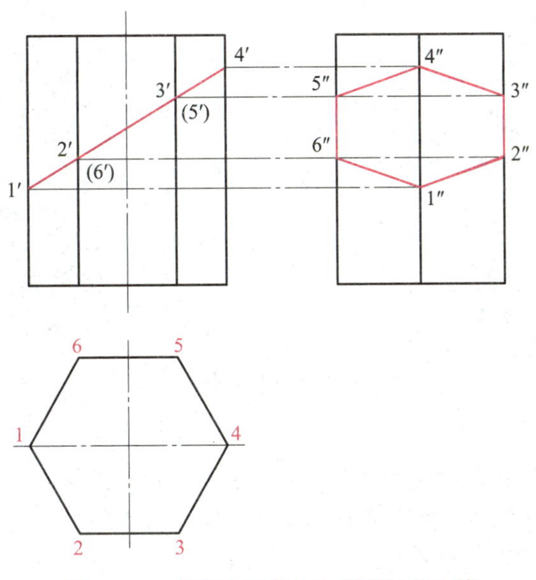

图6—11 绘制主视图和左视图的截交线

（3）整理图形，删除多余的线条，并补绘细虚线（注意：正六棱柱上最右棱线的侧面投影为不可见，左视图上不要漏绘这一条虚线），如图6—12所示。

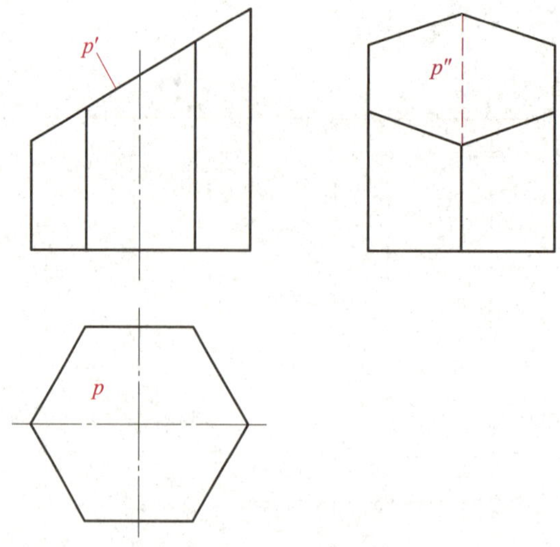

图6—12　整理图形

二、绘制平面切割圆柱的截交线

如图6—13所示为圆柱被正垂面斜切，绘制其三视图。

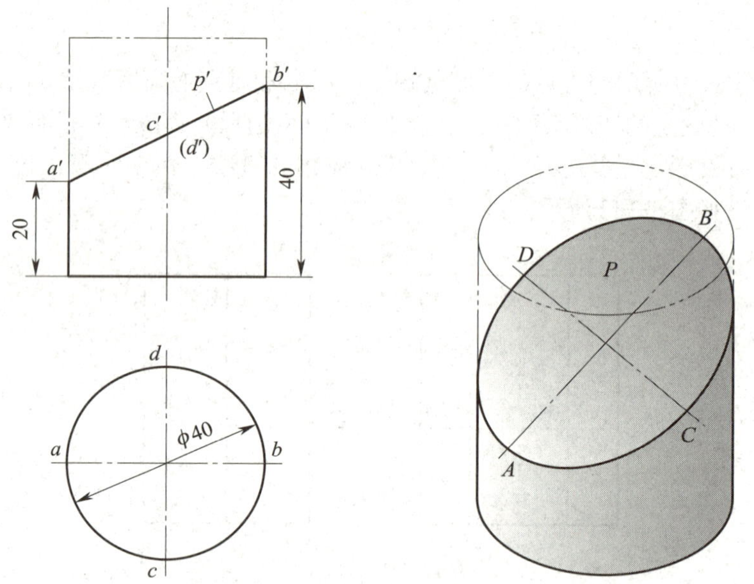

图6—13　圆柱被正垂面斜切

1. 分析

截平面P与圆柱轴线倾斜，截交线为椭圆。由于P面是正垂面，所以截交线的正面投影积聚在p'上；因为圆柱面的水平投影具有集聚性，所以截交线的水平投影积聚在圆周上；而截交线的侧面投影一般情况下为椭圆。

2. 绘图步骤

(1) 根据图6—13所示的尺寸，应用“直线”和“圆”命令绘制圆柱的三视图，如图6—14所示。

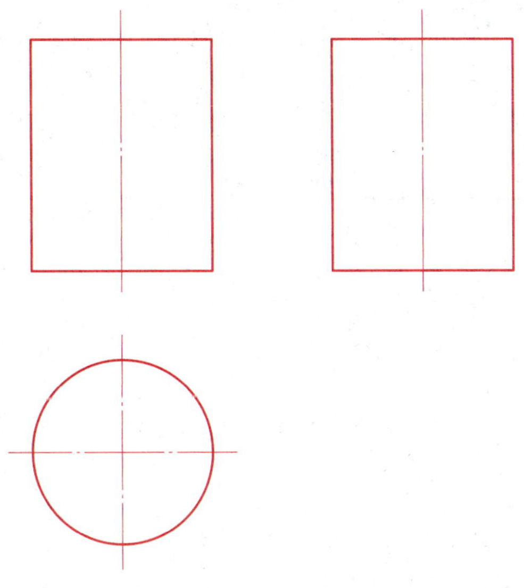

图6—14　绘制圆柱的三视图

（2）根据图6—13所示的尺寸，绘制主视图的截平面p'。最低点A和最高点B是椭圆的两个象限点，位于圆柱最左和最右素线上。最前点C和最后点D是椭圆的两个象限点，位于圆柱最前和最后素线上。先找到A、B、C、D的正面和水平投影，然后由正面投影a'、b'、c'、d'和水平投影a、b、c、d绘出侧面投影a''、b''、c''、d''，如图6—15所示。

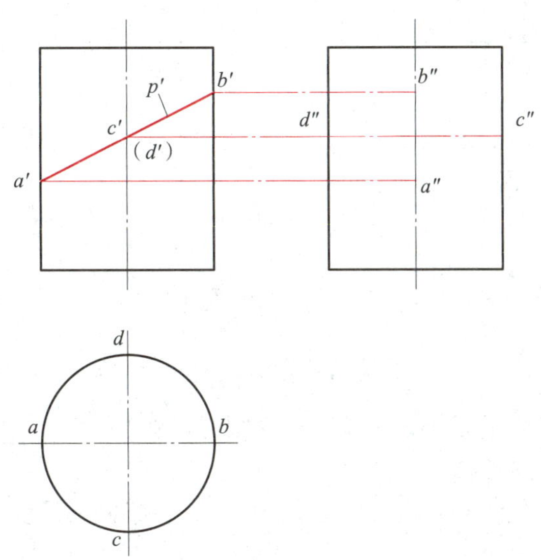

图6—15　绘制截平面p'及A、B、C、D四个点的投影

（3）执行“椭圆”命令，将其立即菜单第一项设为“中心点、起点”方式，捕捉$c''d''$连线与对称中心线的交点为椭圆中心点，捕捉c''点为起点，捕捉b''点确定短轴长度，绘制出椭圆，如图6—16所示。

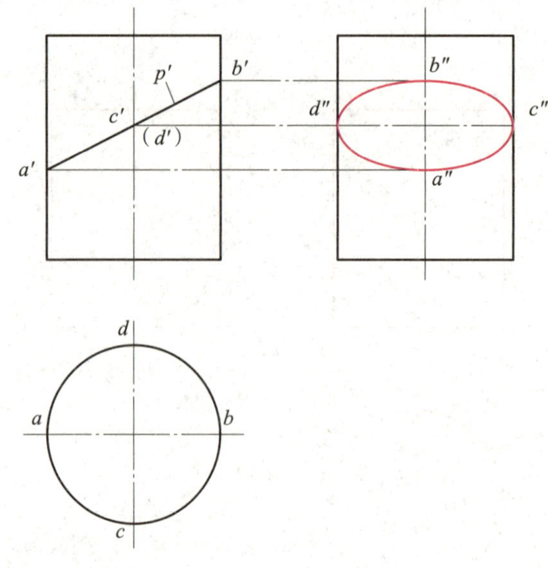

图 6—16　绘制椭圆

（4）整理图形，删除多余的线条，如图 6—17 所示。

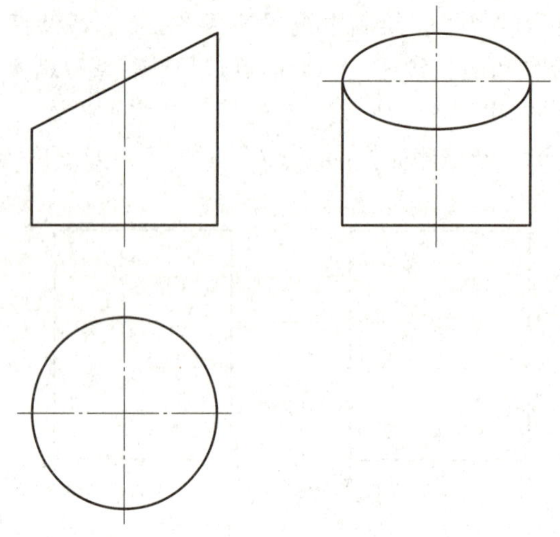

图 6—17　整理图形

注意：可绘制中间点三面投影，来验证左视图的正确性。

三、绘制圆柱与圆柱的相贯线

如图 6—18 所示，两个直径不等的圆柱正交相贯，试绘制相贯线的投影。

1. 分析

由图 6—18a 可知，两圆柱直径不同，轴线垂直相交（正交），其中大圆柱的轴线垂直于水平投影面，故大圆柱面水平投影为圆；小圆柱的轴线垂直于侧投影面，故小圆柱面的侧面投影为圆。相贯线（空间封闭曲线）是两圆柱面的交线，也是两圆柱面的共有线，因此具有两圆柱面的投影特性，即相贯线的水平投影与大圆柱面的投影重合（为一部分圆弧），相贯线的侧面投影与小圆柱的侧面投影重合（为整圆）。因此，该相贯线的水平投影和侧面投影是已知的。在绘图时，可以找出相贯线上的特殊位置点（即极限点），并根据点的投影规律绘制其未知投影，光滑连接各点即得相贯线的未知投影。

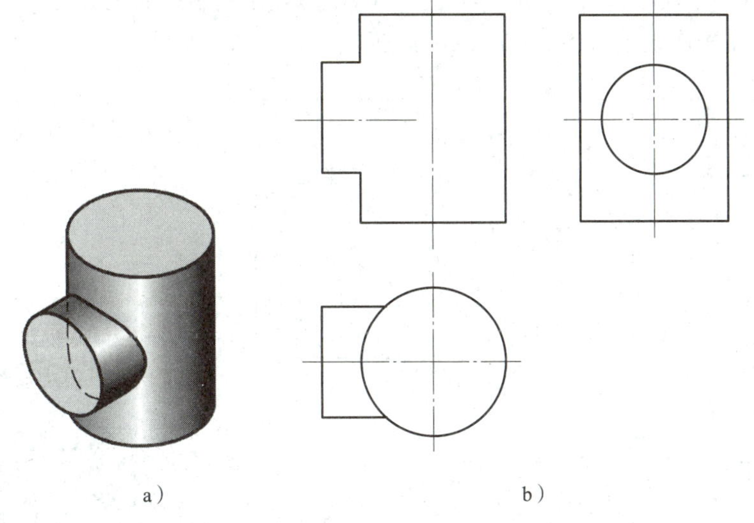

a）　　　　b）

图6—18　两直径不等的圆柱正交相贯

a）立体图　b）三视图

2. 绘图步骤

（1）绘制特殊点的投影（见图6—19）

1）找出大圆柱与小圆柱相交的最高点A和最低点C（该两点同时是大圆柱的最左点）的侧面投影，求出其水平投影，再绘制正面投影。

2）找出最前点B和最后点D（该两点同时是最右点）的侧面投影，绘制其水平投影，再绘制正面投影。

3）将点的样式设置为“小圆”，应用“点”命令，在主视图上绘制出A、B、C、D四点。

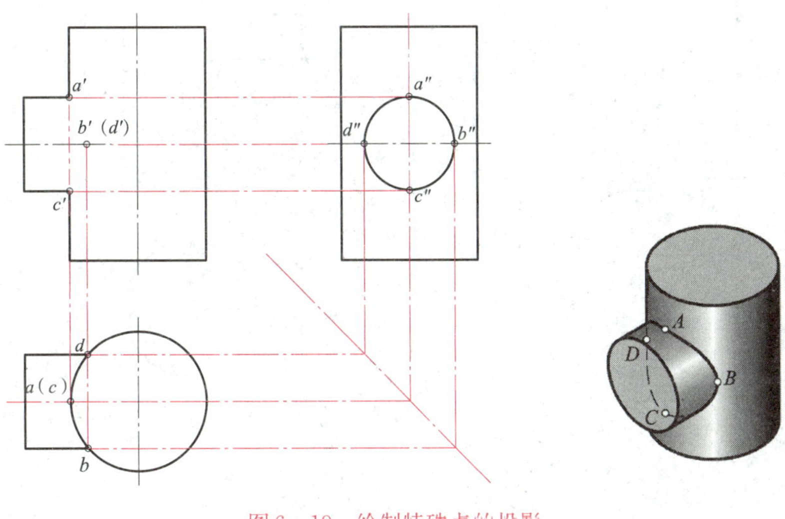

图6—19　绘制特殊点的投影

（2）绘制一般点的投影（见图6—20）

在左视图上绘制一般点E、F、G、H的侧面投影e''、f''、g''、h''，利用点的投影规律在俯视图上绘制水平投影e、f、g、h，再根据点的投影规律绘制正面投影e'、f'、g'、h'。应用"点"命令，在主视图上绘制出E、F、G、H四点。

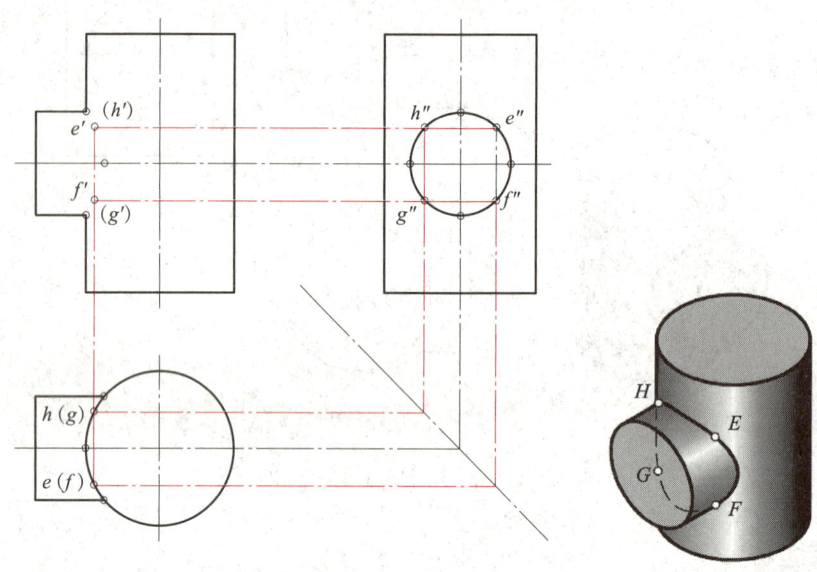

图6—20　绘制一般点的投影

（3）删除辅助线，并应用"样条曲线"命令，依次连接主视图上的各点，绘制主视图相贯线，如图6—21所示。

（4）如图6—22所示，修改点的样式，将点的样式设置为"空白样式"，使图形中的点不显示。也可应用"删除"命令删除各个点，拾取时注意不要拾取到其他图素。

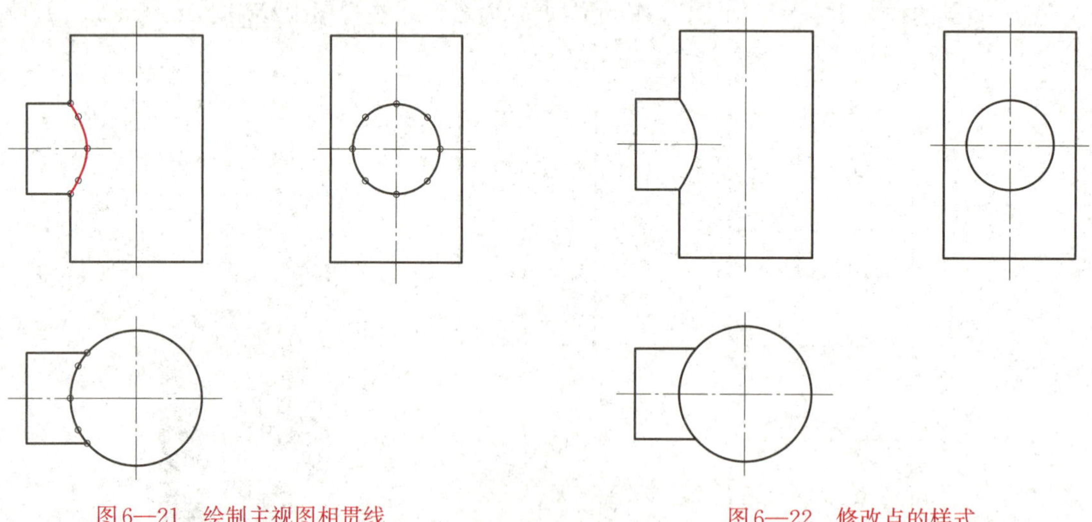
图6—21　绘制主视图相贯线

图6—22　修改点的样式

§6—3 绘制支座组合体的三视图

绘制如图6—23所示的支座组合体三视图。

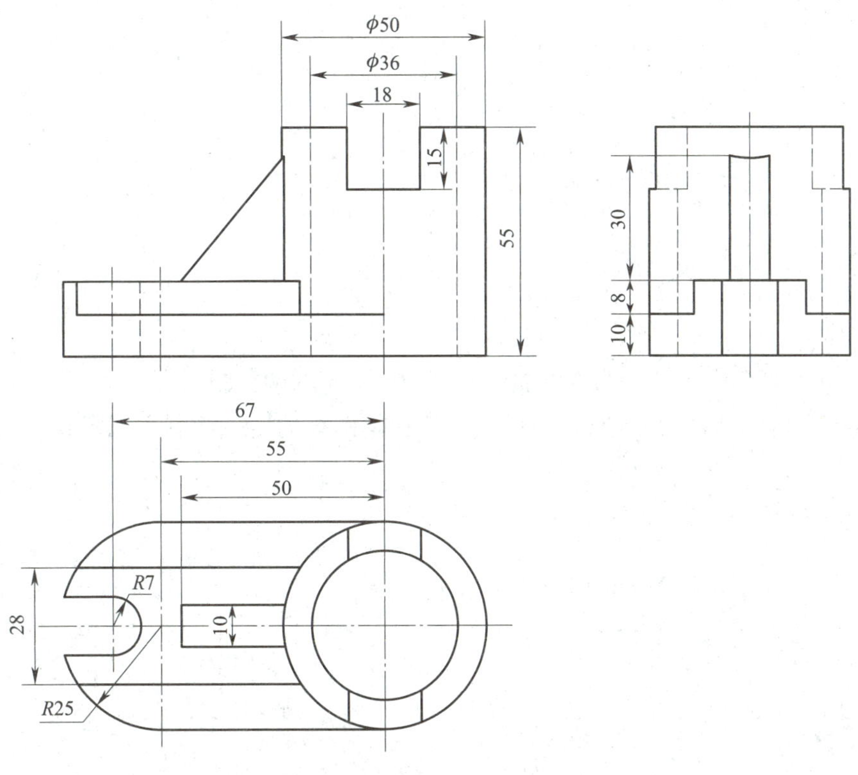

图6—23 支座组合体三视图

一、分析

绘制组合体三视图前，首先应对组合体进行形体分析，通常假设把组合体分解成若干个基本体，弄清楚各部分的形状、相对位置、组合形式以及表面间的相对位置关系，这种分析方法称为形体分析法。

利用形体分析法，如图6—23所示的支座可分为六个部分：圆柱筒、圆柱筒上部的凹槽、底板、底板上部的台阶板、肋板、左侧的槽。绘图时三个视图应同时进行，不要一个视图绘完之后再去绘另一个视图。绘制支座组合体三视图时，应首先绘制出中心线，确定出三视图的位置，然后绘制圆柱筒、圆柱筒上部的凹槽、底板，底板上部的台阶板、肋板、左侧的槽，最后整理图形。

二、绘图步骤

1. 绘制各视图的中心线、定位线和45°辅助线

将中心线层设置为“当前层”，利用“两点线”命令和“等距线”命令绘制各视图的中心线、定位线和45°辅助线，如图6—24所示。

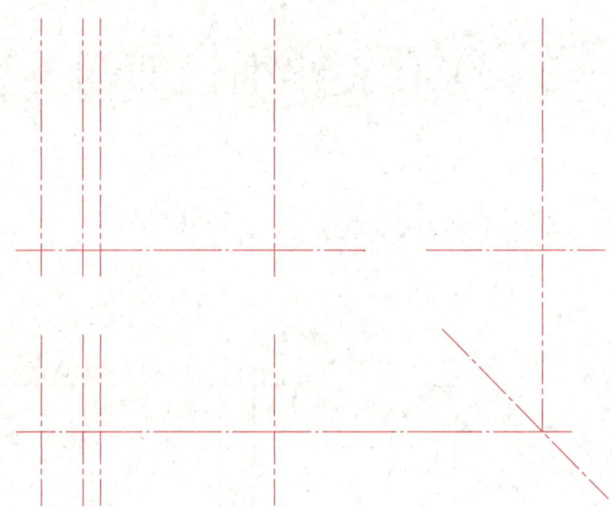

图6—24 绘制各视图的中心线、定位线和45°辅助线

2. 绘制直立空心圆柱体（见图6—25）

（1）利用“圆”命令绘制俯视图ϕ36 mm、ϕ50 mm的两个圆。

（2）利用“两点线”命令绘制辅助线，依据辅助线的定位绘制主视图和左视图中的轮廓线，如图6—25a所示。

（3）删除辅助线，整理图形，如图6—25b所示。

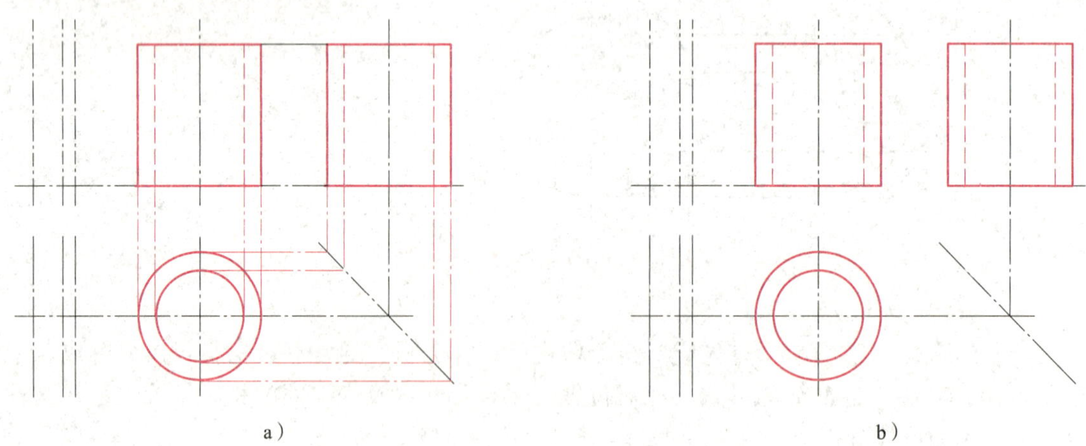

a） b）

图6—25 绘制直立空心圆柱体

a）通过辅助线绘制轮廓线 b）整理图形

3. 绘制圆柱筒上部的凹槽（见图6—26）

（1）利用“两点线”命令绘制主视图中圆柱筒上部凹槽的轮廓线，如图6—26a所示。

（2）利用“两点线”命令绘制辅助线，通过辅助线绘制俯视图和左视图中圆柱筒上部

凹槽的轮廓线，并修剪左视图，如图6—26a所示。

（3）删除辅助线，整理图形，如图6—26b所示。

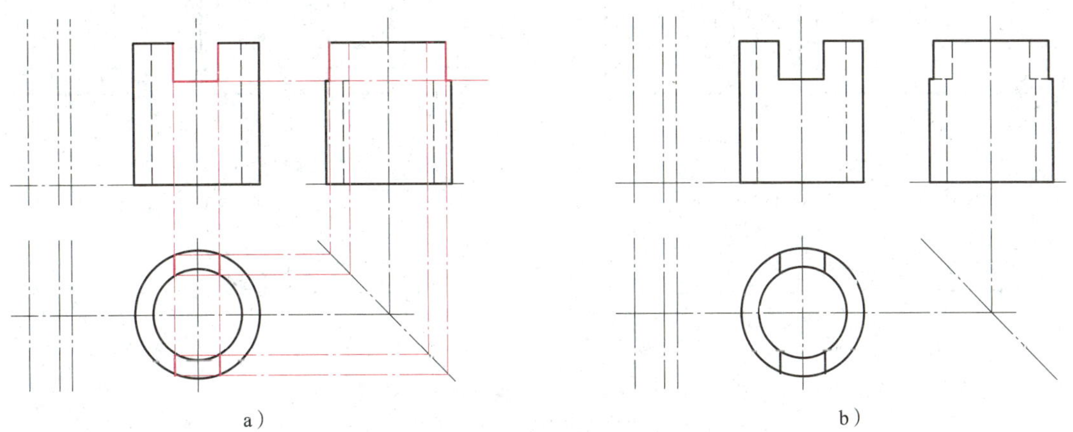

图6—26 绘制圆柱筒上部的凹槽

a）通过辅助线绘制凹槽 b）整理图形

4. 绘制底板

（1）利用“两点线”和“圆弧”命令绘制俯视图中底板的视图，注意要捕捉准点。

（2）利用“两点线”命令绘制辅助线，通过辅助线来绘制主视图和左视图中底板的轮廓线，并修剪主视图，绘制底板的结果如图6—27所示。

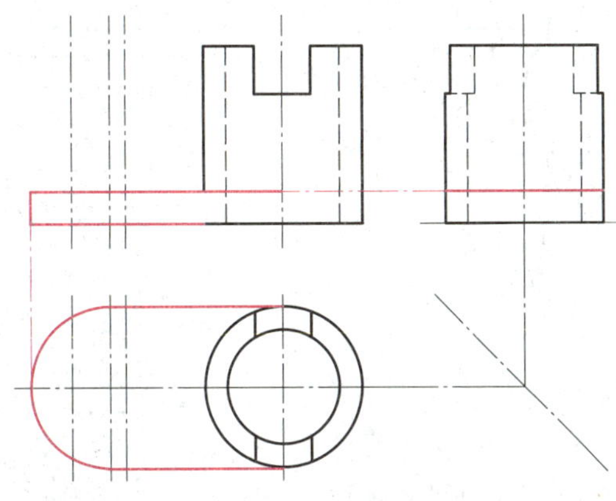

图6—27 绘制底板的结果

5. 绘制台阶板（见图6—28）

（1）利用“两点线”“等距线”和“修剪”等命令，在左视图上绘制台阶板，如图6—28a所示。

（2）利用“两点线”命令绘制辅助线，通过辅助线绘制俯视图和主视图中的台阶板的轮廓线。注意台阶板的轮廓线与圆柱的相交直线的位置，如图6—28a所示。

（3）删除辅助线，整理图形，如图6—28b所示。

6. 绘制底槽（见图6—29）

（1）应用“圆”“两点线”和“修剪”等命令，绘制俯视图的底槽轮廓线，如图6—29a所示。

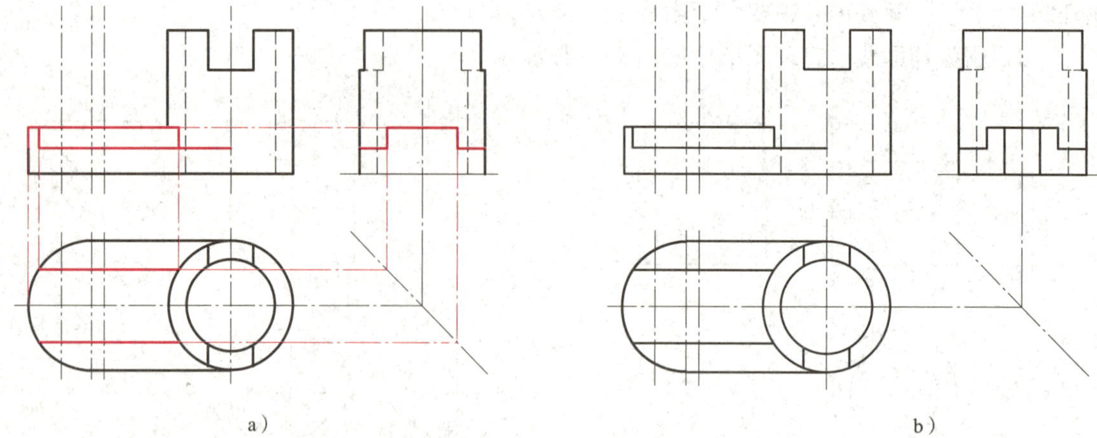

图6—28　绘制台阶板

a）通过辅助线绘制台阶板　b）整理图形

（2）应用“两点线”命令绘制辅助线，通过辅助线绘制左视图和主视图中底槽的轮廓线，如图6—29a所示。

（3）删除辅助线，整理图形，如图6—29b所示。

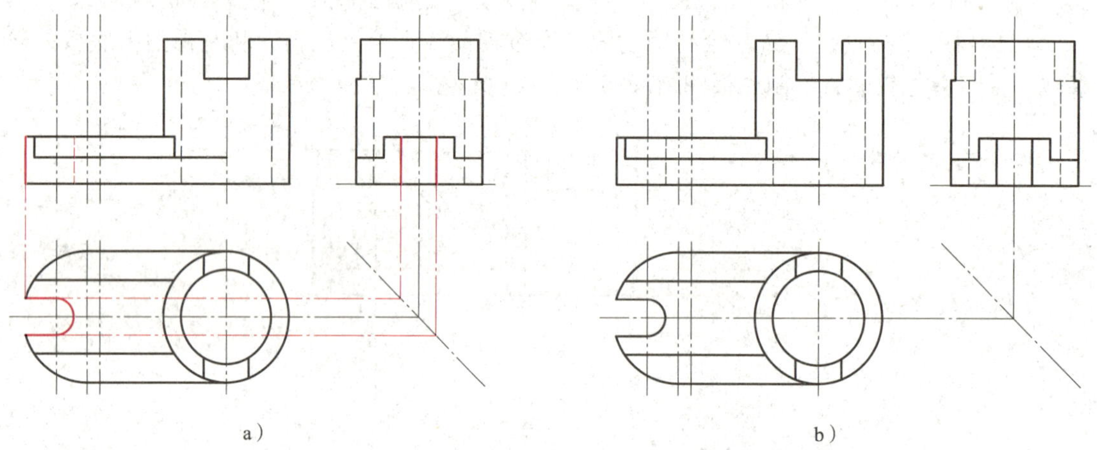

图6—29　绘制底槽

a）通过辅助线绘制底槽的轮廓线　b）整理图形

提示：

因为底槽的左端部分被切掉，故其主视图中左端直线的位置也要改变，在绘制图形时要时刻注意三视图的相互对应关系。

7. 绘制肋板

（1）应用“等距线”和“两点线”命令，在俯视图上绘制肋板，如图6—30所示。

（2）应用“两点线”命令绘制辅助线，通过辅助线绘制左视图和主视图中肋板的轮廓线。由于肋板与圆柱体相交产生截交线，绘制主视图上的截交线后，圆柱上的轮廓线要擦除。绘制左视图上的截交线时，可以先找到三个特殊位置点，然后用“三点”命令绘制圆弧（用圆弧代替截交线）。

（3）删除辅助线，结果如图6—30所示。

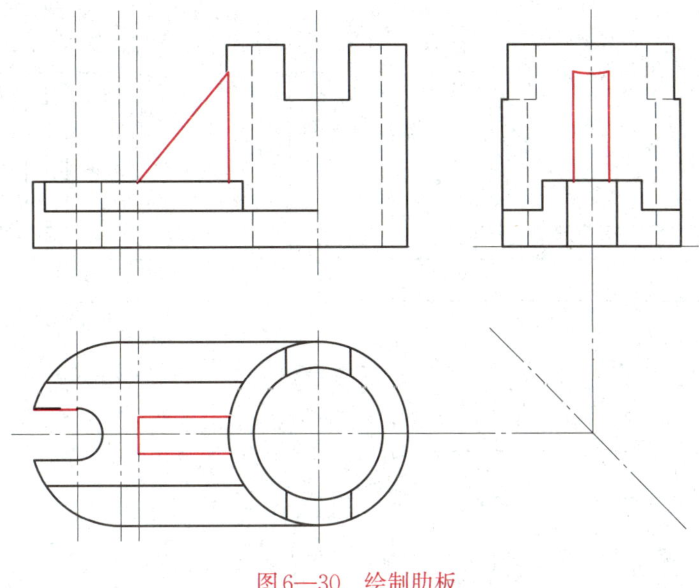

图6—30　绘制肋板

8. 整理图形

删除45°辅助线，并修剪或打断过长的中心线或定位线，整理图形，如图6—31所示。

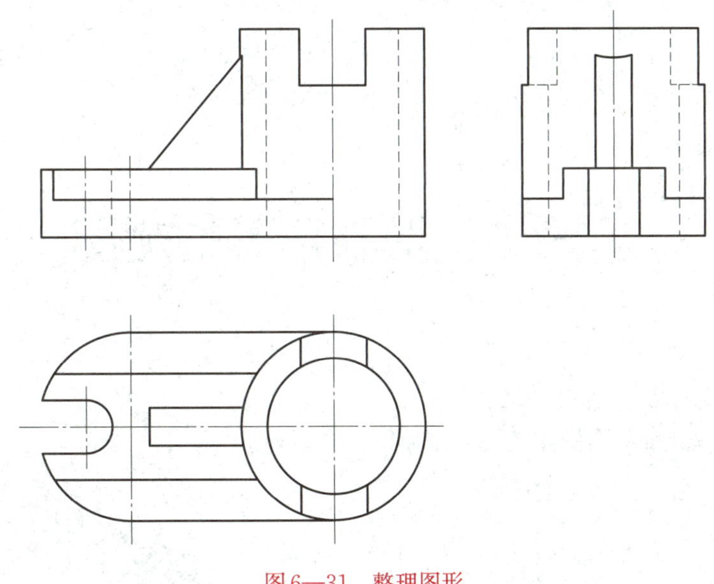

图6—31　整理图形

9. 标注尺寸

应用“智能标注”命令，标注支座各部分的尺寸，如图6—32所示。

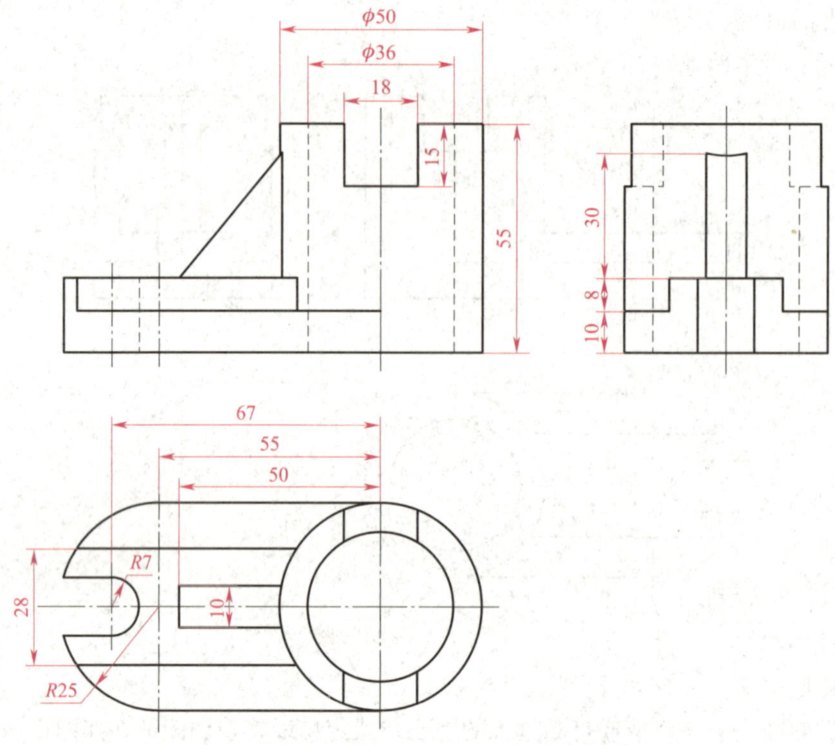

图 6—32　标注支座各部分的尺寸

§6—4　绘制正等轴测图

一、绘制圆柱体的正等轴测图

绘制如图 6—33 所示圆柱体的正等轴测图。

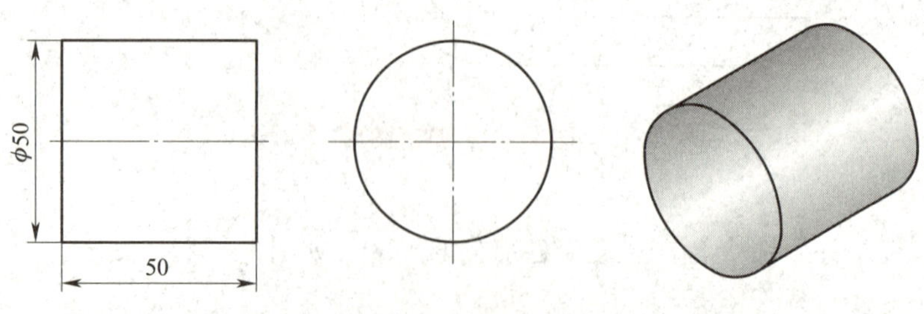

图 6—33　圆柱体

1. 分析

如图 6—33 所示，该圆柱体的轴线平行于水平面，左、右侧面为两个垂直于水平面且大小相同的圆。在轴测图中，左、右两侧面皆为椭圆。因此，可根据圆柱的直径（50 mm）和长度（50 mm）绘制两个形状和大小相同、中心距为50 mm的椭圆，再绘制两椭圆的公切线。

2. 绘图步骤

（1）绘制正等轴测图投影坐标系

根据正等轴测图的轴间角（120°），应用“两点线”和“旋转”命令，绘制正等轴测图投影坐标系，如图6—34所示。

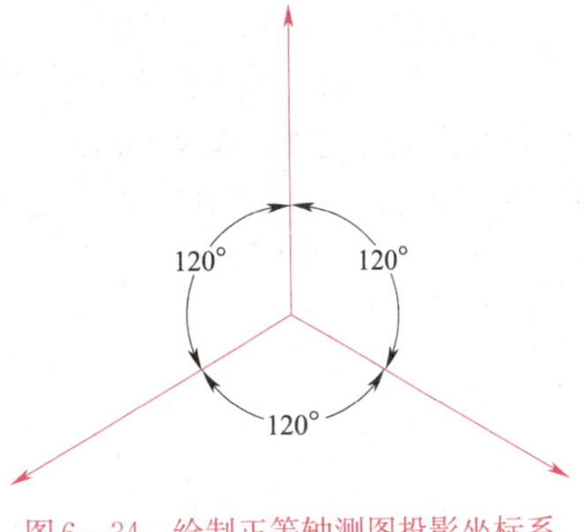

图6—34　绘制正等轴测图投影坐标系

（2）绘制正六边形的正等轴测图

应用“两点线”和“平移复制”命令，绘制边长为50 mm正六边形的正等轴测图，如图6—35所示。

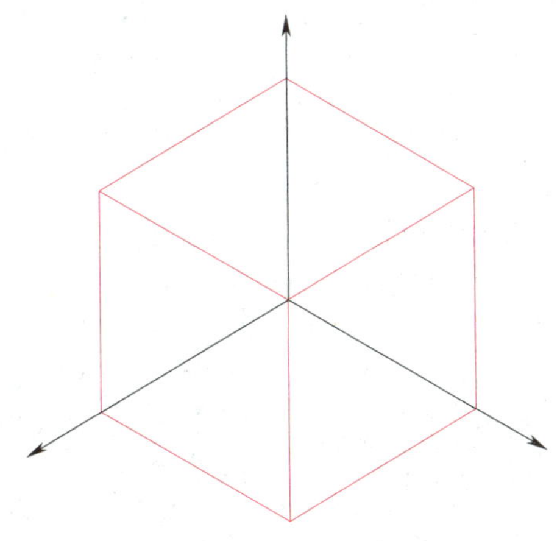

图6—35　绘制边长为50 mm正六边形的正等轴测图

（3）绘制正六边形左侧面的中心线

应用“平移复制”命令，绘制正六边形左侧面的中心线（将平移复制线型改为细点画线），如图6—36所示。

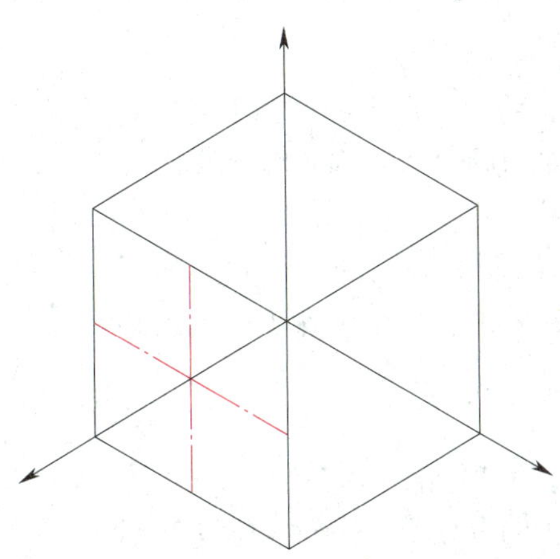

图6—36　绘制正六边形左侧面的中心线

（4）绘制左侧面上的椭圆

应用四心法绘制左侧面上的椭圆，如图6—37所示。过图6—37a中的A点与B点绘制相应直线的的垂直线，交于O_1点；以O_1为圆心，O_1A为半径，绘制AB弧，如图6—37a所示。按照相同的方法，绘制CD弧（见图6—37b）、DA弧（见图6—37c）和BC弧（见图6—37d）。

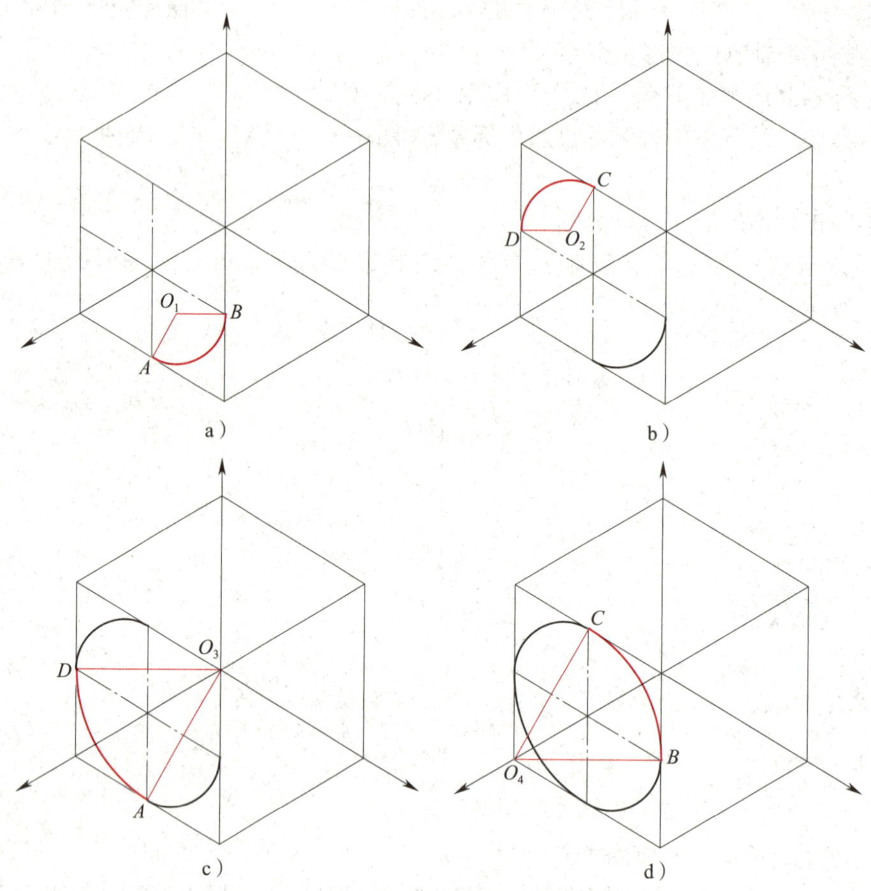

图6—37　绘制左侧面上的椭圆

a）绘制AB弧　b）绘制CD弧　c）绘制DA弧　d）绘制BC弧

（5）绘制右侧面上的椭圆

应用“平移复制”命令，将左侧面上的椭圆平移复制到右侧面上，绘制右侧面上的椭圆，如图6—38所示。

（6）绘制两椭圆的公切线

应用“两点线”命令，绘制两椭圆的公切线，如图6—39所示。绘制公切线时，单击空格键，弹出工具点菜单，选择切点。

（7）整理图形

应用“删除”命令，删除直角坐标系、边长为50 mm的正六边形的正等轴测图及右侧面上的中心线。修剪右侧面上看不到的圆弧，并拉长左侧面上的中心线，如图6—40所示。

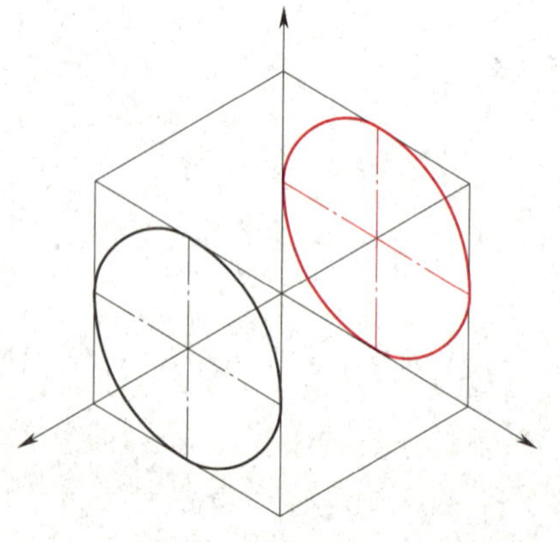

图6—38　绘制右侧面上的椭圆

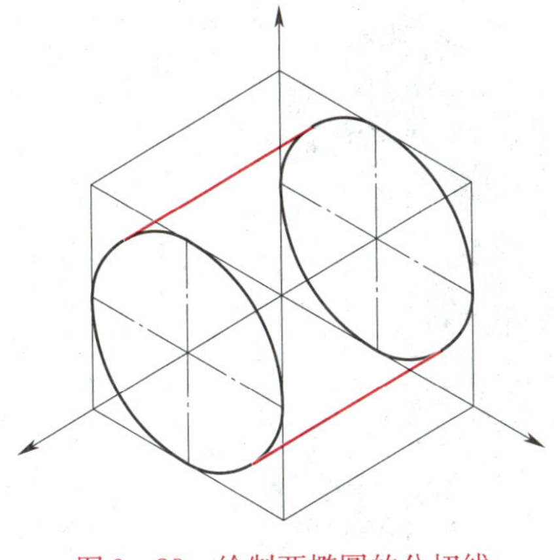

图 6—39　绘制两椭圆的公切线

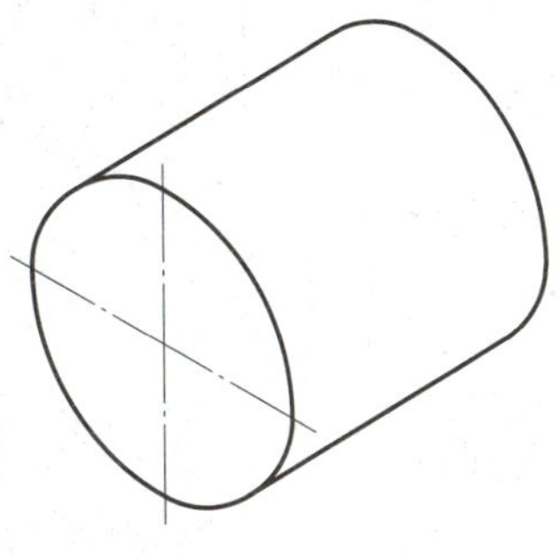

图 6—40　整理图形

二、绘制切割型组合体的正等轴测图

绘制如图 6—41 所示切割型组合体的正等轴测图。

1. 分析

如图 6—41 所示的组合体可看作是由长方体切去基本形体 1、2、3、4 而形成的。绘制切割型组合体的正等轴测图时，可先绘制切割前基本体的正等轴测图，再依次切割去 1、2、3、4 基本形体。

提示：

应用电子图板绘制正等轴测图时，不能采用“等距线”命令绘制平行且相等的线段，而应采用“平移复制”命令，通过捕捉中点、端点或输入距离的方法完成平移复制。

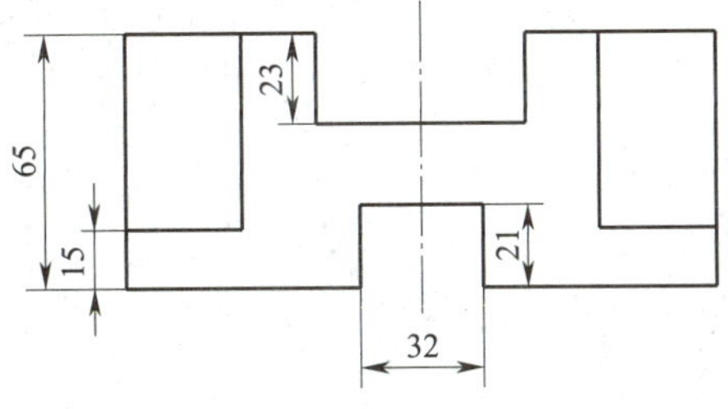

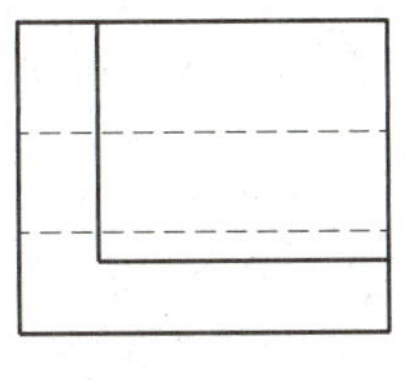

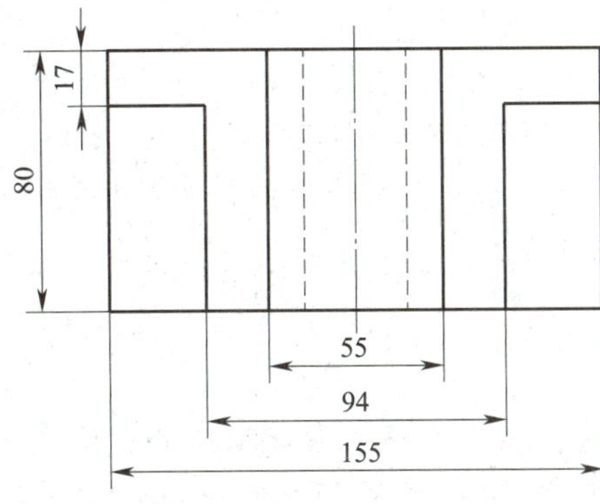

a）

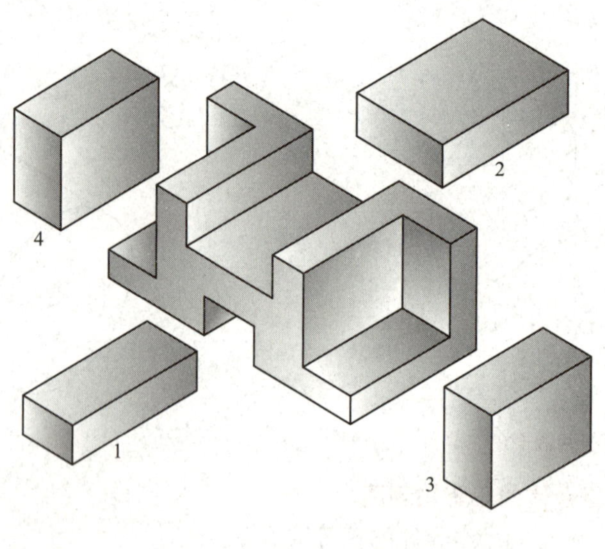

b）

图6—41 切割型组合体

a）三视图 b）正等轴测图

2. 绘图步骤

（1）绘制正等轴测图投影坐标系

应用“两点线”和“旋转”命令，绘制正等轴测图投影坐标系，如图6—42所示。

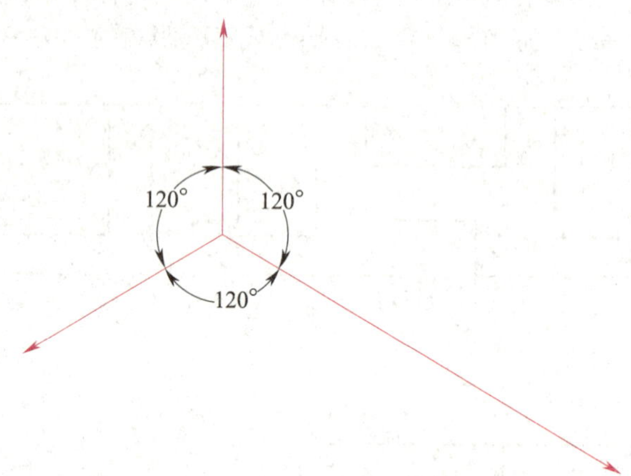

图6—42 绘制正等轴测图投影坐标系

（2）绘制长方体的正等轴测图

应用“两点线”和“平移复制”命令，绘制边长为155 mm×80 mm×65 mm长方体的正等轴测图，如图6—43所示。

（3）切割基本形体1（见图6—44）

1）应用“平移复制”命令，绘制底面的中心线，并将该中心线沿长边向两侧平移复制，平移距离各为16 mm，将长边向上平移复制，平移距离为21 mm，最后平移复制长方体的高，如图6—44a所示。

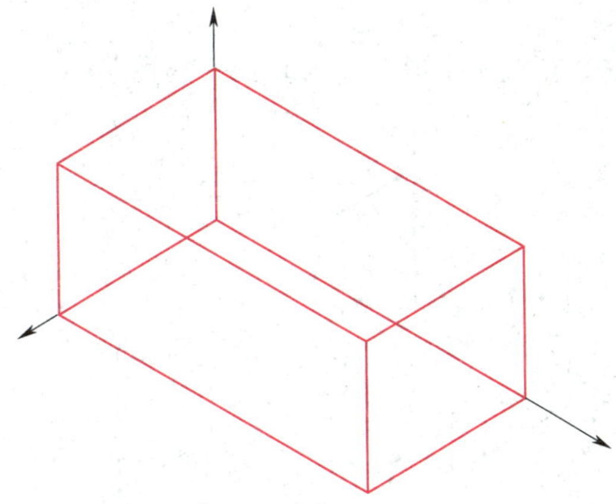

图6—43　绘制边长为155 mm×80 mm×65 mm长方体的正等轴测图

2）应用“删除”和“修剪”命令，删除和修剪多余的线段，结果如图6—44b所示。

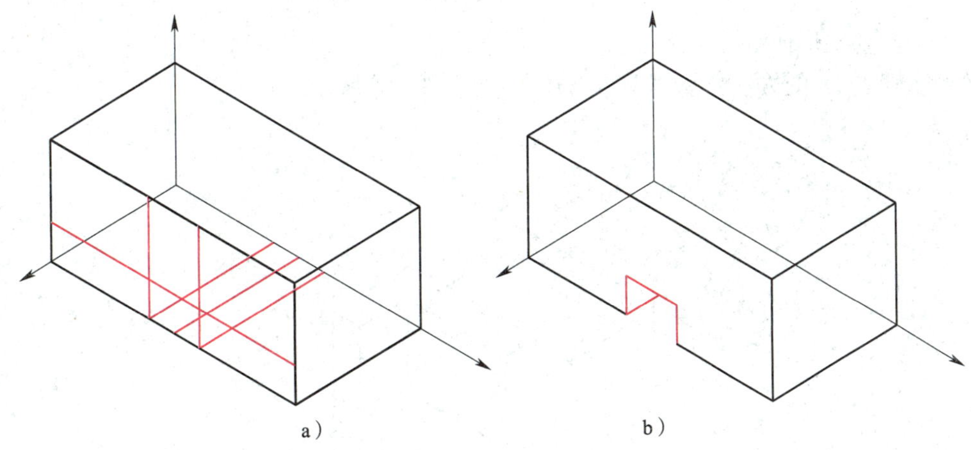

图6—44　切割基本形体1

a）平移复制轮廓线　b）删除和修剪多余线段

（4）切割基本形体2

按照步骤（3）的方法，切割基本形体2，如图6—45所示。

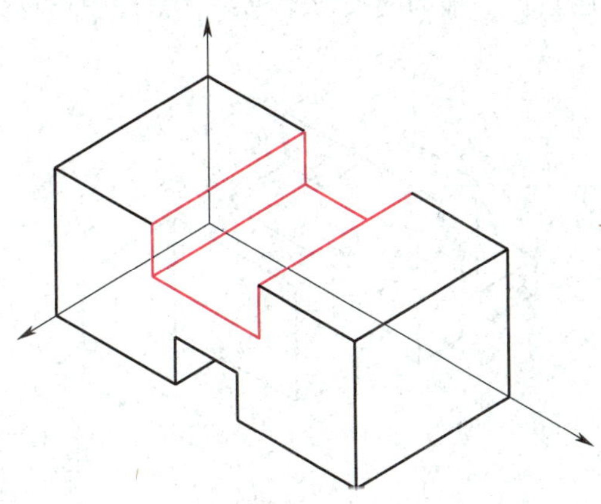

图6—45　切割基本形体2

（5）切割基本形体3

按照步骤（3）的方法，切割基本形体3，如图6—46所示。

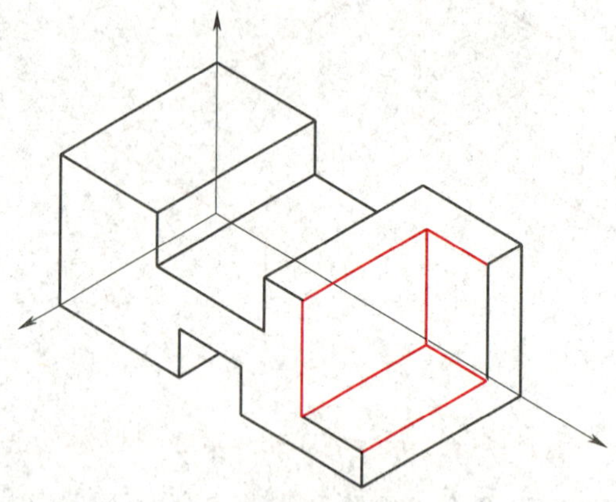

图6—46 切割基本形体3

（6）切割基本形体4

按照步骤（3）的方法，切割基本形体4，如图6—47所示。

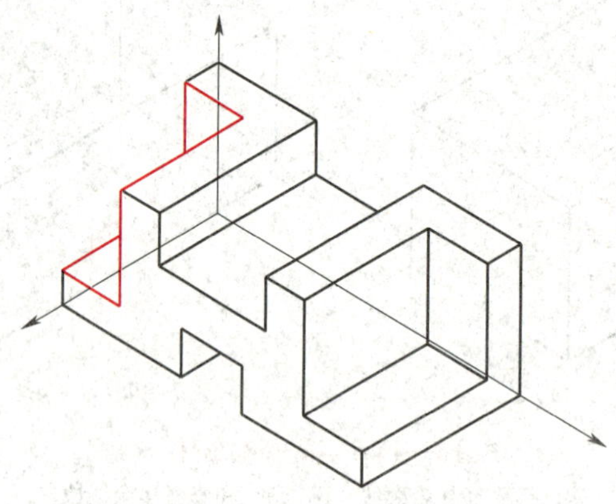

图6—47 切割基本形体4

（7）整理图形

应用“删除”命令，删除正等轴测图投影坐标系，整理图形，如图6—48所示。

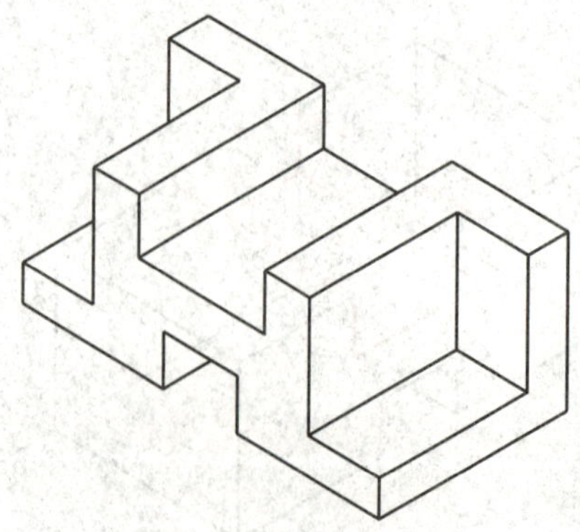

图6—48 整理图形

§6—5　绘制斜二轴测图

一、绘制带圆孔六棱柱的斜二轴测图

绘制如图6—49所示带圆孔六棱柱的斜二轴测图。

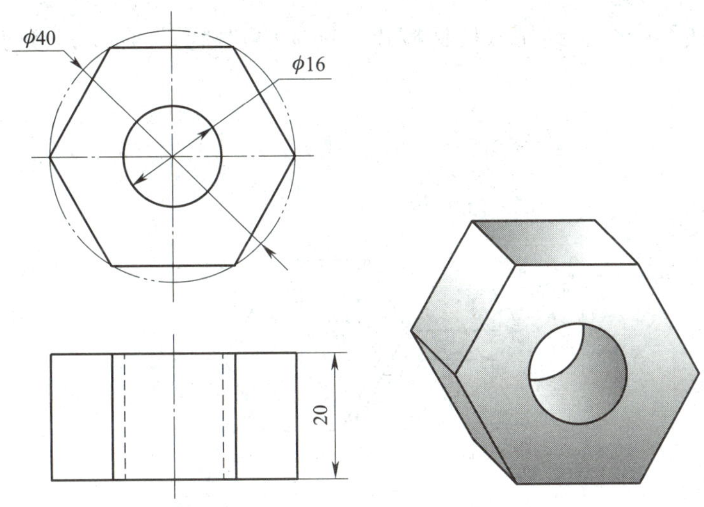

图6—49　带圆孔六棱柱

1. 分析

如图6—49所示为带圆孔的六棱柱，其前（后）端面平行于正面，确定直角坐标系时，使坐标轴OY与圆孔轴线重合，坐标面XOZ与正面平行，选择正平面作为轴测投影面。这样，物体上的正六边形和圆的轴测投影均为实形，绘图很方便。

2. 绘图步骤

（1）绘制斜二测投影坐标系（见图6—50）

1）根据斜二轴测图的轴间角，应用“两点线”和“旋转”命令，绘制斜二测图的轴测轴，如图6—50所示。

2）根据斜OY轴的轴向伸缩系数$q=0.5$，沿OY轴负方向平移复制OX轴和OZ轴，距离为10 mm（20×0.5=10），如图6—50所示。

（2）绘制前、后端面正六边形

应用“正多边形”命令，分别以O、O'为中心，绘制前、后端面正六边形，如图6—51所示。

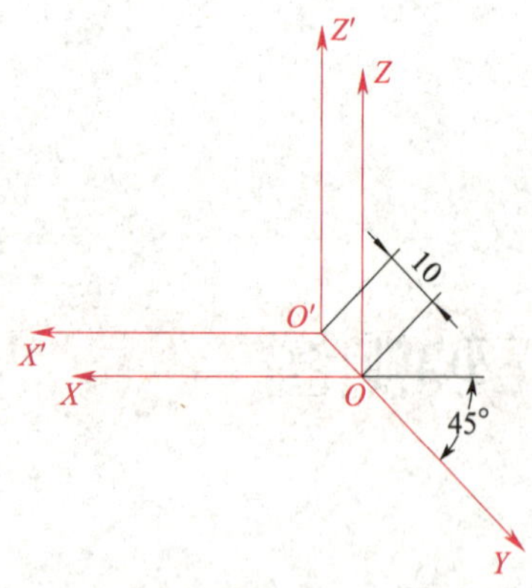

图6—50　绘制斜二测投影坐标系

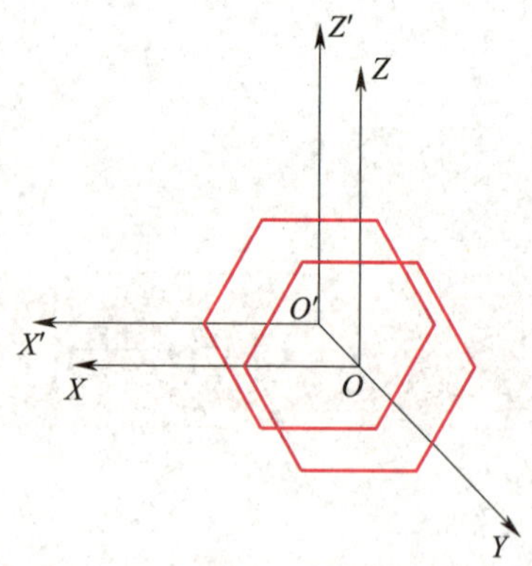

图6—51　绘制前、后端面正六边形

（3）绘制六棱柱棱边

应用“两点线”命令，绘制六棱柱棱边，并应用“修剪”命令，修剪看不到的线段，如图6—52所示。

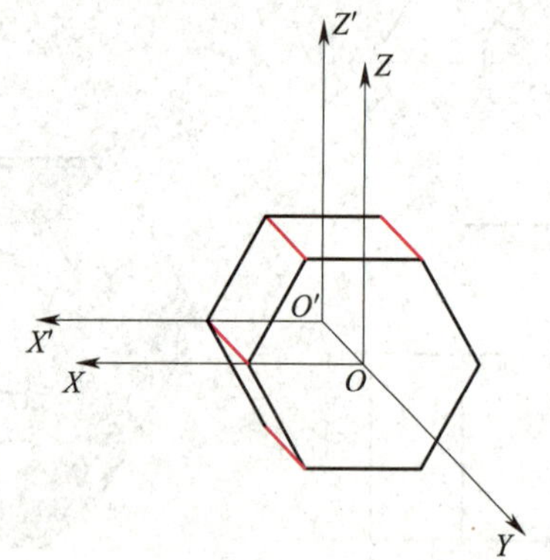

图6—52　绘制六棱柱棱边

（4）绘制圆孔（见图6—53）

应用“圆”命令，分别以O、O'为中心，绘制前、后端面上ϕ16 mm的圆，如图6—53a所示。修剪看不到的圆弧线，如图6—53b所示。

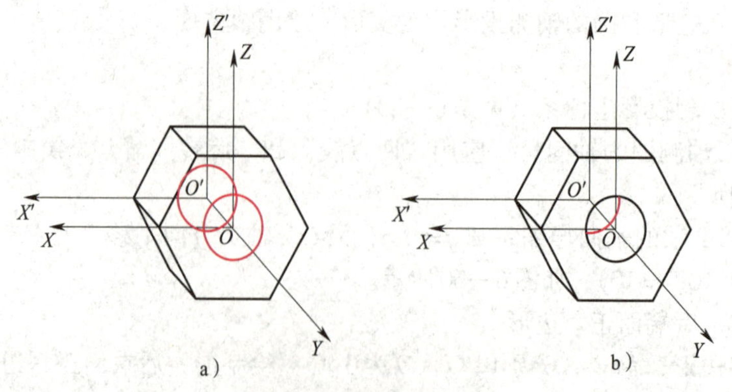

图6—53　绘制圆孔

a）绘制前、后端面上ϕ16 mm的圆　b）修剪看不到的圆弧线

（5）整理图形

删除前、后端面上的投影坐标系，整理图形，如图6—54所示。

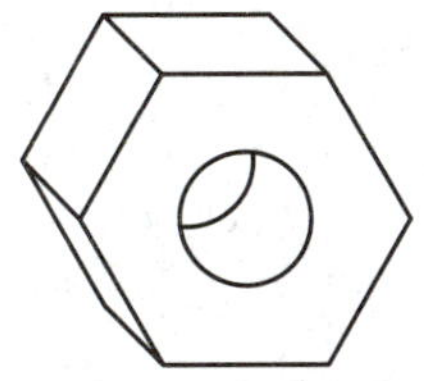

图6—54　整理图形

二、绘制圆台的斜二轴测图

绘制如图6—55所示圆台的斜二轴测图。

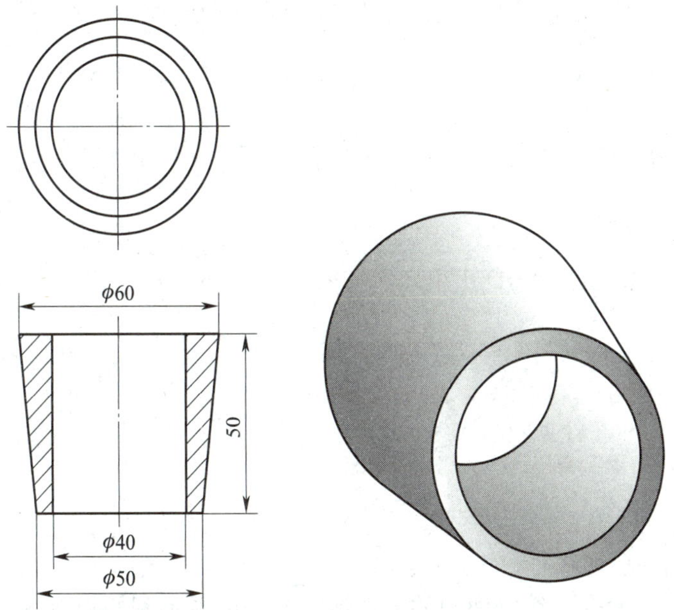

图6—55　圆台

1. 分析

如图6—55所示为一个具有同轴圆柱孔的圆台，圆台的前、后端面及孔口都是圆。因此，将前、后端面平行于正面放置，绘图很方便。

2. 绘图步骤

（1）绘制斜二测投影坐标系

1）根据斜二测投影坐标轴之间的夹角，应用“两点线”和“旋转”命令，绘制斜二测投影坐标系，如图6—56所示。

2）根据斜 OY 轴轴向伸缩系数 $q=0.5$，沿 OY 轴负方向平移复制 OX 轴、OZ 轴，距离为25 mm（50×0.5=25），如图6—56所示。

（2）绘制前、后端面外轮廓圆

应用“圆”命令，分别以 O、O' 为中心，绘制前、后端面外轮廓圆，如图6—57所示。

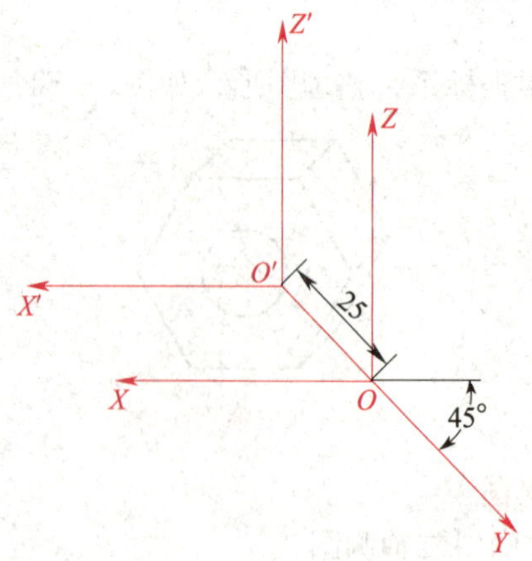

图6—56　绘制斜二测投影坐标系

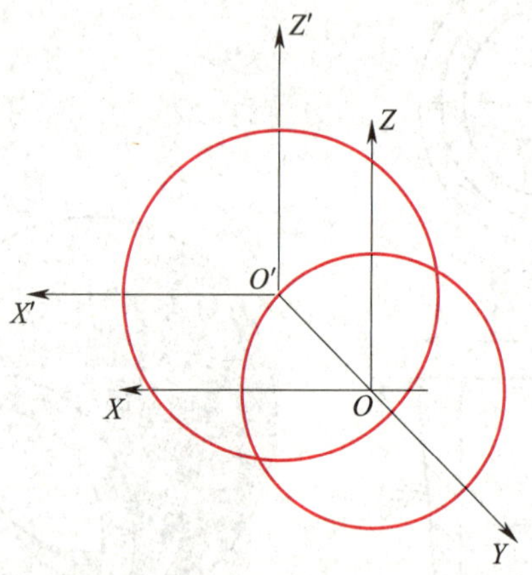

图6—57　绘制前、后端面外轮廓圆

（3）绘制两圆的公切线

应用“两点线”命令，绘制两圆的公切线，并修剪看不到的圆弧线，如图6—58所示。绘制公切线时，单击空格键弹出工具点菜单，应用“切点”命令捕捉圆的切点。

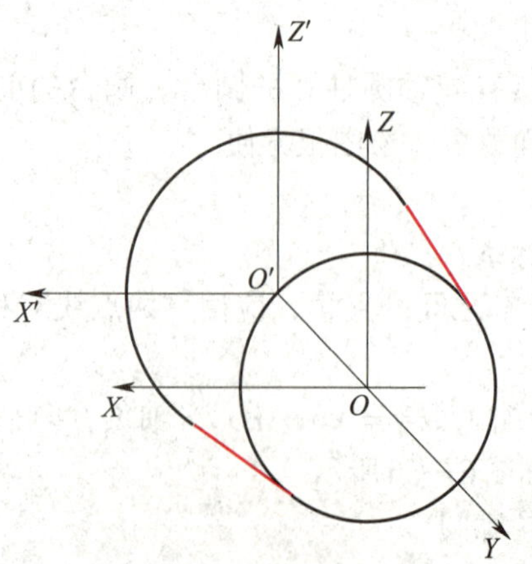

图6—58　绘制两圆的公切线

(4) 绘制圆孔（见图 6—59）

应用“圆”命令，分别以 O、O' 为中心，绘制前、后端面上 ϕ40 mm 的圆，如图 6—59a 所示。修剪看不到的圆弧线，如图 6—59b 所示。

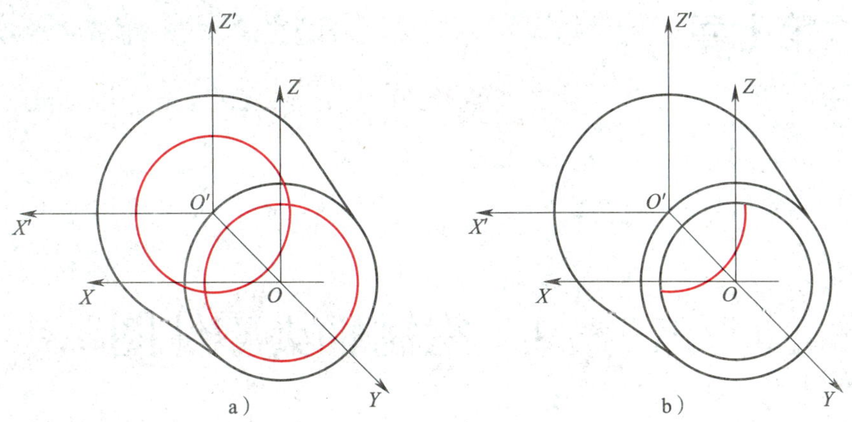

图 6—59 绘制圆孔

a) 绘制前、后端面上 ϕ40 mm 的圆 b) 修剪看不到的圆弧线

(5) 整理图形

删除前、后端面上的投影坐标系，整理图形，如图 6—60 所示。

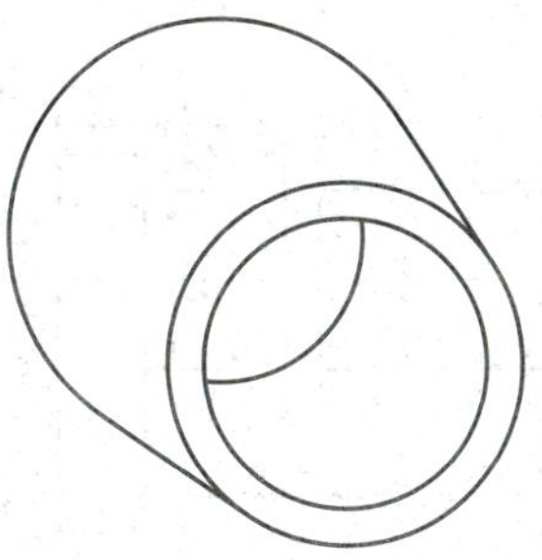

图 6—60 整理图形

第七章

绘制零件图

§7—1　绘制轴类零件图

一、绘制曲轴零件图

绘制如图7—1所示的曲轴零件图。

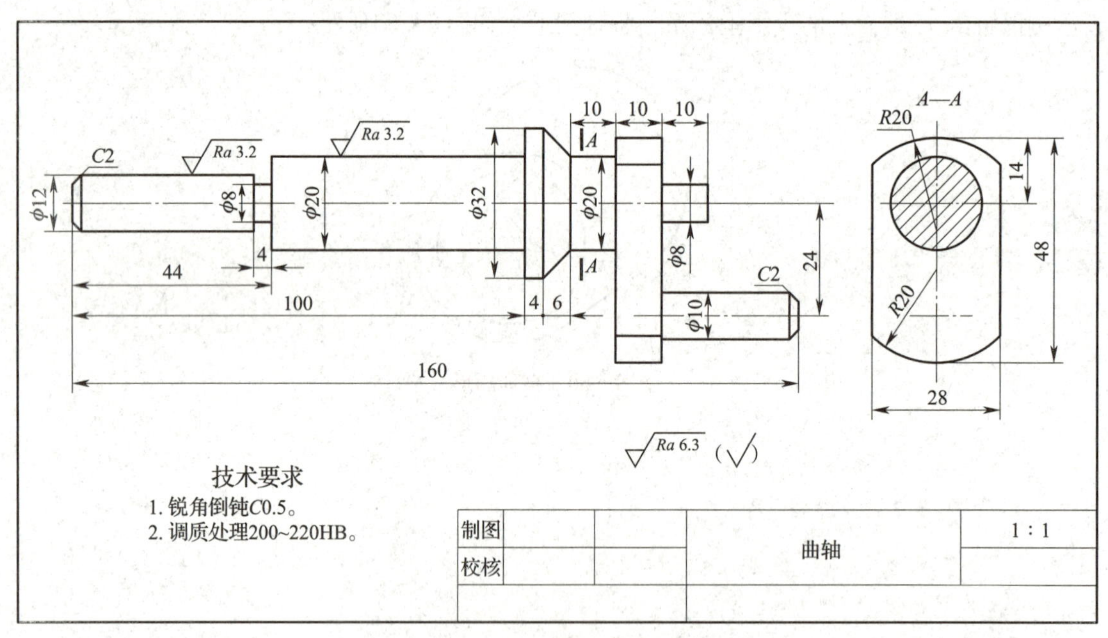

图7—1　曲轴零件图

1. 图样分析

如图7—1所示为曲轴零件图，由主视图和左视图组成。主视图表达了曲轴的基本形状和尺寸，左视图为剖视图，主要表达连杆的形状和尺寸。绘制时可先采用“孔/轴”命令，绘制曲轴主视图中的主要组成部分，再应用“两点线”“圆”和“等距线”等命令绘制连杆部分的主视图和左视图，最后绘制$\phi 8$ mm轴颈和$\phi 10$ mm偏心轴颈。

2. 绘图步骤

（1）调入图框和标题栏

单击“图幅”选项卡中“图幅”面板上的按钮 ，弹出“图幅设置”对话框，调入“A4A—A—Normal（CHS）”图框，调入“School（CHS）”标题栏，“图纸方向”设置为“横放”，单击“确定”按钮，则在绘图区调入图框和标题栏。双击标题栏，弹出“填写标题栏”对话框，在“图纸名称”属性值中填入“曲轴”，单击“确定”按钮，结果如图7—2所示。

图7—2　调入图框和标题栏

（2）绘制曲轴的主轴颈

根据图7—1所示的尺寸，应用“孔/轴”命令，绘制曲轴的主轴颈，如图7—3所示。

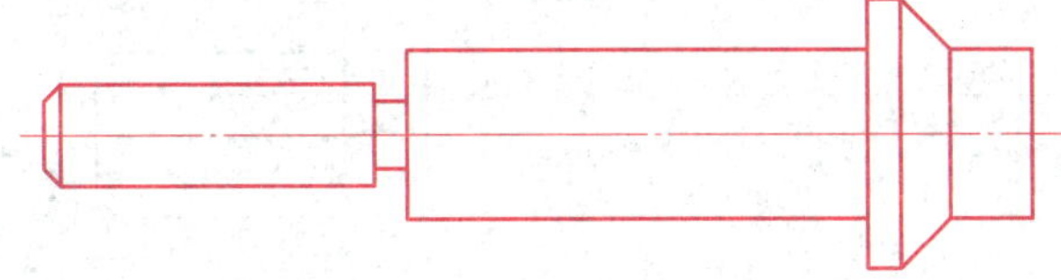

图7—3　绘制曲轴的主轴颈

（3）绘制曲轴连杆部分的主视图和左视图

应用“两点线”“圆”“等距线”和“裁剪”等命令绘制曲轴连杆部分的主视图和左视图，如图7—4所示。绘制时应先绘制左视图上的对称线，再绘制左视图的外轮廓，然后绘制曲轴连杆部分的主视图，最后绘制剖切断面的轮廓线及剖面线。

（4）绘制ϕ8 mm轴颈和ϕ10 mm偏心轴颈

应用“两点线”和“等距线”命令，绘制ϕ8 mm轴颈和ϕ10 mm偏心轴颈，如图7—5所示。

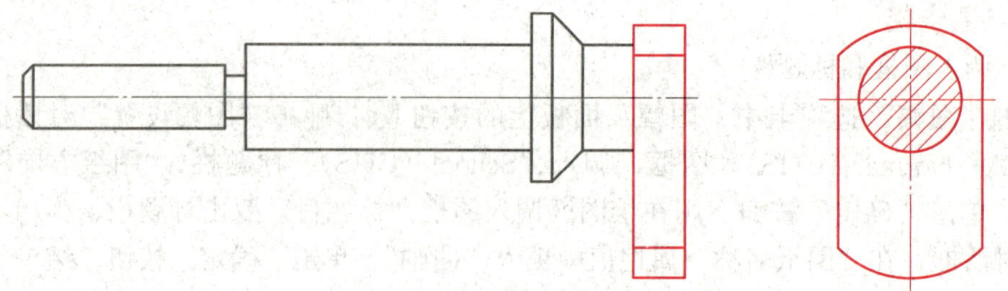

图 7—4　绘制曲轴连杆部分的主视图和左视图

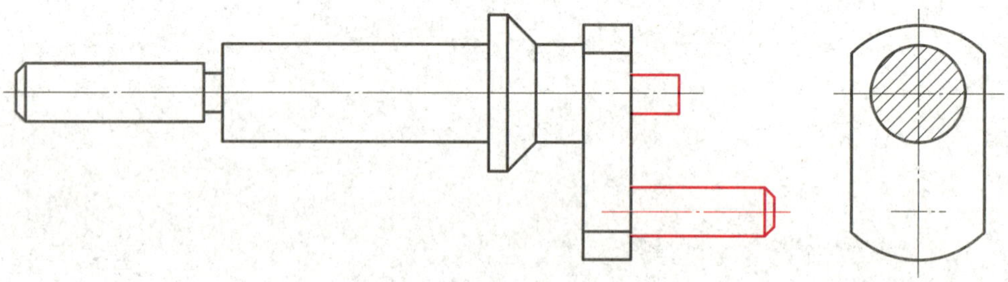

图 7—5　绘制 $\phi8$ mm 轴颈和 $\phi10$ mm 偏心轴颈

（5）标注尺寸及相关要求

根据图 7—1 所示的内容，标注长度、外圆尺寸、表面结构符号、剖切符号及技术要求，如图 7—6 所示。

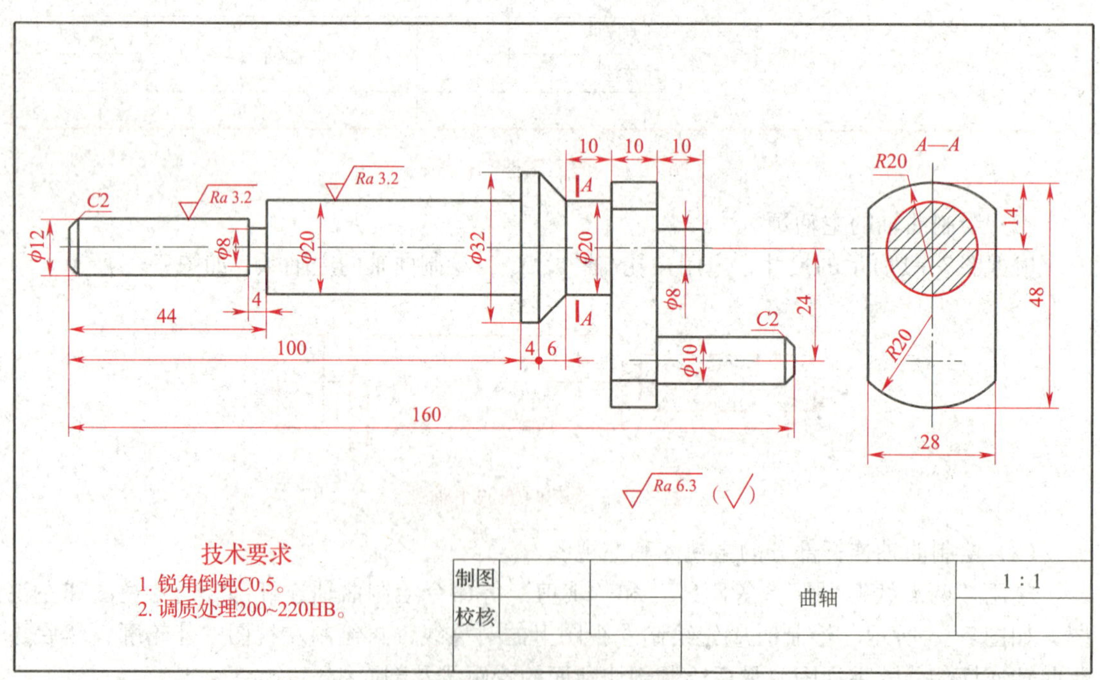

图 7—6　标注尺寸及相关要求

二、绘制从动轴零件图

绘制如图 7—7 所示的从动轴零件图。

1. 图样分析

从动轴零件图采用主视图、断面图和局部放大图表达从动轴的结构。主视图水平放置，表达从动轴的基本结构及键槽、沟槽的位置，局部放大图表达沟槽的尺寸和形状，断面图表达键槽的槽宽和槽深。绘制时先绘制主视图，再绘制局部放大图和断面图，最后标注尺寸、几何公差、表面结构符号等内容。

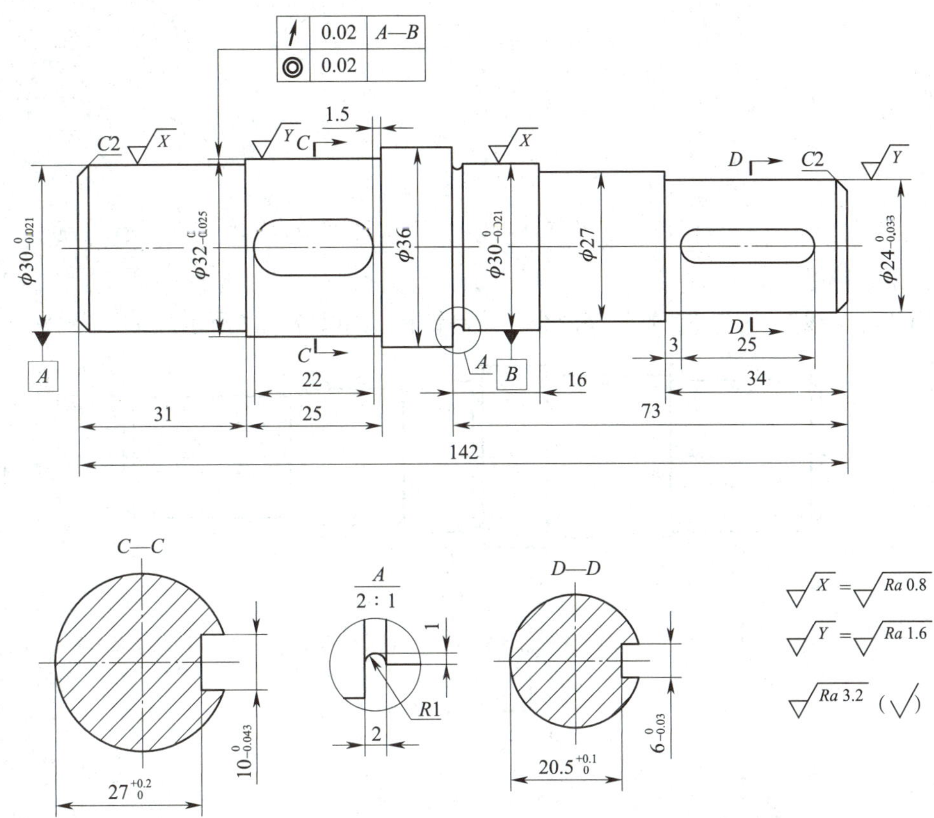

图 7—7　从动轴零件图

2. 绘图步骤

（1）绘制从动轴的基本结构

应用“孔/轴”命令，绘制从动轴的基本结构，如图 7—8 所示。

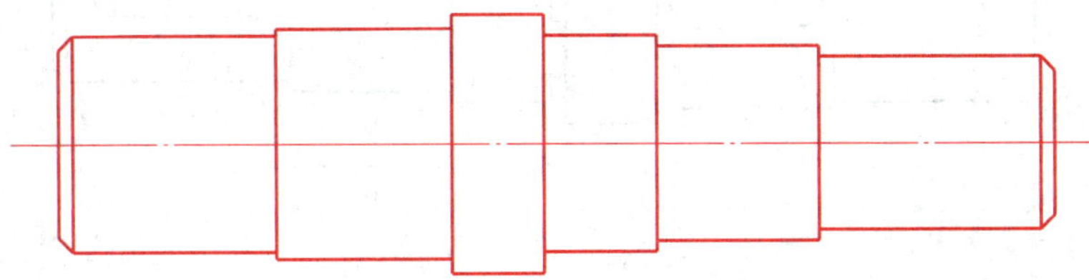

图 7—8　绘制从动轴的基本结构

（2）绘制 $R1$ mm 的沟槽及其局部放大图

应用“等距线”“圆”“修剪”等命令，绘制从动轴上 $R1$ mm 的沟槽。应用“局部放大”命令，绘制沟槽的局部放大图，放大倍数为“2”，如图 7—9 所示。

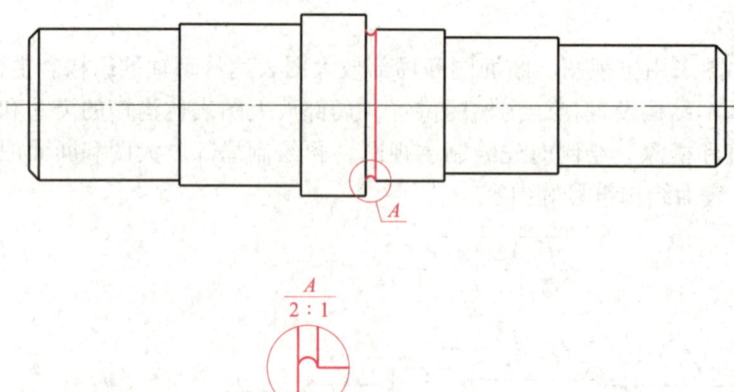

图7—9　绘制$R1$ mm的沟槽及其局部放大图

（3）绘制键槽

应用“等距线”“圆”“修剪”等命令，绘制键槽，如图7—10所示。

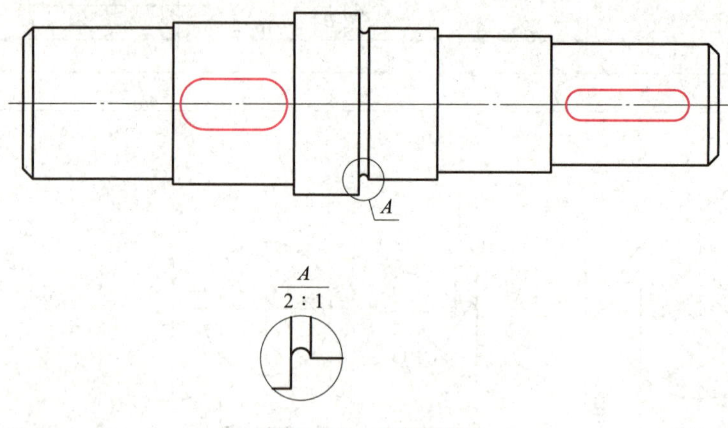

图7—10　绘制键槽

（4）绘制断面图

应用“圆”“等距线”“修剪”等命令，绘制断面图（$C-C$和$D-D$），如图7—11所示。

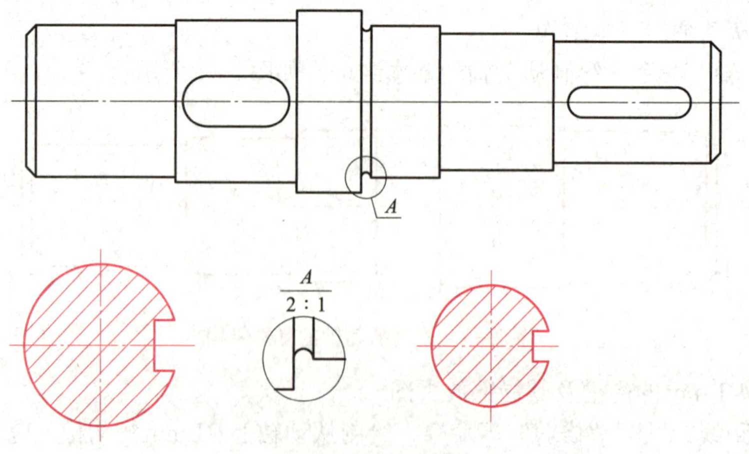

图7—11　绘制断面图

(5) 标注尺寸

标注主视图中轴上各段的长度和外圆直径，标注键槽的定形尺寸和定位尺寸，标注倒角的尺寸，标注局部放大图及断面图上的尺寸，如图7—12所示。

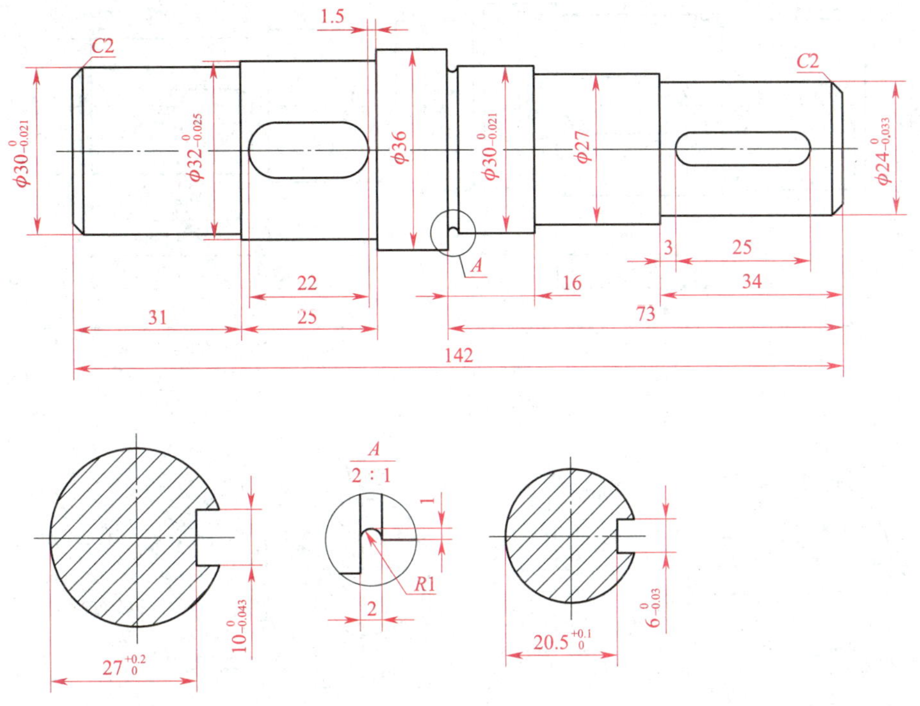

图7—12 标注尺寸

提示：

标注时，直径符号ϕ、倒角符号C、半径符号R皆为正体，可采用“分解”命令，将相关标注进行“分解”，然后，再单击“标注尺寸”按钮，打开“多行文字”文本框，将上述符号调整为斜体。

(6) 标注表面结构符号、基准等符号

应用“粗糙度”命令标注从动轴上的表面结构符号，应用“基准代号”命令标注基准符号，应用“剖切符号”命令标注剖切符号，应用“形位公差”命令标注几何公差，如图7—13所示。

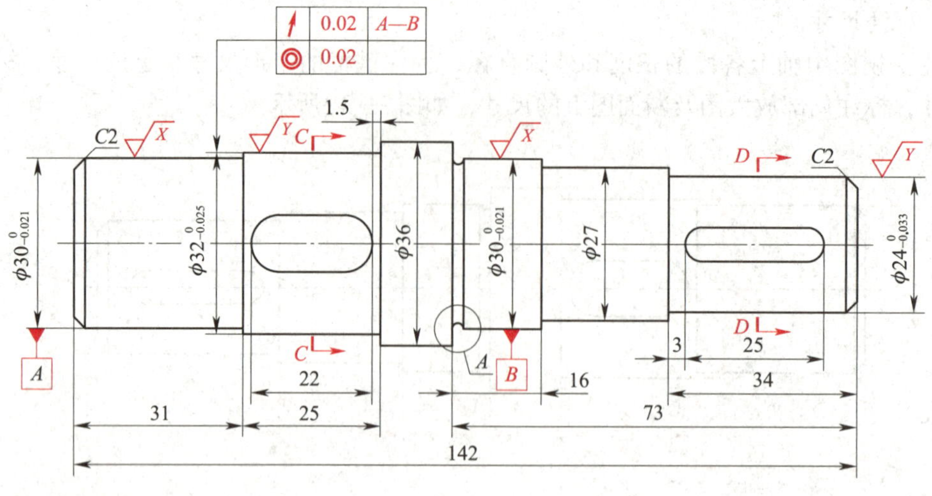

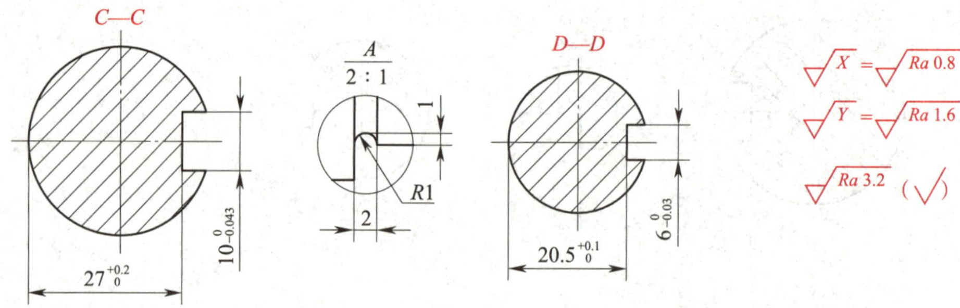

图7—13　标注表面结构符号、基准等符号

§7—2　绘制千斤顶底座零件图

绘制如图7—14所示的千斤顶底座零件图。

一、图样分析

千斤顶底座零件图为左右对称的全剖视图，内外轮廓由直线和圆弧构成。绘制时先绘制右半部分轮廓（内外）及螺纹孔，再利用“镜像”命令完成左半部分的绘制，并绘制剖面线，最后标注尺寸、技术要求和表面结构符号。

二、绘图步骤

1. 绘制图形中心线和右半部分轮廓线

根据图7—14所示的尺寸，应用“两点线”“等距线”“修剪”等命令，绘制图形中心线和右半部分内外轮廓线，如图7—15所示。

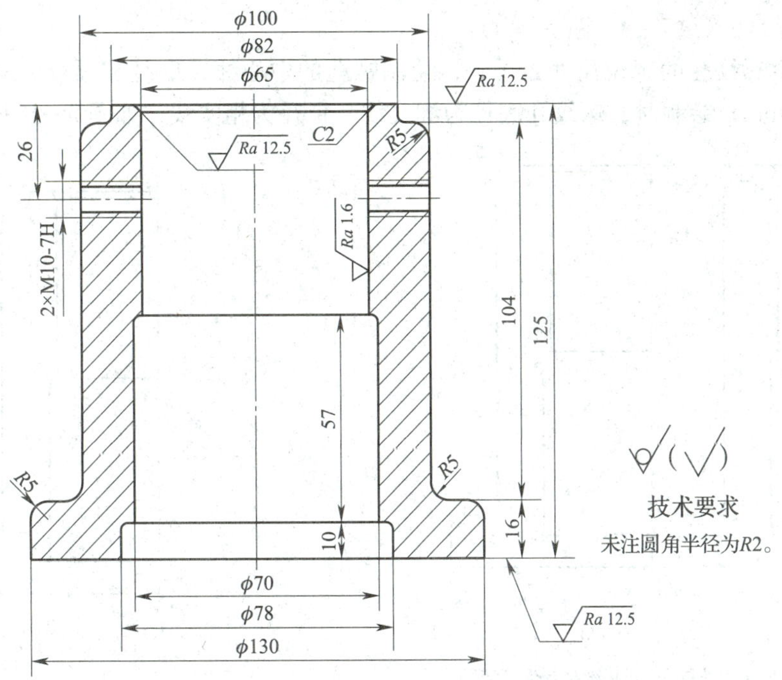

图7—14　千斤顶底座零件图

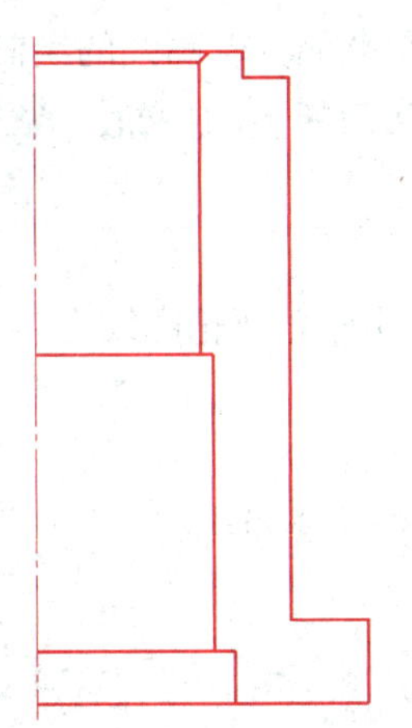
图7—15　绘制图形中心线和右半部分轮廓线

2. 绘制过渡圆角（见图7—17）

单击“常用”选项卡中“修改”面板上的按钮□，选择“圆角”命令，弹出如图7—16所示的圆角立即菜单，将“3. 半径”中的值设为“5”，同时命令行提示如下：

启动执行命令：“过渡：圆角”

拾取第一条曲线：（拾取水平直线）

拾取第二条曲线：（拾取垂直线）

系统按指定的圆角半径完成圆角操作，绘制$R5$ mm过渡圆角，如图7—17a所示。按相同的方法，绘制其他过渡圆角，如图7—17b所示。

图7—16　圆角立即菜单

3. 绘制M10螺纹孔（见图7—18）

根据M10螺纹孔的定位尺寸26 mm，绘制螺孔的中心线、底径和顶径，M10粗牙螺纹的螺距为1.5 mm，绘制时，螺纹孔底径为细实线，顶径为粗实线，如图7—18所示。

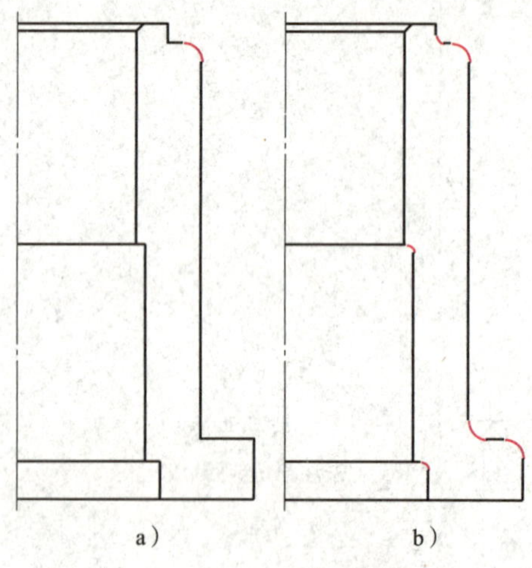

图7—17　绘制过渡圆角

a）绘制*R*5 mm过渡圆角　b）绘制其他过渡圆角

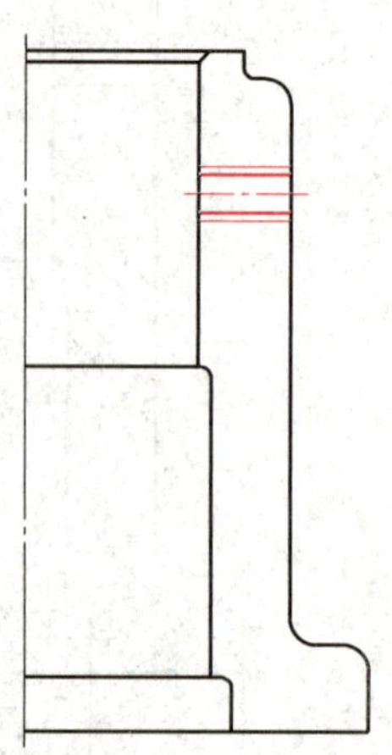

图7—18　绘制M10螺纹孔

4. 绘制图形左半部分轮廓线

利用“镜像”命令，完成图形左半部分轮廓线的绘制。

单击“常用”选项卡中“修改”面板上的按钮“”，弹出如图7—19所示的镜像立即菜单，同时命令行出现如下提示：

启动执行命令：“镜像”

拾取元素：（通过框选拾取右半部分全部轮廓线）

第一点：（拾取镜像线的一点）

第二点：（拾取镜像线的另一点）

绘制图形左半部分轮廓线，如图7—20所示。

立即菜单　×

1. 拾取两点　2. 拷贝

图7—19　镜像立即菜单

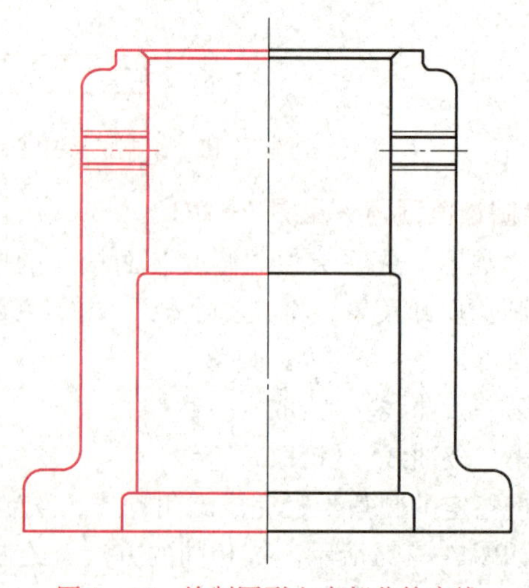

图7—20　绘制图形左半部分轮廓线

5. 绘制剖面线

单击“常用”选项卡中“绘图”面板上的按钮 ，系统提示“拾取环内一点”，拾取需要绘制剖面线的封闭区域内任意一点，单击“确定”按钮，弹出如图7—21所示的“剖面图案”对话框，选择“ANSI31”选项，单击“确定”按钮，绘制剖面线，如图7—22所示。螺孔小径线与大径线之间的区域也需要绘制剖面线。

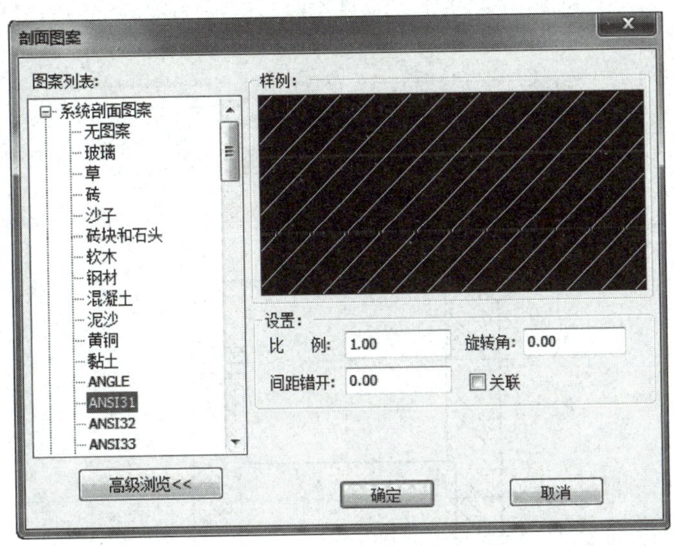

图7—21 “剖面图案”对话框

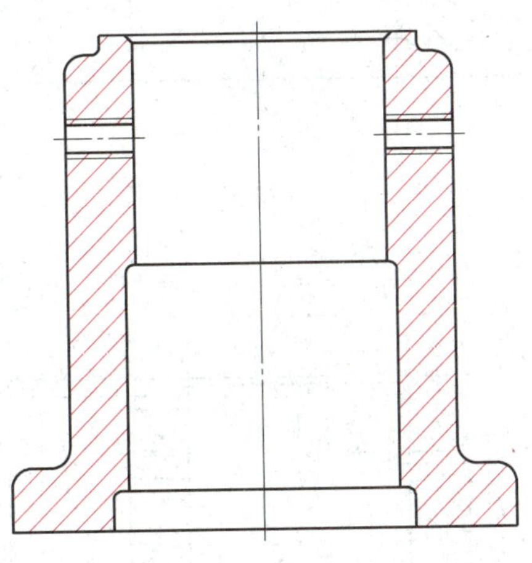

图7—22 绘制剖面线

6. 标注线性尺寸

单击“常用”选项卡中“标注”面板上“标注”下拉菜单的“基本标注”命令，系统提示：

启动执行命令：“基本标注”

拾取标注元素或点取第一点：（拾取ϕ70 mm左端点）

拾取另一个标注元素或点取第二点：（拾取ϕ70 mm右端点，弹出如图7—23所示的立即菜单，在“5.前缀”后面的文本框填入“%c”）

尺寸线位置：（确定ϕ70 mm尺寸的位置）

标注ϕ70 mm尺寸，如图7—24所示。

提示：

按上述操作标注的ϕ70 mm的直径符号为正体，可应用分解命令，将其分解后，再将其设置为斜体。

按照上述标注步骤，标注其他线性尺寸，如图7—25所示。

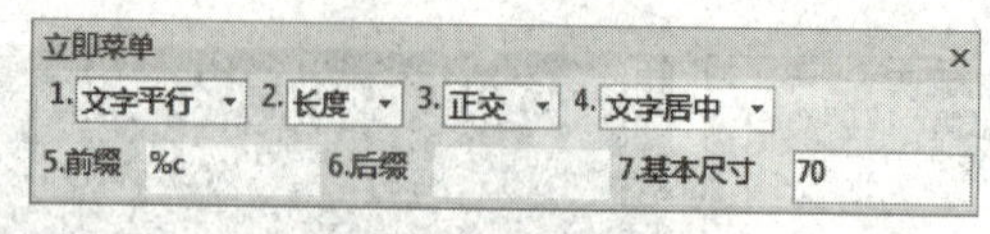

图7—23　基本标注立即菜单

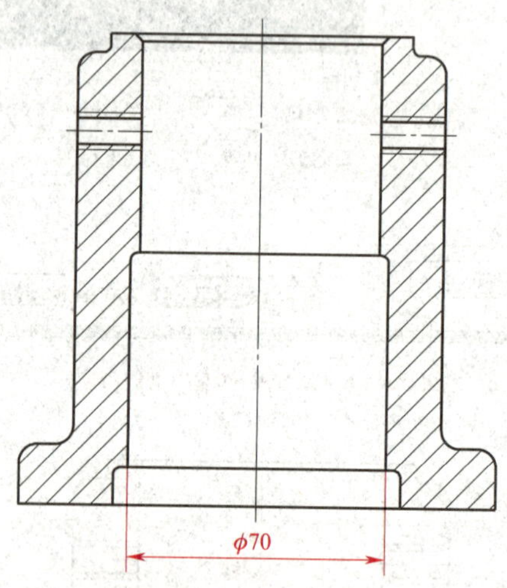

图7—24　标注ϕ70 mm尺寸

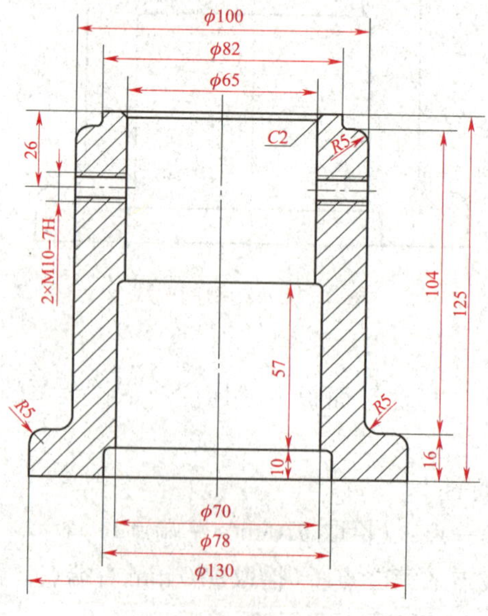

图7—25　标注其他线性尺寸

7. 标注表面结构符号

单击“标注”选项卡中“符号”面板上的按钮 √粗糙度，弹出“表面粗糙度”对话框，如图7—26所示。基本符号选择“☑”，在粗糙度值处输入“*Ra*12.5”，单击“确定”按钮，系统提示“拾取定位点或直线或圆”，拾取顶端直线，拖动并确定标注位置，如图7—27所示。

提示：

表面结构符号中的“*Ra*”为正体，而国家标准中要求“*Ra*”为斜体；此时，可应用“分解”命令将表面结构符号进行分解，然后单击“*Ra* 12.5”文本框，打开文字编辑器，可将“*Ra*”设置为斜体，如图7—27所示。

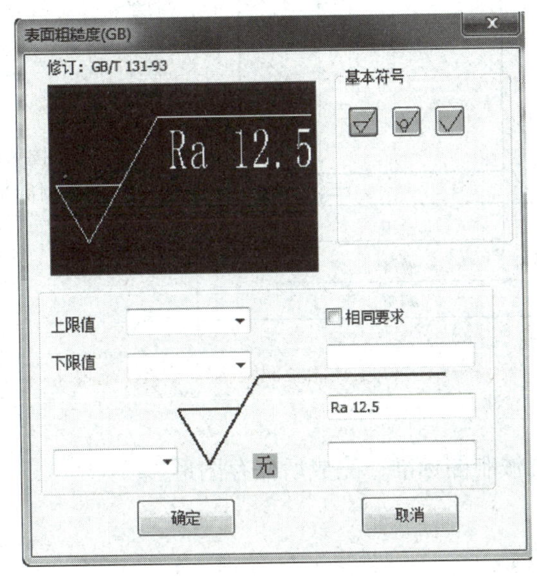

图7—26 “表面粗糙度”对话框

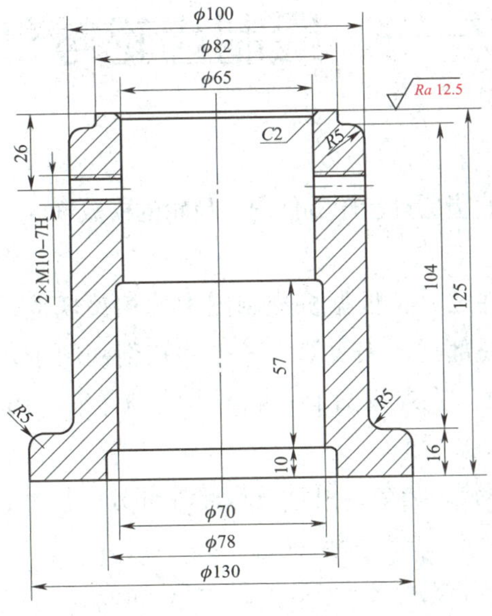

图7—27 标注*Ra*12.5

按上述标注方法，标注其他表面结构符号及技术要求，如图7—28所示。

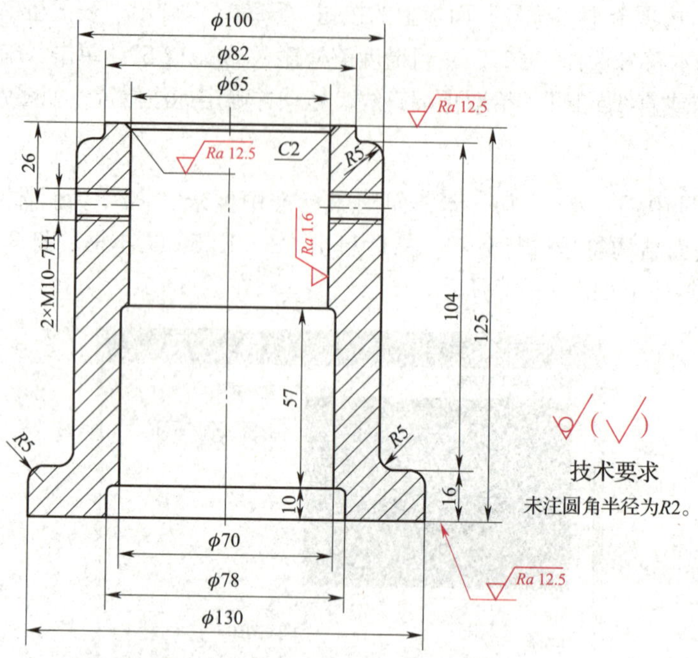

图7—28　标注其他表面结构符号及技术要求

8. 整理图形并保存

整理图形使其符合机械制图标准，完成后保存图形。

§7—3　绘制齿轮零件图

绘制如图7—29所示的直齿圆柱齿轮零件图，齿轮的模数（m）为2 mm，齿数（z）为33。

一、图样分析

齿轮是重要的机械零件之一，依据机械制图中的相关规范，绘制齿轮时，一般用两个视图或一个主视图和一个局部视图来表达。其中，在剖视图中，当剖切平面通过齿轮的轴线时，轮齿一律按不剖处理。在左视图上一般不需绘制详细结构，而是利用图线表示齿顶、齿根及分度圆的位置等。

根据直齿圆柱齿轮的模数、齿数，可计算齿轮各部分的尺寸：

分度圆直径：$d=mz=2\times33=66$ mm。

齿顶圆直径：$d_a=m(z+2)=2\times(33+2)=70$ mm。

齿根圆直径：$d_f=m(z-2.5)=2\times(33-2.5)=61$ mm。

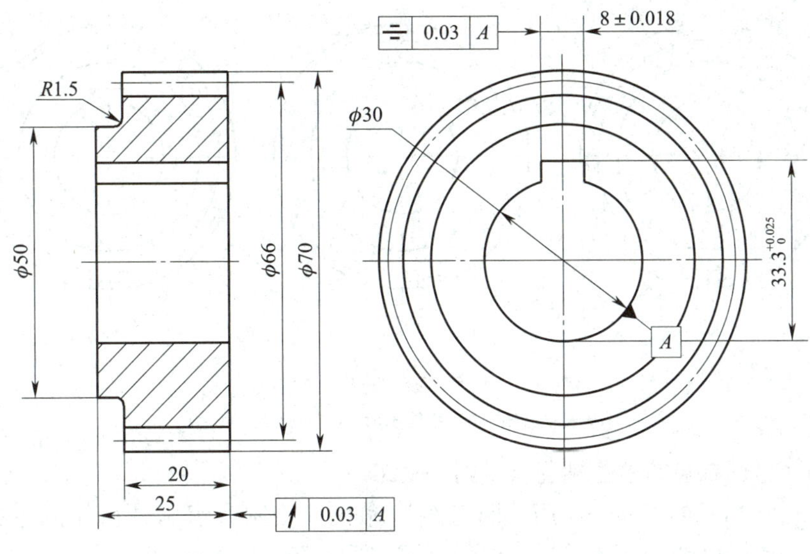

图 7—29　直齿圆柱齿轮零件图

二、绘图步骤

1. 绘制中心线

将中心线层设置为“当前层”，根据图 7—29 所示的尺寸，应用“两点线”命令，绘制中心线，如图 7—30 所示。

2. 绘制直齿圆柱齿轮左视图（见图 7—31）

将粗实线层设置为“当前层”，应用“圆”命令，绘制 ϕ30 mm、ϕ50 mm、ϕ61 mm、ϕ66 mm、ϕ70 mm 等五个圆。其中，ϕ61 mm 圆为齿轮的齿根圆，应将其线型设置为“细实线”；ϕ66 mm 圆为齿轮的分度圆，应将其线型设置为“细点画线”。

图 7—30　绘制中心线

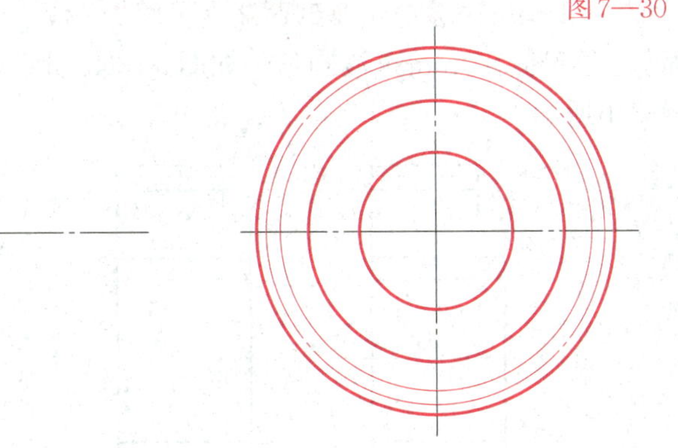

图 7—31　绘制直齿圆柱齿轮左视图

3. 绘制左视图上的键槽（见图 7—32）

应用“等距线”命令，将左视图中的垂直中心线向左、右等距 4 mm，将水平中心线向上等距 18.3 mm，如图 7—32a 所示。应用“修剪”命令，将 ϕ30 mm 的圆和偏移的三条直线修剪成键槽，如图 7—32b 所示。将键槽的线型改为“粗实线”，结果如图 7—32c 所示。

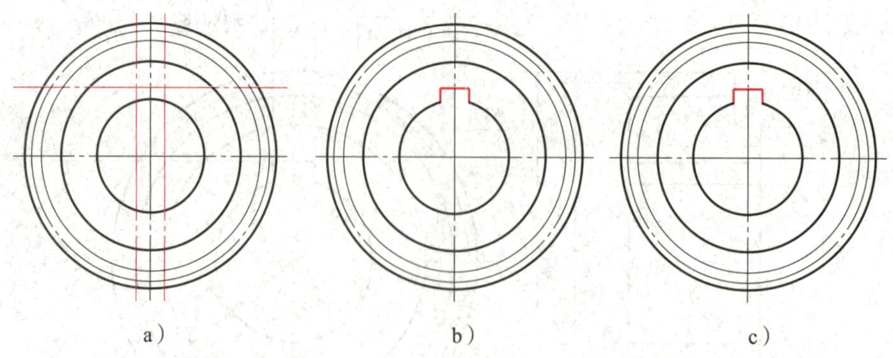

图7—32　绘制左视图上的键槽

a）偏移中心线　b）修剪图形　c）修改键槽线型

4. 绘制直齿圆柱齿轮的主视图（见图7—33）

根据图7—29所示的尺寸，应用“两点线”命令，绘制直齿圆柱齿轮的主视图。主视图为剖视图，其齿根线应用粗实线绘制，分度线应用细点画线绘制。

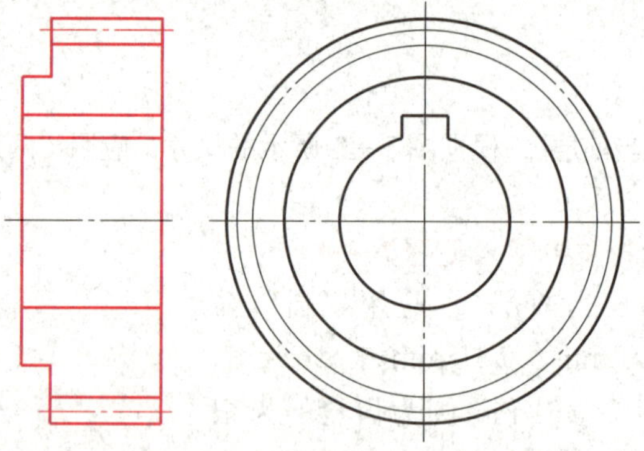

图7—33　绘制直齿圆柱齿轮的主视图

5. 绘制主视图上的*R*1.5 mm过渡圆角及剖面线（见图7—34）

应用“圆角”命令，绘制*R*1.5 mm过渡圆角，如图7—34a所示。应用“剖面线”命令，绘制剖面线，如图7—34b所示。

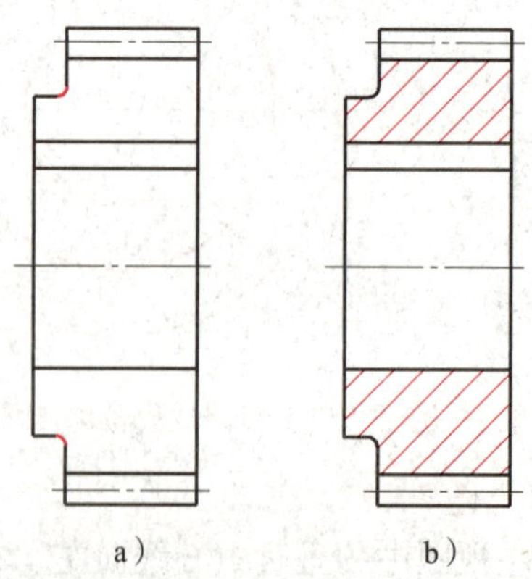

图7—34　绘制主视图上的*R*1.5 mm过渡圆角及剖面线

a）绘制*R*1.5 mm过渡圆角　b）绘制剖面线

6. 标注尺寸、基准符号及几何公差

根据图7—29所示的内容，标注尺寸、基准符号及几何公差，如图7—35所示。

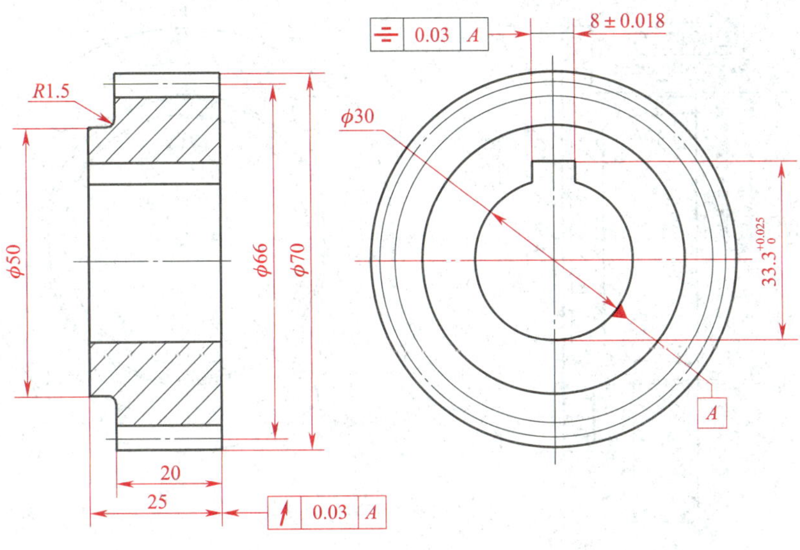

图7—35　标注尺寸、基准符号及几何公差

§7—4　绘制端盖零件图

绘制如图7—36所示的端盖零件图。

一、图样分析

如图7—36所示的端盖零件图采用两个基本视图表达，主视图按车削加工位置选择，轴线水平放置，并采用两相交剖切平面的全剖视图，以表达端盖上孔及方槽的内部结构。左视图则表达端盖的基本外形和四个圆孔、两个方槽的分布情况。绘制图形时，先绘制出图框和标题栏，再绘制主视图和左视图，最后标注尺寸、几何公差、表面结构符号和技术要求等。

二、绘图步骤

1. 调入图框和标题栏

单击“图幅”选项卡中“图幅”面板上的按钮，弹出“图幅设置”对话框，调入“A4A—A—Normal（CHS）”图框和“School（CHS）”标题栏，“图纸方向”设置为“横放”，单击“确定”按钮，则在绘图区调入图框和标题栏。双击标题栏，弹出“填写标题栏”对话框，在“图纸名称”属性值中填入“端盖”，单击“确定”按钮，如图7—37所示。

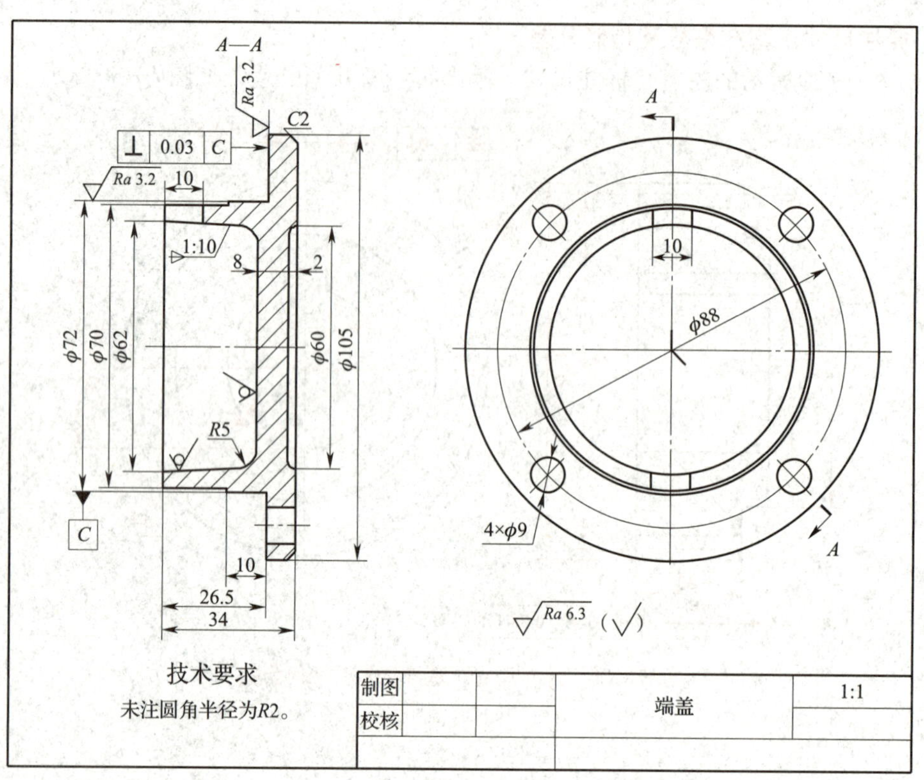

图 7—36　端盖零件图

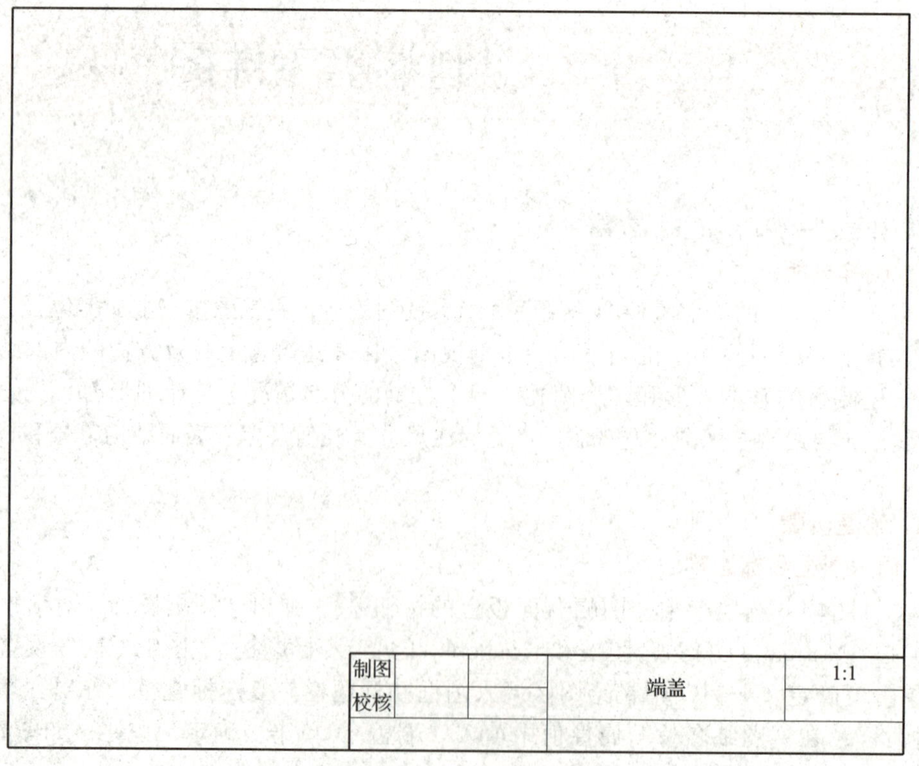

图 7—37　调入图框和标题栏

2. 绘制端盖主视图和左视图的基本轮廓线

根据图7—36所示的尺寸，绘制端盖主视图和左视图的基本轮廓线，如图7—38所示。根据公式（$D-d$）/24=1/10，可求出锥面小端直径为59.6 mm。

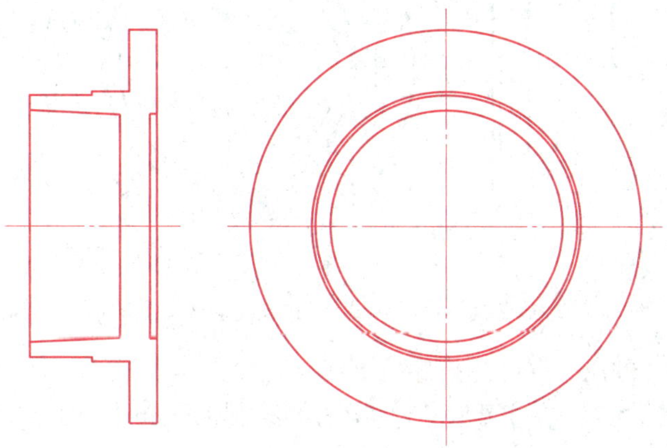

图7—38 绘制端盖主视图和左视图的基本轮廓线

3. 绘制$C2$倒角及$R5$ mm、$R2$ mm过渡圆角

应用“倒角”和“圆角”命令，绘制$C2$倒角及$R5$ mm、$R2$ mm过渡圆角，如图7—39所示。

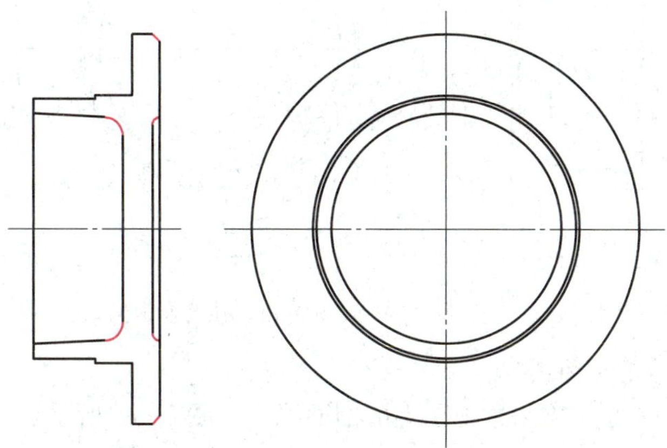

图7—39 绘制$C2$倒角及$R5$ mm、$R2$ mm过渡圆角

4. 绘制左视图上4×ϕ9 mm圆及主视图上的ϕ9 mm圆孔

（1）绘制左视图上的4×ϕ9 mm圆

将中心线层设置为“当前层”，应用“圆”命令，绘制ϕ88 mm的细点画线圆，应用“角度线”命令，绘制45°角度线并修剪。将粗实线层设置为“当前层”，以ϕ88 mm的细点画线圆与45°角度线交点为圆心，绘制ϕ9 mm圆。应用“圆形阵列”命令，将ϕ9 mm圆及中心线进行圆形阵列，如图7—40所示。

（2）绘制主视图上的ϕ9 mm圆孔

应用“等距线”和“两点线”命令，在主视图下方绘制ϕ9 mm圆孔中心线及轮廓线，如图7—40所示。

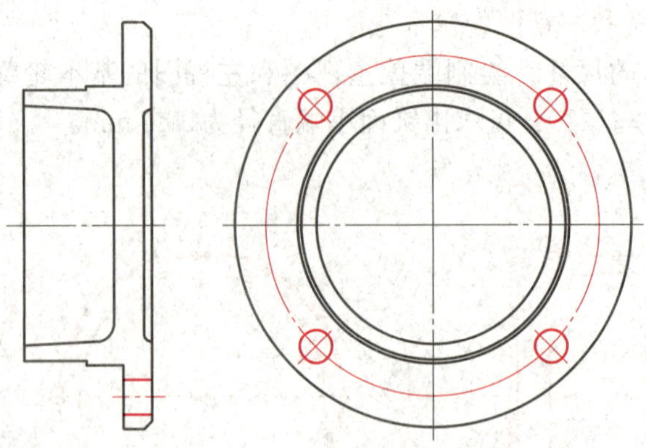

图7—40　绘制左视图上4 × ϕ9 mm圆及主视图上的ϕ9 mm圆孔

5. 绘制10 mm×10 mm方孔的投影轮廓线

应用“等距线”命令，在主视图和左视图上绘制10 mm × 10 mm方孔的投影轮廓线，如图7—41所示。

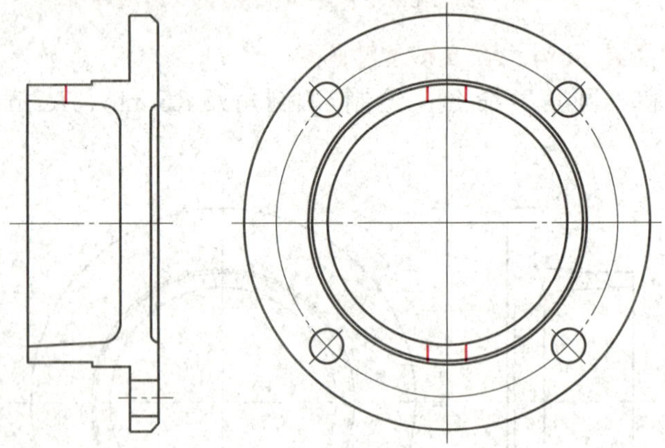

图7—41　绘制10 mm × 10 mm方孔的投影轮廓线

6. 绘制主视图上的剖面线

应用“剖面线”命令，绘制主视图上的剖面线，如图7—42所示。

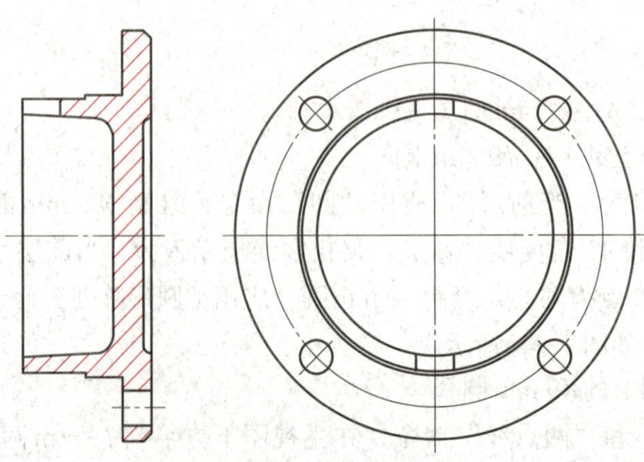

图7—42　绘制主视图上的剖面线

7. 标注线性尺寸

应用“基本标注”命令，在主视图和左视图上标注线性尺寸，如图7—43所示。

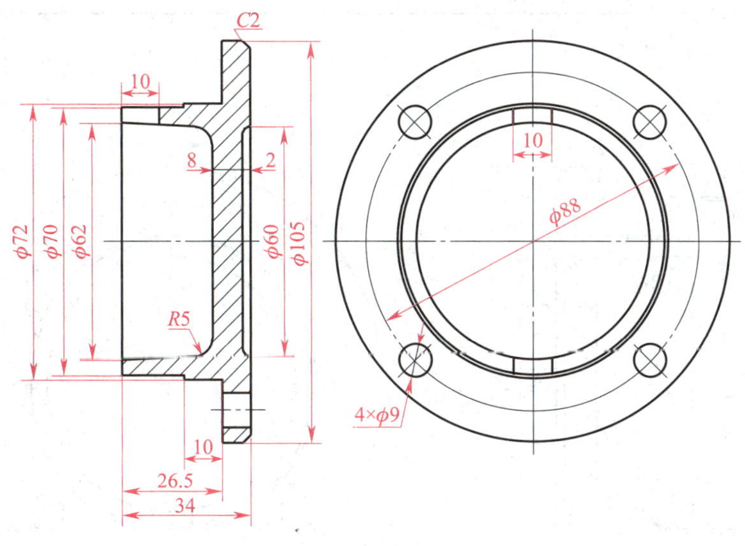

图7—43 标注线性尺寸

8. 标注基准符号、表面结构符号等

应用“基准代号”“粗糙度”“剖切符号”“形位公差”等命令，在端盖主视图和左视图上，标注基准符号、表面结构符号等，如图7—44所示。

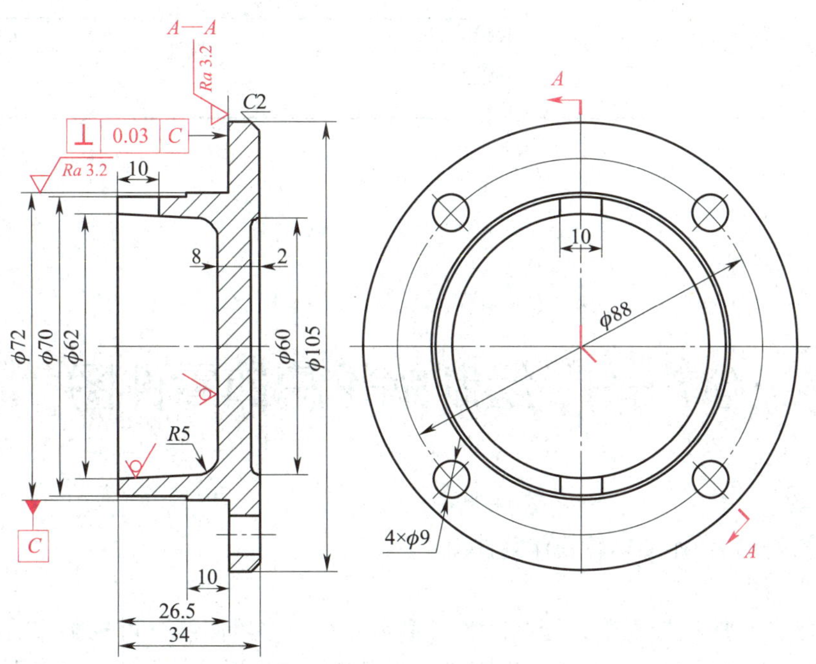

图7—44 标注基准符号、表面结构符号等

9. 标注锥度符号、技术要求及其余表面结构符号（见图7—45）

应用“引出说明”命令，标注锥度符号，应用“技术要求”命令，标注技术要求，应

用“粗糙度”“三点圆弧”命令，绘制其余表面结构符号，注意其余表面结构符号要放置在标题栏上方。

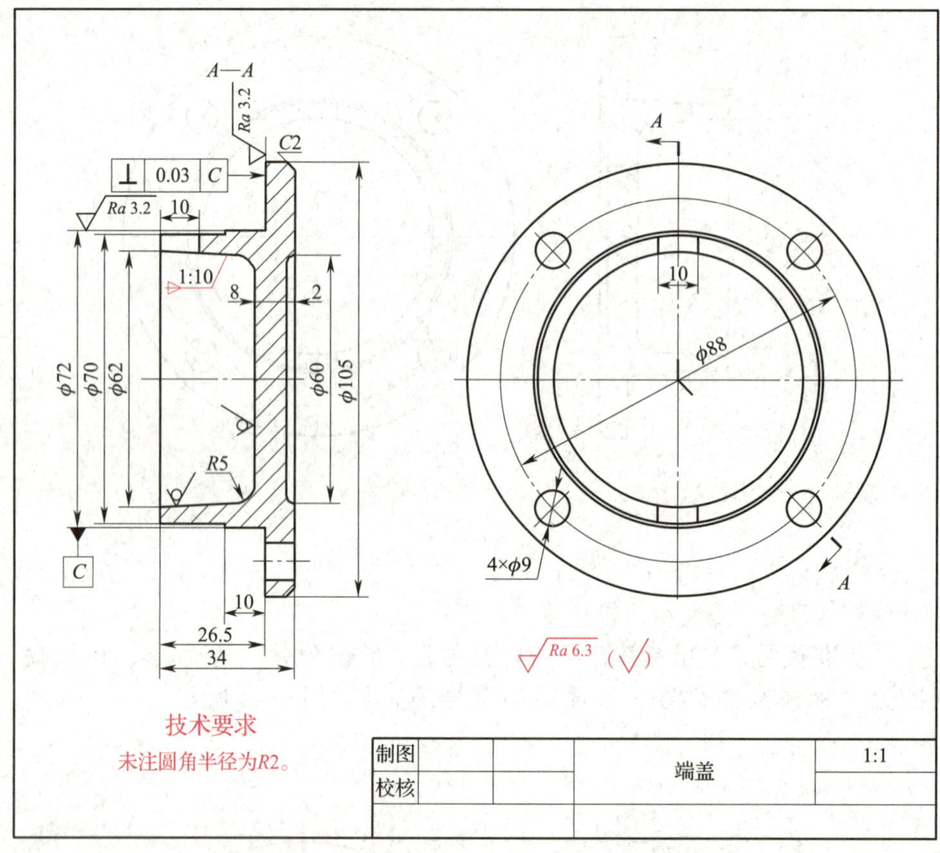

图7—45　标注锥度符号、技术要求及其余表面结构符号

§7—5　绘制蜗轮箱体零件图

绘制如图7—46所示的蜗轮箱体零件图。

一、图样分析

箱体类零件一般比较复杂，绘制时为了避免漏绘或多绘图线，可按箱体的组成结构分步绘出。图7—46中采用了三个基本视图来表达蜗轮箱体的形状及结构。主视图采用半剖视图，它表达了箱体主视方向的外形和内腔结构形状，左视图采用了两平行剖切平面的全剖视图，它表达了箱体内基本形状、蜗轮和蜗杆轴承座孔的位置及大小、底座螺栓孔的形状，俯视图表达了箱体的外形。

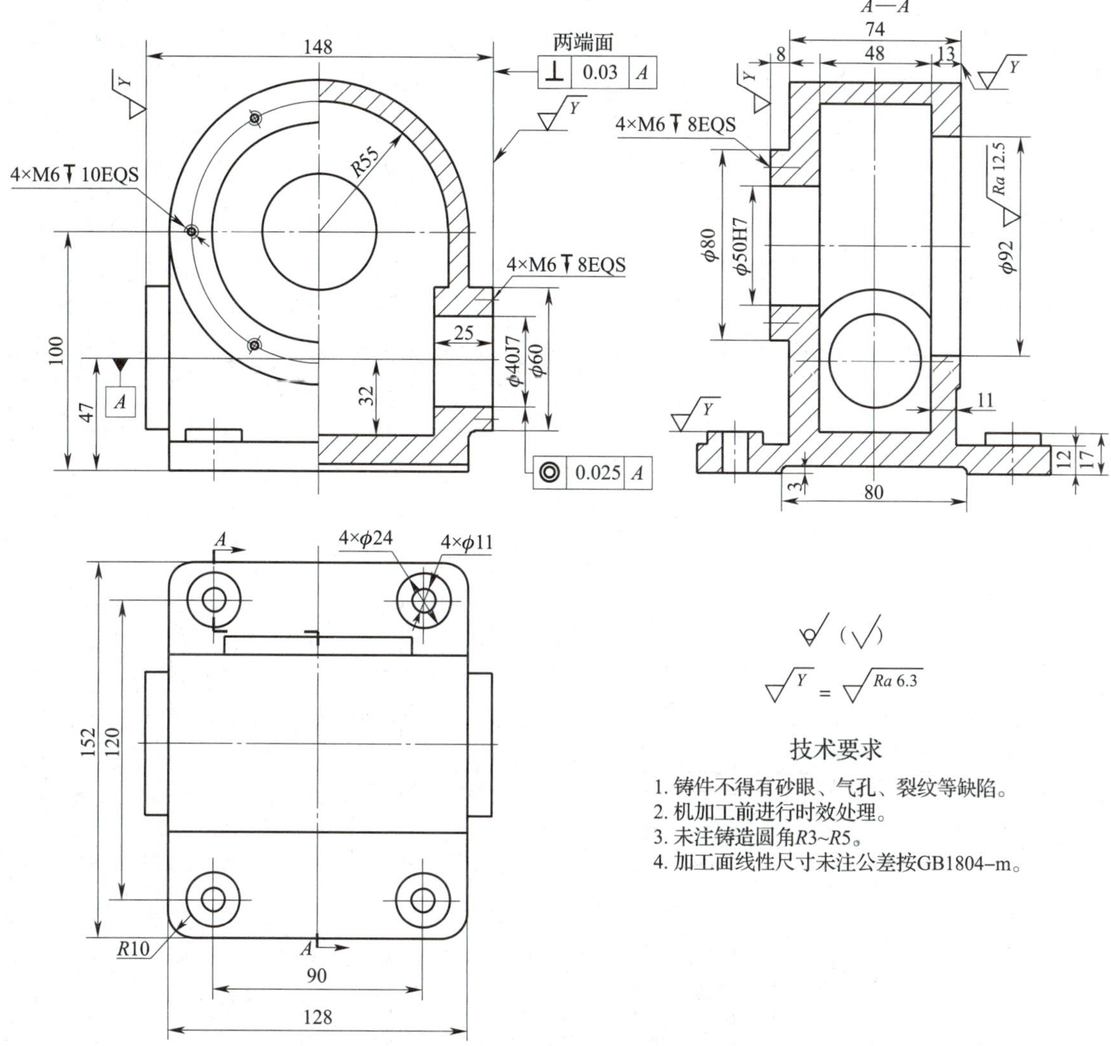

图7—46　蜗轮箱体零件图

绘制蜗轮箱体零件图时，可按下列顺序进行绘制：绘制中心线→绘制底座→绘制箱体→绘制蜗轮和蜗杆轴承座孔→绘制底座凸台→绘制主视图半剖视图和左视图的两平行剖切平面的全剖视图→绘制螺钉孔→标注线性尺寸→标注基准符号、表面结构符号、剖切符号和几何公差→标注技术要求。

二、绘图步骤

1. 绘制中心线及45°辅助线

将中心线层设置为“当前层”，应用“两点线”命令，绘制中心线及45°辅助线，如图7—47所示。

2. 绘制蜗轮箱底座

将粗实线层设置为“当前层”，应用“两点线”“等距线”“圆角过渡”等命令，绘制蜗轮箱底座，如图7—48所示。

图7—47　绘制中心线及45°辅助线

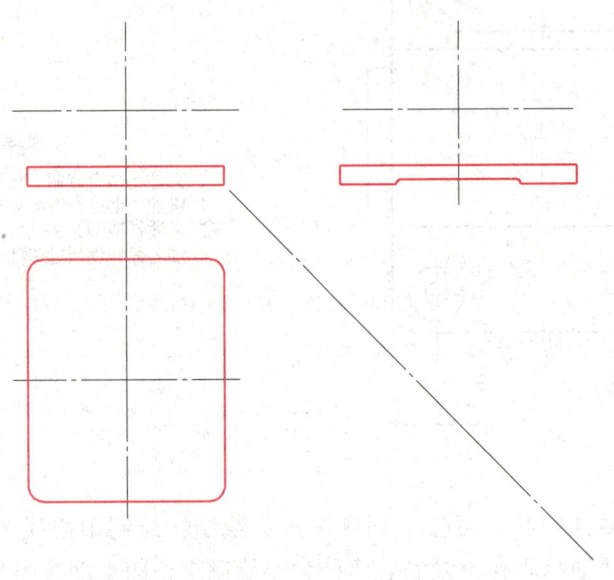

图7—48　绘制蜗轮箱底座

3. 绘制蜗轮箱箱体

应用“等距线”“两点线”“圆（圆心_半径）”等命令，绘制蜗轮箱箱体，如图7—49所示。

4. 绘制蜗轮和蜗杆的轴承座孔

应用“等距线”“两点线”“圆（圆心_半径）”等命令，绘制蜗轮和蜗杆的轴承座孔，如图7—50所示。

5. 绘制底座上的凸台

应用“直线”“圆”命令，绘制底座上的凸台，如图7—51所示。

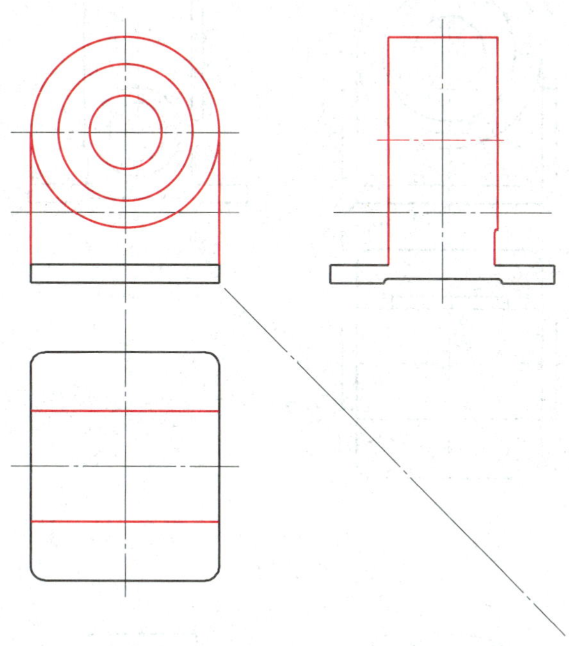

图 7—49 绘制蜗轮箱箱体

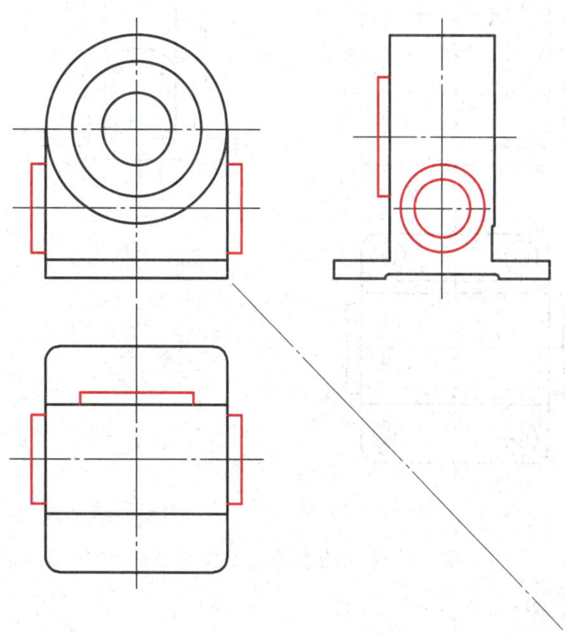

图 7—50 绘制蜗轮和蜗杆的轴承座孔

6. 绘制主视图上的半剖视图和左视图上的剖视图

根据图 7—46 所示的结构和尺寸，绘制主视图上的半剖视图和左视图上的全剖视图，如图 7—52 所示。

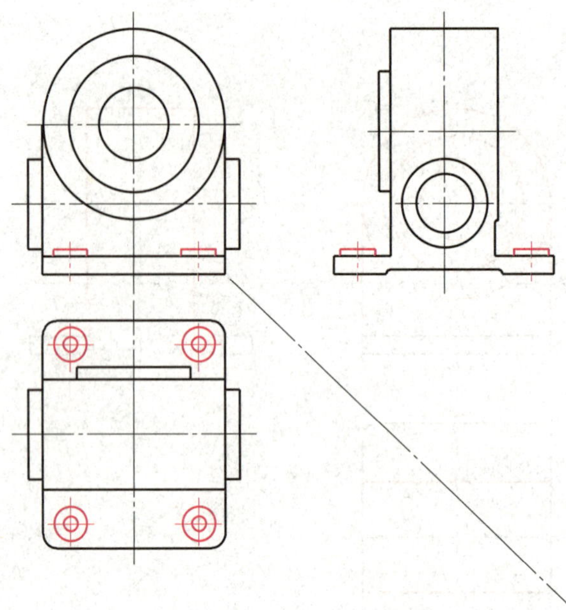

图7—51　绘制底座上的凸台

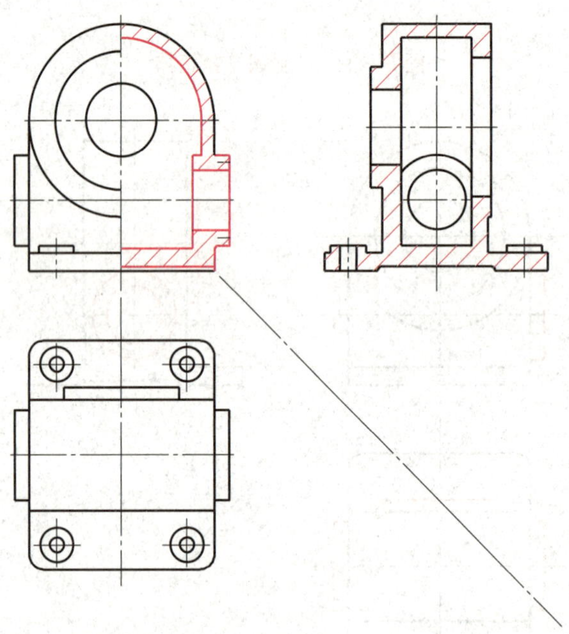

图7—52　绘制主视图上的半剖视图和左视图上的全剖视图

7. 绘制螺钉孔（见图7—53）

先绘制主视图上的左侧螺钉孔，再应用阵列命令绘制其他两个螺钉孔，同时，也要绘制主视图上蜗杆轴承座和左视图上蜗轮轴承座的螺钉孔位置（仅绘中心线）。阵列主视图上的螺钉孔时，可按360°进行阵列，然后再删除右侧三个螺钉孔。

8. 标注线性尺寸

应用“基本标注”命令，标注线性尺寸，如图7—54所示。

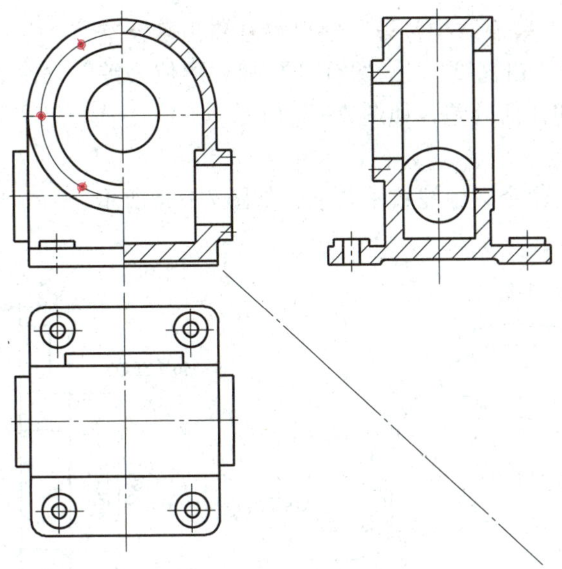

图 7—53　绘制螺钉孔

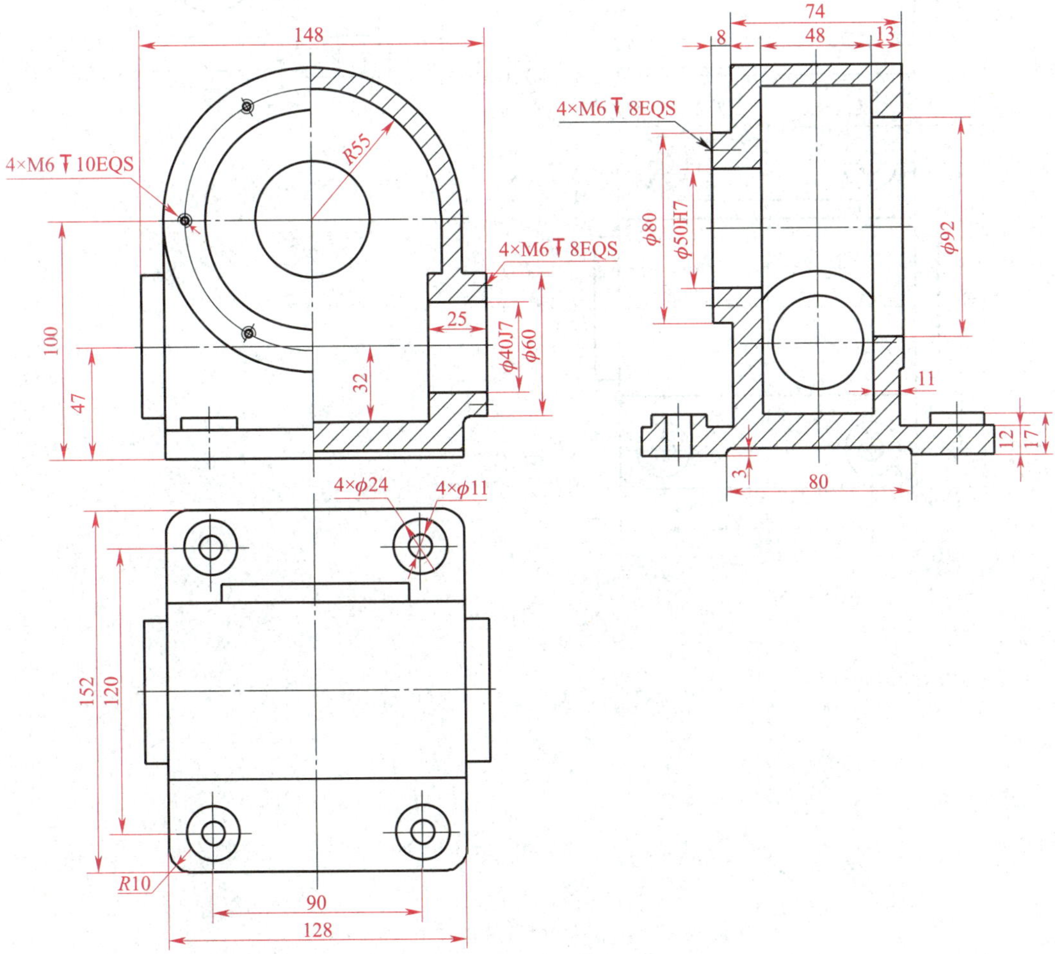

图 7—54　标注线性尺寸

9. 标注基准符号、表面结构符号、剖切符号和几何公差

应用“基准代号”“粗糙度”“剖切符号”和“形位公差”命令，标注基准符号、表面结构符号、剖切符号和几何公差，如图7—55所示。

10. 标注技术要求

应用“技术要求”命令，标注技术要求，如图7—56所示。

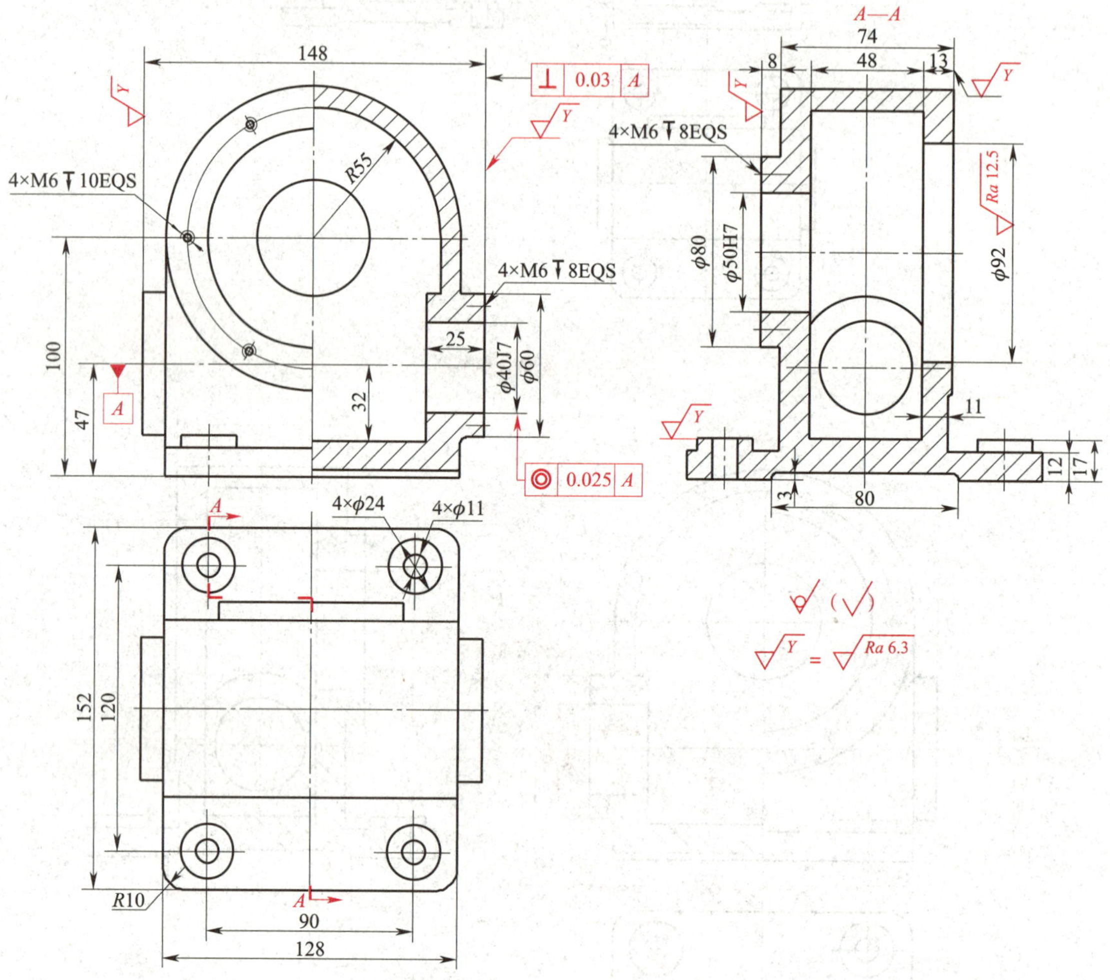

图7—55　标注基准符号、表面结构符号、剖切符号和几何公差

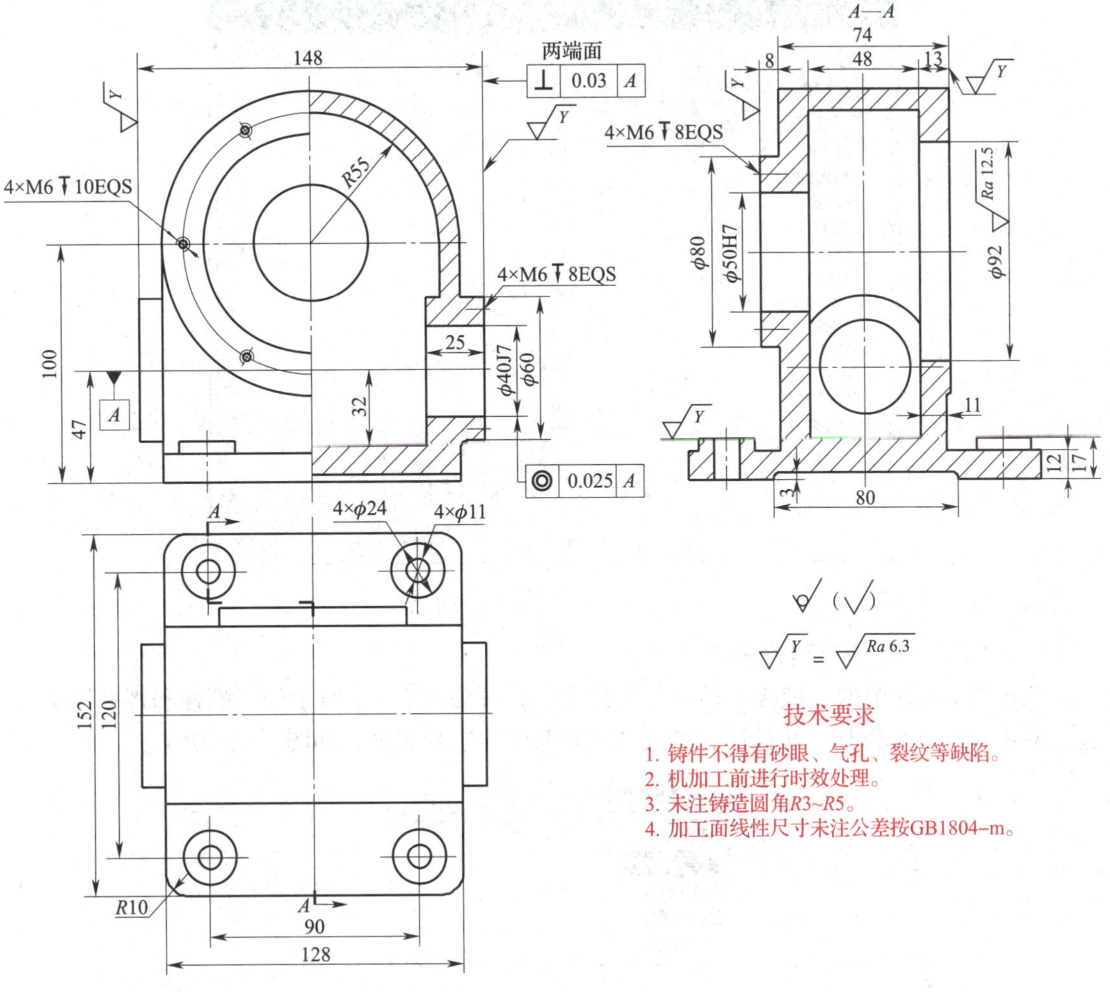

图 7—56　标注技术要求

§7—6　调用标准件图符

电子图板针对机械专业设计的要求，提供了符合国家标准的图库，共有50大类、4 600余种、近100 000个规格的标准图符。应用图库，可以方便地调用标准件图符。

一、绘制六角头螺栓（GB/T 5782—2000）

1. 打开“插入图符”对话框

单击“插入”选项卡中“图库”面板上的按钮，打开“插入图符”对话框，如图7—57所示。

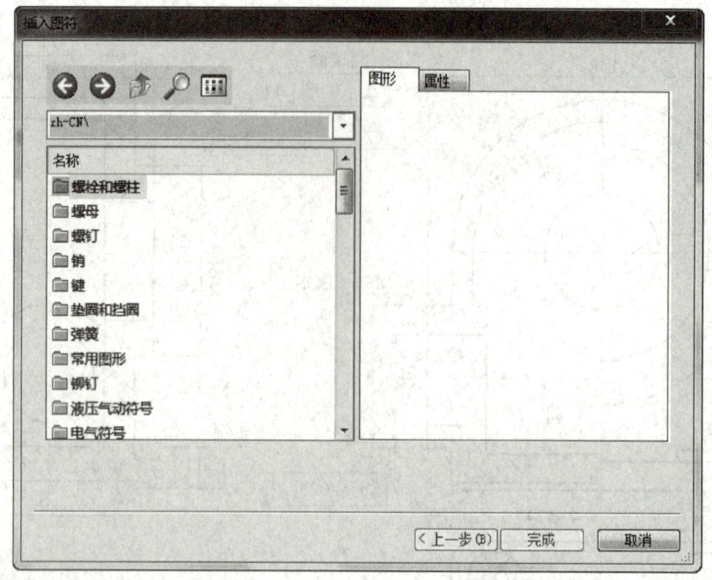

图 7—57 “插入图符”对话框

2. 打开六角头螺栓列表框

双击图 7—57 中的“螺栓和螺柱”文件夹，打开如图 7—58 所示的“螺栓和螺柱”文件夹，双击“六角头螺栓”文件夹，打开“六角头螺栓”列表框，如图 7—59 所示。

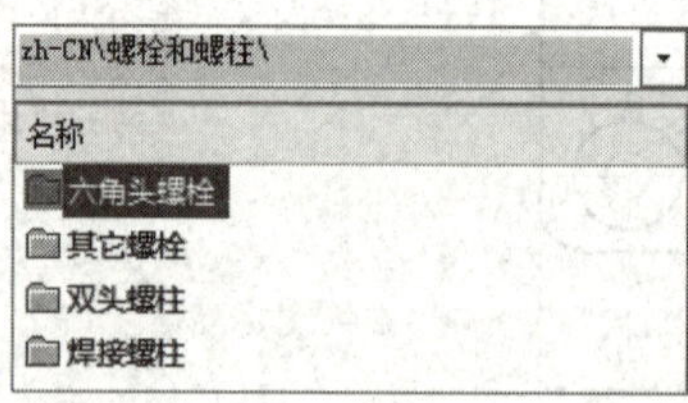

图 7—58 “螺栓和螺柱”文件夹

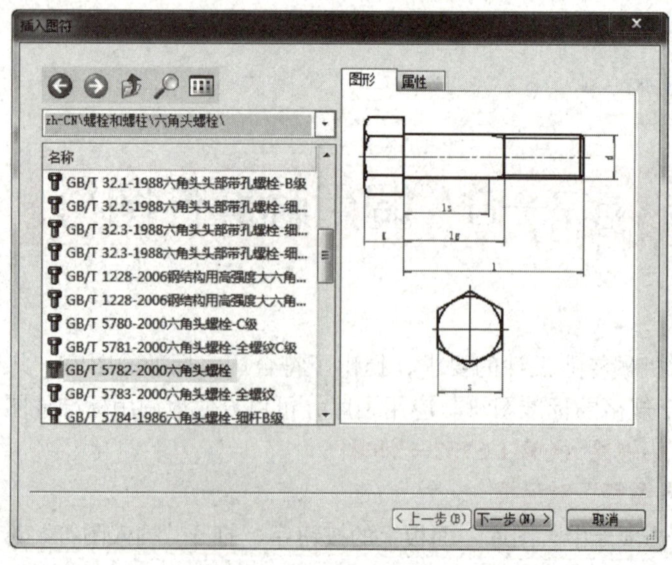

图 7—59 “六角头螺栓”列表框

3. 图符预处理

双击图7—59中的“GB/T 5782—2000六角头螺栓”选项，打开如图7—60所示的“图符预处理”对话框。尺寸规格选择“M12”，长度选择“60”，尺寸开关选择“尺寸值”选项，图符比例选择“1∶1”。

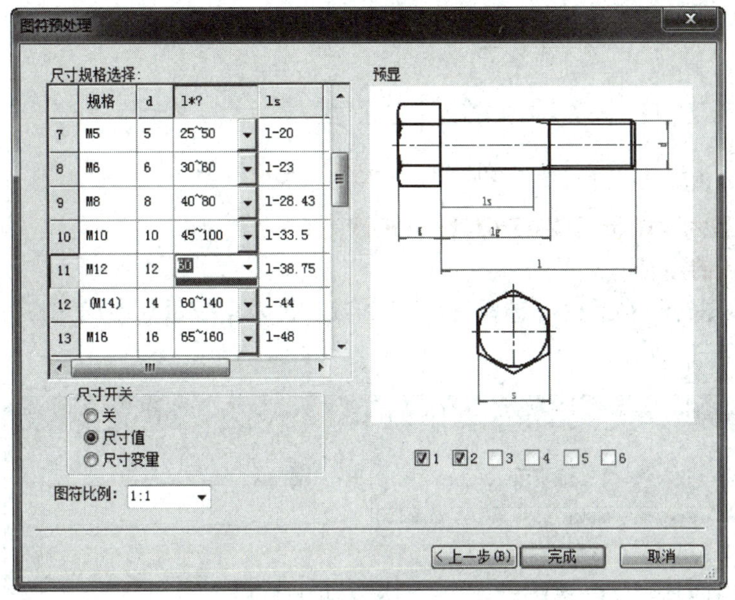

图7—60 “图符预处理”对话框

4. 插入图符

单击图7—60所示的“完成”按钮，系统显示“图符定位点”，移动鼠标确定插入图符的定位点。系统提示“旋转角”，输入角度确定图符的旋转角。再根据系统提示输入左视图的图符定位点和旋转角，插入M12×60六角头螺栓图符，如图7—61所示。

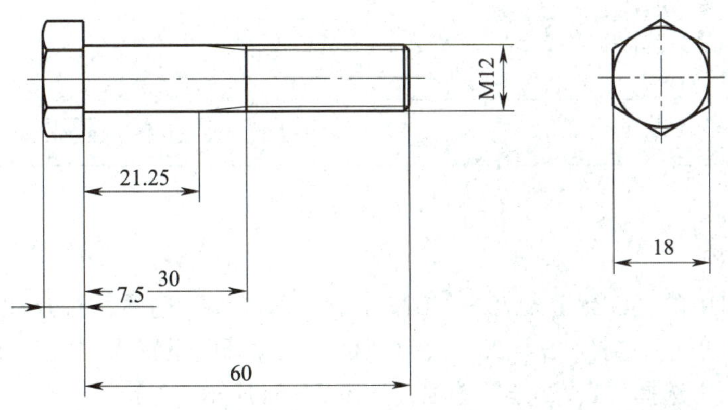

图7—61 插入M12×60六角头螺栓图符

5. 调整尺寸标注

如图7—61所示，图形中的尺寸标注比较乱，可应用“分解”命令，将图符打散，调整尺寸标注，如图7—62所示。

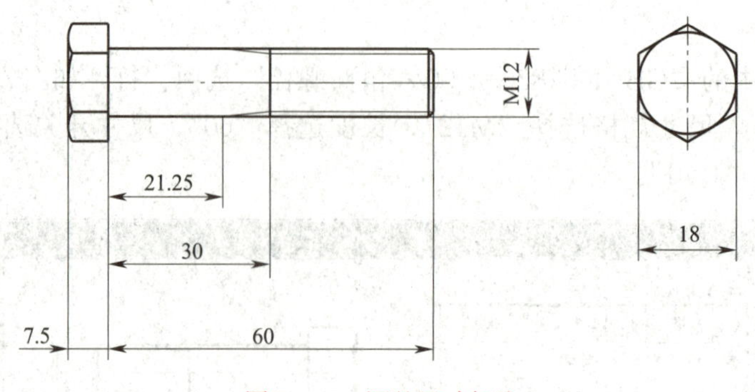

图7—62　调整尺寸标注

二、绘制1型六角螺母（GB/T 6170—2000）

1. 选择插入的图符

打开“插入图符”对话框，选择“zh—CN\螺母\六角螺母\GB/T 6170—2000—1型六角螺母”，如图7—63所示。

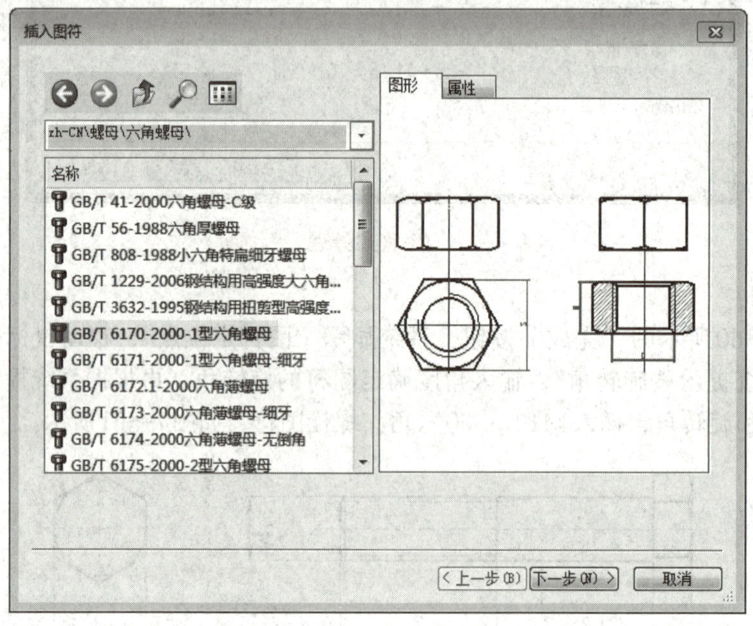

图7—63　选择插入的图符

2. 图符预处理

双击图7—63中的“GB/T 6170—2000—1型六角螺母”选项，打开如图7—64所示的“图符预处理”对话框，选择“$d=20$”尺寸规格，尺寸开关设置为“关”，图符比例设置为“1∶1”，预显界面中选择“1、2、3”选项，如图7—64所示。

3. 插入图符

单击图7—64所示的“完成”按钮，根据系统提示，确定插入图符的定位点和旋转角，插入1型六角螺母图符，如图7—65所示。

4. 标注尺寸

标注尺寸，如图7—66所示。

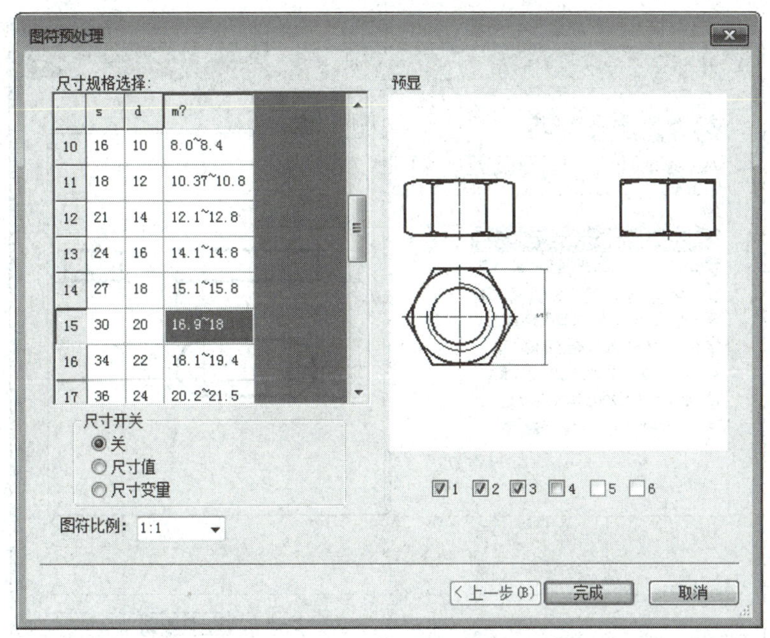

图7—64 “图符预处理”对话框

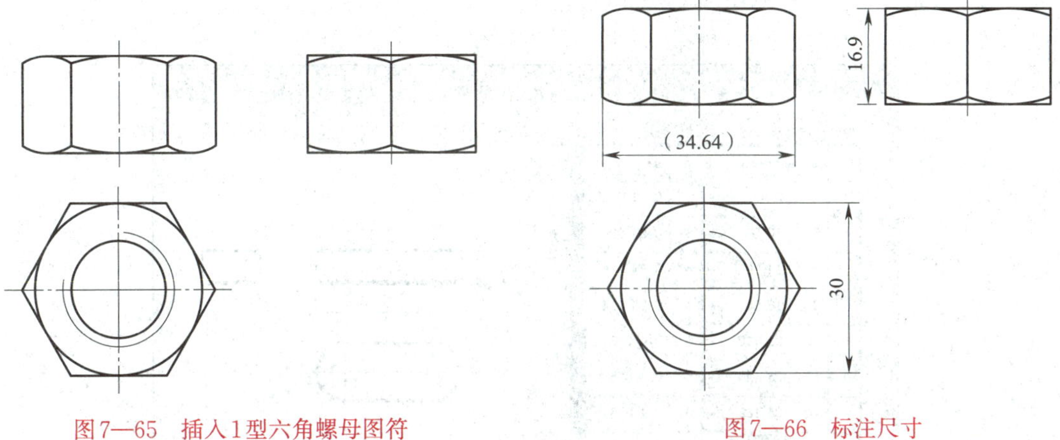

图7—65 插入1型六角螺母图符

图7—66 标注尺寸

三、绘制圆头普通平键（GB/T 1096—2003）

1. 选择插入的图符

打开“插入图符”对话框，选择“zh—CN\键\平键\GB/T 1096—2003普通型平键—A型”，如图7—67所示。

2. 图符预处理

双击如图7—67所示的“GB/T 1096—2003普通型平键—A型”选项，打开如图7—68所示的“图符预处理”对话框，键的尺寸规格选择“$b\times h\times L=16\times 10\times 80$”，尺寸开关设置为“尺寸值”，图符比例设置为“1∶1”，预显选择“1、2、3”，如图7—68所示。

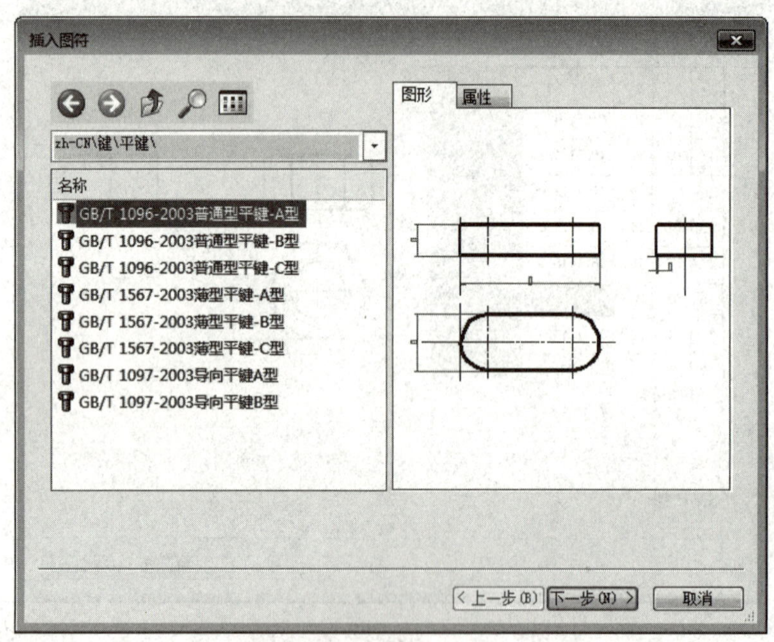

图 7—67 “插入图符”对话框

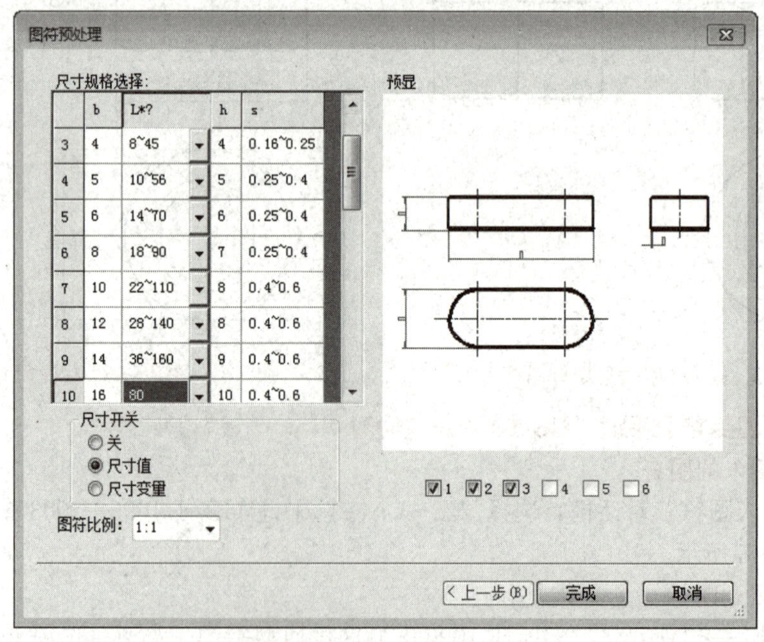

图 7—68 “图符预处理”对话框

3. 插入圆头普通平键图符（见图 7—69）

单击图 7—68 所示的“完成”按钮，根据系统提示，确定插入图符的定位点和旋转角。将插入的图符应用“分解”命令，进行分解，然后调整尺寸标注位置，并修改倒角标注为“C0.4”。

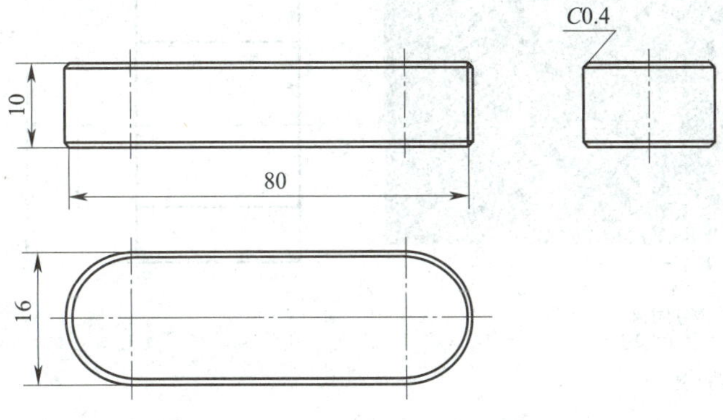

图 7—69 插入圆头普通平键图符

四、绘制套筒

1. 选择插入的图符

打开“插入图符”对话框，选择“zh—CN\常用图形\常用剖面图\套筒”，如图 7—70 所示。

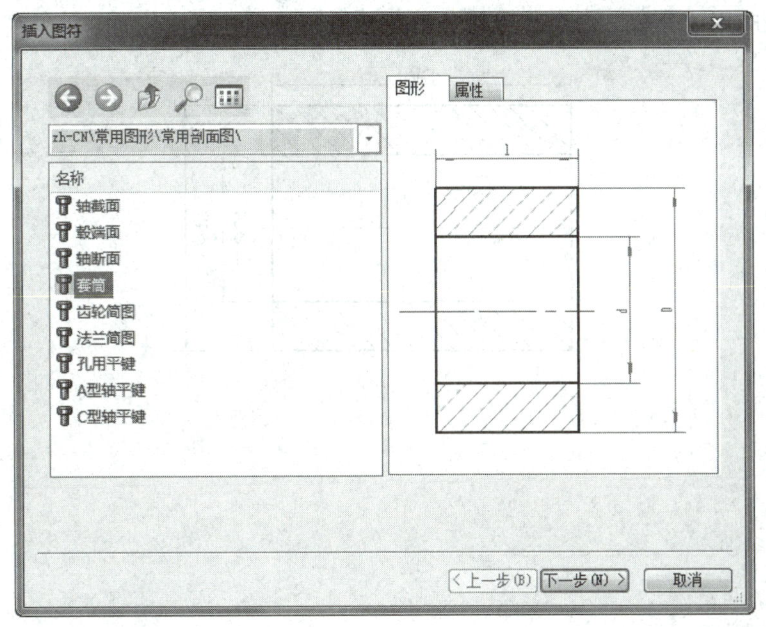

图 7—70 “插入图符”对话框

2. 图符预处理

双击如图 7—70 所示的“套筒”选项，打开如图 7—71 所示的“图符预处理”对话框，将套筒的尺寸规格选择“$l \times D \times d$=30 × 50 × 30”修改为“$l \times D \times d$=50 × 40 × 24”，尺寸开关设置为“尺寸值”，图符比例设置为“1∶1”。

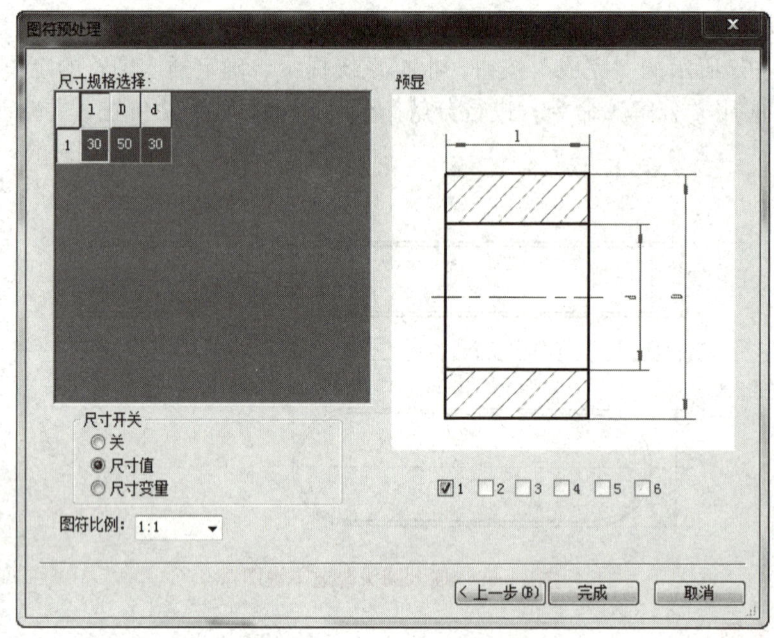

图7—71 “图符预处理”对话框

3. 插入套筒图符（见图7—72）

单击图7—71所示的“完成”按钮，根据系统提示，确定插入图符的定位点和旋转角。将插入的图符应用“分解”命令，进行分解，然后调整尺寸标注位置。

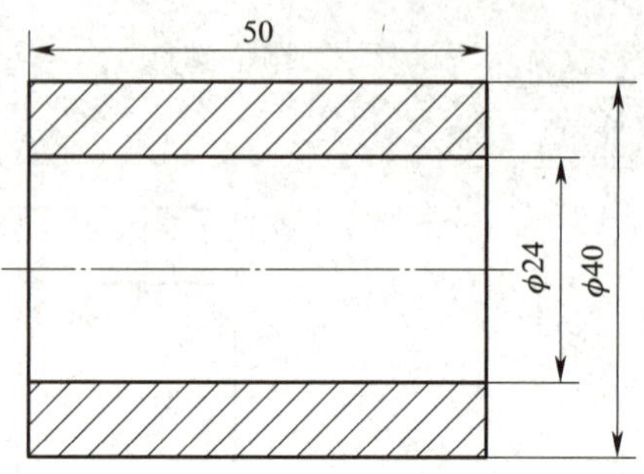

图7—72 插入套筒图符

第八章 绘制装配图

装配图是用于表达部件或机器的工作原理，零件之间的装配关系和相互位置，以及装配、检验、安装所需要的尺寸数据的技术文件。在设计过程中，一般都先绘制出装配图，再由装配图所提供的结构形式和尺寸拆绘零件图；也可以先绘制零件图，再根据零件图来拼绘装配图。本章以联轴器和千斤顶装配图为例，介绍将已有的零件图定制成块，再进行装配图拼装，标注尺寸、编写零件序号，最后填写明细表。

§8—1 绘制联轴器装配图

绘制如图8—1所示的联轴器装配图。

一、图样分析

如图8—1所示为联轴器装配图，包括两个半联轴器、四个螺栓（M10×80）和四个锁紧螺母（M10）。绘制装配图时，需要绘制出半联轴器零件图，并将其创建为块，螺栓和锁紧螺母的图符可以直接从图库中调用。

二、绘图步骤

1. 绘制半联轴器零件图

（1）根据图8—2所示的尺寸绘制半联轴器零件图（不标注尺寸）。

（2）创建半联轴器块

单击“插入”选项卡中“块”面板上的按钮 创建，系统提示拾取元素，拾取半联轴器零件图后确认，系统弹出如图8—3所示的“块定义”对话框，在名称处输入“半联轴器”，单击“确定”按钮，即可完成半联轴器块的创建。

2. 插入半联轴器块

单击“插入”选项卡中“块”面板上的按钮，系统弹出如图8—4所示的“块插入”对话框，比例设置为“1”，旋转角设置为“0”，单击“确定”按钮，确定插入点后，即可完成半联轴器块的插入，如图8—5所示。按相同的操作方法，插入半联轴器块，旋转角设

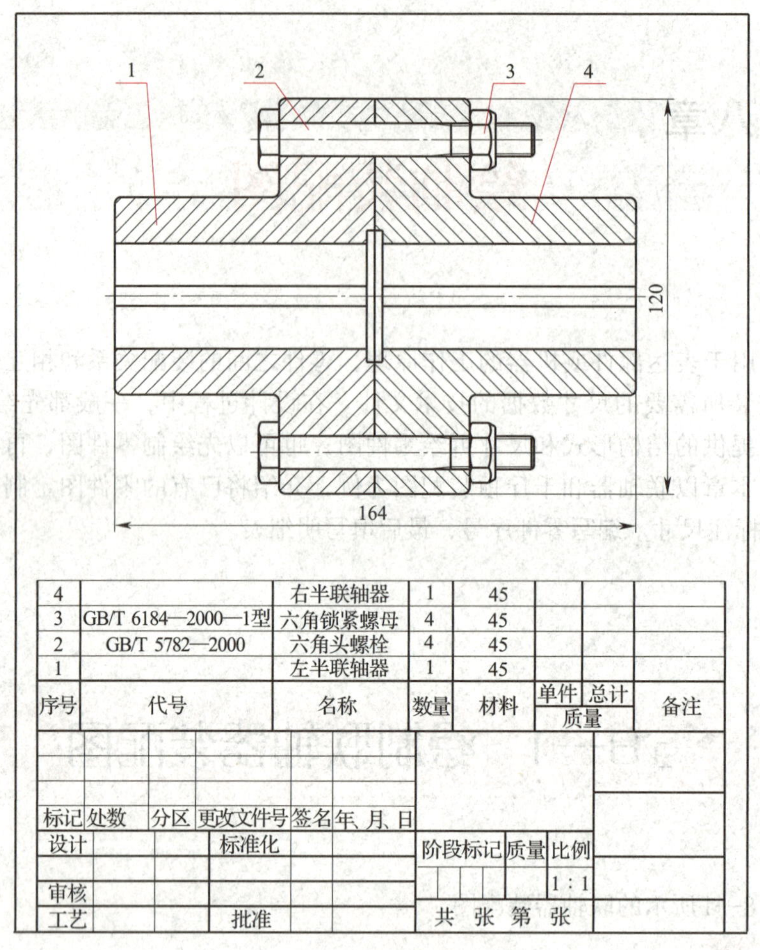

图 8—1 联轴器装配图

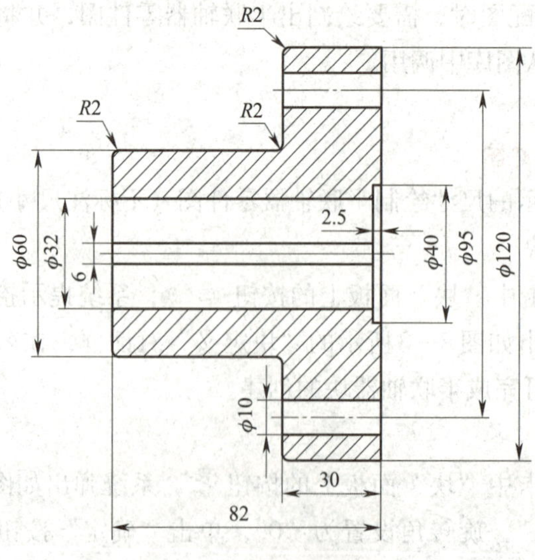

图 8—2 半联轴器零件图

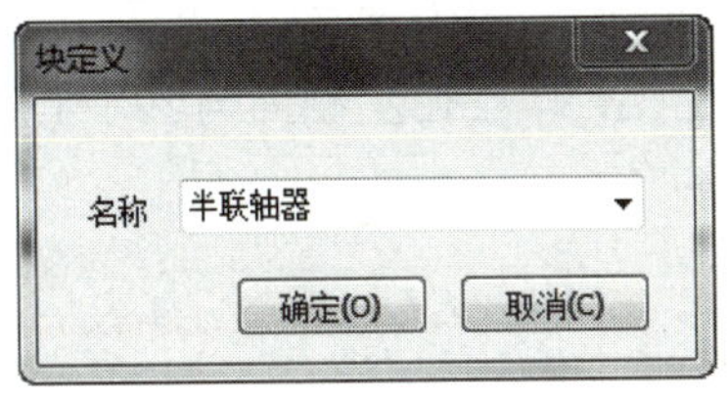

图8—3 “块定义”对话框

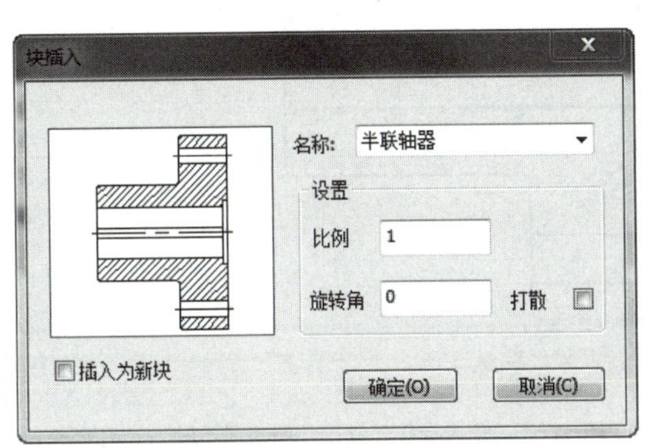

图8—4 “块插入”对话框

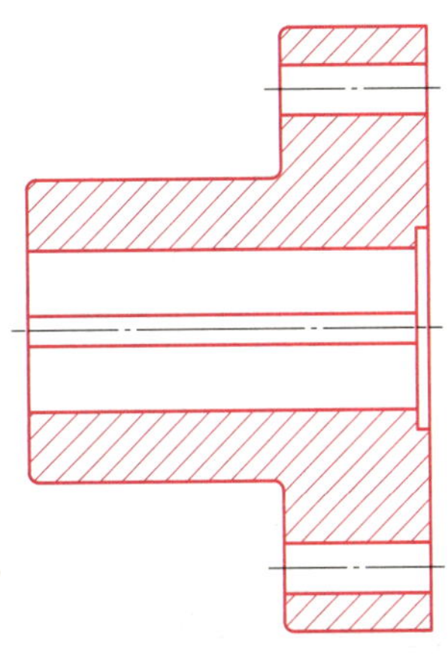

图8—5 插入半联轴器块（旋转角为0°）

置为“180”，插入点选择在图8—5所示的右端面与中心线的交点处。注意：右端半联轴器块的剖面线与左端半联轴器块的剖面线方向一致，不符合机械制图要求。采用“分散命令”将右端半联轴器图块打散，删除剖面线，重新绘制，剖面线旋转角度为90°，结果如图8—6所示。

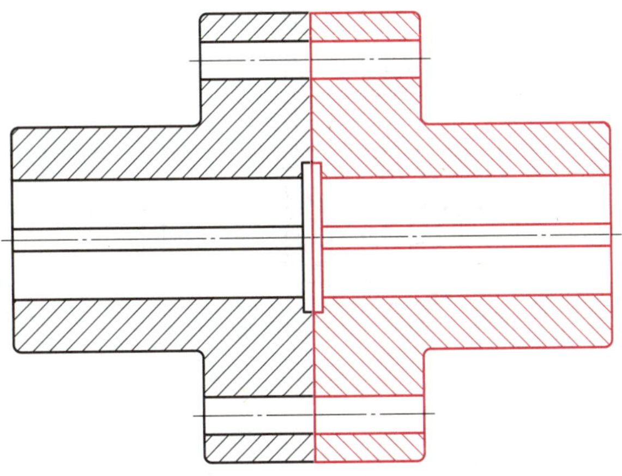

图8—6 插入半联轴器（旋转角为180°）

3. 插入六角头螺栓图符（M10×80）

（1）打开“插入图符”对话框，选择“zh—CN\螺栓和螺柱\六角头螺栓\GB/T 5782—2000六角头螺栓”；尺寸规格设置为“M10 × 80”，尺寸开关设置为“关”，预显尺寸选择“1”；插入点选择图8—6所示图形上螺栓孔左侧面与其中心线交点，插入第一个六角头螺栓，如图8—7所示。

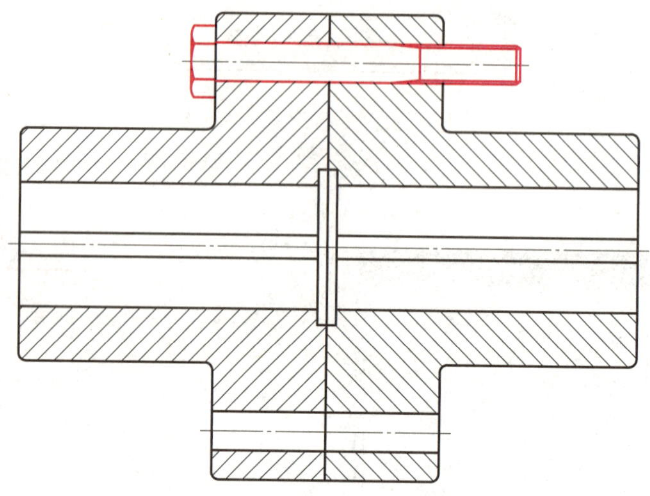

图8—7　插入第一个六角头螺栓

（2）按照相同的操作方法，在联轴器下方螺纹孔中，插入第二个六角头螺栓，如图8—8所示。

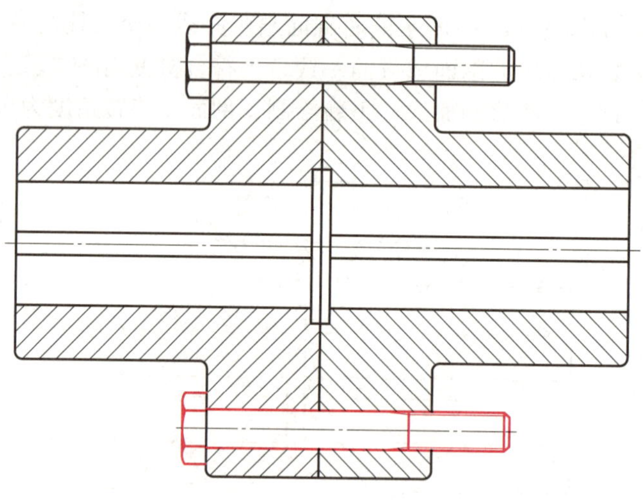

图8—8　插入第二个六角头螺栓

4. 插入锁紧螺母

打开“插入图符”对话框，选择“zh—CN\螺母\六角锁紧螺母\GB/T 6184—2000—1型全金属六角锁紧螺母”；尺寸规格设置为“M10”，尺寸开关设置为“关”，预显尺寸选择“1”；插入点选择螺栓中心线与半联轴器螺纹孔的右端面交点处，插入锁紧螺母，如图8—9所示。

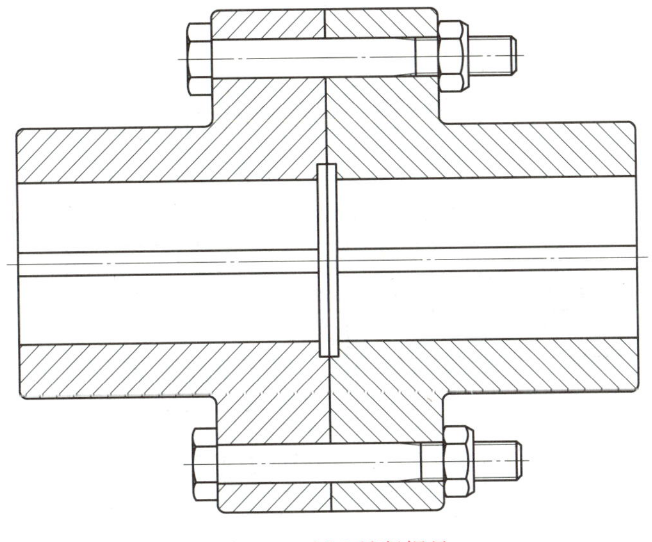
图8—9　插入锁紧螺母

5. 标注尺寸

由于联轴器的结构和功能比较简单，标注尺寸，如图8—10所示。

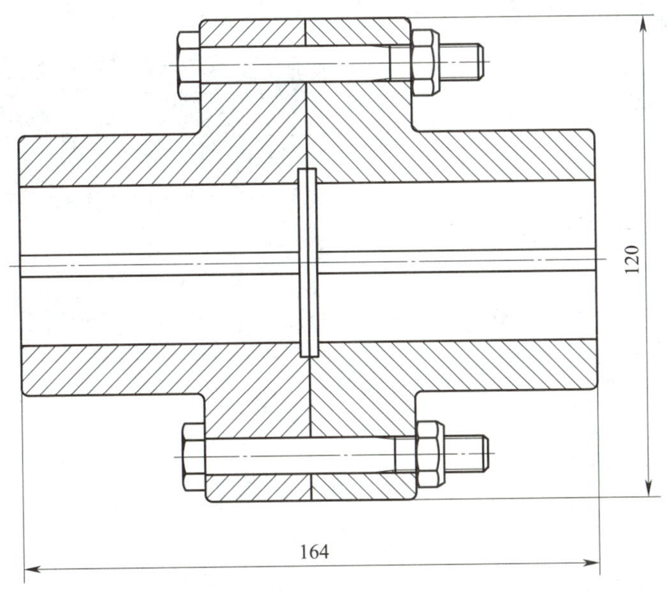

图8—10　标注尺寸

6. 编写零件序号

单击“图幅”选项卡中“序号”面板上的按钮 ，编写零件序号，如图8—11所示。

7. 调用图框、标题栏

单击“图幅设置”按钮，弹出如图8—12所示的“图幅设置”对话框。图纸幅面设置为

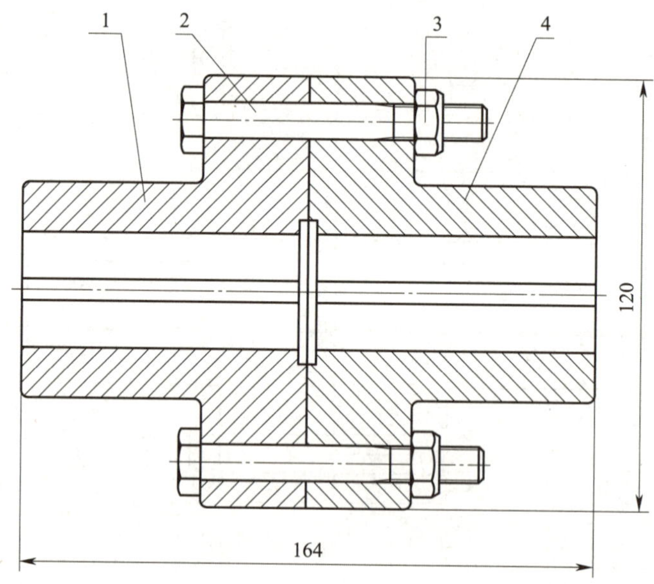

图8—11　编写零件序号

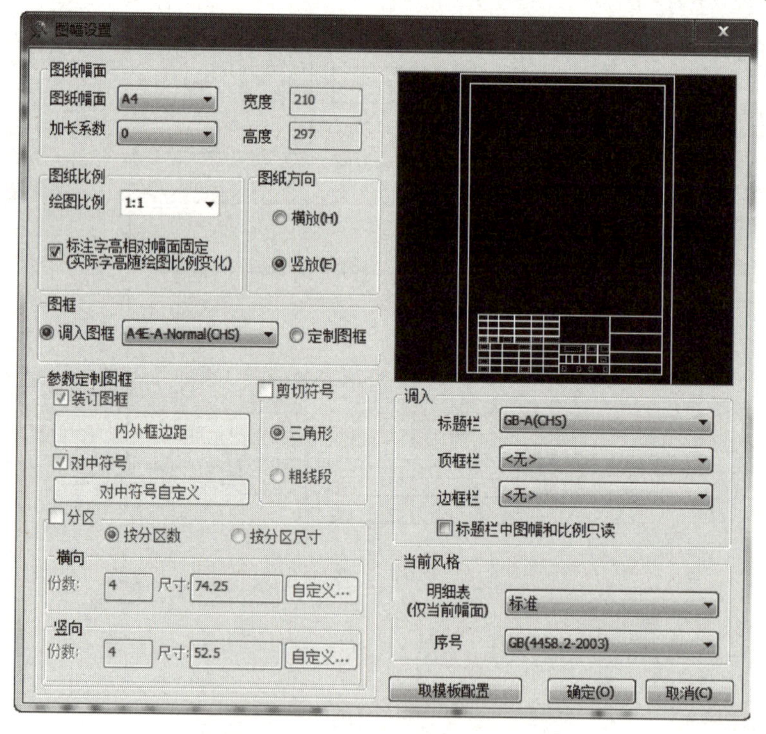

图8—12　“图幅设置”对话框

“A4”，绘图比例为“1：1”，调入图框为“A4E—A—Normal（CHS)”，标题栏为“GB—A（CHS)”，明细表为“标准”，序号为“GB（4458.2—2003)”。单击“确定”按钮，完成图幅和标题栏的设置，绘图结果如图8—13所示。

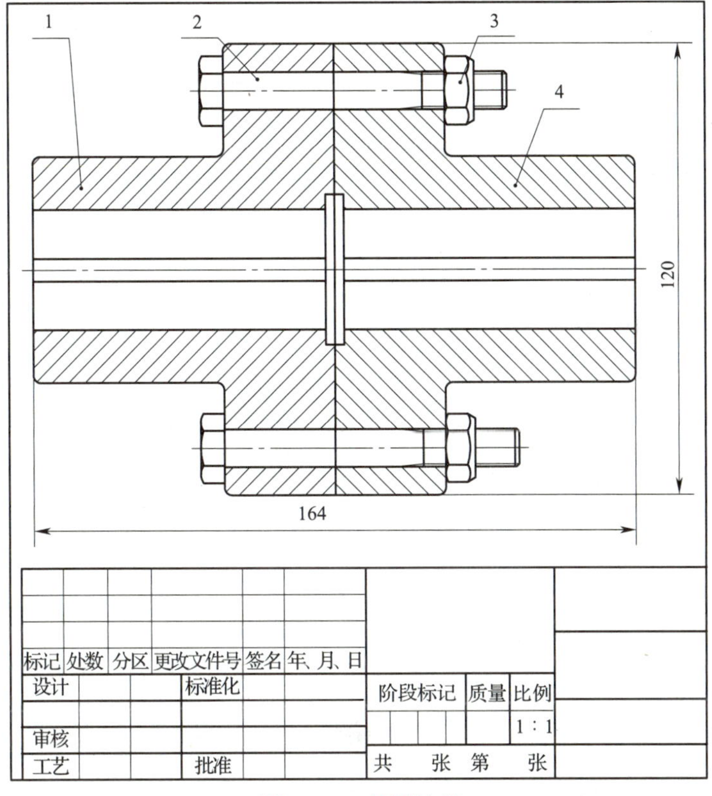

图8—13 绘图结果

8. 填写明细表

单击“图幅”选项卡中“明细表”面板上的按钮 T，弹出如图8—14所示的“填写明细表”对话框。按序号顺序依次填写明细表内容，并单击“不显示明细表”前的复选框，去掉

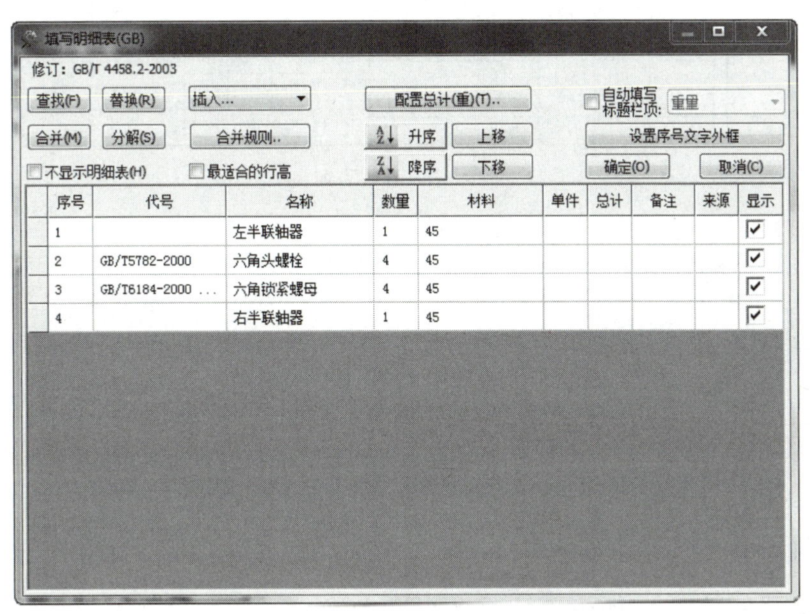

图8—14 “填写明细表”对话框

对号，使系统显示明细表，单击“确定”按钮，则在标题栏上方列出零件明细表，填写明细表，如图8—15所示。

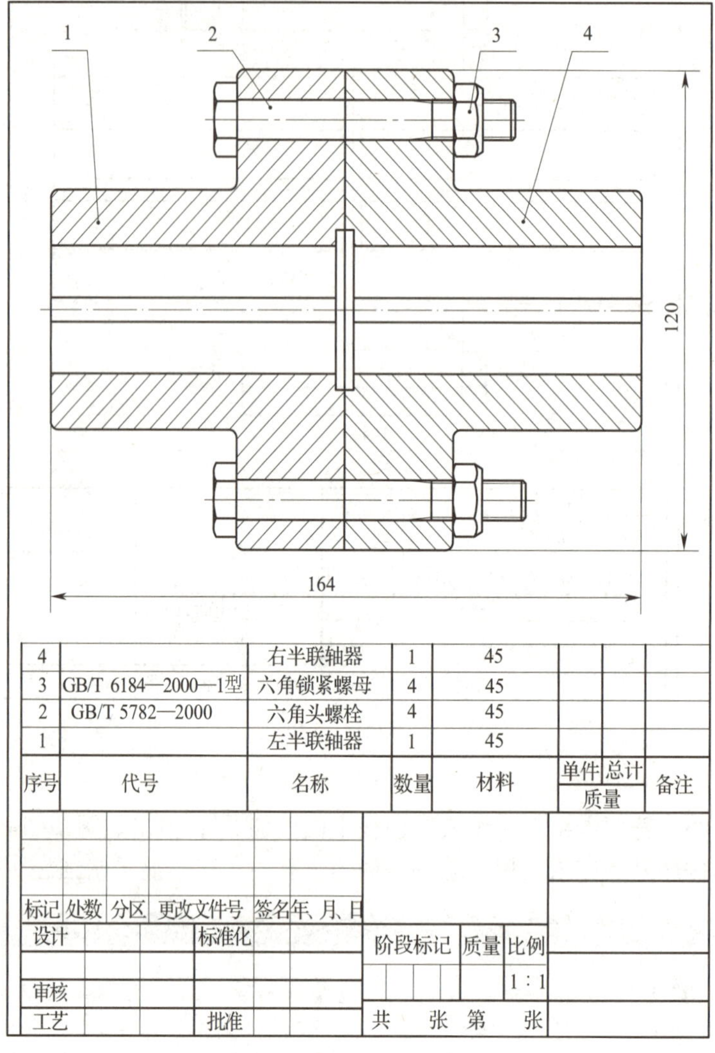

图8—15　填写明细表

9. 整理保存

整理图形并保存。

§8—2　绘制千斤顶装配图

绘制如图8—16所示的千斤顶装配图。

1
2
3
4
5
6
7
8
B50×8-7H/7e
255~300
130
8 挡圈 1 Q235A
7 GB/T68—2000 开槽沉头螺钉 1 M8×20
6 GB/T71—1985 开槽锥端紧定螺钉 2 M10×20
5 底座 1 HT200
4 螺母 1 ZQSn6-6-5
3 螺杆 1 45
2 GB/T71—1985 开槽锥端紧定螺钉 2 M6×20
1 顶块 1 45
序号 代号 名称 数量 材料 单件 总计 质量 备注
标记 处数 分区 更改文件号 签名 年、月、日
设计 标准化
审核
工艺 批准
阶段标记 质量 比例
1∶1
共 张 第 张
千斤顶装配图

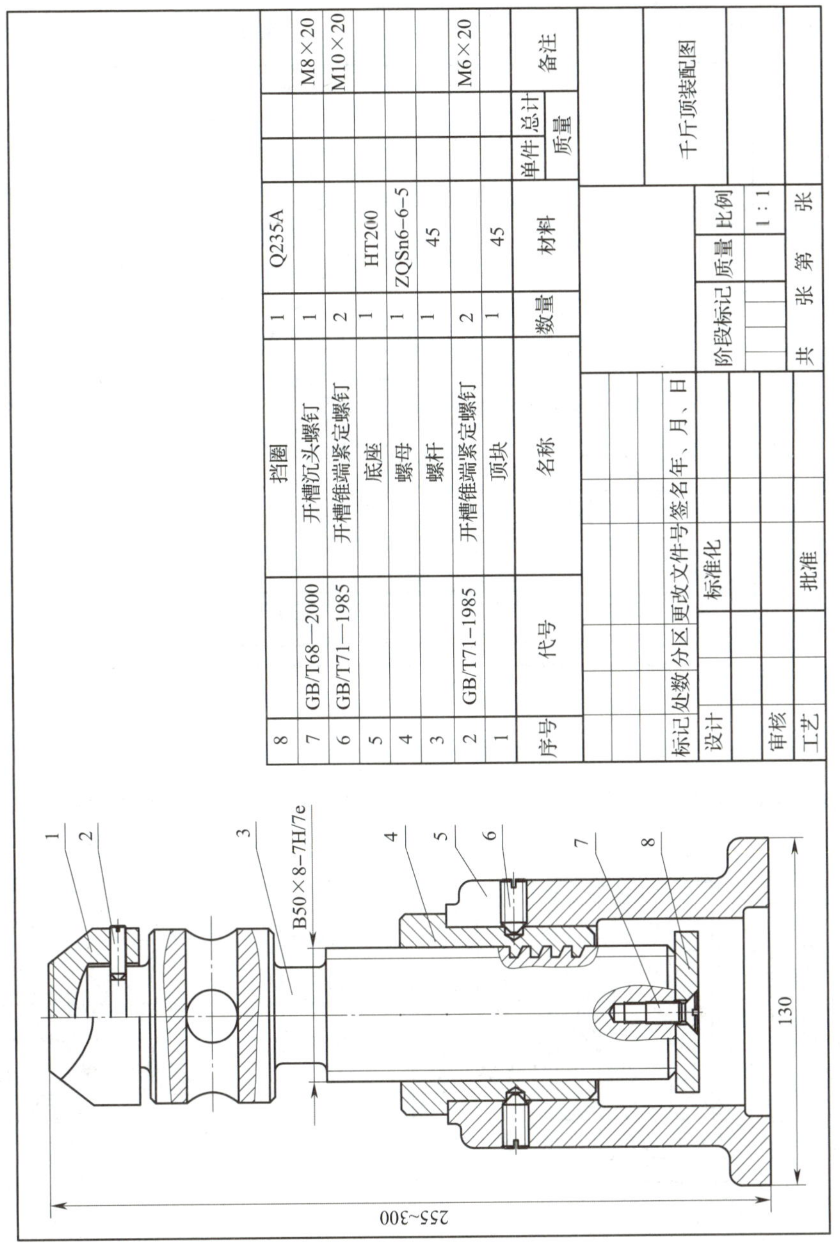

图8—16　千斤顶装配图

一、图样分析

千斤顶是一种小型起重工具，螺母4和底座5固定在一起，当转动螺杆3时，由于螺纹副的作用，螺杆3上下移动，通过顶块1将重物顶起或落下。绘制千斤顶装配图时，先将零件图转化为图块，再进行装配图拼装，标注轮廓尺寸、编写零件序号，最后编写明细表。

二、创建块

1. 创建顶块块

根据图8—17所示的尺寸，绘制顶块主视图（不标注尺寸），并将其创建为块。

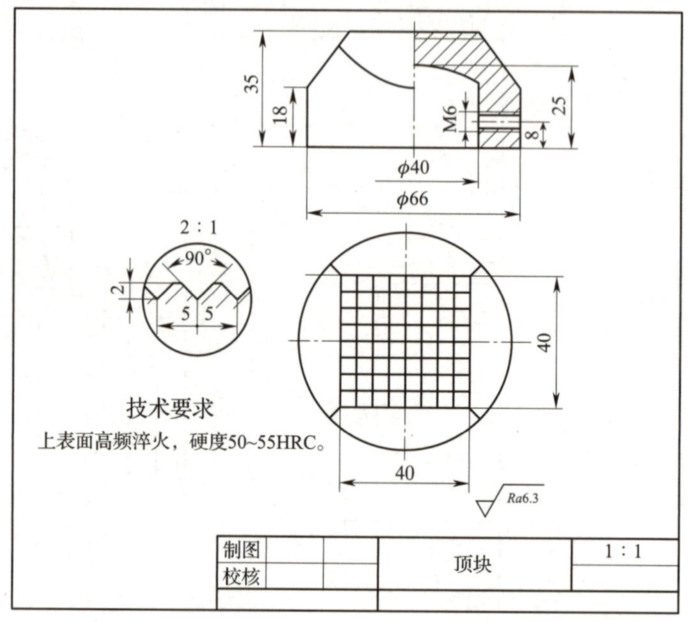

图8—17　顶块主视图

2. 创建螺杆块

根据图8—18所示的尺寸，绘制螺杆零件图（不标注尺寸），并将其创建为块。

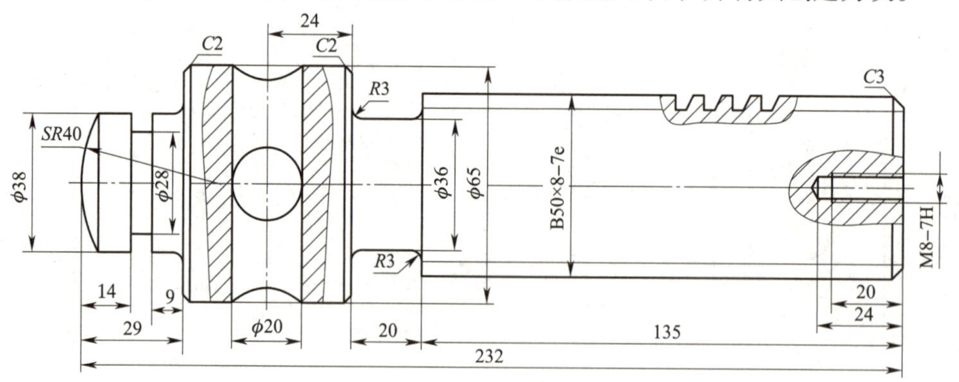

图8—18　螺杆零件图

3. 创建螺母块

根据图8—19所示的尺寸，绘制螺母零件图（不标注尺寸），并将其创建为块。

4. 创建底座块

根据图8—20所示的尺寸，绘制底座零件图（不标注尺寸），并将其创建为块。

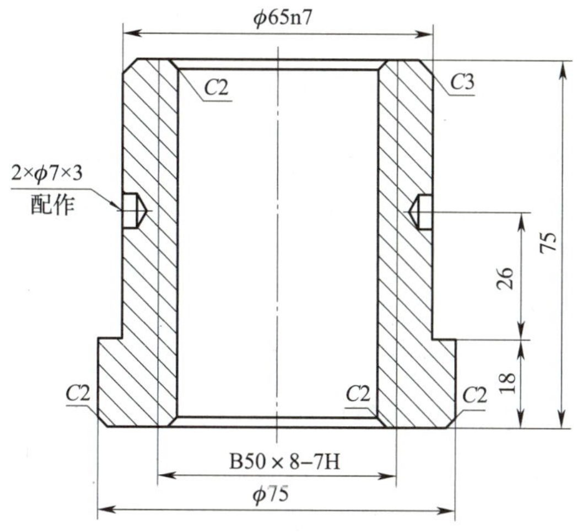

图8—19　螺母零件图

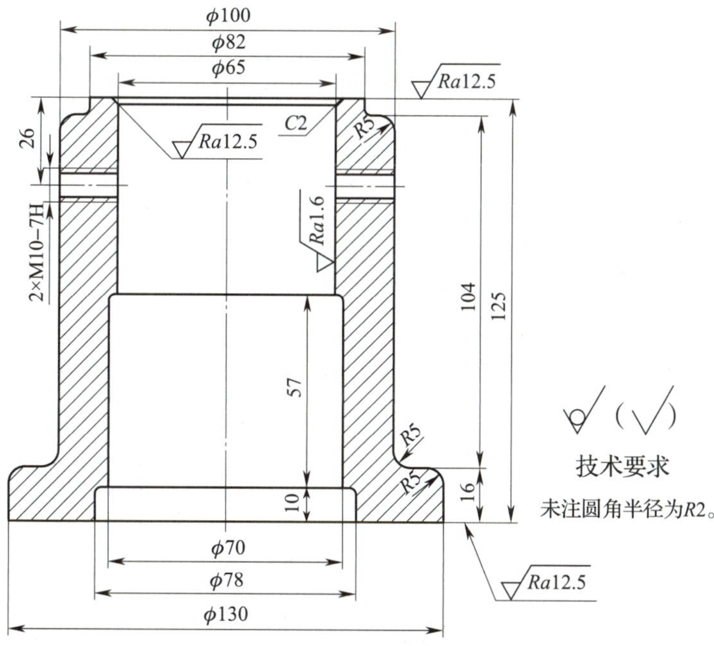

图8—20　底座零件图

5. 创建挡圈块

根据图8—21所示的尺寸，绘制挡圈零件图（不标注尺寸），并将其创建为块。

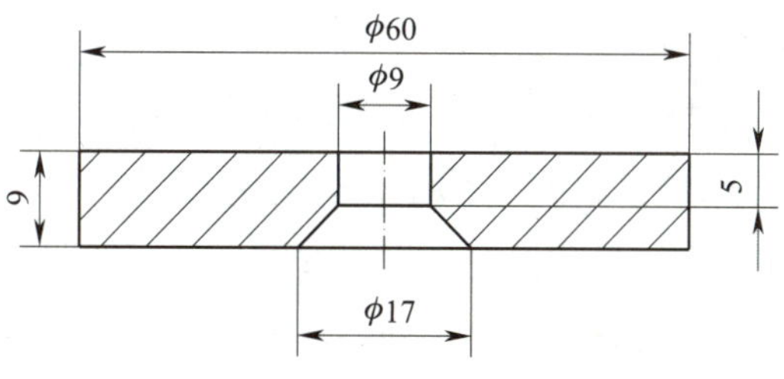

图8—21　挡圈零件图

三、拼绘千斤顶装配图

绘图的思路是从中心线向外绘制，先拼装螺杆和顶块，再绘制螺母，最后绘制底座。

1. 绘制螺杆和顶块的装配（见图8—22）

首先插入螺杆的块和顶块的块，绘制出如图8—22a、b所示的图形。插入螺杆的块时，旋转角为“－ 90°”。插入顶块的块时，要注意和螺杆的相对位置。

图8—22b中的顶块左半部分未剖开，螺杆顶部应看不到，需要将看不到的轮廓线进行修剪或删除，如图8—22c所示。

提示：

修剪和删除轮廓线时，需要将块分解后再进行修改。

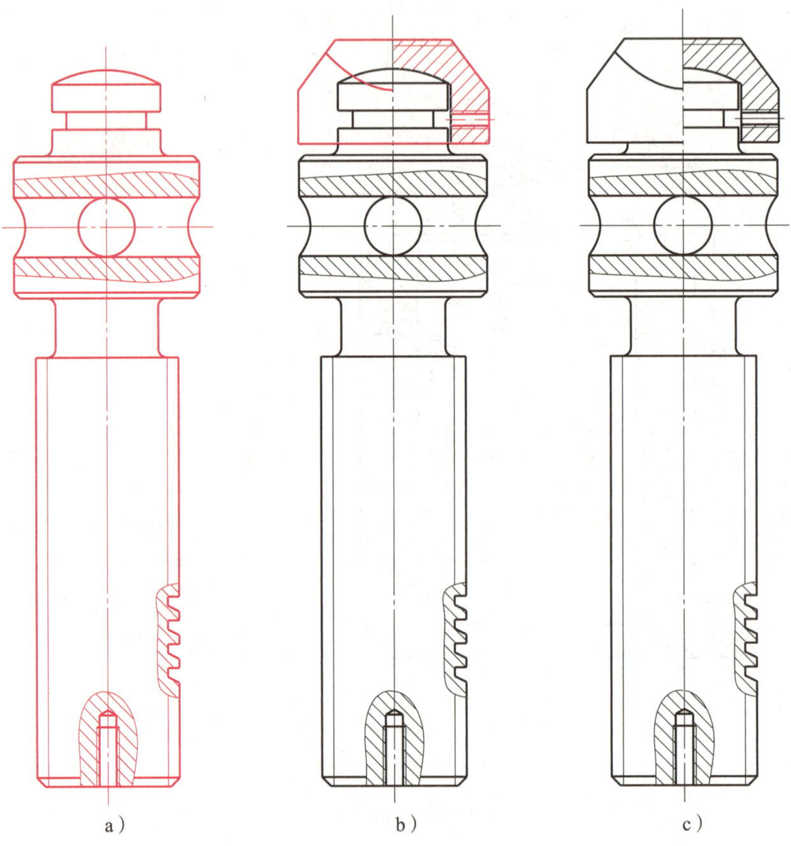

图8—22 绘制螺杆和顶块的装配

a）插入螺杆块 b）插入顶块块 c）修改轮廓线

2. 绘制M6紧定螺钉的装配（见图8—23）

打开“插入图符”对话框，选择“zh—CN\螺钉\紧定螺钉\GB/T 71—1985开槽锥端紧定螺钉”；尺寸规格设置为“M6 × 20”，尺寸开关设置为“关”，预显尺寸选择“1”；插入点选择螺钉孔中心线与顶块右轮廓线交点处，并修剪被紧定螺钉遮挡的轮廓线。

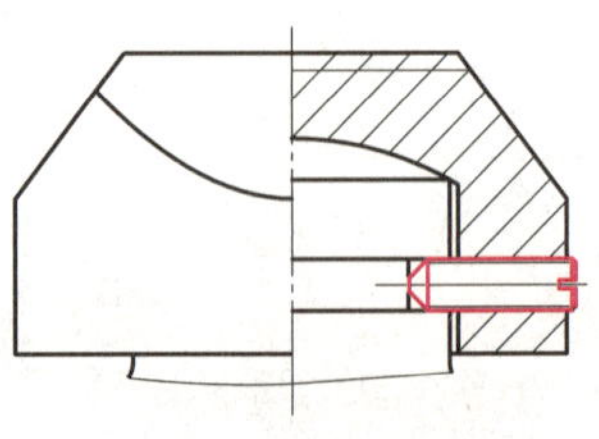

图8—23 绘制M6紧定螺钉的装配

3. 绘制螺母和螺杆的装配（见图8—24）

螺母和螺杆是相互运动的，绘制螺母时，最好放在螺杆的中间位置。螺母采用全剖，为了表达出螺杆和螺母的配合关系，螺杆采用局部剖表达牙型。插入螺母块时，需要旋转180°，如图8—24a所示，删除多余的轮廓线，调整剖面线的方向和填充区域，如图8—24b所示。

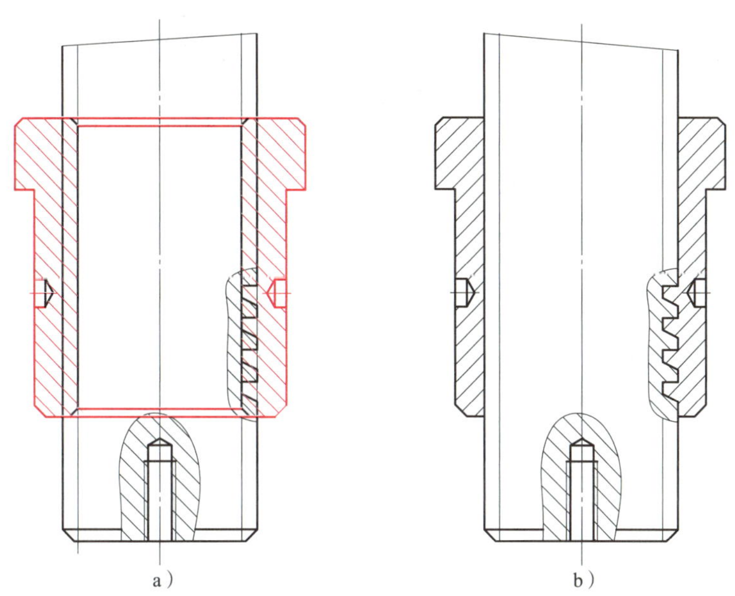

图8—24　绘制螺母和螺杆的装配

a）插入螺母图块　b）修改后的装配图

4. 绘制底座和螺母的装配（见图8—25）

螺母镶在底座中，用螺钉固定。插入底座的块时，注意底座与螺母的配合，如图8—25a所示；修剪或删除多余的轮廓线条，结果如图8—25b所示。注意装配图中各零件剖面线的方向，若相邻零件剖面线相同时，应该对剖面线进行调整。

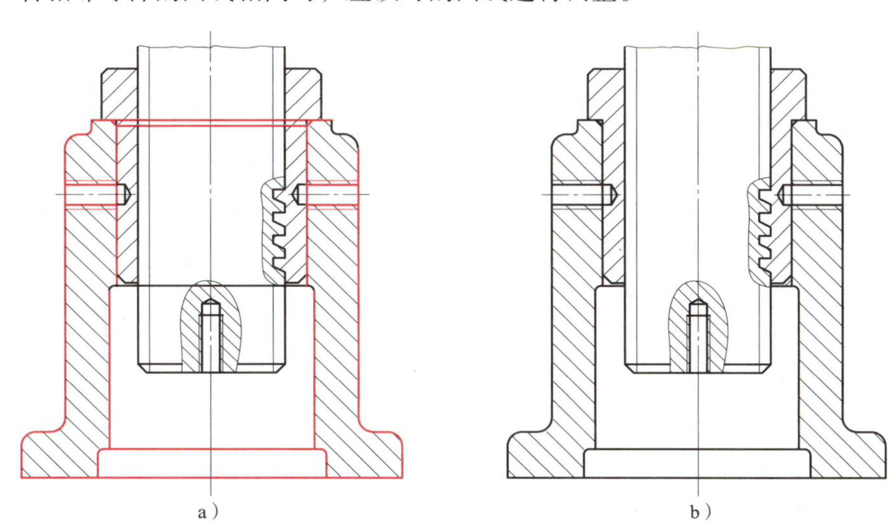

图8—25　绘制底座和螺母的装配

a）插入底座块　b）修改后的装配图

5. 绘制M10紧定螺钉的装配

打开“插入图符”对话框，选择“zh—CN\螺钉\紧定螺钉\GB/T 71—1985开槽锥端紧定螺钉”；尺寸规格设置为“M10 × 20”，尺寸开关设置为“关”，预显尺寸选择“1”；选择插入点，并根据位置调整紧定螺钉，如图8—26a所示。修改轮廓线及剖面线，如图8—26b所示。

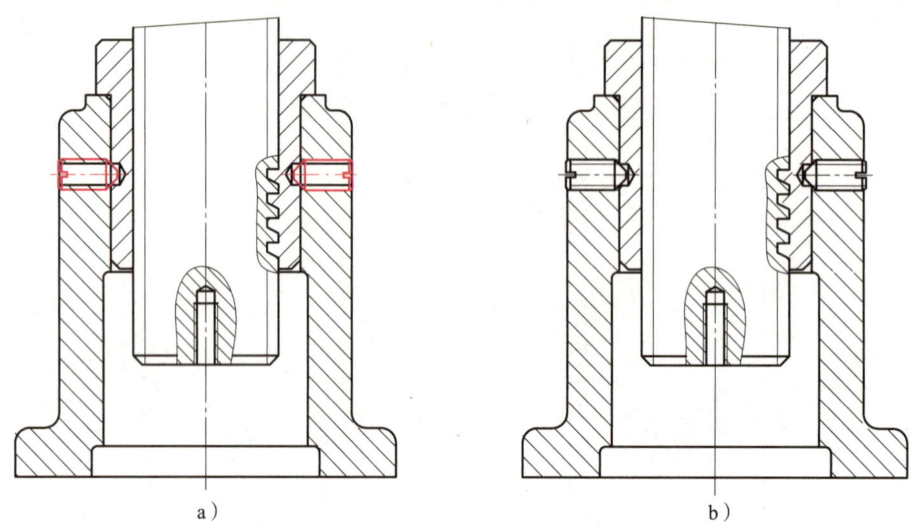

图8—26 绘制M10紧定螺钉的装配

a）插入M10紧定螺钉 b）修改后的装配图

6. 绘制挡圈和M8沉头螺钉的装配

用与上述相同的方法，绘制挡圈和沉头螺钉的装配，如图8—27所示。装配沉头螺钉时，打开“插入图符”对话框，选择“zh—CN\螺钉\其他螺钉\GB/T 68—2000开槽沉头螺钉”；尺寸规格设置为“M8 × 20”，尺寸开关设置为“关”，预显尺寸选择“3”。插入M8沉头螺钉后，修剪和删除多余的轮廓线，如图8—27c所示。

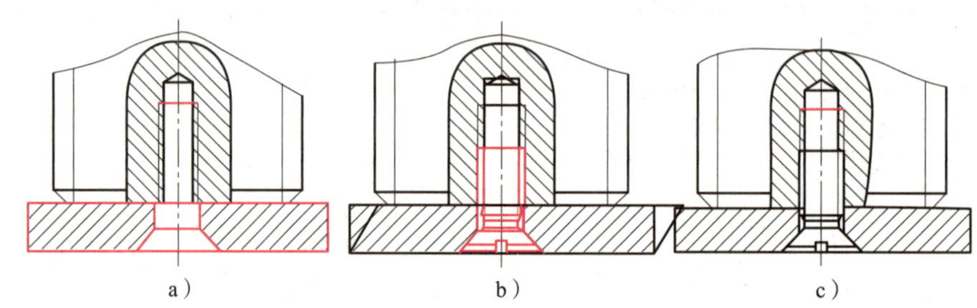

图8—27 绘制挡圈和沉头螺钉的装配

a）插入挡圈块 b）插入开槽沉头螺钉 c）修改后的装配图

四、标注尺寸、编写零件序号（见图8—28）

1. 标注尺寸

由于千斤顶的结构和功能比较简单，标注出千斤顶的移动范围、螺母和螺杆的装配关系、外形尺寸即可。

2. 编写零件序号

单击“图幅”选项卡中“序号”面板上的按钮 ，依次编写零件序号。

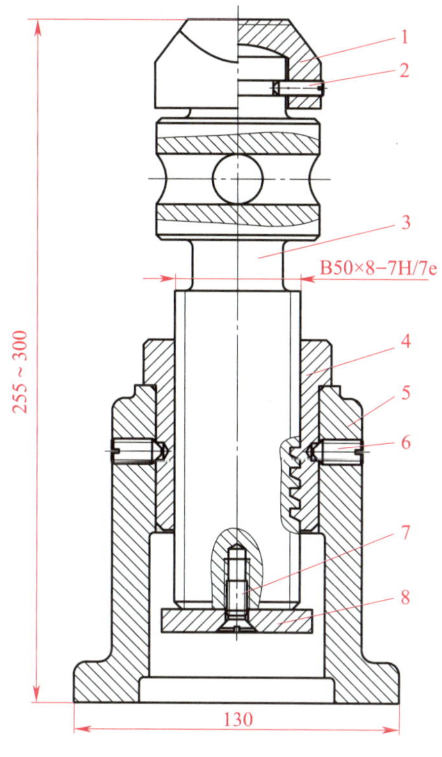

图 8—28　标注尺寸、编写零件序号

五、绘制标题栏和明细表

按图 8—29 所示的标题栏和明细表，绘制千斤顶装配图的标题栏和明细表。

8		挡圈	1	Q235A			
7	GB/T68—2000	开槽沉头螺钉	1				M8×20
6	GB/T71—1985	开槽锥端紧定螺钉	2				M10×20
5		底座	1	HT200			
4		螺母	1	ZQSn6-6-5			
3		螺杆	1	45			
2	GB/T71—1985	开槽锥端紧定螺钉	2				M6×20
1		顶块	1	45			
序号	代号	名称	数量	材料	单件 质量	总计	备注

标记	处数	分区	更改文件号	签别	年、月、日				千斤顶装配图
设计			标准化			阶段标记	质量	比例	
								1:1	
审核									
工艺			批准			共　张	张	张	

图 8—29　绘制标题栏和明细表

六、整理保存

整理图形并保存。